生命科学前沿及应用生物技术

放线菌资源及药物发现

姜 怡 姜明国 黄学石 徐 平等 著

谨以此书纪念

我国放线菌系统学奠基人阎逊初先生诞辰110周年

国家重大科技专项
国家自然科学基金项目
中央高校基本科研业务费专项资金
大湄公河次区域合作计划 资助
广西创新驱动发展专项资金（科技重大专项）
云南省科技惠民计划项目
云南省高层次人才培养支持计划“青年拔尖人才”专项

科 学 出 版 社
北 京

内 容 简 介

本书论述了作者近十年的研究成果，包括各种环境下放线菌资源的区系组成、分布规律及特点，放线菌资源药用价值评估，放线菌产生的活性先导化合物，放线菌活性物质发现的新方法，放线菌生物活性物质的生物合成，以及用复合放线菌肥防治三七土传病害。最后，本书还提供了微生物药物研发新思维。希望本书的出版能为放线菌资源学奠定学科架构。

本书可供微生物学及相关学科的研究人员，药物研发人员，大专院校教师、本科生、研究生及工程技术人员和管理人员学习参考。

图书在版编目（CIP）数据

放线菌资源及药物发现/姜怡等著. —北京：科学出版社, 2021.6
ISBN 978-7-03-069196-5

Ⅰ. ①放… Ⅱ. ①姜… Ⅲ. ①放线菌–种质资源 ②放线菌–药用价值 Ⅳ. ①Q939-13

中国版本图书馆 CIP 数据核字(2021)第 111423 号

责任编辑：罗 静 陈 倩 / 责任校对：严 娜
责任印制：赵 博 / 封面设计：刘新新

科学出版社 出版
北京东黄城根北街 16 号
邮政编码：100717
http://www.sciencep.com
北京厚诚则铭印刷科技有限公司印刷
科学出版社发行 各地新华书店经销
*
2021 年 6 月第 一 版 开本：889×1194 1/16
2025 年 1 月第三次印刷 印张：15 3/4
字数：510 000
定价：149.00 元

《放线菌资源及药物发现》
著者名单

姜　怡　云南大学云南省微生物研究所

姜明国　广西民族大学海洋与生物技术学院

黄学石　东北大学微生物药物研究所

韩　力　东北大学微生物药物研究所

尹　敏　云南大学医学院

李桂鼎　云南大学云南省微生物研究所

杨立芳　广西民族大学海洋与生物技术学院

鲁　涛　云南大学云南省微生物研究所

徐　平　军事科学院军事医学研究院国家蛋白质科学中心

姜成林　云南大学云南省微生物研究所

放线菌资源研究半世纪
（代序）

放线菌是产生抗生素等药物最多的一类微生物。抗生素为人类的健康事业及农牧业做出了无与伦比的巨大贡献。S. A.Waksman 和 S. Omura 因分别从放线菌发现链霉素、阿维菌素等而获得诺贝尔奖。但是，抗生素的不合理使用造成抗药性广泛发生，成为医药界的重大难题。一些已治愈的疾病又死灰复燃，一些重大疑难疾病仍然无法有效治愈，新的或不明病因的疾病不断发生，对人类健康造成了极大威胁。放线菌资源研究和新药开发永远在路上。

一、简要回眸

早在“文化大革命”中期，在支农的名义下，本人所在的中国科学院昆明植物研究所生理室受命于1969年组建农抗组，该组共有14位研究人员，开始从事放线菌资源研究。本人随即专程拜访了阎逊初、阮继生、方纲、王祖农、童村、焦瑞身等先生。

阎先生说，“云南的资源丰富，物种特别多。你们要把分类搞起来，我们可以帮你们培训骨干。我们都是科学院单位，没有分工，是一家人”。

当时童村先生已被打成“反动学术权威”、“走资派”，被叫去刷瓶子。先生介绍了当时国内外抗生素工业的状况，并说开发抗生素很有意义、很有前途，但很费劲，你们要有长期吃苦的打算……。先生最后说：“科学不是技术，技术一教你就会；科学是艺术，教你一下不会，你们要用一生来体会”。

时下，焦瑞身先生受的冲击不大，他给我们介绍了抗生素研发的一些情况，说搞放线菌很有前途。但要安下心把分类搞起来，“不认识菌，怎么利用？”“云南资源很丰富，好好干。要把基础研究跟应用结合好，纯粹搞基础研究不好，结合产业很重要”。

本实验室三代研究人员都以这些前辈的教导作为行动指南。

1978年，本实验室开始放线菌系统分类研究。段金玉先生要我们有长期“坐冷板凳”的思想准备。

1979年，云南省微生物研究所成立，放线菌资源是主要研究方向之一。当时中国科学院昆明植物研究所的领导吴征镒、段金玉、张敖罗先生等决定将农抗组使用的全部仪器设备“陪嫁”，无偿支持新组建的云南省微生物研究所。

1981年，本实验室开始承担中国科学院科学基金（不久转为现今的国家自然科学基金委员会）的第一个项目 “云南高原湖泊水生生物资源本底调查”中的放线菌资源研究。自此以后40年，连续受到国家自然科学基金30多项资助。

1983年，我国放线菌系统学奠基人阎逊初先生和阮继生先生来本实验室指导工作，进一步确定本实验室以放线菌资源为研究方向。

1985年，阮继生、姜成林、美国瓦克斯曼研究所的 M.P. Lechevalier 和 H.A. Lechevalier 在本领域公认的国际权威杂志 *Int J Syst Bacteriol* 发表第一篇研究论文，标志着中国的放线菌系统学走向世界。这段时间，《微生物学报》几乎每期都发表有本室的研究论文。

1989年，阮先生和本人组织的微生物学科第一个重大项目“云南放线菌生态分布及其资源前期开发”获得国家自然科学基金委资助。全国有4个单位参加。

1994年，本实验室“放线菌资源研究”成为云南大学四个重大项目之一受到重点资助。

1998年，吴征镒先生等评估本实验室工作“放线菌资源研究全国做得最好”。根据吴征镒先生和段金玉先生的指示，建立放线菌代谢产物化学研究系统。

1999 年、2004 年、2009 年，“放线菌资源研究”连续三次获得云南省自然科学一等奖。

2004 年，参与国家 973 项目“极端微生物的生物多样性及潜在应用价值评估”。

2014～2020 年，两位学者连续被爱思唯尔选入全球高被引学者，一位学者获斯克尔曼青年科学家奖。

2006 年，因与德国天然产物研究所（HKI）的合作成为“中德合作的一个典型范例”，科技部主动下达“极端微生物环境中的新药发现”项目，作为鼓励。

2009 年，组织微生物药物联合实验室。开辟动物、地衣、毒性植物放线菌资源研究新领域。

2016 年，姜怡作为两位主编之一在 InTech Press 出版了 *Actinobacteria：Basic and Biotechnological Application* 专著，出版 4 年被下载 4 万多次。

2019 年，姜明国主持广西创新驱动发展专项资金（科技重大专项）“基于海洋微生物功能分子的绿色生物制剂研制与应用示范”。

从 1969 年至今，已度过整整 50 个春秋。

二、主要进展

云南是我国生物多样性最丰富的地区，微生物资源也极其丰富。发现新资源，是开发利用的前提之一。半个世纪以来，本实验室三代同事们，历经千辛万苦，研究了云南 6 个高原湖泊水生放线菌资源，云南各类生态环境、中国西部高盐、高碱环境的土壤放线菌资源，部分海域的放线菌资源，中药植物放线菌资源。在国际权威刊物 *IJSEM* 等发表放线菌及其他细菌新纲 1 个，新目 3 个，新科 9 个，新属 68 个，新种约 500 个，是国际放线菌分类学界发现放线菌新分类单元最多的实验室之一。全世界承认的放线菌大约有 300 个属，其中约 12%是本实验室发表的。2003～2012 年，全世界共在 *IJSEM* 上发表放线菌新物种 1023 个，其中本实验室发表 104 个，约占 10%。本实验室提出的部分分类系统及分类方法已被国际采用。以我国在放线菌系统学领域有重要贡献的科学家的姓氏命名的阎（逊初）氏菌属，阮（继生）氏菌科、阮氏菌属，郝（柏林）氏菌属，刘（志恒）氏菌属，姜（成林）氏菌目、姜氏菌科、姜氏菌属，徐（丽华）氏菌属等均已得到国际公认，其中大部分已被收入 2012 年出版的国际细菌系统学的权威经典著作《伯杰氏细菌系统分类学手册》（第二版，第五卷，放线菌专刊）。国内外同行不断发现这些新分类单元的新成员，丰富这些新分类单元的内涵。在放线菌资源研究的部分领域，本实验室为中国处于国际先进地位做出了重要贡献。

最近十年，本实验室开拓了动物、地衣、毒性植物放线菌资源研究新领域，分离、鉴定并保存了 16 000 多株放线菌及其 DNA，它们分别属于 167 个属，占世界公认放线菌总属数的一半以上。我们测试了这些放线菌的抗菌活性、抗肿瘤活性、酶活性，合成 18 类有用物质的功能基因组，分析了部分菌株的全基因组和代谢组，并进行基因挖掘，建立并完善了放线菌资源利用价值评估体系，全面评估了这些放线菌资源的药用价值。这是我国放线菌资源研究最持久、最系统、最全面的研究成果。

本实验室与东北大学生命科学与健康学院微生物药物研究所、中南民族大学药学院化学生物学综合实验室、广西高校微生物与植物资源利用重点实验室等建立“微生物药物联合实验室”，将微生物资源、天然产物化学、药理学、基因组学、代谢组学、合成生物学密切配合，从放线菌获得约 800 个活性物质，其中 208 个新化合物，发表 80 多个，5 个有开发价值，是国内同期发表放线菌活性物质最多的实验室。这些工作表明，动物粪便放线菌、地衣放线菌是巨大的分子药物库。

本实验室与美国斯克利普斯研究所 B. Shen 领导的研究团队合作建立了基于生物合成途径特异性探针和高通量实时定量荧光 PCR 筛选具有特定类型天然产物的方法。这些新筛选方法的应用，能够减少传统天然产物产生菌筛选的盲目性，提高发现新化合物的几率。采用以上菌株高通量筛选和基因组挖掘相结合的方法，获得了能够产生一些重要药物分子的菌株，这些化合物包括能够杀灭抗药性革兰氏阳性菌的新型抗生素 platensimycin、platencin 以及 leinamycin，烯二炔类等重要抗肿瘤活性化合物。这些研究将生物信息学结构多样性预测和组合生物合成方法结合起来，成功挖掘相关天然产物，极大促进了新药开发。所采用的研究策略也为快速和精准发现其他天然化合物提供了重要线索。同时，完成了几个有开发价值新化合物生物合成途径研究。

本实验室还从 10 300 多株放线菌选出 5 个高活性株，做成复合放线菌肥，用于防治三七土传病害，其效果甚佳，三七增产在 130%～570%，而且越是重病区效果越好。因此认为，用复合放线菌群及其菌剂来防治作物病害是农药开发的一个新方向，从而提出了微生物药物开发的新思维。

迄今，活跃在我国放线菌资源研究和教学的骨干，约有半数出自本实验室，有的已成为学术带头人。这也算是云南大学云南省微生物所对国家做出的一点贡献。

本书是近十年联合实验室统一规划、通力协作的成果。书中介绍了以下 5 项重要进展。

（1）大熊猫为什么每天要消耗大量竹子？因为肠胃系统的纤维分解菌很少。为什么？因为大熊猫的祖先是食肉动物。自从大约 800 万年前大熊猫的祖先开始以竹子为食以来的进化历程中，还没有选择出与其食物相适应的肠道微生物群，这对这类食草动物的协同进化适应性产生了不利影响，造成大熊猫在自然竞争中处于劣势。这也说明，现有的肠道微生物区系是动物、微生物（包括作为食物的植物的内生菌）长久协同进化、互相选择的结果，且相对稳定，各种动物（至少是哺乳动物）的肠道微生物具有各自的特点。

（2）乳象肠道在娘胎内就有微生物。乳象肠道的微生物菌群大约为母象的 2/3，且没有任何与母象不同的类群。因此认为，乳象的肠道内在娘胎内就已建立了具有亚洲象自身特点的肠道微生物菌群的基本骨架；特征之一是缺乏分解纤维素的菌群。在乳象出生后至能够独立生活这段时间内，受其遗传控制，逐步完善亚洲象完整的肠道微生物区系。半野生成年象与野生成年象的生活环境大不一样，食物种类不同，饥饱状态也不同，但它们的肠道微生物区系在门和纲的水平上却非常相似（相似性在 97.5%左右）。

以上两个研究结果说明，动物（至少是哺乳动物）的肠道微生物菌群受自身遗传性控制。而植物、地衣内生菌并没有发现这个规律。

（3）沙漠地区可能存在大量未知放线菌资源。具有特殊地质地貌的元江碱土、元谋土林、陆良彩色沙林，都处于干热河谷地带，雨量少、温度高、蒸发量很大，土壤有机质很低，土质贫瘠，几乎没有植被，但分别从其样品中分离到 27、43、37 个属的放线菌，共计达 62 个属，各自特有的属 21 个，多样性比想象的丰富很多，甚至超过西双版纳热带雨林土壤放线菌的多样性。由此推测，沙漠可能存在大量未知特殊的放线菌资源。

（4）大象肠道微生物存在大量生物活性物质的生物合成基因和抗生素抗性基因，说明动物肠道微生物是一个巨大的分子药物库。还发现大象肠道存在数量庞大的病毒，它们的生物学意义值得研究。从大象粪便获得的倍半萜新化合物（已申请专利）抗真菌的活性很好，无毒，现已完成合成基因的高表达，下一步将进行动物试验。

（5）提出药物研发新思维。遵循中医药复合物治病的思想精髓，严格遵守药物开发三原则（药效好，确切；无毒或可以接受；药标可严格控制），按照现代药物开发规程，使用现代药物开发新技术，开辟一条微生物药物开发新路，从无穷的微生物资源开发微生物复合菌剂新药物，为人类健康事业做贡献。

三、主要经验

（1）本实验室获得过 3 项云南省自然科学一等奖，但负责人的名字往往排在最后，甚至没有名字。还有的同事连教授都没有申请，而是由组织主动授予。艰苦奋斗、淡泊名利、无私奉献的精神是本实验室最重要的精神财富，也是在如此艰苦条件下能有以上成绩的重要原因之一。著名植物学家、国家最高科学技术奖获得者吴征镒先生总结本实验室工作时，评价为："方向选得准、机遇抓得稳、功夫下得勤、方法用得新"。艰苦奋斗精神永远值得传承。

（2）广泛的国内外合作。这 50 年，本实验室受到中国科学院微生物研究所所放线菌系统学与资源开发组阎逊初、阮继生、刘志恒先生，黄英女士无私的指导和支持，三代人建立了非常良好的合作关系，共同承担课题，共同出版多部著作，成果丰硕，在国内建立了小同行长期合作的范例。还与中国科学院沈阳应用生态研究所、中国医学科学院药物研究所、中国医学科学院医药生物技术研究所、华北制药集团、中国医药工业研究总院、上海市农药研究所有限公司有良好的合作。我们建立的微生物药物联合实验室是按照科学规律进行科学研究，破解体制机制障碍，提高研发效率，实现科学为人民服务的好模式。本实验室从 20 世纪 80 年代开始，就与日本、德国、英国、美国、波兰、韩国、印度、意大利、加拿大及我国台湾等相关实验室有连续不断的合作，有 25 位中外科学家任职本实验室客座教授。本实验室有 20 多人次到国外先进实验室做合作研究。与两位诺奖获得者瓦克斯曼和大村智的实验室都有良好的合作，并有论文联合发表。德国天然产物研究所（HKI）的 S. Grabley 教授、韩国的 Chang-Jin Kim 教授因与本实验室合作做出的杰出贡献，分别获得云南省外国专家“彩云奖”。

药物开发需要资源、化学、药理、合成生物学等多学科长期通力合作，创造、吸收国内外新思想、新技术，才能有所建树。

四、展望

（1）放线菌系统分类是资源利用的内容之一。当今的放线菌系统学是以 16S rDNA 序列为基础的分类系统。由于测序技术已实现快速、准确、低成本，预计以全基因组为基础的分类系统不久就会建立起来，放线菌系统学的面貌将有极大改观。

（2）特殊物种或者特殊环境，尤其是动物、地衣、毒性植物、沙漠、海洋等存在大量未知放线菌资源，值得加大研究利用的力度。

（3）一些著名学者认为，微生物药物发现进入了新的黄金期，放线菌仍然是产生抗生素药物重要的来源，甚至提出“振兴放线菌药物发现”的主张。我们认为，以单一化合物为基准的新药开放虽然大有潜力，但周期长、耗资巨大、风险大、困难重重，难以为继。我们主张，遵循中医药复合物治病的思想精髓，严格遵守药物开发三原则及相关规程，综合运用基因组学、基于高分辨质谱的代谢组学、超高压液相色谱-高分辨质谱联用等现代新技术，从放线菌等微生物开发复合微生物菌剂，开拓一条微生物药物开发新路径，为人类健康事业做出贡献。

中国药物学家应该走自己的新路。

本书是所有作者求索、体会科学这门“艺术”的成果和感悟。在此，我们深切怀念童村老先生！

作者特别感谢闫逊初、吴征镒、焦瑞身、段金玉、阮继生、杜冠华、J. F. Imhoff、赵国屏、王祖农、王岳、刘志恒、赵立平、张宗泽、张成岗、刘廷英、许宗雄、熊光滨、贺秉坤、晋绍武、张敖罗、苏睿生、王学仁、王焕校、洪品杰、吴松、龙江、M. P. Lechevalier、H. A. Lechevalier、D. A. Hopwood、S. Omura、B. Shen、 M. Goodfellow、E. Stackebrandt、 M. Mordarski、 H. Laatsch、S. Grabley、Chang-Jin Kim 等先生半个世纪以来的亲切关怀、指导和支持。特别感谢参与工作的张利平、薛权宏、张华、毛培宏、娄恺、来航线、赵立兴、李文军、熊智等及其他给予支持和帮助的同事、学生和国内外友人。所有研究工作受到科技部、教育部、国家基金委、云南省科技厅、广西壮族自治区科技厅、美国国立卫生研究院、云南省微生物研究所、云南大学、东北大学、中南民族大学、广西民族大学等各级领导的指导、关怀和支持，特此致谢。作者特别感谢科学出版社的同志为出版本书所付出的辛劳。

作者特别感恩我国放线菌系统学的奠基人阎逊初先生的亲切关怀和指导。谨以此书纪念先生 110 周年华诞！

姜成林

2020 年 8 月 28 日于昆明

目　录

第一章　放线菌资源

放线菌是自然生态系统的重要组成部分，其生态作用主要有两方面，一是产生各种各样的酶（纤维素酶、糖苷酶、蛋白酶、几丁质酶等），分解难分解的物质；二是产生各种各样的抗菌物质，维持生态系统的平衡。这两类物质都可被人类利用。

放线菌是用于生产抗生素等药物最多的一类微生物。美国科学家赛尔曼·A.瓦克斯曼（Selman Abraham Waksman）因从土壤放线菌中发现了链霉素于 1952 年获得诺贝尔生理学或医学奖，之后大约 20 年的时间里，大量抗生素被发现和应用，抗生素研发处于黄金期。在这之后 63 年（2015 年），日本科学家大村智（Satoshi Ōmura）因其从放线菌中发现的阿维菌素等可作为杀虫剂在全世界大面积应用而获诺贝尔生理学或医学奖，因此有学者认为，这将迎来抗生素开发的又一个黄金期。抗生素对人类健康和农业、畜牧业的贡献无论怎样评价都不为过。放线菌仍然是当今药物开发中最重要的资源之一。

但是，抗生素等微生物药物的开发越来越困难。投资大、周期长、风险高，需要多学科密切配合，这些都成为企业难以承受的沉重负担。新上市的微生物新药越来越少。有的新药上市很短时间就产生抗药性。这些都是微生物药物开发面临的困境。

当今，放线菌药物开发正处于以代谢组学-超高压高分辨质谱分析为核心，全面利用现代新技术，开拓动物、海洋、沙漠及其他原始环境放线菌研究新领域，发现新药的时期（图 1-1）。

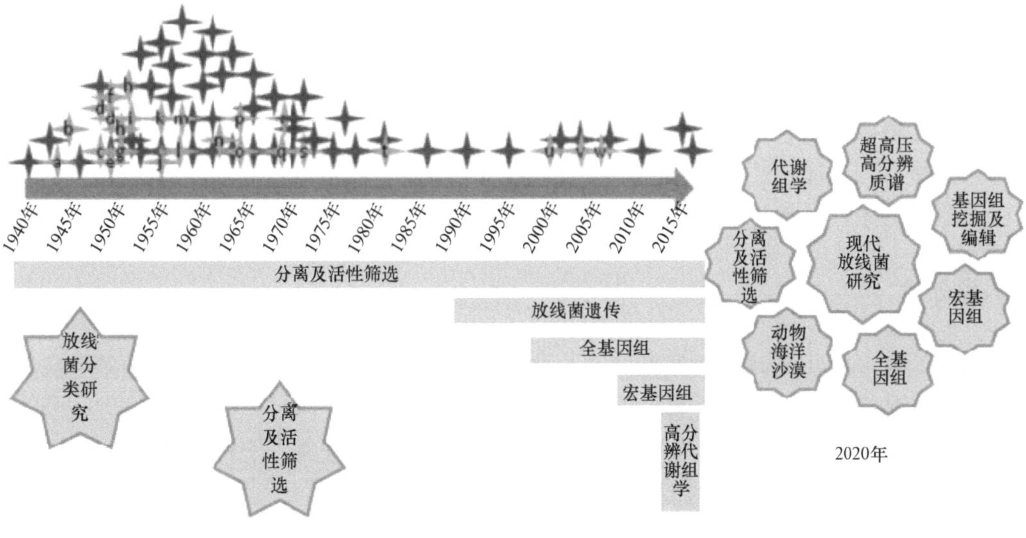

图 1-1　放线菌天然药物研究的历程（Polpass and Bhavanath，2016）

研究放线菌资源的分布规律，发现新的放线菌资源，是开发利用相关药物的重要组成部分及必要前提之一。

云南是我国生物多样性最丰富的地区之一，位于我国西南边陲，东连贵州高原及桂西丘陵，南邻越南、老挝北部低缓丘陵，西接缅甸伊洛瓦底江平原，西北接青藏高原，域内地势由西北向东南呈阶梯式递降，西北的卡格博峰 6740m，而东南边境的河口仅 76m。山脉走向、河流分布等差异极大，我国独特的北南走向山脉横断山就在云南西部，堪称“地质博物馆”。地质地貌和气候植被的复杂性也造就了云南土壤类型的多样性，砖红壤、山地红壤、红棕壤、山地黄棕壤、山地棕壤、棕色暗针叶土、高山草甸土、荒漠土（极少）等不同类型的土壤分布于不同海拔和地区。国家级自然保护区面积很大。这些得天独厚的自然地理环境使得云南土壤微生物资源的分布也错综复杂，为天然产物的开发提供了极其丰富的菌种资源库。

本实验室（云南大学云南省微生物研究所放线菌实验室）自20世纪七八十年代开始对云南不同生态环境的放线菌资源进行研究。近10年来，综合运用各种现代技术，研究了云南西双版纳热带雨林地区、滇南热带常绿阔叶林地区、云南部分河流干热河谷地区及我国西部地区的土壤放线菌资源；开拓了动物、地衣、有毒植物放线菌资源研究的新领域；还研究了中国南海北部湾海洋放线菌资源，建立了含6万多株放线菌资源的菌种库。现报告部分研究进展。

第一节　放线菌分离方法的重要性

要开发利用放线菌资源，从中发现具有利用价值的生物活性物质，发现新资源是重要前提之一。对放线菌资源研究的主要方向有两个：一是特定来源地放线菌的多样性；二是获得尽可能多的有药用价值的未知放线菌资源。为此，分离方法必须从样品来源、预处理、培养基的设计、抑制剂的选择和用量、培养时间等综合配套，以获得尽可能多样的未知放线菌为中心，以实验样品的采集和分离方法为重点。本节叙述如下相关问题。

一、实验样品采集

围绕探索放线菌的多样性和获得尽可能多的未知放线菌的目的，根据我们50年的经验，实验样品的采集要掌握3个原则：一是尽可能从原始环境采集样品，特别是原始森林，其放线菌种类非常丰富；极端环境（极端盐、碱、酸，高温、干旱、沙漠、极地、深海等）的未知菌种类也丰富，但难于培养。二是从未研究过的环境或对象（如动物、有毒植物、地衣等）取样。三是增加样品来源生态环境的多样性，植被（植物种类等）、土壤、小气候、湿度、海拔、坡度、光照、阴坡、阳坡等尽量不同，尽量多点混合。样品应放在无菌容器中，运输过程和长期保存应置于4℃冰箱中。

二、样品的预处理

预处理的目的在于分离纯培养放线菌时减少非放线菌（尤其是样品中广泛存在的革兰氏阴性菌和真菌）的干扰，同时又要保护放线菌。可采用以下方法。

（1）粪便样品要用无菌竹签铺一薄层于无菌培养皿表面，防止长霉；土样及其他样品用无菌纸分装，均于25～35℃阴干，可以消除多种细菌干扰。

（2）80～120℃干热处理1h；或将稀释10倍的样品提取液55℃水浴6min；或将样品提取液用超声波（160W，59kHz）处理40s。减少细菌干扰，增加放线菌出菌率。

（3）样品提取液也可以用1.5%苯酚30℃处理10min。

三、分离培养基的选择

放线菌分离培养基的选择至少要考虑以下几点。

第一，为了从特殊环境、特殊来源的样品分离到特殊放线菌，培养基的设计要与之相适应，要突出与目的菌有关的因素，如温度、pH、盐浓度及组成。例如，为了分离嗜盐放线菌，必须在培养基中加20%以上的各种盐类，还得考虑培养基成分的可溶性、拮抗性等。

第二，为了分离特定类群的放线菌，例如，分离游动放线菌，可以在培养基中加入甲壳素类物质，或用花粉“诱捕”。

第三，线菌对其产生的抗生素有抗性，所以加入大量抗生素，可以选择性分离耐受这种抗生素的菌种。

第四，为了增加放线菌的多样性，尤其是增加稀有放线菌的出菌率，一般应采用多种成分差异较大的培养基，如本室设计的 YIM 7、YIM 212、YIM 91 号培养基等。

第五，放线菌的生长较慢，通常情况下，要采用所谓的贫营养培养基。

四、抑制剂

妙用抑制剂是分离放线菌的关键之一。一般可用 50～75mg/L 的重铬酸钾，或制霉菌素 100mg/L、放线酮 50mg/L、萘啶酸 25～40mg/L。为了分离特定类群的放线菌，可以在培养基中加入对目的菌有抗性的抑制剂。例如，分离链孢囊放线菌和马杜拉放线菌时，可加入过量的庆大霉素。

第二节　土壤放线菌资源

土壤是放线菌的主要栖息地之一，国际上对土壤放线菌研究的时间最长，成果最丰富。

近10年来，本实验室利用各种现代技术，对云南代表性地区及海南岛至新疆（与胡焕庸线的交叉线）不同生态环境的土壤放线菌资源进行了深入研究（图1-2），探索放线菌资源分布的特点和规律，分离、鉴定、保存了近两万株土壤放线菌及其 DNA。利用各种现代技术对其利用价值进行评估，获得了大批值得开发的菌株。以下重点叙述近10年的部分研究成果。

图 1-2　采样地区（彩图请扫封底二维码）

一、云南西双版纳热带雨林自然保护区的土壤放线菌资源

西双版纳位于云南南部，北纬 21°10′～22°24′和东经 101°10′～101°50′，属横断山脉的南延部分。年平均气温 23.8℃，年平均降雨量 1500mm。西双版纳热带雨林自然保护区，总面积约 24.2 万 hm^2，是我国生物多样性最为丰富的地区之一。热带雨林的显著特点是多板根，多附生植物，多老茎生花结果植物。典型物种有望天树、篦齿苏铁、云南苏铁、藤枣、四数木、山桂花、红椿、土沉香等非常珍贵的植物及

亚洲象、麋鹿、印度野牛、苏门羚、豹、蜂猴、灰叶猴、绿孔雀、白鹇、犀鸟等珍稀野生动物。采样的望天树保护区、勐养保护区、尚勇保护区属于西双版纳国家级自然保护区的核心区，植被保存完好（图1-3）。从这3个热带雨林采集土壤样品150份，共分离放线菌1158株，用16S rDNA序列对比，鉴定到属、种，共获得纯培养放线菌9目15科36属（表1-1）。其中游动孢囊菌属（*Planosporangium*）、球孢囊菌属（*Sphaerisporangium*）是非常罕见的放线菌。根据现行共识（与已知种的相似性在98.8%以下的菌株可能是新种），有多达36%的菌株是潜在新种，发表新种6个，可见西双版纳热带雨林蕴藏着大量未知放线菌资源。这个地区放线菌分布的显著特点是多样性很丰富，未知菌很多。

图1-3 西双版纳热带雨林（彩图请扫封底二维码）

表1-1 西双版纳热带雨林土壤放线菌的组成

目	科	属
Propionibacteriales	Propionibacteriaceae	*Friedmanniella*
	Nocardioidaceae	*Actinopolymorpha*，*Kribbella*，*Nocardioides*
Micrococcales	Micrococcaceae	*Arthrobacter*，*Citricoccus*
	Cellulosmonadaceae	*Oerskovia*，*Cellulomonas*，*Cellulosimicrobium*
	Microbacteriaceae	*Agrococcus*，*Agromyces*，*Curtobacterium*，*Microbacterium*
	Promicromonosporaceae	*Isoptericola*，*Promicromonospora*
Corynebacteriales	Mycobacteriaceae	*Mycobacterium*
	Nocardiaceae	*Nocardia*，*Rhodococcus*
Psudonocardiales	Psudonocardiaceae	*Actinomycetospora*，*Lentzea*，*Pseudonocardia*，*Saccharomonospora*，*Saccharopolyspora*
Streptomycetales	Streptomycetaceae	*Streptomyces*，*Kitasatospora*
Streptosporangiales	Streptosporangaceae	*Nonomurae*，*Sphaerisporangium*，*Streptosporangium*
	Thermomonosporaceae	*Actinomadura*
Micromonosporales	Micromonosporaceae	*Actinoplanes*，*Dactylosporangium*，*Micromonospora*，*Planosporangium*，*Polymorphospora*
Kineosporiales	Kineosporiaceae	*Kineicoccus*
Jiangellales	Jiangellaceae	*Jiangella*
总计 9	15	36

二、怒江大峡谷的土壤放线菌资源

怒江大峡谷位于云南西北部怒江傈僳族自治州，是由巍峨高耸的碧罗雪山、高黎贡山、担当力卡山与奔腾的怒江、独龙江相间构成的深切割裂大峡谷。怒江大峡谷，在云南省内自北向南超过300km，平均深度为 2000m，最深处在贡山丙中洛一带，达 3500m，被称为“东方大峡谷”。高山峡谷和温暖潮湿的亚热带山地气候极利于动植物的生存繁衍。森林覆盖率为 44%，有大量珍稀名贵树种。其中仅中草药就有 356 种，兰花多达 140 多种，野生动物 474 种，如齿蟾、戴帽叶猴、灰腹角雉，只栖息该地。

本研究从怒江大峡谷怒江傈僳族自治州段选取 4 组样区（即丙中洛、石月亮—贡山、福贡—泸水、泸水）（图 1-4）采集土壤样品，用 9 种培养基分离、鉴定放线菌 351 株。它们属于 8 目 14 科 27 属（表 1-2），其中 *Microterricola*、*Paenarthrobacter*、*Terrabacter*、*Williamsia* 是罕见的种类。351 株放线菌中有 13 株（约占 4%）是潜在新种，潜在新种的比例相对较低。

图 1-4 怒江大峡谷取样地区（彩图请扫封底二维码）

表 1-2 怒江大峡谷土壤放线菌的组成

目	科	属
Streptomycetales	Streptomycetaceae	*Streptomyces*，*Kitasatospora*
Micromonosporales	Micromonosporaceae	*Micromonospora*
Streptosporangiales	Streptosporangiaceae	*Nonomuraea*
Micrococcales	Microbacteriaceae	*Microbacterium*，*Agrococcus*，*Agromyces*，*Microterricola*
	Intrasporangiaceae	*Terrabacter*
	Brevibacteriaceae	*Brevibacterium*
	Micrococcaceae	*Arthrobacter*，*Paenarthrobacter*
	Promicromonosporaceae	*Cellulosimicrobium*，*Promicromonospora*
	Cellulomonadaceae	*Cellulomonas*
Corynebacteriales	Nocardiaceae	*Rhodococcus*，*Nocardia*，*Williamsia*，*Gordonia*
	Mycobacteriaceae	*Mycobacterium*
Propionibacteriales	Nocardioidaceae	*Kribbella*，*Nocardioides*，*Aeromicrobium*
Kineosporiales	Kineosporiaceae	*Kineococcus*
Pseudonocardiales	Pseudonocardiaceae	*Saccharothrix*，*Pseudonocardia*，*Allokutzneria*
总计 8	14	27

纯培养和免培养两种方法的研究结果显示，研究的地段至少有 75 属的放线菌存在，有 36%（27 属）获得了纯培养（图 1-5 和图 1-6，表 1-3）。还有 11 个纯培养得到的属，在高通量（免培养）方法中却没有检测到。为什么约有 10%的放线菌通过纯培养都能获得，免培养法反而检测不到？最可能的原因是目前高通量测定 16S rDNA 个别区段的方法分辨率不够。

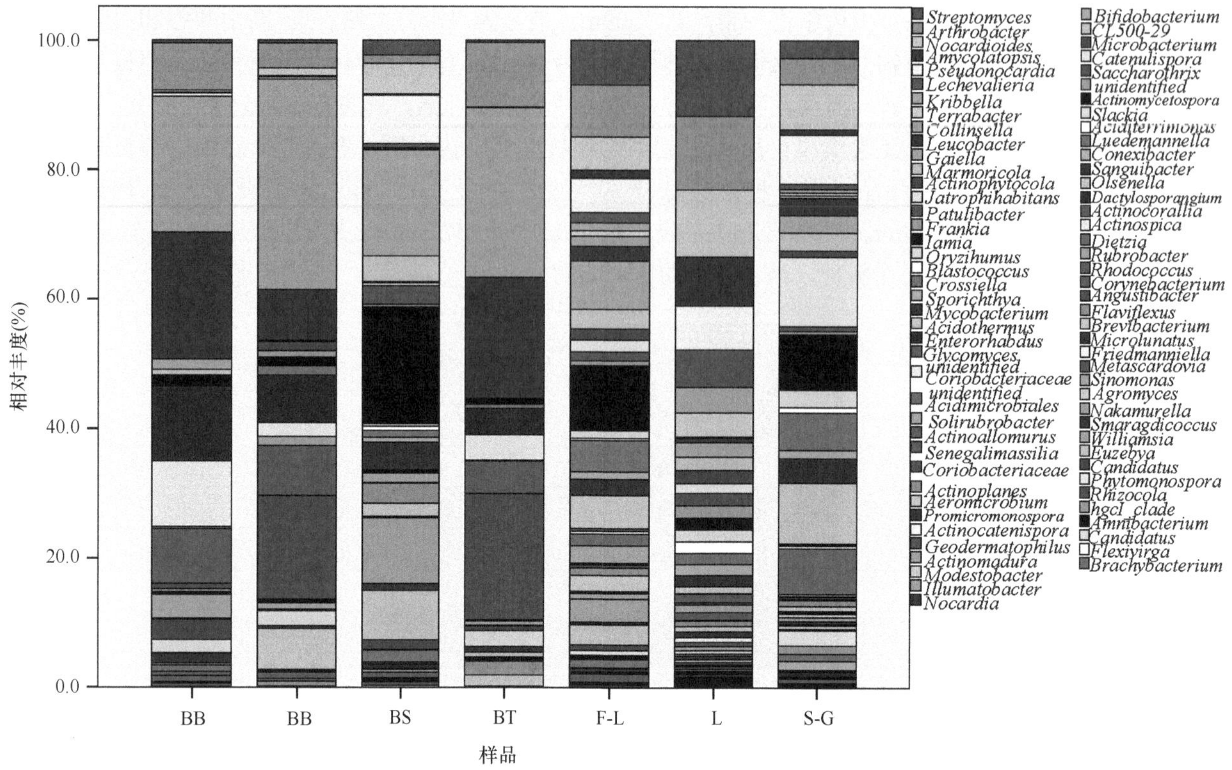

图 1-5 不同样品间在属水平上放线菌的相对丰度（彩图请扫封底二维码）

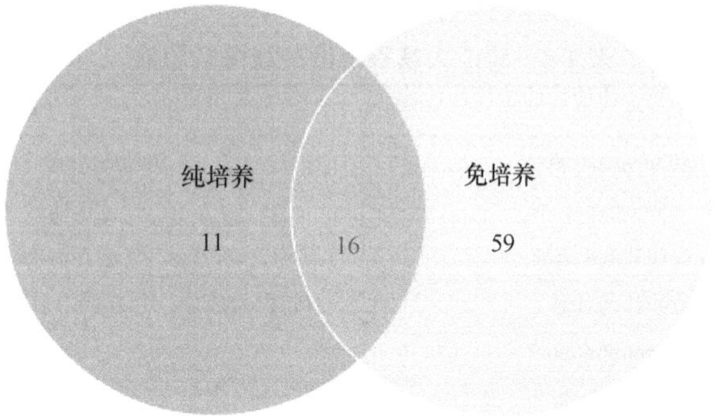

图 1-6 利用维恩图比较免培养（获得 75 属）、纯培养方法（27 属）研究结果，其中 16 属在 2 种方法的分析中都有发现

表 1-3 用免培养、纯培养方法研究怒江大峡谷地区土壤微生物的对照表

纯培养的属	纯培养和免培养共有的属	免培养的属
Agrococcus，*Allokutzneria*，*Cellulomonas*，*Cellulosimicrobium,Gordonia*，*Kineococcus*，*Kitasatospora*，*Micromonospora*，*Microterricola*，*Nonomuraea*，*Paenarthrobacter*	*Aeromicrobium*，*Agromyces*，*Arthrobacter*，*Brevibacterium*，*Kribbella*，*Microbacterium*，*Mycobacterium*，*Nocardia*，*Nocardioides*，*Promicromonospora*，*Pseudonocardia*，*Rhodococcus*，*Saccharothrix*，*Streptomyces*，*Terrabacter*，*Williamsia*	*Aciditerrimonas*，*Acidothermus*，*Actinoallomurus*，*Actinocatenispora*，*Actinocorallia*，*Actinomadura*，*Actinomycetospora*，*Actinophytocola*，*Actinoplanes*，*Actinospica*，*Amnibacterium*，*Amycolatopsis*，*Angustibacter*，*Bifidobacterium*，*Blastococcus*，*Brachybacterium*，*Candidatus*，*Catenulispora*，*Collinsella*，*Conexibacter*，*Coriobacteriaceae*，*Crossiella*，*Corynebacterium*，*Dactylosporangium*，*Dietzia*，*Enterorhabdus*，*Euzebya*，*Flaviflexus*，*Flexivirga*，*Frankia*，*Friedmanniella*，*Gaiella*，*Geodermatop*，*Glycomyces*，*Hilus*，*Iamia*，*Illumatobacter*，*Jatrophihabitans*，*Lechevalieria*，*Leucobacter*，*Luedemannella*，*Marmoricola*，*Metascardovia*，*Microlunatus*，*Modestobacter*，*Nakamurella*，*Olsenella*，*Patulibacter*，*Phytomonospora*，*Planktophila*，*Rhizocola*，*Rubrobacter*，*Sanguibacter*，*Senegalimassilia*，*Sinomonas*，*Slackia*，*Smaragdicoccus*，*Solirubrobacter*，*Sporichthya*（59）。*Candidatus-Microthrix*，*CL500-29-marine-group*，*Coriobacteriaceae-UCG-003*，*unidentified-Acidimicrobiales*，*unidentified-Oryzihumus*，*hgcI-clade*（这 6 个未鉴定到属，故暂不进行统计）

三、高黎贡山龙陵段的土壤放线菌资源

高黎贡山南延的龙陵县位于北纬 24°07′～24°50′，东经 98°25′～99°11′，地处怒江、龙川江两江之间，属怒江断裂带，多地震地热。高黎贡山山脉由北向南伸入县境，地势呈中部高而东西倾斜之势，全境崇山峻岭，丘陵起伏，河流纵横，最高海拔 3001m，最低海拔 535m，垂直高差 2466m，是高黎贡山国家级自然保护区的一部分。由于地形复杂，垂直高差大，局部又分为北热带、南亚热带、中亚热带、北亚热带、南温带、中温带 6 种气候区。龙陵县兼具低纬、季风和山原地势气候特征，形成了四季温差小、干湿季分明、垂直变异突出的亚热带山原季风气候。年平均气温 14.9℃，最冷月为 1 月，月平均气温 7.4℃。此地西南受印度洋暖湿气流的影响，形成西面迎风坡多雨、夏无酷热，东部背风坡雨量适中、无寒暑剧变的气候特点，动植物资源非常丰富。

从高黎贡山龙陵段采集 136 份土壤样品，用 4 种培养基分离到放线菌 2585 株，去重复后鉴定为 593 株，它们属于 7 目 13 科 32 属（表 1-4）。其中优势类群链霉菌 299 株（占 50.4%），有 80 多种；红球菌 71 株；*Paenarthrobacter* 24 株；*Microbacterium* 32 株；*Arthrobacter* 22 株。值得一提的是 *Terracoccus* 和 *Krasilnikoviella* 目前分别仅有 1 种，属于罕见放线菌，却在本地区均有分布。

表 1-4 高黎贡山龙陵段土壤放线菌的组成

目	科	属
Corynebacteriales	Mycobacteriaceae	*Mycobacterium*（1）
	Nocardiaceae	*Gordonia*（4），*Nocardia*（9），*Rhodococcus*（71）
Micrococcales	Intrasporangiaceae	*Janibacter*（2），*Terracoccus*（1）
	Microbacteriaceae	*Agrococcus*（3），*Agromyces*（18），*Curtobacterium*（2），*Leifsonia*（1），*Microbacterium*（32）
	Micrococcaceae	*Arthrobacter*（22），*Kocuria*（1），*Micrococcus*（1），*Paenarthrobacter*（24），*Paeniglutamicibacter*（1），*Pseudarthrobacter*（3）
	Promicromonosporaceae	*Cellulosimicrobium*（5），*Isoptericola*（2），*Krasilnikoviella*（1），*Promicromonospora*（5）
Micromonosporales	Micromonosporaceae	*Actinoplanes*（1），*Micromonospora*（2）
Propionibacteriales	Kribbellaceae	*Kribbella*（1）
	Nocardioidaceae	*Aeromicrobium*（1），*Nocardioides*（4）
Pseudonocardiales	Pseudonocardiaceae	*Actinokineospora*（1）
Streptomycetales	Streptomycetaceae	*Embleya*（1），*Kitasatospora*（1），*Streptomyces*（299）
Streptosporangiales	Nocardiopsaceae	*Nocardiopsis*（1）
	Streptosporangiaceae	*Streptosporangium*（2）
总计 7	13	32

注：括号内数字为鉴定菌株数

四、云南 3 个特殊地质地貌地区的土壤放线菌资源

云南分布有许多特殊地质地貌。我们选择元江碱土、元谋土林和陆良彩色沙林 3 个地区（样区）作为研究对象（图 1-7）。这 3 个地区地质地貌差异显著（表 1-5），有机质很少，无机离子含量差别很大，气候、植被因素各异，其土壤放线菌资源的组成和多样性又有什么特点？我们用免培养程序和纯培养程序进行了深入研究。现报告部分结果。

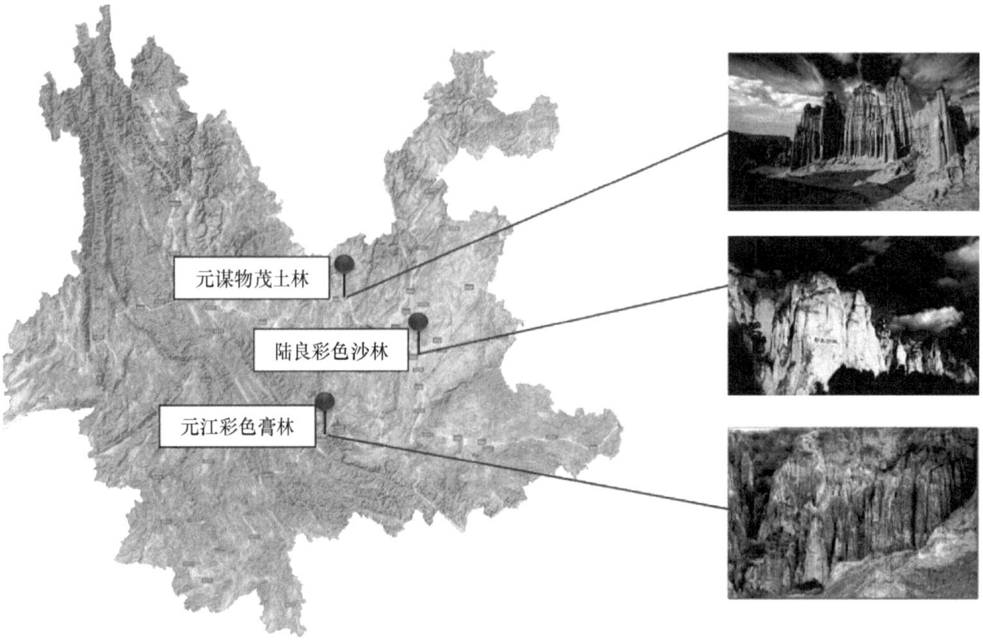

图 1-7　云南 3 个特殊地质地貌地区

表 1-5　3 个地区样品环境因子信息

样品编号	水分（%）	pH	有机质（g/kg）	电导率（μS/cm）	总溶解性固体（mg/L）
元江碱土	2.38	7.91	3.45	1109.5	546.2
元谋土林	0.28	6.35	1.50	467.1	235.9
陆良彩色沙林	3.62	6.21	0.86	72.3	37.1

（一）纯培养放线菌

在研究过程中，分别于 11 月（雨季末）和次年 3 月（旱季）采集实验样品，并分别用 13 种培养基进行了两次分离。经纯化和去重复后，元江碱土样品共获得放线菌 394 株，元谋土林样品共获得放线菌 545 株，陆良彩色沙林样品共获放线菌 442 株，三地总计 1381 株放线菌。对这些菌株的 16S rDNA 进行测序，并构建系统进化树，将菌株鉴定到种。以下报告 3 个地区（样区）纯培养放线菌的组成。

1. 元江碱土

元江碱土样区位于元江干热河谷地区，年平均气温达 30.6℃，最高可达 42℃，年降雨量约 796.4mm，年蒸发量却高达 2592.7mm，是云南典型的干热河谷之一。地表植被主要为稀疏草丛，偶有灌丛，覆盖率约 20%，采样范围平均海拔约 500m。采样碱土地带处于金沙江—元江断裂带，沉积挤压使含膏盐的泥岩、页岩沉积物形成褶皱和变形，产生断层和垂直节理，地表水沿垂直缝隙下渗，切割，并与膏盐物质发生水化反应，在元江干热河谷气候的影响下，形成一层由石膏组成的坚硬薄膜，从而保护了柱体的稳定性并呈现锈红、翠绿、土黄、暗紫等丰富色调。经鉴定，分离获得的 394 株放线菌属于 9 目 15 科 27 属。其中 *Actinokineospora*、*Kibdelosporangium*、*Prauserella*、*Yonghaparkia*、*Oerskovia*、*Glycomyces*、*Mycolicibacterium* 等 7 属在其他两个地区均未分离到（表 1-6）。*Kineococcus terrestri* YIM 121936^{T} 和 *Kineococcus aureolus* YIM 121940^{T} 两个新种已经发表。

表 1-6　元江碱土放线菌的组成

目	科	属
Streptomycetales	Streptomycetaceae	*Streptomyces*
Pseudonocardiales	Pseudonocardiaceae	*Actinokineospora*, *Amycolatopsis*, *Kibdelosporangium*, *Prauserella*, *Pseudonocardia*, *Saccharothrix*
Micromonosporales	Micromonosporaceae	*Actinoplanes*，*Micromonospora*
Micrococcales	Micrococcaceae	*Arthrobacter*，*Kocuria*，*Micrococcus*
	Microbacteriaceae	*Leifsonia*，*Microbacterium*，*Yonghaparkia*
	Brevibacteriaceae	*Brevibacterium*
	Cellulomonadaceae	*Cellulomonas*
	Sanguibacteraceae	*Oerskovia*
	Promicromonosporaceae	*Promicromonospora*
Glycomycetales	Glycomycetaceae	*Glycomyces*
Kineosporiales	Kineosporiaceae	*Kineococcus*
Propionibacteriales	Nocardioidaceae	*Kribbella*，*Nocardioides*
Streptosporangiales	Nocardiopsaceae	*Nocardiopsis*
Corynebacteriales	Mycobacteriaceae	*Mycolicibacterium*
	Nocardiaceae	*Nocardia*，*Rhodococcus*
总计　9	15	27

注：下画线表示元江碱土分离所获的 7 个特有放线菌属

2. 元谋土林

元谋土林位于云南中部的元谋盆地，年平均气温 21.8℃，最高可达 40.4℃，年平均降雨量 688.9mm，年蒸发量为 3627mm，常年无霜冻。元谋土林最早由新构造运动的抬升形成台地，常年降雨量的不均衡及该地区存在大量软硬交替岩层的强烈侵蚀，使得沉积堆积土层在长期的流水冲刷和风蚀作用下，慢慢雕刻成独具色彩的土林地貌。而土林地处的金沙江河谷干热地区干燥、炎热、雨量少，使得该地区的物理风化和剥蚀作用更加显著。此外，该地区沉积层垂直节理发育的过程中，低价铁离子迅速氧化为高价铁离子，在表层形成坚硬的氧化铁层，较好地保护了各种地质特色结构。经鉴定，分离获得的 545 株放线菌属于 9 目 17 科 42 属。其中 *Kitasatospora*、*Lechevalieria*、*Antricoccus*、*Paenarthrobacter*、*Sinomonas*、*Curtobacterium*、*Terrabacter*、*Tetrasphaera*、*Monashia*、*Intrasporangium*、*Quadrisphaera*、*Marmoricola*、*Streptosporangium*、*Actinomadura* 在其他两个地区并未分离到（表 1-7）。

表 1-7　元谋土林土壤放线菌的组成

目	科	属
Streptomycetales	Streptomycetaceae	*Streptomyces*，*Kitasatospora*
Micromonosporales	Micromonosporaceae	*Actinoplanes*，*Micromonospora*
Pseudonocardiales	Pseudonocardiaceae	*Amycolatopsis*, *Lechevalieria*, *Lentzea*, *Leucobacter*, *Pseudonocardia*, *Saccharothrix*
Frankiales	Antricoccaceae	*Antricoccus*
Micrococcales	Micrococcaceae	*Arthrobacter*，*Kocuria*，*Glutamicibacter*，*Micrococcus*，*Paenarthrobacter*，*Pseudarthrobacter*，*Sinomonas*
	Brevibacteriaceae	*Brevibacterium*
	Microbacteriaceae	*Curtobacterium*，*Agrococcus*，*Leifsonia*，*Microbacterium*
	Promicromonosporaceae	*Promicromonospora*
	Intrasporangiaceae	*Terrabacter*，*Tetrasphaera*，*Monashia*，*Intrasporangium*
	Dermatophilaceae	*Mobilicoccus*

续表

目	科	属
Corynebacteriales	Nocardiaceae	*Gordonia*，*Nocardia*
	Mycobacteriaceae	*Mycobacterium*，*Rhodococcus*，*Williamsia*
Kineosporiales	Kineosporiaceae	*Kineococcus*，*Quadrisphaera*
Propionibacteriales	Nocardioidaceae	*Kribbella*，*Marmoricola*，*Nocardioides*
Streptosporangiales	Streptosporangiaceae	*Streptosporangium*
	Nocardiopsaceae	*Nocardiopsis*
	Thermomonosporaceae	*Actinomadura*
总计 9	17	42

3. 陆良彩色沙林

陆良彩色沙林地处亚热带高原季风气候区，冬季干燥、夏季潮湿，年平均气温 14.7℃，年降水量为 900～1000mm。陆良彩色沙林位于滇东岩溶高原断陷岩溶盆地，属于特殊地质活动冲击形成的台地，受流水侵蚀，形成沟壁交错的城堡状、峰丛状、柱状、帽状或孤峰状等形状各异的砂体，而其丰富的岩石和矿物质沉积物在长期的氧化还原作用下产生红褐色、白色、灰色、绿色、黄色等深浅不一的多彩色调。经鉴定，分离获得的 442 株放线菌属于 7 目 18 科 37 属。其中 *Agromyces*、*Mycetocola*、*Pseudoclavibacter*、*Brachybacterium*、*Cellulosimicrobium*、*Lapillicoccus*、*Saccharopolyspora*、*Corynebacterium*、*Dietzia*、*Tsukamurella*、*Dactylosporangium*、*Nonomuraea* 等 12 属在其他两个地区未获得（表 1-8）。

表 1-8　陆良彩色沙林土壤放线菌的组成

目	科	属
Streptomycetales	Streptomycetaceae	*Streptomyces*
Micrococcales	Microbacteriaceae	*Agrococcus*，*Agromyces*，*Microbacterium*，*Mycetocola*，*Pseudoclavibacter*
	Micrococcaceae	*Arthrobacter*，*Glutamicibacter*，*Kocuria*，*Micrococcus*，*Pseudarthrobacter*
	Dermabacteraceae	*Brachybacterium*
	Brevibacteriaceae	*Brevibacterium*
	Cellulomonadaceae	*Cellulomonas*
	Promicromonosporaceae	*Cellulosimicrobium*，*Promicromonospora*
	Intrasporangiaceae	*Lapillicoccus*
Pseudonocardiales	Pseudonocardiaceae	*Amycolatopsis*，*Lentzea*，*Leucobacter*，*Pseudonocardia*，*Saccharopolyspora*，*Saccharothrix*
Corynebacteriales	Corynebacteriaceae	*Corynebacterium*
	Dietziaceae	*Dietzia*
	Nocardiaceae	*Gordonia*，*Nocardia*
	Mycobacteriaceae	*Mycobacterium*，*Rhodococcus*，*Williamsia*
	Tsukamurellaceae	*Tsukamurella*
Micromonosporales	Micromonosporaceae	*Dactylosporangium*，*Micromonospora*
Propionibacteriales	Nocardioidaceae	*Kribbella*，*Nocardioides*
Streptosporangiales	Nocardiopsaceae	*Nocardiopsis*
	Streptosporangiaceae	*Nonomuraea*
总计 7	18	37

3 个地区共分离鉴定 1381 株放线菌，它们分属于 10 目 24 科 62 属，体现出非常丰富的物种多样性，

在本研究中，这 3 个地区是放线菌组成最多样化的地区。10 目分别是：链霉菌目（Streptomycetales）、假诺卡氏菌目（Pseudonocardiales）、小单孢菌目（Micromonosporales）、糖霉菌目（Glycomycetales）、微球菌目（Micrococcales）、动孢菌目（Kineosporiales）、丙酸杆菌目（Propionibacteriales）、链孢囊菌目（Streptosporangiales）、弗兰克氏菌目（Frankiales）、棒状杆菌目（Corynebacteriales）。24 科：Antricoccaceae、短杆菌科（Brevibacteriaceae）、纤维单孢菌科（Cellulomonadaceae）、棒状杆菌科（Corynebacteriaceae）、皮杆菌科（Dermabacteraceae）、嗜皮菌科（Dermatophilaceae）、迪茨氏菌科（Dietziaceae）、糖霉菌科（Glycomycetaceae）、间孢囊菌科（Intrasporangiaceae）、动孢菌科（Kineosporiaceae）、微杆菌科（Microbacteriaceae）、微球菌科（Micrococcaceae）、小单孢菌科（Micromonosporaceae）、分枝杆菌科（Mycobacteriaceae）、诺卡氏菌科（Nocardiaceae）、类诺卡氏菌科（Nocardioidaceae）、拟诺卡氏菌科（Nocardiopsaceae）、原小单孢菌科（Promicromonosporaceae）、假诺卡氏菌科（Pseudonocardiaceae）、血杆菌科（Sanguibacteraceae）、链霉菌科（Streptomycetaceae）、链孢囊菌科（Streptosporangiaceae）、高温单孢菌科（Thermomonosporaceae）、冢村氏菌科（Tsukamurellaceae）。62 属：动孢菌属（*Actinokineospora*）、马杜拉放线菌属（*Actinomadura*）、游动放线菌属（*Actinoplanes*）、壤球菌属（*Agrococcus*）、壤霉菌属（*Agromyces*）、拟无枝酸菌属（*Amycolatopsis*）、*Antricoccus*、节杆菌属（*Arthrobacter*）、短状杆菌属（*Brachybacterium*）、短杆菌属（*Brevibacterium*）、纤维单孢菌属（*Cellulomonas*）、纤维微菌属（*Cellulosimicrobium*）、棒状杆菌属（*Corynebacterium*）、短小杆菌属（*Curtobacterium*）、指孢囊菌属（*Dactylosporangium*）、迪茨氏菌属（*Dietzia*）、谷氨酸杆菌属（*Glutamicibacter*）、糖霉菌属（*Glycomyces*）、戈登氏菌属（*Gordonia*）、指孢囊菌属（*Intrasporangium*）、拟孢囊菌属（*Kibdelosporangium*）、动球菌属（*Kineococcus*）、北里孢菌属（*Kitasatospora*）、考克氏菌属（*Kocuria*）、韩国生工菌属（*Kribbella*）、小石球菌属（*Lapillicoccus*）、列舍瓦列氏菌属（*Lechevalieria*）、利夫森氏菌属（*Leifsonia*）、伦兹菌属（*Lentzea*）、无色杆菌属（*Leucobacter*）、大理石雕菌属（*Marmoricola*）、微杆菌属（*Microbacterium*）、微球菌属（*Micrococcus*）、小单孢菌属（*Micromonospora*）、*Mobilicoccus*、*Monashia*、栖霉菌属（*Mycetocola*）、分枝杆菌属（*Mycobacterium*）、诺卡氏菌属（*Nocardia*）、类诺卡氏菌属（*Nocardioides*）、拟诺卡氏菌属（*Nocardiopsis*）、野野村氏菌属（*Nonomuraea*）、厄氏菌属（*Oerskovia*）、*Paenarthrobacter*、普劳氏菌属（*Prauserella*）、原小单孢菌属（*Promicromonospora*）、假节杆菌属（*Pseudarthrobacter*）、假棍状杆菌属（*Pseudoclavibacter*）、假诺卡氏菌属（*Pseudonocardia*）、*Quadrisphaera*、红球菌属（*Rhodococcus*）、糖多孢菌属（*Saccharopolyspora*）、糖丝菌属（*Saccharothrix*）、中国单孢菌属（*Sinomonas*）、链霉菌属（*Streptomyces*）、链孢囊菌属（*Streptosporangium*）、四球菌属（*Tetrasphaera*）、地杆菌属（*Terrabacter*）、冢村氏菌属（*Tsukamurella*）、威廉姆斯氏菌属（*Williamsia*）、朴永和氏菌属（*Yonghaparkia*）。

从上述统计可看出，元江碱土获得了 27 属，陆良彩色沙林获得了 37 属，元谋土林样品更是分离得到了 42 个放线菌属，去除共有的属以外，共计达 62 属，可见 3 个样区都展现出非常丰富的放线菌多样性。进一步的比较分析和利用相关软件绘制的维恩图（图 1-8）显示 3 个样点所获可纯培养放线菌的异同。仅有 16 属是 3 个样区都分离得到的共有属：*Amycolatopsis*、*Arthrobacter*、*Brevibacterium*、*Kocuria*、*Kribbella*、*Microbacterium*、*Micrococcus*、*Micromonospora*、*Nocardia*、*Nocardiopsis*、*Nocardioides*、*Promicromonospora*、*Pseudonocardia*、*Rhodococcus*、*Saccharothrix*、*Streptomyces*。陆良彩色沙林和元江碱土除这 16 个共有属外，另外还有 1 属共有，放线菌区系有 26.6%的相似性；元江碱土和元谋土林，放线菌区系的相似性为 27.5%；而陆良彩色沙林和元谋土林的相似性为 30%。所选择的 3 个样区除极具特色的地质成因和环境因子外，相对于普通土壤样品而言较为贫瘠、干燥，有机质含量很低。三者的放线菌区系各不相同。表明这些放线菌抗逆性较强，大多可以形成内源性或外源性的孢子以应对外界多变的环境。而每个样点都获得了特有的放线菌属，这与环境因子的影响密不可分。元江土样中的 Ca^{2+}、Na^{+}、Mg^{2+}和 SO_4^{2-}浓度远高于其余两个样区，这对于微生物而言是较大的环境压力，这也是元江样区可培养放线菌多样性相对较低的原因之一。当然这也提示在分离时应结合环境因子影响因素，调整培养基离子浓度等，使分离培养条件更加接近原始环境，从而获得更多的可培养放线菌。

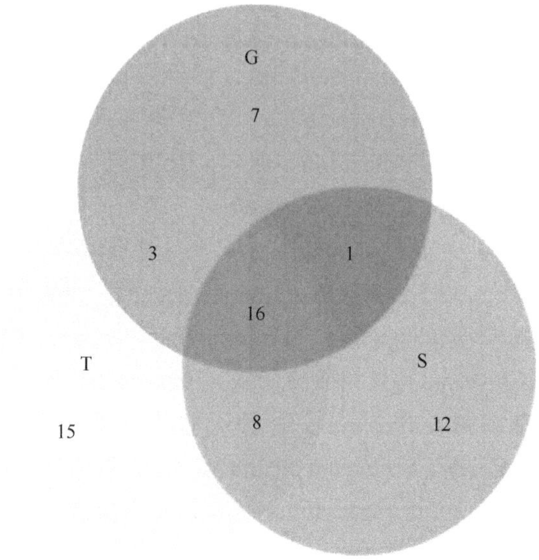

图 1-8　3 个地区土壤放线菌组成在属水平的异同

G. 元江碱土；T. 元谋土林；S. 陆良彩色沙林；以下同

元江碱土获得了 27 属，陆良彩色沙林样区获得了 37 属，元谋土林样品分离得到了 42 个放线菌属，去除共有的属以外，共计 62 属

一些学者从沙漠贫瘠地区同样分离得到了 *Amycolatopsis*、*Arthrobacter*、*Kocuria*、*Microbacterium*、*Micrococcus*、*Micromonospora*、*Nocardia*、*Nocardioides*、*Nocardiopsis*、*Streptomyces* 等常见放线菌，但其种群多样性要低得多。与我们研究的 3 个地区相比，所获甚少。

比较 3 个地区不同分类等级的可培养放线菌的多样性（图 1-9），结果显示：3 个地区都分离得到了大量的链霉菌（元江碱土 236 株，元谋土林 284 株，陆良彩色沙林 216 株），故而在各级分类单元中，Streptomycetales/Streptomycetaceae/*Streptomyces* 都占据了最大的比例，分别为元江碱土 60%，元谋土林 50%，陆良彩色沙林 42%，这是 3 个地区土壤放线菌分布的主要特点。在目一级的分类单元，3 个样区稀有放线菌组成的丰度差异不大，占比较高的都是 Micrococcales（碱土 11%，土林 18%，沙林 24%）、Corynebacteriales（碱土 10%，土林 12%，沙林 17%）、Pseudonocardiales（碱土 7%，土林 11%，沙林 6%）。在科一级的分类单元中，稀有放线菌的差异逐步显现，各样点所占比例大于等于 5%的科分别是：碱土，Pseudonocardiales（8%）、Nocardiaceae（7%）、Pseudonocardiaceae（7%）；土林，Pseudonocardiaceae（11%）、Micrococcaceae（10%）、Nocardiaceae（7%）、Mycobacteriaceae（5%）；沙林，Microbacteriaceae（10%）、Micrococcaceae（9%）、Mycobacteriaceae（9%）、Micromonosporaceae（6%）、Nocardiaceae（6%）、Pseudonocardiaceae（6%）。在属一级分类单元的比较中，土林和沙林样品的放线菌多样性，特别是稀有放线菌多样性明显优于碱土样品。碱土所获的 27 属（占比为 40%）的非链霉菌中，除 *Rhodococcus*（11 株，4%）、*Nocardioides*（14 株，3%）外，无具明显优势的稀有放线菌属。土林样品中的稀有放线菌则以 *Amycolatopsis*（44 株，7%）、*Nocardia*（27 株，6%）、*Arthrobater*（19 株，5%）和 *Rhodococucus*（11 株，4%）为相对优势菌群。沙林样品中占优势的稀有放线菌则是 *Nocardia*（32 株，6%）、*Microbacterium*（20 株，6%）、*Rhodococcus*（19 株，5%）和 *Micromonospora*（16 株，5%）。

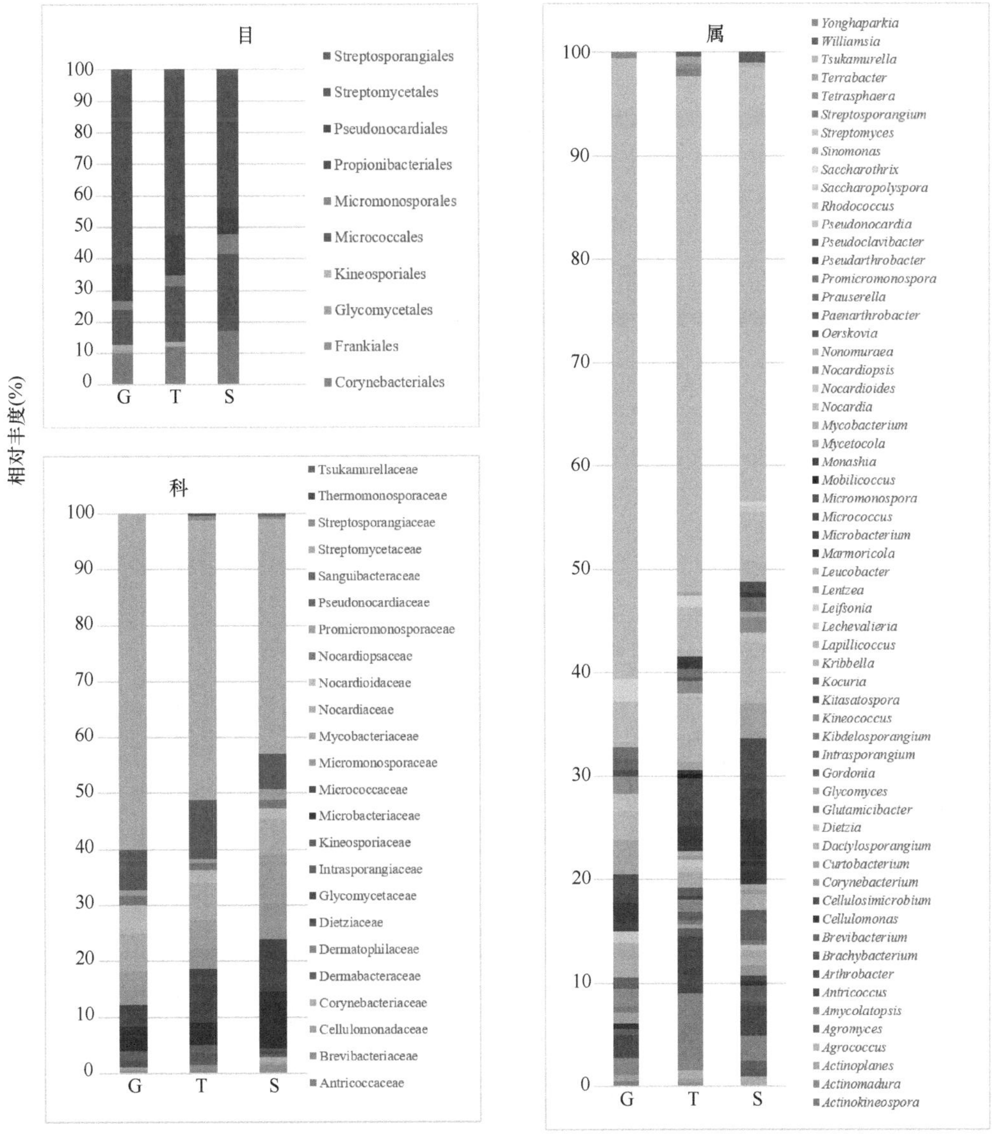

图 1-9 3 个地区可培养放线菌在各分类水平的分布（彩图请扫封底二维码）

链霉菌是数量最多、分布最广、形态分化最高、利用价值最大的一群放线菌。进一步比较 3 个样区分离得到的链霉菌种类（图 1-9），可看出 3 个样区所获链霉菌类型丰富，且样区间链霉菌种类组成有明显差异，仅有 16 种链霉菌在 3 个样点均获得了纯培养菌株。作为目前可获得纯培养菌株最多的放线菌类群，链霉菌具有信息量巨大的基因组及复杂的代谢调控机制，从而可以在不同的环境特别是各种生态压力较大的极端环境中生存，并且在菌种分离中，由于其孢子易于萌发，进而迅速占据生长优势。这也是在 3 个不同样点都获得了大量链霉菌的主要原因。同时，大量基因组信息的挖掘和分析显示，不同链霉菌基因组中平均存在约 30 个次级代谢产物基因簇。链霉菌仍然是最重要的天然产物来源。

由图 1-10 的结果和分析可知，3 个样区可培养放线菌优势种群的差异及各自存在的特殊放线菌类群进一步证明了环境因子对其中微生物群落组成的影响，以及不同地质地貌区域蕴含着丰富的可利用放线菌资源。

目前细菌系统分类学中，以菌株间 16S rRNA 基因的相似性低于 98.5%为潜在新种的界限，也有数据表明，菌株间 16S rRNA 相似性在 98.2%～99%，来源于不同生境，仍有较大可能是新种。在本研究中，

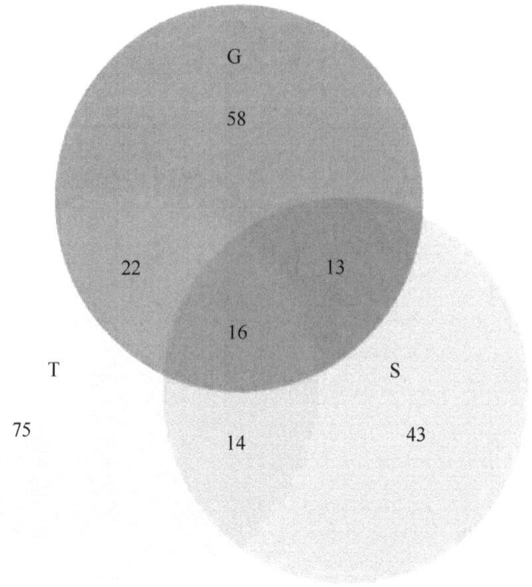

图 1-10 3 个地区所获可培养链霉菌的异同

G. 元江碱土；T. 元谋土林；S. 陆良彩色沙林

通过 16S rRNA 比对，经去重复后，3 个样区都分离得到了潜在新分类单元。元江碱土潜在新种 29 株，其中链霉菌 13 株，占 45%，非链霉菌占 55%；元谋土林 44 株潜在新种中有 14 株链霉菌，占 32%，非链霉菌 68%，*Pseudarthrobacter*、*Saccharothrix*、*Tetrasphaera*、*Antricoccus* 都是非常少见的放线菌；陆良彩色沙林 37 株潜在新种中有 16 株链霉菌，占 43%，非链霉菌占 57%。总体上，这 3 个地区潜在新种的比例在 7.4%～8.4%，各样点所获纯培养放线菌具体情况汇集于表 1-9 中。

表 1-9 3 个地区纯培养放线菌组成汇总表

地区	元江碱土	元谋土林	陆良彩色沙林
鉴定菌株数	394	545	442
目总数	9	9	7
科总数	15	17	18
属总数	27	42	37
特有放线菌属数	7	15	12
潜在新种数	29（7.4%）	44（8.1%）	37（8.4%）

（二）3 个地区免培养放线菌多样性分析

3 个地区的实验样品由上海派森诺生物科技有限公司测定 V4 区序列，并由北京诺禾致源生物信息科技有限公司测定 V3-V4 区序列。

1. 数据处理及分析

（1）测序数据处理。将 Illumina HiSeq 测序平台所获原始数据去除 Barcode 和引物序列后，使用 FLASH（V1.2.7，http://ccb.jhu.edu/software/FLASH/）对各样品的测序片段（reads）进行拼接，得到原始 Tag 数据（raw data），原始数据存在部分低质量数据，会干扰分析的结果，因此在进一步分析前，需要对其进行预处理以获得高质量的 Tag 数据（clean tag）。根据 Qiime（V1.7.0）的 Tag 质量控制流程，进行 Tag 截取、长度过滤去除低质量及碱基长度小于目标片段长度 75%的 Tag。继而去除嵌合体序列，并通过 UCHIME Algorithm 与数据库（gold database）进行比对检测嵌合体序列，并最终去除其中的嵌合体序列，得到最终的有效数据（effective tag）。

（2）OTU 聚类和物种注释。利用 Uparse 软件（Uparse V7.0.1001）对经数据处理得到的有效数据进行聚类，根据 97%的一致性（identity）标准将序列聚类成为运算分类单元（operational taxonomic unit，OTU），同时选取出现频次最高的序列作为 OTU 的代表序列。对 OTU 代表序列进行物种注释，用 Mothur 方法与 SILVA（http://www.arb-silva.de/）的 SSUrRNA 数据库或 RDP（Release 11.1，http://rdp.cme.msu.edu/）数据库进行物种注释分析（设定阈值为 0.8～1），将获得分类学信息并分别在各个分类水平：界（kingdom）、门（phylum）、纲（class）、目（order）、科（family）、属（genus）、种（species）统计各样本的群落组成。使用 MUSCLE（V 3.8.31）软件进行多序列比对，得到 OTU 代表序列的系统发育关系。此外，对样品进行均一化处理用于后续的多样性分析。

（3）样品的复杂度分析和多样性分析。利用 QIIMME 分析平台（V1.7.0）、R 语言（V2.15.3）、HemI（http://hemi.biocuckoo.org/faq.php）、PAST（V3.06）、VennPainter（https://github.com/linguoliang/VennPainter/）、Excel2013 等相关生物信息分析及统计软件进行单样品多样性分析、样品丰度分析、多样品比较分析和典范对应分析等，从多样性指数、样品丰度曲线、样品相对丰度、聚类热图、主成分分析（principal component analysis，PCA）图、相关性分析等不同层面充分了解 3 个样点细菌特别是放线菌的丰度、多样性、群落组成差异与环境因子相关性等重要信息。

2. 免培养法获得放线菌的组成

两次高通量测序通过处理都获得了数量和测序深度均满足多样性分析的优质序列，经过物种注释，3 个样区分别获得了 1770 个、1829 个和 1794 个 OTU，从而提供了 3 个样区中界、门、纲、目、科、属不同分类水平细菌的组成情况。而且测序样品的稀释度曲线和丰度曲线均显示了 3 个样区都具备丰富的物种多样性和丰富度。根据高通量测序的物种注释结果，除了极微量的古菌，3 个样区都展现出丰富的细菌多样性。放线菌在所研究的 3 个样区中均为土壤中的优势菌群，不仅相对丰度较高，还具有丰富的物种多样性。元江碱土样品中有 8 纲 18 目 47 科 75 属的放线菌；元谋土林样品中有 8 纲 19 目 46 科 66 属；陆良彩色沙林样品中有 8 纲 19 目 45 科 65 属。还有部分 OTU 因数据库的限制（分辨率不够），仅能确定是放线菌，但无法确定其具体分类地位，应该是大量尚未获得纯培养的新放线菌类群。具体如表 1-10～表 1-12 所示。

表 1-10　元江碱土免培养放线菌在各分类水平上的分布情况

目	科	属
Micrococcales	Micrococcaceae	*Arthrobacter*，*Sinomonas*，*Nesterenkonia*
	Intrasporangiaceae	*Ornithinicoccus*，*Ornithinimicrobium*
	Microbacteriaceae	*Agromyces*，*Candidatus-Aquiluna*，*Candidatus-Planktoluna*，*Microbacterium*，*Rathayibacter*
	Promicromonosporaceae	*Promicromonospora*，*Cellulosimicrobium*
	Cellulomonadaceae	*Cellulomonas*
Rubrobacterales	Rubrobacteriaceae	*Rubrobacter*
Solirubrobacterales	YNPFFP	
	Elev-16S-1332	
	Patulibacteraceae	*Patulibacter*
	288-2	
	0319-6M6	
	Solirubrobacteraceae	*Solirubrobacter*
	FFCH13075	

续表

目	科	属
	480-2	
	FCPU744	
	TM146	
	Conexibacteraceae	*Conexibacter*
Acidimicrobiales	unidentified-Acidimicrobiales	*unidentified-Acidimicrobiales*，*Aciditerrimonas*
	OM1-clade	
	Acidimicrobiaceae	*CL500-29-marine-group*
	Iamiaceae	*Iamia*
Pseudonocardiales	Pseudonocardiaceae	*Crossiella*，*Pseudonocardia*，*Amycolatopsis*，*Actinophytocola*，*Actinomycetospora*，*Saccharopolyspora*
Catenulisporales	Catenulisporaceae	*Catenulispora*
	Actinospicaceae	*Actinospica*
Frankiales	Geodermatophilaceae	*Geodermatophilus*，*Blastococcus*
	Acidothermaceae	*Acidothermus*
	Frankiaceae	*Jatrophihabitans*，*Frankia*
	Sporichthyaceae	*hgcI-clade*，*Sporichthya*
	Nakamurellaceae	*Nakamurella*
Euzebyales	Euzebyaceae	*Euzebya*
Micromonosporales	Micromonosporaceae	*Luedemannella*，*Longispora*，*Actinoplanes*，*Krasilnikovia*
Propionibacteriales	Nocardioidaceae	*Marmoricola*，*Aeromicrobium*，*Kribbella*，*Nocardioides*
	Propionibacteriaceae	*Microlunatus*，*Propionibacterium*，*Luteococcus*，*Friedmanniella*，*Propioniciclav*
Jiangellales	Jiangellaceae	*Jiangella*，*Haloactinopolyspora*
Streptomycetales	Streptomycetaceae	*Streptomyces*
Gaiellales	Gaiellaceae	*Gaiella*
	unidentified-Gaiellales	*unidentified-Gaiellales*
Kineosporiales	Kineosporiaceae	*Angustibacter*，*Quadrisphaera*
Streptosporangiales	MI35	
	Streptosporangiaceae	*Nonomuraea*，*Streptosporangium*，*Sphaerisporangium*，*Microbispora*
	Thermomonosporaceae	*Actinomadura*，*Actinocorallia*，*Actinoallomurus*，*Thermobispora*
	Nocardiopsaceae	*Murinocardiopsis*，*Nocardiopsis*
Corynebacteriales	Nocardiaceae	*Rhodococcus*，*Nocardia*，*Gordonia*
	Mycobacteriaceae	*Mycobacterium*
	Corynebacteriaceae	*Corynebacterium*
Nitriliruptorales	Nitriliruptoraceae	*Nitriliruptor*
Actinomycetales	Actinomycetaceae	*Actinomyces*
总计 18	47	75

表 1-11　元谋土林免培养放线菌在各分类水平上的分布情况

	目	科	属
	Micrococcales	Micrococcaceae	*Arthrobacter*，*Sinomonas*，*Nesterenkonia*
		Intrasporangiaceae	*Ornithinicoccus*，*Ornithinimicrobium*
		Microbacteriaceae	*Agromyces*，*Microbacterium*，*Rathayibacter*
		Promicromonosporaceae	*Promicromonospora*，*Cellulosimicrobium*
		Cellulomonadaceae	*Cellulomonas*
	Propionibacteriales	Nocardioidaceae	*Marmoricola*，*Nocardioides*，*Kribbella*，*Aeromicrobium*，*Flindersiella*
		Propionibacteriaceae	*Microlunatus*，*Propionibacterium*，*Aestuariimicrobium*，*Luteococcus*，*Friedmanniella*
	Jiangellales	Jiangellaceae	*Haloactinopolyspora*
	Rubrobacterales	Rubrobacteriaceae	*Rubrobacter*
	Solirubrobacterales	YNPFFP1	
		Patulibacteraceae	*Patulibacter*
		288-2	
		Solirubrobacteraceae	*Solirubrobacter*
		Elev-16S-1332	
		480-2	
		0319-6M6	
		FFCH13075	
		FCPU744	
		TM146	
	Acidimicrobiales	unidentified-Acidimicrobiales	*unidentified-Acidimicrobiales*，*Aciditerrimonas*
		OM1-clade	
		Acidimicrobiaceae	*CL500-29-marine-group*
		Iamiaceae	*Iamia*
		Sva0996-marine-group	
	Pseudonocardiales	Pseudonocardiaceae	*Crossiella*，*Pseudonocardia*，*Amycolatopsis*，*Actinophytocola*，*Actinomycetospora*，*Saccharopolyspora*
	Catenulisporales	Catenulisporaceae	*Catenulispora*
		Actinospicaceae	*Actinospica*
	Frankiales	Geodermatophilaceae	*Geodermatophilus*，*Blastococcus*
		Acidothermaceae	*Acidothermus*
		Frankiaceae	*Jatrophihabitans*，*Frankia*
		Sporichthyaceae	*hgcI-clade*，*Sporichthya*
		Nakamurellaceae	*Nakamurella*
	Micromonosporales	Micromonosporaceae	*Luedemannella*，*Actinoplanes*
	Streptomycetales	Streptomycetaceae	*Streptomyces*
	Gaiellales	unidentified-Gaiellales	*unidentified-Gaiellales*
		Gaiellaceae	*Gaiella*
	Kineosporiales	Kineosporiaceae	*Angustibacter*，*Kineococcus*，*Quadrisphaera*
	Streptosporangiales	MI35	
		Streptosporangiaceae	*Nonomuraea*，*Streptosporangium*，*Sphaerisporangium*，*Microbispora*
		Thermomonosporaceae	*Actinomadura*，*Actinocorallia*，*Actinoallomurus*
	Euzebyales	Euzebyaceae	*Euzebya*
	Corynebacteriales	Mycobacteriaceae	*Mycobacterium*
		Nocardiaceae	*Nocardia*
		Corynebacteriaceae	*Corynebacterium*
	PeM15		
	Glycomycetales	Glycomycetaceae	
	Actinomycetales	Actinomycetaceae	*Actinomyces*
总计	19	46	66

表 1-12 陆良彩色沙林免培养放线菌在各分类水平上的分布情况

目	科	属
Micrococcales	Micrococcaceae	*Arthrobacter*，*Sinomonas*，*Nesterenkonia*
	Intrasporangiaceae	*Ornithinicoccus*，*Ornithinimicrobium*
	Microbacteriaceae	*Agromyces*，*Candidatus-Aquiluna*，*Alpinimonas*，*Candidatus-Planktoluna*，*Microbacterium*，*Rathayibacter*
	Promicromonosporaceae	*Promicromonospora*
	Cellulomonadaceae	*Cellulomonas*
Rubrobacterales	Rubrobacteriaceae	*Rubrobacter*
Solirubrobacterales	YNPFFP1	
	Patulibacteraceae	*Patulibacter*
	288-2	
	Solirubrobacteraceae	*Solirubrobacter*
	Elev-16S-1332	
	480-2	
	0319-6M6	
	FFCH13075	
	FCPU744	
Acidimicrobiales	unidentified-Acidimicrobiales	*unidentified-Acidimicrobiales*，*Aciditerrimonas*
	OM1-clade	
	Acidimicrobiaceae	*CL500-29-marine*
	Iamiaceae	*Iamia*
Pseudonocardiales	Pseudonocardiaceae	*Crossiella*，*Pseudonocardia*，*Amycolatopsis*，*Actinophytocola*，*Actinomycetospora*，*Saccharopolyspora*
Catenulisporales	Catenulisporaceae	*Catenulispora*
	Actinospicaceae	*Actinospica*
Frankiales	Geodermatophilaceae	*Geodermatophilus*，*Blastococcus*
	Sporichthyaceae	*hgcI-clade*，*Sporichthya*
	Acidothermaceae	*Acidothermus*
	Frankiaceae	*Jatrophihabitans*，*Frankia*
	Nakamurellaceae	*Nakamurella*
Micromonosporales	Micromonosporaceae	*Actinoplanes*
Propionibacteriales	Nocardioidaceae	*Marmoricola*，*Nocardioides*，*Kribbella*，*Aeromicrobium*
	Propionibacteriaceae	*Microlunatus*，*Luteococcus*，*Friedmanniella*
Streptomycetales	Streptomycetaceae	*Streptomyces*
Gaiellales	Gaiellaceae	*Gaiella*
	unidentified-Gaiellales	*unidentified-Gaiellales*
Kineosporiales	Kineosporiaceae	*Angustibacter*，*Quadrisphaera*
Streptosporangiales	MI35	
	Streptosporangiaceae	*Nonomuraea*，*Streptosporangium*，*Sphaerisporangium*，*Microbispora*
	Thermomonosporaceae	*Actinomadura*，*Actinoallomurus*，*Thermobispora*
Corynebacteriales	Motilibacteraceae	*Motilibacter*
	Mycobacteriaceae	*Mycobacterium*
	Nocardiaceae	*Nocardia*，*Rhodococcus*
	Corynebacteriaceae	*Corynebacterium*
Euzebyales	Euzebyaceae	*Euzebya*
Nitriliruptorales	Nitriliruptoraceae	*Nitriliruptor*
PeM15		
Coriobacteriales	Coriobacteriaceae	*Collinsella*
Bifidobacteriales	Bifidobacteriaceae	*Bifidobacterium*
总计 19	45	65

根据不同分类单元的 OTU 数量，在目、科和属不同的水平比较不同样品中的物种相对丰度（图 1-11）。从放线菌类群的分布来看，大多数放线菌类群在各个样区均有分布，但每个样点还是具有一些自己的特有类群：有 8 属为元江碱土地区特有（*Propioniciclav*、*Conexibacter*、*Jiangella*、*Murinocardiopsis*、*Gordonia*、*Longispora*、*Krasilnikovia*、*Nocardiopsis*）；元谋土林特有的 3 属为 *Kineococcus*、*Aestuariimicrobium*、*Flindersiella*；有 6 属（*Corynebacterium-1*、*CL500-29-marine*、*Alpinimonas*、*Bifidobacterium*、*Collinsella*、*Motilibacter*）仅在陆良彩色沙林样品中检测到。通过比较 3 个样点中含量较高的 OTU，发现在微环境的影响下，不同土样中占据优势群落地位的放线菌类群有差异。

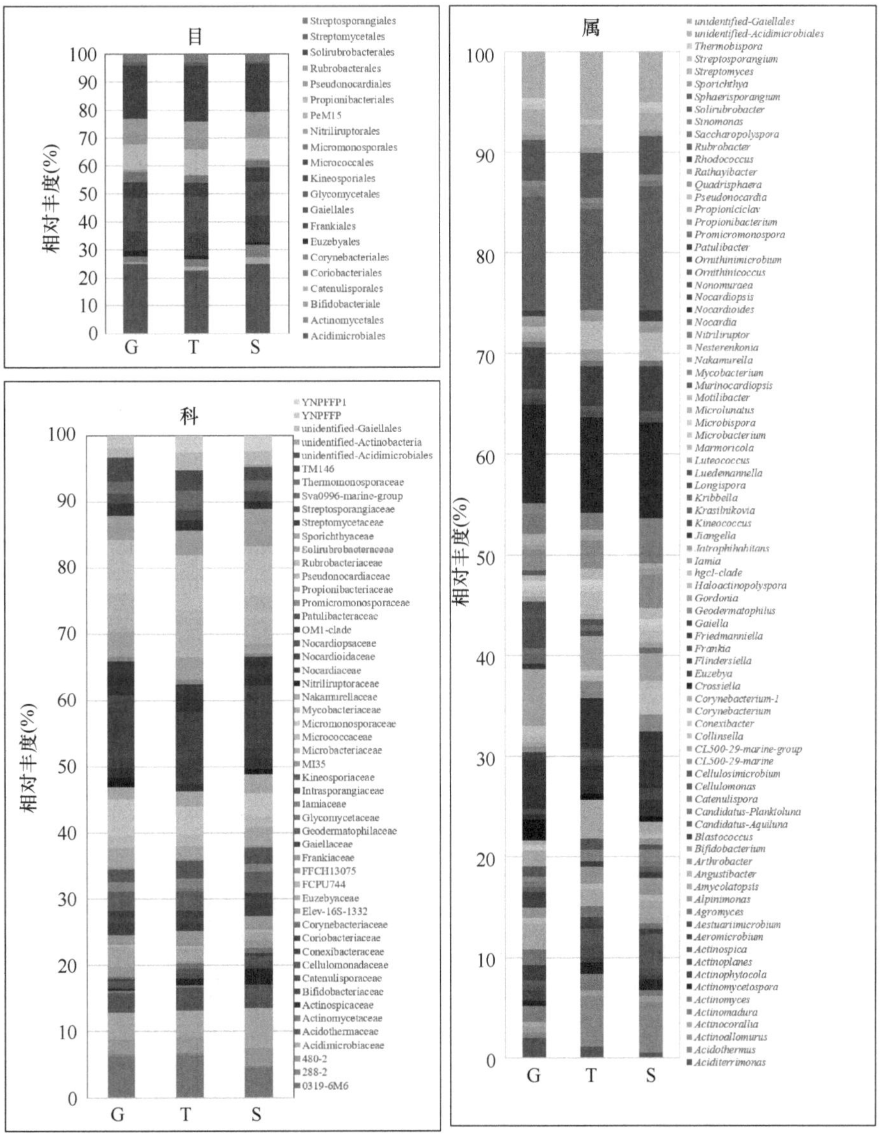

图 1-11　3 个地区免培养放线菌在各分类水平的分布（彩图请扫封底二维码）

从上述各样区数量前十的放线菌 OTU 可以看出，OTU6 所代表的 *Arthrobacter* 在 3 个样区都是优势菌群，而 *Rubrobacter* 也广泛分布于各样点中。值得注意的是 Geodermatophilaceae 在元江碱土和元谋土林样区都属于优势放线菌群落，在陆良彩色沙林土样中检测到的 OTU 含量也较高（1.2%）。其他学者的研究认为，沙漠和贫瘠土样 Geodermatophilaceae 的各属（*Blastococcus*、*Geodermatophilus*、*Klenkia*、*Modestobacter*）广泛分布于各种沙漠和干旱贫瘠地区。该类群放线菌具有特殊的色素沉着，细胞壁结构牢固，GC 含量高，并能生成微小的活动性孢子或休眠孢子。这些特殊的生理生化机制，可以较好地帮助其抵抗恶劣的自然环境。该类群有可能是一些极端干旱和贫瘠地区中的“先锋菌种”。

对比 3 个样区 11 月（雨季末）和次年 3 月（旱季）两次采样的群落组成，可以发现放线菌在细菌类群中所占比例有不同程度的提高。通过可视化的 KRONA 对物种注释结果的比对，可以得到不同季节采集样品放线菌不同分类等级类群的丰度信息。比较丰度变化较大的类群在放线菌中所占比例，可以了解 3 个样区在不同季节放线菌类群的动态变化，为进行有目的的纯培养分离相关类群提供参考依据（表 1-13）。云南四季不分，旱季、雨季分明。所以在旱季中期（2～4 月）收集样品较为合适。

表 1-13 不同季节丰度变化较大的类群在放线菌中所占比例（%）

元江（G）			元谋（T）			陆良（S）		
放线菌类群	11 月	3 月	放线菌类群	11 月	3 月	放线菌类群	11 月	3 月
Acidimicrobiales	11	8	Acidimicrobiales	14	19	*Arthrobacter*	20	21
Arthrobacter	5	10	*Arthrobacter*	13	18	*Actinophytocola*	0.01	1
Blastococcus	6	3	Gaiellales	4	5	*Catenulispora*	7	0.60
Micromonosporaceae	3	1	Geodermatophilaceae	11	9	Gaiellales	3	5
Nocardioidaceae	7	4	Kineosporiaceae	1	2	Intrasporangiaceae	9	7
Nocardioides	3	2	Microbacteriaceae	2	1	*Jatrophihabitans*	2	1
Pseudonocardiaceae	5	4	*Pseudonocardia*	3	2	Microbacteriaceae	2	3
Rubrobacter	30	39	*Rubrobacter*	8	12	*Mycobacterium*	2	1
Streptomyces	4	5	Solirubrobacterales	7	6	Nocardioidaceae	3	2
			Streptomyces	3	5	*Sinomonas*	2	1
						Solirubrobacterales	21	16
						Sporichthyaceae	1	6
						Streptomyces	3	2

3. 各地区土壤微生物群落组成与环境因子相关性分析

土壤微生物群落组成和物种多样性会随着环境变量如海拔、降雨量等的变化而改变，而土壤中各种理化因子，如 pH、各种离子（特别是金属离子）浓度等会对土壤中微生物的生物量、群落结构、生物酶活性、代谢途径等产生影响。为了解各项环境因子与土样中物种丰度（species richness）间的相关性（r）和显著性（P），我们进行了 Mantel 检测和斯皮尔曼（Spearman）相关性分析。所选择的环境因子为海拔（Alt）、年平均气温（T）、年降雨量（Rf）和土壤 pH、水分含量（SM）、有机质含量（OM）、电导率（EC）、总溶解性固体（TDS）及各种离子（Ca^{2+}、Mg^{2+}、Fe^{2+}、Na^{+}、SO_4^{2-}、Cl^{-}）浓度。

Mantel 检测用于多元数据的空间相关性分析。该方法对数据分布类型要求不高，可以通过计算差异矩阵来分析多维数据，从而了解土壤中微生物群落对各种环境因子是否具有依赖性。通过检测不同环境因子组合矩阵的总体相关关系，从而了解环境因子和微生物群落的相关性。结果显示（图 1-12），各种环境变量中，pH 和温度对群落结构的影响最为显著。大量研究表明 pH 是对土壤环境样品中的生物量、微生物活性和群落组成较为重要的影响因素。相较于真菌而言，放线菌更适应于中性甚至偏碱性的环境，这也进一步验证了，在 pH 相对较高的元江碱土土样中检测到的放线菌类群多于元谋土林和陆良彩色沙林样品。而在土壤离子中，Ca^{2+}、Na^{+}和 Mg^{2+}与微生物的组成相关性更高。

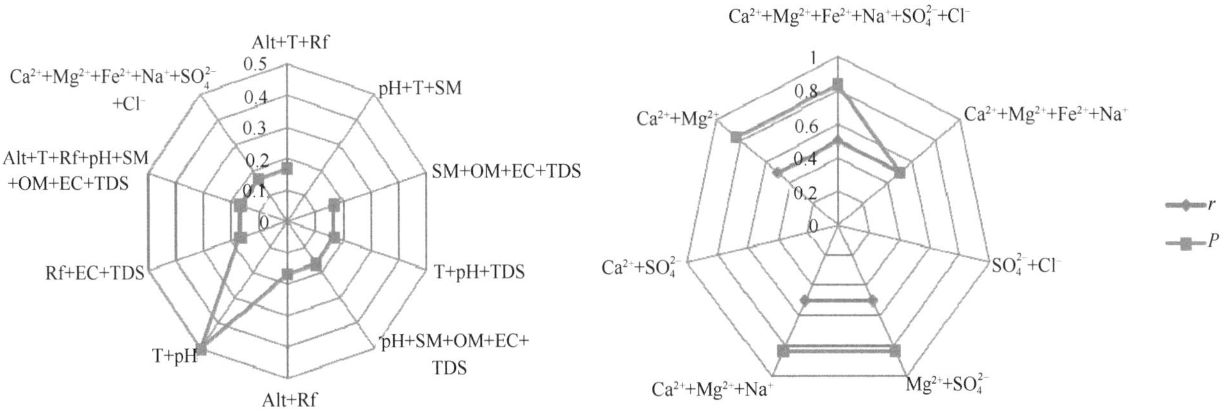

图 1-12　Mantel 检测结果

Spearman 相关性分析是利用 Spearman 等级相关系数量度测定变量间等级相关程度的一种非参数统计相关分析方法。该方法对原始变量的分布不作要求，属于非参数统计方法，适用范围较广泛，可以用于研究环境因子与微生物种丰富度及物种之间的相互变化关系，得到二者之间的相关性。选择高通量测序检测到的丰度较高的属进行 Spearman 相关性分析。结果显示（图 1-13A），与海拔相关性较高（$r>0.5$）的类群是 *Arthrobacter*、*Bryobacter*、*unidentified-Chloroplast*、*Burkholderia*、*hgcI-clade*、*Acidobacterium*、*Catenulispora*、*Granulicella*、*unidentified-Acidimicrobiales*、*Acidiphilium*，说明这些细菌种群的分布与海拔的关系较大。与温度相关性较高（$r>0.5$）的类群为 *Microvirga*、*Halomonas*、*Stenotrophomonas*、*Geodermatophilus*。除 *Nocardioides*、*Streptomyces*、*Solirubrobacter* 和 *Blastococcus* 以外，大多数

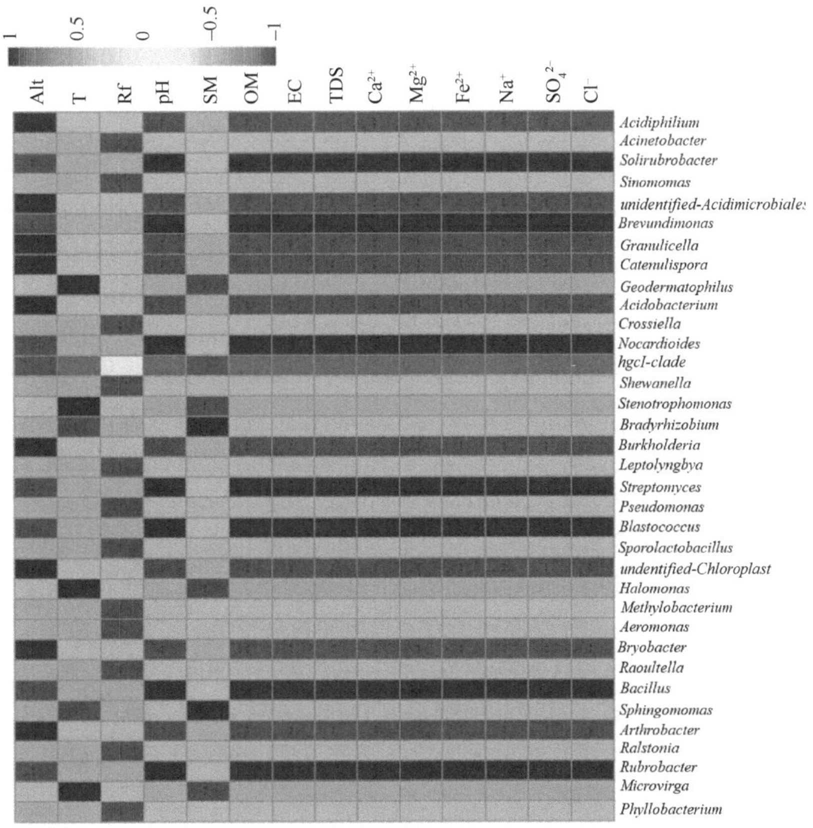

A

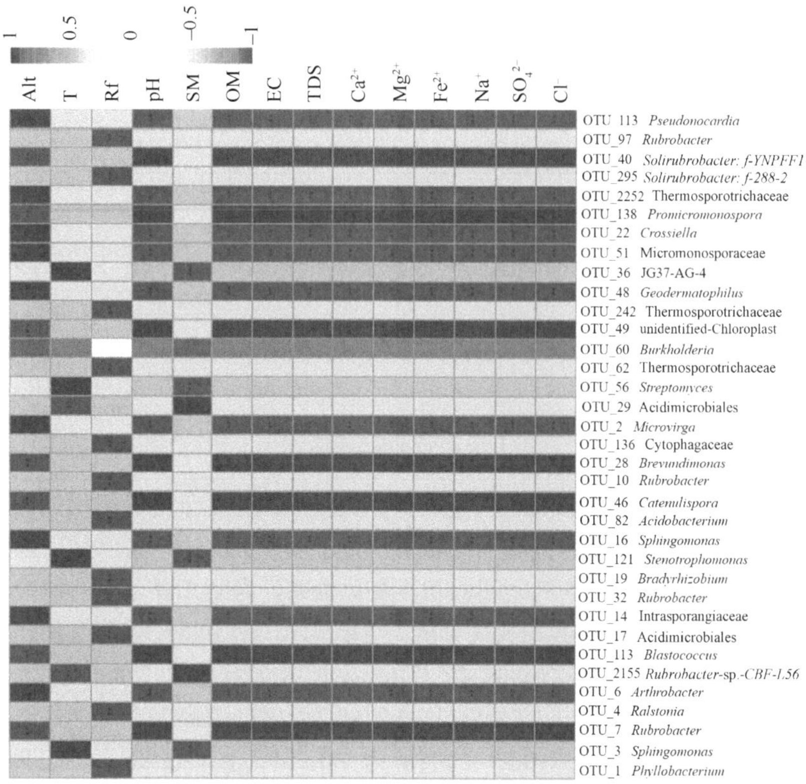

图 1-13 环境因子与属一级菌群的 Spearman 相关性（A）和环境因子与 OTU 的 Spearman 相关性（B）
（彩图请扫封底二维码）

纵向为环境因子信息，横向为物种信息，中间热图对应的值为 Spearman 相关系数 r，介于−1～1，$r<0$ 为负相关，$r>0$ 为正相关，显著性检验 $P<0.05$

种群与年降雨量的相关性不大（$0<r<0.5$）。土壤 pH 对 *Rubrobacter*、*Bacillus*、*Blastococcus*、*Streptomyces*、*Nocardioides*、*Brevundimonas*、*Solirubrobacte*r 等类群的影响较大（r=1）。*Sphingomonas*、*hgcI-clade* 及 *Bradyrhizobium* 则受土壤水分含量的影响较大。而有机质含量、电导率及各种离子浓度等土壤理化因子所影响（r=1）的类群主要包括 *Rubrobacter*、*Bacillus*、*Blastococcus*、*Streptomyces*、*Nocardioides*、*Brevundimonas*、*Solirubrobacter*。此外，环境因子与 OTU 丰度较高的放线菌的 Spearman 相关性分析结果（图 1-13B）显示，这些土样中，相对分布较为广泛的优势放线菌群落中，*Solirubrobacter*：*f-YNPFFP1*、*Crossiella*、*Catenulispora*、Intrasporangiaceae 和 *Arthrobacter* 与土壤理化因子相关性较差，其余类群受土壤各种离子浓度、有机质含量等因子影响较为显著（$r>0.5$）。就环境变量而言，与海拔和土壤 pH 相关性高的放线菌类群较多，温度、降雨量、水分含量也不同程度地影响着环境中的放线菌群落。

总之，动态变化着的环境因素和土壤理化因子会影响其中微生物的生物量、群落结构和相对丰度，为了适应不同的环境因子压力，其中的微生物必然会产生独特的生物酶活性和代谢产物。充分了解二者之间的相关性，对获取纯培养菌株进行资源利用有着重要的指导价值。

通过两次高通量测序，在 3 个样区都获得了丰度和多样性极为丰富的放线菌，元江碱土样品中有 8 纲 18 目 47 科 75 属的放线菌；元谋土林样品中有 8 纲 19 目 46 科 66 属；陆良彩色沙林样品中有 8 纲 19 目 45 科 65 属，还有部分 OTU 因数据库的限制，仅能确定是放线菌，但无法确定其具体分类地位，应该是大量尚未获得纯培养的新放线菌类群。

在环境因素的影响下，3 个样区放线菌类群的物种丰度有较大差异。元江碱土地区 *Rubrobacter* 和 *Arthrobacter* 丰度较高，Intrasporangiaceae、Pseudonocardiaceae 也占据了较大比例，而陆良彩色沙林样品中则以 Micrococcales 和 Solirubrobacterales 为优势放线菌类群。这与其他环境链霉菌占优势显著不同。3 个样区的放线菌组成除了在空间上有差异，在时间上也表现出较为明显的差异。对各样点 11 月和次年 3 月两次采集样品通过门水平物种丰度聚类分析与物种注释比较分析发现，3 月采集的样品 Proteobacteria 丰度降低，而放线菌相对丰度普遍较 11 月样品高。这可能是由于放线菌的抗逆性强于其他细菌类群，可以更好地适应温度、水分等因素的变化。放线菌群落在时间和空间上的差异也为进一步深入研究样品采集季节提供了重要依据。而且在此次研究中，在 3 个样区也都检测到了如 Geodermatophilaceae 等能适应贫瘠干旱环境的先锋放线菌类群，再次证明放线菌类群中相对较大的基因组使得其能具有更多特殊的代谢途径和调节机制，从而可以适应各种极端环境，应对各种环境压力和物种之间的竞争。

此外，对 3 个地区不同分组样品进行β多样性分析的结果进一步表明，本次研究所选择的 3 个样区间物种组成和群落结构差异显著，而且与普通土样相比，物种的多样性和丰度也具有自身的特色。土壤中微生物群落结构和多样性会随着环境的变化及 pH、含水量、各种离子浓度等理化因子的改变而改变，这些环境因素和微环境决定了土壤中的生物量、物种多样性及代谢复杂程度。通过 Mantel 检测和 Spearman 相关性分析了解了不同环境因子与不同细菌类群多样性及丰度的多样性，为获得目标物种的纯培养提供了相关的参考信息。

基于分子生物学技术的不断发展而引入微生物资源开发的免培养分析法，揭示了此前由纯培养分离所引导的生物活性物质开发所未发现的土样中巨大的生物合成潜力，为潜在的新次级代谢产物的发现提供了有效的预见性，为获取放线菌新资源和活性物质奠定了基础。但由于高通量测序无法分辨活菌体和死细胞，且仅选用了 V3-V4 可变区进行测序，以及 DNA 提取、PCR 扩增、建库等过程中的误差，因此很多序列无法获得准确的分类地位。在进一步的研究中，可以利用宏基因组学、代谢组学、蛋白质组学或转录组学等方法更加深入地开展研究，全面描述环境中的物种多样性和功能多样性，将代谢产物和环境因子及生态功能综合进行分析，引导更为直接有效的生物活性物质的开发。

（三）纯培养和免培养放线菌多样性比较分析

利用纯培养和免培养两种方法都检测到了 3 个样区丰富的放线菌多样性，尽管两种研究方法有各自的侧重点和局限性，但仍然可以通过比较综合信息，来完善对环境样品中放线菌真实组成情况的认识（图 1-14 和图 1-15，表 1-14）。

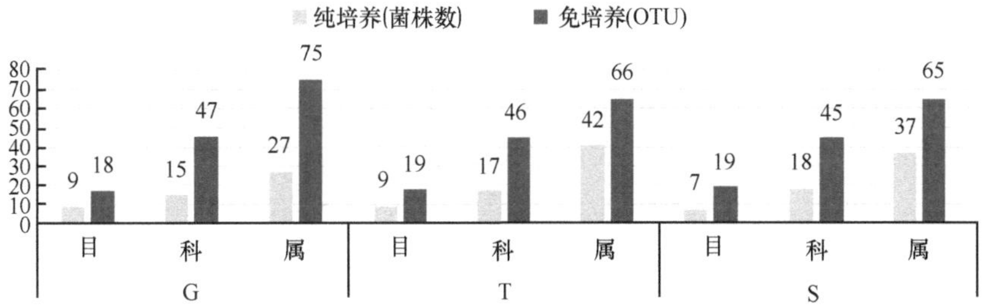

图 1-14 纯培养法和免培养法所获放线菌在不同分类水平上多样性的差异

第一，从检测到的放线菌种类来看，通过高通量测序的免培养分析法比纯培养分离获得了更多的放线菌类群。仅就高通量测序中注释到的目及目以下各级分类单元的 OTU 进行统计和比较分析，结果显示：所有样区在目、科和属 3 个分类水平上，免培养所检测到的放线菌种类都远多于纯培养所获，尤其以元

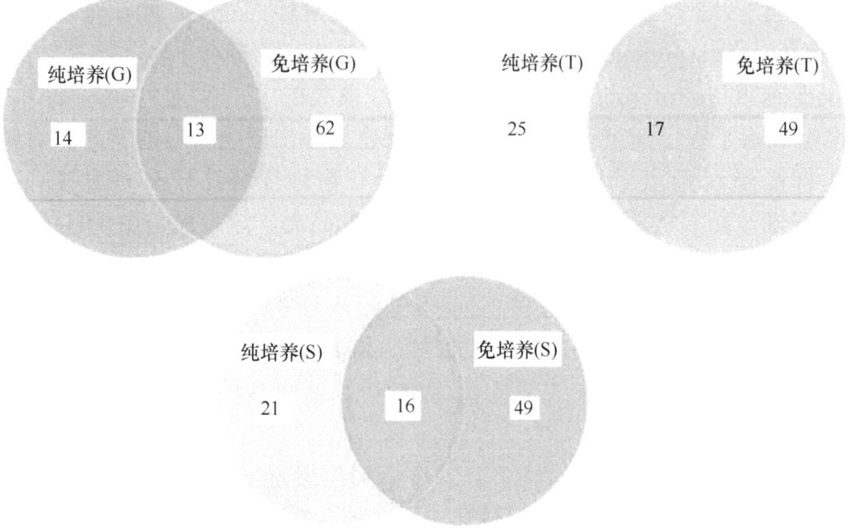

图 1-15　纯培养和免培养法在属一级放线菌组成上差异的维恩图

表 1-14　元江碱土纯培养和免培养法在属一级放线菌组成上的差异

纯培养获得的属	纯培养和免培养都有的属	免培养检测到的属
Actinokineospora *Brevibacterium* *Glycomyces* *Kibdelosporangium* *Kineococcus* *Kocuria* *Leifsonia* *Micrococcus* *Micromonospora* *Mycolicibacterium* *Oerskovia* *Prauserella* *Saccharothrix* *Yonghaparkia*	*Actinoplanes* *Amycolatopsis* *Arthrobacter* *Cellulomonas* *Kribbella* *Microbacterium* *Nocardia* *Nocardioides* *Nocardiopsis* *Promicromonospora* *Pseudonocardia* *Rhodococcus* *Streptomyces*	*Aciditerrimonas*，*Acidothermus*，*Actinoallomurus*，*Actinocorallia*，*Actinomadura*，*Actinomyces*，*Actinomycetospora*，*Actinophytocola*，*Actinospica*，*Aeromicrobium*，*Agromyces*，*Angustibacter*，*Blastococcus*，*Candidatus-Aquiluna*，*Candidatus-Planktoluna*，*Catenulispora*，*Cellulosimicrobium*，*Conexibacter*，*Corynebacterium*，*Crossiella*，*Euzebya*，*Frankia*，*Friedmanniella*，*Gaiella*，*Geodermatophilus*，*Gordonia*，*Haloactinopolyspora*，*Iamia*，*Jatrophihabitans*，*Jiangella*，*Krasilnikovia*，*Longispora*，*Luedemannella*，*Luteococcus*，*Marmoricola*，*Microbispora*，*Microlunatus*，*Murinocardiopsis*，*Mycobacterium*，*Nakamurella*，*Nesterenkonia*，*Nitriliruptor*，*Nonomuraea*，*Ornithinicoccus*，*Ornithinimicrobium*，*Patulibacter*，*Propionibacterium*，*Propioniciclav*，*Quadrisphaera*，*Rathayibacter*，*Rubrobacter*，*Saccharopolyspora*，*Sinomonas*，*Solirubrobacter*，*Sphaerisporangium*，*Sporichthya*，*Streptosporangium*，*Thermobispora*，*unidentified-Acidimicrobiales*，*unidentified-Gaiellales*

江碱土样品最明显，该样区纯培养仅获得了 15 科 27 属的放线菌，是 3 个样点中最少的，但高通量测序却检测到了 47 科 75 属的放线菌类群，则是 3 个样点中最多的，说明元江碱土蕴含了丰富的放线菌资源，未知放线菌资源量大。尽管我们用了 13 种培养基，但仍然约有 2/3 的放线菌没有被分离到，很值得进行进一步的分离方法的探索。而元谋在放线菌种类数量上两种方法差异最小，进一步说明所选择的方案利于该环境样品的放线菌分离。虽然高通量测序无法区分出所获 DNA 序列来源于活菌体还是死细胞，但至少能表明环境样品中存在哪些放线菌类群，从而为进行分离提供相关信息。两种方法也在一定程度上体现了相似的结果，例如，从元谋地区获得了大量的 *Streptomyces*，高通量测序结果也同样显示 *Streptomyces* 在放线菌中丰度较高；Micrococcales 在两种方法中都显示为优势放线菌群落。

第二，两种方法所检测到的放线菌类群有较大的差异。虽然高通量测序检测到的放线菌类群更为丰富，但并未涵盖所有的纯培养放线菌类群，还有大量类群没有获得纯培养。两种方法各自的特点和局限性是产生这种误差的主要原因：一方面，为了减少生长较快的细菌，以及会产生大量菌丝和孢子覆盖培养基的真菌的污染与干扰，在纯培养分离过程中，进行了不同的预处理，使用适于放线菌的选择性培养基，并加入了细菌和真菌的抑制剂，这些过程无可避免地抑制了大量的放线菌特别是没有孢子等抗逆机制的放线菌类群；无法在实验室中完全模仿自然环境，由于共生等群落关系的影响，加上人为选择的随机性，大量的放线菌类群目前无法通过纯培养方式获得，只能通过免培养的方法证明其存在。另一方面，在高通量测序的过程中，从土壤中提取总 DNA 方法的差异性，PCR 扩增过程中通用引物的偏好性、扩增条件的适应性，建立文库过程中的质量控制等误差都使得很多较难提取 DNA 的类群、与通用引物结合较差未获得扩增片段的类群无法被检测到。

第三，两种方法所获放线菌在物种丰度上差异明显。图 1-16 显示，虽然两种方法都检测到了很多相同的放线菌属，如 *Amycolatopsis*、*Arthrobacter*、*Kribbella*、*Microbacterium*、*Nocardia*、*Nocardioides*、*Promicromonospora*、*Pseudonocardia*、*Streptomyces* 等，但不同放线菌类群所占比例的差异非常显著。特别是 *Streptomyces*，该属放线菌由于具有较强的抗逆性及易于生长，在 3 个样点的纯培养菌株中占据了最大的比例，元江 60%、元谋 50%、陆良 42%。而且部分纯培养中相对较多的稀有放线菌如 *Micromonospora*、*Micrococcus*、*Rhodococcus* 等在高通量测序中无法检测到或 OTU 数量极少。在高通量测序中 OTU 数量较

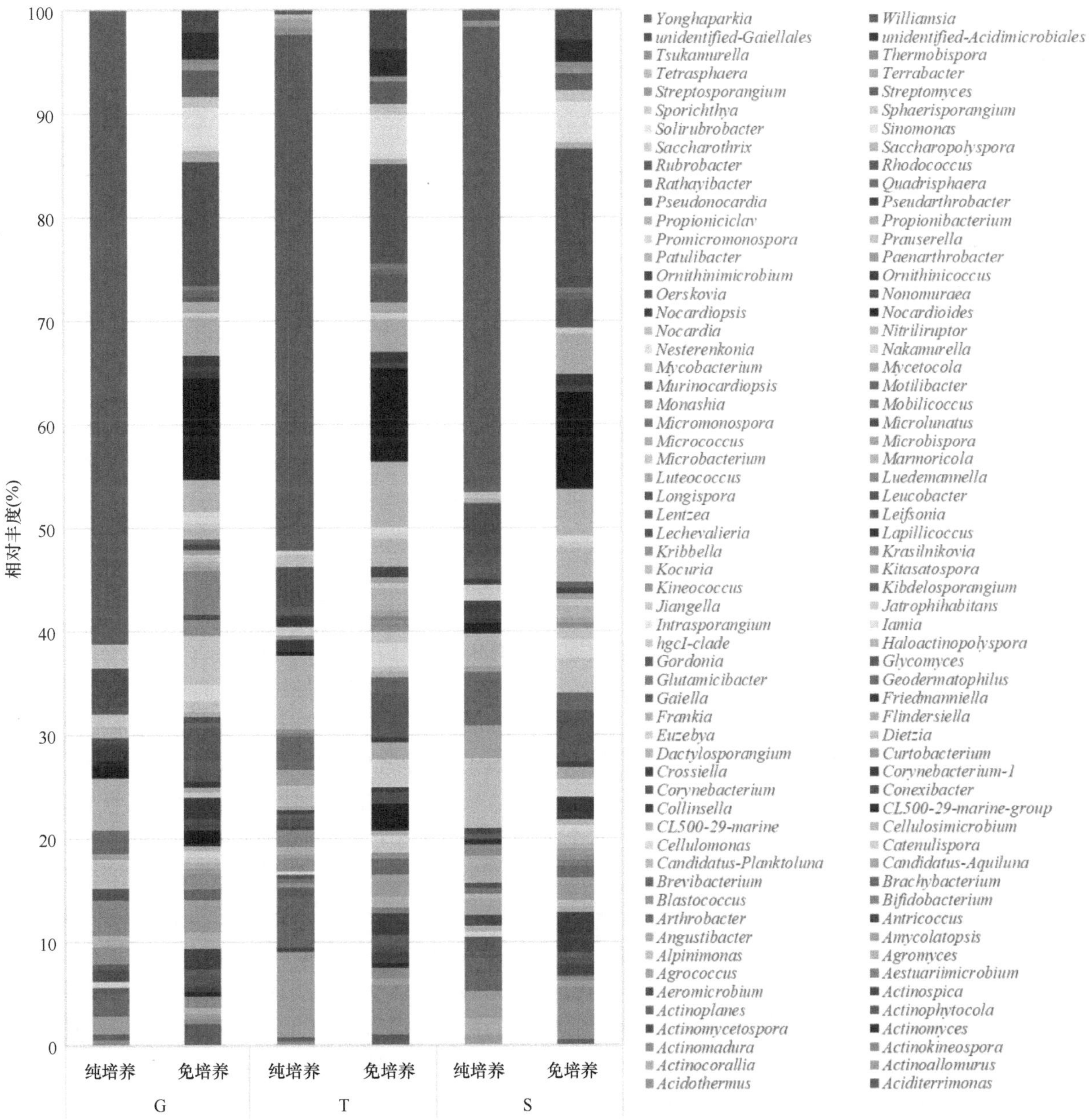

图 1-16　纯培养法和免培养法所获得放线菌属的丰度（彩图请扫封底二维码）

多的则是 *Rubrobacter*、*Nocardioides*、*Gaiella*、*Patulibacter*、*Solirubrobacter* 等属，除 *Nocardioides* 外，其余各属均未获得纯培养菌株。

免培养法可以估量微生物资源的潜力，随着测序技术的不断改进，其分辨率越来越高，甚至可以辨别到种。我们用 16S rDNA V3-V4 区测序所得结果表明，在目水平上，获得纯培养放线菌的可能性在 36%～50%；在科水平上，获得纯培养的可能性在 32%～42%；在属水平上，获得纯培养的可能性在 36%～62%。远远高于文献的比例。

上述不同方法的比较信息（表 1-15）再次验证环境中目前可以在实验室获得纯培养的放线菌种类，只占土壤放线菌实际存在类群中较少的比例。在属水平上，获得的纯培养占免培养的 36%～64%，远远多于文献报道的比例。要想真正地了解土壤中放线菌的多样性，并对其加以开发利用，有必要使用宏基因组测序及其他检测手段，将多种方法结合，来减少单一方法的局限性。

表 1-15　3 个不同地质地貌地区纯培养和免培养放线菌的比较

地区	元江碱土			元谋土林			陆良彩色沙林		
	纯培养	免培养	纯培养/免培养(%)	纯培养	免培养	纯培养/免培养(%)	纯培养	免培养	纯培养/免培养(%)
鉴定菌株数	394			545			442		
目总数	9	18	50	9	19	47	7	19	37
科总数	15	47	32	17	46	37	18	45	40
属总数	27	75	36	42	66	64	37	65	57

五、中国西南部分地区的土壤放线菌资源

从渝、鄂、湘、黔交界的武陵山，川南的黄荆老林，川中的峨眉山、青城山，川北的九寨沟，滇、川、藏交界的大香格里拉地区的自然保护区、常绿阔叶林、次生林采集土壤样品（图 1-2），对放线菌资源进行研究。

（一）武陵山地区

武陵山地处渝、鄂、湘、黔 4 省市交界处，面积约 100 000km^2，长度约 420km，一般海拔达 1000m 以上，最高峰为凤凰山。山脉为东西走向，呈岩溶地貌发育。本研究采样地区之一的梵净山位于贵州省东北部，是武陵山的主体，主峰海拔 2572m，长、宽约 20km，是一片保护完好的亚热带原始常绿阔叶林。另一个采样地区位于湖南省西北部的张家界国家森林公园、索溪峪自然保护区、天子山自然保护区，面积达 264km^2，地貌集峰、林、洞、湖、瀑于一身，属亚热带山原型季风湿润气候，年平均气温 16℃。选择两地的原始森林，采集 280 份土壤样品，用 4 个培养基，共分离 1134 株纯培养菌株。经鉴定，这些菌株属于 7 科 13 属：链霉菌属（*Streptomyces*）、小单孢菌属（*Micromonospora*）、指孢囊菌属（*Dactylosporangium*）、小孢链菌属（*Catellatospora*）、球孢囊菌属（*Sphaerisporangium*）、链孢囊菌属（*Streptosporangium*）、马杜拉放线菌属（*Actinomadura*）、野野村氏菌属（*Nonomuraea*）、诺卡氏菌属（*Nocardia*）、红球菌属（*Rhodococcus*）、节杆菌属（*Arthrobacter*）、微杆菌属（*Microbacterium*）、假诺卡氏菌属（*Pseudonocardia*）。链霉菌占 70%以上，小单孢菌约占 25%。可见这些地区广泛分布着链霉菌科、小单孢菌科、链孢囊菌科及诺卡氏菌科的放线菌。其中球孢囊菌属是日本人最近才发表的新属，在武陵山就有分布。对相似性在 97%以下的菌株，测定 16S rRNA 基因全序列，构建系统进化树。结果表明 YIM 48771、YIM 48782 为球孢囊菌属的新种，YIM 48783 为链孢囊菌属的新种，YIM 48789 为诺卡氏菌属的新种，YIM 48790 为指孢囊菌属的新种，均已在国际权威杂志《国际系统与进化微生物学杂志》（*Int J Syst Evol Microbiol*）等发表。

（二）黄荆老林保护区

黄荆老林保护区位于四川省南部川黔两省交界处，古蔺县西北部，北纬 28°6′～28°20′16″，东经 105°37′～105°53′，总面积 9122hm^2，分为笋子山和八节洞两个片区。黄荆老林属四川盆地向云贵高原过渡带的赤水河流域，是典型的白垩系红色砂岩中山峡谷丹霞地貌区，平均海拔超过 1300m。采样地的海拔 720～1720m。森林覆盖率 99%，植被属于亚热带常绿阔叶林，主要代表性植物有川西栎（*Quercus gilliana*）、扁刺锥（*Castanopsis platyacantha*）、樟（*Cinnamomum camphora*）、楠属（*Phoebe*）、华山松（*Pinus armandii*）、鹅掌楸（*Liriodendron chinense*）、柏属（*Fokienia*）、红花荷属（*Rhodoleia*）、宜昌楠（*Machilus ichangensis*）、箭竹（*Sinarundinaria nitida*）和桫椤（*Cyathea spinulosa*）等。从所采集的 50 份土样分离到放线菌 762 株，经鉴定，它们属于 7 目 8 科 13 属：马杜拉放线菌属、多形放线菌属（*Actinopolymorpha*）、分枝杆菌属（*Mycobacterium*）、诺卡氏菌属、野野村氏菌属、红球菌属、小单孢菌属、假诺卡氏菌属（*Pseudonocardia*）、原小单孢菌属（*Promicromonospora*）、糖单孢菌属（*Saccharomonospora*）、类诺卡氏菌属（*Nocardioides*）、链霉菌属和疣孢菌属（*Verrucosispora*）。其中 YIM 48941 与多形放线菌属已知种的 16S rRNA 基因的相似性低于 97%，为已发表新种。

（三）峨眉山和青城山

峨眉山位于四川盆地西沿，北纬 29°16′～29°43′，东经 103°10′～103°37′，地势陡峭，取样地海拔 520～3080m。大多数森林属于次生亚热带常绿阔叶林，人类对该地区的生态环境干扰较多，主要植物有珙桐（*Davidia involucrata*）、桫椤、锥属（*Castanopsis*）、冷杉（*Abies fabri*）、宜昌楠。青城山处四川盆地西北部，北纬 31°，取样地海拔 570～1120m。代表植物有栎属、锥属、柯属（*Lithocarpus*）、青冈属（*Cyclobalanopsis*）、松属、杉木属（*Cunninghamia*）、刺柏属（*Juniperus*）、圆柏属（*Sabina*）、冷杉属（*Abies*）和箭竹属等。从这两处采集的 100 份土样分离到 1046 株菌株，经鉴定，属于放线菌的 5 属：分枝杆菌属、诺卡氏菌属、原小单孢菌属、指孢囊菌属和链霉菌属，都是比较常见的放线菌。这是本研究中放线菌区系最为单调的地区。

（四）九寨沟

九寨沟地处四川北部，北纬 30°35′～34°19′，东经 100°30′～104°27′，海拔 1500～3100m。是纵深超过 50km 的山沟谷地，总面积 64 297hm^2，森林覆盖率超过 80%，以针阔混交林为主。九寨沟国家级自然保护区主要保护对象是大熊猫、金丝猴等珍稀野生动物及其自然生态环境。有 74 种国家级重点保护野生植物，18 种国家级重点保护野生动物，代表性植物有云杉属（*Picea*）、冷杉属（*Abies*）、落叶松属（*Larix*）、柳属（*Salix*）、栎属、杜鹃属（*Rhododendron*）等。从采集的 50 份土样分离到放线菌 482 株，经鉴定，属于 9 属：马杜拉放线菌属、分枝杆菌属、原小单孢菌属、姜氏菌属（*Jiangella*）、韩国生工菌属（*Kribbella*）、小单孢菌属、野野村氏菌属、假诺卡氏菌和链霉菌属。姜氏菌属最早从甘肃沙漠发现。韩国生工菌属比较少见。

（五）大香格里拉

大香格里拉地区位于北纬 26°～34°，东经 94°～102°，属于横断山脉，梅里雪山、白茫雪山、哈巴雪山、玉龙雪山、贡嘎山、年保玉则峰、南迦巴瓦峰等组成了庞大的雪山群，怒江、澜沧江、金沙江、雅砻江、大渡河、岷江自北向南穿流其间，从江底到山顶，高差超过 6000m。采样地区分布其间，最高处 5250m，最低处 1950m，大部分都在 3000m 以上；绝大部分属于暗棕壤和草甸土（黑黏土），腐殖质层超过 25cm。那里的植被保护较好，基本上属于原始植被，是我国生物多样性最丰富的地区之一。1950～3000m 为常绿阔叶林带，以栎树及松科、柏科植物为主，主要分布高山栲（*Castanopsis delavayi*）、白穗柯（*Lithocarpus craibianus*）、厚叶柯（*L. pachyphyllus*）、银木荷（*Schima argentea*）、云南松（*Pinus yunnanensis*）、旱冬瓜（*Alnus nepalensis*）等；3000～4000m为高山针叶林，主要分布长苞冷杉（*Abies georgei*）、川西云杉（*Picea likiangensis* var. *balfouriana*）、南风红豆杉（*Taxus mairei*）、黄背栎（*Quercus pannosa*）、红棕杜鹃（*Rhododendron rubiginosum*）、箭竹（*Fargesia spathacea*）、布莱鸢尾（*Iris bulleyana*）、垂穗披碱草（*Clinelymus nutans*）等；4000～5250m为高山草甸及低矮灌丛和高山流石滩，主要分布滇藏方枝柏（*Juniperus wallichiana*）、帽斗栎（*Quercus guyavaefolia*）、齿叶灯台报春（*Primula serratifolia*）、玉龙嵩草（*Kobresia tunicata*）、旱茅（*Eremopogon delavayi*）、羊茅（*Festuca ovina*）、杯腺柳（*Salix calyculata*）和几种杜鹃（*Rhododendron roxieanum*、*Rh. traillianum*）等。从西藏的波密、八宿、江达，云南的丽江玉龙雪山、香格里拉、白茫雪山，四川的得荣、乡城、理塘、雅拉雪山、雅江、塔公草原、八美、甲居藏寨、牦牛沟、折多山、贡嘎山、九龙、沙坪、冕宁等地的高山针叶林、高山草甸、原始常绿阔叶林采集土样220份，其中从1950～3000m、3000～4000m和4000～5250m分别采集80份、80份和60份。用4种培养基进行分离。

1. 不同海拔的放线菌数量

从1950～3000m的80份土样分离到放线菌1463株，平均每份土样分离到约18株放线菌；从3000～4000m的80份土样分离到697株放线菌，平均每份土样分离到约9株放线菌；从4000～5250m的60份土样分离到282株放线菌，平均每份土样分离到约5株放线菌（表1-16）。可见随着海拔升高，温度降低，分离到的放线菌逐渐减少。

表1-16　从不同海拔土样分离到的放线菌数量

海拔（m）	YIM 7（株）		YIM 17（株）		YIM 37（株）		YIM 212（株）		总计（株）
	链霉菌	其他	链霉菌	其他	链霉菌	其他	链霉菌	其他	
1950～3000	164	187	172	71	178	105	228	358	1463
3000～4000	94	90	67	55	98	60	105	128	697
4000～5250	41	59	54	19	29	30	22	28	282
总计（株）	299	336	293	145	305	195	355	514	2442
占比（%）	47	53	67	33	61	39	41	59	

2. 纯培养放线菌的组成

分离到的2442株放线菌，经鉴定属于6目12科15属，分别为：223株属于丙酸杆菌目（Propionibacteriales）类诺卡氏菌科（Nocardioidaceae）的类诺卡氏菌属（*Nocardioides*）；632株属于微球菌目（Micrococcales）微球菌科（Micrococcaceae）的考克氏菌属（*Kocuria*）、节杆菌属（*Arthrobacter*），微杆菌科（Microbacteriaceae）的壤霉菌属（*Agromyces*）、栖霉菌属（*Mycetocola*），纤维单孢菌科（Cellulomonadaceae）的厄氏菌属（*Oerskovia*），原小单孢菌科（Promicromonosporaceae）的原小单孢菌属（*Promicromonospora*）；162株属于棒状杆菌目（Corynebacteriales）诺卡氏菌科（Nocardiaceae）的诺卡氏菌属（*Nocardia*）、红球菌属（*Rhodococcus*），冢村氏菌科（Tsukamurellaceae）的冢村氏菌属（*Tsukamurella*）；113株属于假诺卡氏菌目（Pseudonocardiales）假诺卡氏菌科（Pseudonocardiaceae）的假诺卡氏菌属（*Pseudonocardia*），束丝放线菌科（Actinosynnemataceae）的伦茨氏菌属（*Lentzea*）；33株属于链孢囊菌目（Streptosporangiales）高温单孢菌科（Thermomonosporaceae）的马杜拉放线菌属（*Actinomadura*），链孢囊菌科（Streptosporangiaceae）的链孢囊菌属（*Streptosporangium*）；1252株属于链霉菌目（Streptomycetales）链霉菌科（Streptomycetaceae）的链霉菌属（*Streptomyces*）。迄今为止，承认的放线菌有11目48科，从大香格里拉就分离到6目12科的放线菌，可见这个地区土壤放线菌的多样性比较丰富。

根据不同工作者达成的共识，16S rDNA 序列相似性在 99%以下，有 50%的可能性是新种；在 98%以下，有 90%可能是新种。本研究获得的 18 个菌株与已知菌的相似性都在 98%以下，它们中的大多数可能是新种，有一部分已经发表。

3. 低温放线菌

在 4℃培养 30 天后分离，获得 43 株放线菌，链霉菌近 80%，原小单孢菌 3 株，假诺卡氏菌 2 株。8℃分离，获得 68 株放线菌，链霉菌占 76%，假诺卡氏菌 6 株、原小单孢菌 5 株、诺卡氏菌 3 株、马杜拉放线菌 2 株。以上数据表明，链霉菌在低温环境中仍占据优势地位。

用液体培养基测试其中 108 株在不同温度下的生长情况。结果显示，81 株能在 10～28℃生长，属于耐温菌；13 株不能在 0℃生长，能在 37℃生长，属于常温菌；仅 13 株（12 株链霉菌、1 株诺卡氏菌）最适生长在 10～14℃，在 28℃不生长，0℃生长中等，这属于真正的低温菌。

六、新疆、青海盐碱地区的土壤放线菌资源

从新疆焉耆回族自治县盐湖边采集重盐碱土样 21 份，从青海茶卡盐湖、柯柯盐湖及沿岸采集湖泥及盐碱土样 120 份，从新疆布尔津、甘家湖、小盐湖、博斯腾湖、库车阿艾湖等地采集盐碱土样 42 份，从埃及收集盐碱土样 32 份作为对比。所有 213 份样品自然风干后用淀粉-酪素琼脂、甘油-天冬酰胺琼脂及土壤浸汁琼脂，分别加入 20%的 NaCl 分离嗜盐放线菌，用 Na_2CO_3 和 NaOH 将培养基 pH 调至 12，分离嗜碱放线菌。分离到的放线菌共有 534 株。

（一）耐碱、嗜碱放线菌的特性

（1）试验的 222 株放线菌中，有 87%的菌株能在 pH 6～12 生长，说明它们是耐碱放线菌。有 14 株在 pH 7.0 不生长，最适生长 pH 在 8.5～11.5，这些菌株才是真正的嗜碱菌。所以，即使在高碱环境，嗜碱放线菌的数量也不会多，大部分属耐碱菌。

（2）所分离到的放线菌，以拟诺卡氏菌属（*Nocardiopsis*）和链霉菌属（*Streptomyces*）为主，还有少量北里孢菌属（*Kitasatosporia*）和微球菌属（*Micrococcus*）的成员。

（3）菌株 YIM 80305 对 KOH、K_2CO_3、NaOH 和 Na_2CO_3 等几种碱性化合物的反应很不相同。用 KOH 和 K_2CO_3 调 pH 8.0 以上的培养基，菌体就不能生长，说明这两种化合物对菌株的生长有显著的抑制作用；如果用 NaOH 调 pH，菌株可在 pH 11 生长；用 Na_2CO_3 调 pH，则可以在 pH 12 生长。当向培养基加入 1%～3%的 NaCl，并用 KOH 调 pH 到 11 时，菌株也能生长；用 K_2CO_3 把 pH 调到 9.0，菌株也可以生长。可见低浓度的 NaCl 可以减轻 KOH、K_2CO_3 对菌株生长的抑制。这些结果有利于设计碱性放线菌的分离及培养方案，其作用的机制有待进一步研究。

（4）耐碱、嗜碱放线菌的碳氮源利用谱比普通放线菌要窄得多。有 95%以上的菌株能利用淀粉，80%的菌株可利用七叶灵（esculine），所有菌株都能利用天冬酰胺。

（5）利用 16S rDNA 测序并构建系统进化树，鉴定了 222 株嗜碱、耐碱放线菌，发现了碱杆菌新属新种（*Alkalibacillus haloalkaliphilus* gen. nov., sp. nov.）和纳西杆菌新属新种（*Naxibacter alkalitolerans* gen. nov., sp. nov.），还发现了 9 个放线菌新种：耐碱柠檬球菌（*Citricoccus alkalitolerans* sp. nov.，YIM 70010^T ）、云南红球菌（*Rhodococcus yunnanensis* sp. nov.，YIM 70056^T）、嗜碱拟诺卡氏菌（*Nocardiopsis alkaliphila* sp. nov.，YIM 80379^T）、藤黄涅斯捷连科氏菌（*Nesterenkonia lutea* sp. nov.，YIM 70081^T）、橙黄涅斯捷连科氏菌（*Nesterenkonia sandarakina* sp. nov.，YIM 70009^T）、产脂酶拟诺卡氏菌（*Nocardiopsis lipasogensis* sp. nov.，YIM 80028^T）、贫营养拟诺卡氏菌（*Nocardiopsis macra* sp. nov.，YIM 80034^T）、疆北拟诺卡氏菌（*Nocardiopsis jiangbeiensis* sp. nov.，YIM 80041^T）、耐冷拟诺卡氏菌（*Nocardiopsis frigoritoleransis* sp. nov.，

YIM 80045[T]），其中大部分都在《国际系统与进化微生物学杂志》（*Int J Syst Evol Microbiol*）发表。这些结果表明，碱性环境中的放线菌群落并不复杂，但新物种却非常多。

（二）耐盐、嗜盐放线菌的特性

（1）从新疆盐碱地分离到的166个菌株中，嗜盐菌的比例大于从青海盐湖中获得的菌种。90%从青海盐湖分离到的菌株能在没有NaCl的培养基中生长，它们应该是耐盐放线菌，由周围环境冲刷而来。而从新疆盐碱地分离的菌株，有12%可以在无NaCl的培养基中生长，属于普通放线菌；25%的菌株为嗜盐放线菌，在NaCl低于5%的培养基上不能生长。

我们研究了43株菌对Na、K、Mg、Ca阳离子的反应。结果指出，所有的菌株均能在15%～20%的NaCl培养液中生长，有5%的菌株在NaCl低于5%时就不能生长。有47%的菌株能在25%的KCl培养液中生长，其余53%的菌株能够在20%的KCl中生长。有12%的菌株在KCl低于5%时就不能生长。有38%的菌株能在25%的$MgCl_2$培养液中生长，有28%的菌株可在20%的$MgCl_2$中生长，有7%的菌株在$MgCl_2$低于15%时就不能生长。有1个菌株（YIM 90005）能够在15%的$CaCl_2$中生长，有3株可以在1%的$CaCl_2$中生长，有91%的菌株在培养基的$CaCl_2$浓度超过1%时就不能生长，这说明$CaCl_2$对大多数的嗜盐菌有毒害作用。根据这些结果可以看出，过去仅以微生物对NaCl的耐受能力来划分嗜盐菌显然是不确切的。微生物对金属阳离子的反应肯定很复杂，其机制也可能互不相同，有待进一步研究。我们建议把嗜盐菌分为嗜钠菌、嗜钾菌、嗜镁菌、嗜钙菌和广谱嗜盐菌5种类型。如果分离到能在15%以上$CaCl_2$中生长良好的放线菌，那么其为新物种的可能性非常大。

（2）从新疆分离到的菌株，有20%属于普劳氏菌属（*Prauserella*）、5%属于链单孢菌属（*Streptomonospora*）、21.5%属于糖单孢菌属（*Saccharomonospora*）、7.5%属于拟诺卡氏菌属（*Nocardiopsis*），其他为链霉菌属（*Streptomyces*）和微球菌目的菌种。从青海分离到的放线菌，90%是拟诺卡氏菌属，5%为链霉菌属，其余均为微球菌目的菌种。

（3）大部分嗜（耐）盐放线菌菌株的碳源利用范围均较窄。

（4）用多相分类方法对166株菌株进行系统分类研究。发现新科1个，为了纪念阎逊初先生，将其定名为阎氏菌科（Yaniaceae fam. nov.）[注：后来经过再分类，变为阎氏菌属（*Yania*）]，同时还发现姜氏菌目、姜氏菌科、姜氏菌属（*Jiangella* gen. nov.）、链单孢菌属（*Streptomonospora* gen. nov.）、产丝菌属（*Myceligenerans* gen. nov.）、中华短杆菌属（*Sinocurtobacterium* gen. nov.）、中华球菌属（*Sinococcus* gen. nov.）和20多个新种。有关分类的论文已经在*Int J Syst Evol Microbiol*发表。可见，未知菌所占比例非常高。可以说，原始重盐环境是研究放线菌多样性、发现新物种的极为理想之地。

（三）新疆、青海盐碱地区的放线菌区系

与森林土壤相比，新疆、青海盐碱地区的放线菌区系相对单调，放线菌的种类和数量都相对较少，鉴定的388株放线菌分属于*Citricoccus*、*Corynebacterium*、*Isoptericola*、*Jiangella*、*Kineococcus*、*Kitasatosporia*、*Marinococcus*、*Myceligenerans*、*Nesterenkonia*、*Nocardiopsis*、*Prauserella*、*Rhodococcus*、*Saccharomonospora*、*Strepyomyces*、*Streptomonospora*、*Yania*等16属，说明存在大量未知放线菌资源。另外还发现*Alkalibacillus*、*Naxibacter*、*Sinococcus*、*Salinococcus*、*Sinocurtobacterium*等其他细菌的新属。

如果你想发现新物种，原始重盐碱地区、盐湖也许是理想之地。但同时也要注意到，嗜碱和嗜盐放线菌的生长很慢，有的菌株培养20天甚至一个月，其菌体量仍很少，用于研究都不够，要获得其中的有用物质更是困难，这会成为大规模生产的一大障碍；培养基成分中若添加重碱、重盐，易造成培养容器的腐蚀，后处理也很不方便。有人曾经试图从嗜盐、嗜碱菌中获得嗜盐、嗜碱基因，并加以利用。但问题是微生物的嗜盐、嗜碱特性并非由单个基因来实现，如嗜盐菌的细胞膜、酶的耐盐性等都由分散在不同区域的不同基因共同来实现，这些基因并非成串或成簇，这给基因调控制造了很多障碍。迄今我们对

嗜盐、嗜碱菌的生理学研究很少，这是其利用的难点之一。

七、土壤放线菌资源分布的规律及特点

近 10 年本室研究我国西部十多个地区土壤放线菌资源的结果总结于表 1-17 及 S1-1。可以得出如下规律性认识。

表 1-17　土壤放线菌组成总结简表

放线菌	总计	西双版纳	怒江峡谷	高黎贡山	3 种特殊地貌	武陵山	黄荆老林	峨眉山和青城山	九寨沟	大香格里拉	新疆、青海盐碱地区
总属数	110	36	27	32	62	13	13	5	9	15	36
新属数	25*	1									24
特有属数	58	4	2	5	17	2	1	0	0	1	26

*：详见 S1-1

（1）除特殊地质地貌的元江碱土、元谋土林、陆良彩色沙林和新疆、青海盐碱地区外，研究的 8 个地区都分布在我国西南地区。西双版纳热带雨林地区的土壤放线菌多样性较为复杂，共获得 36 属的放线菌，*Planosporangium*、*Polymorphospora* 属于特有属，而且新种较多；其次是高黎贡山（32 属）和怒江沿岸的常绿阔叶林地带（27 属）；长江流域附近的武陵山、黄荆老林、大香格里拉的常绿阔叶林的放线菌有 13～15 属；九寨沟针阔混交林土壤有 9 属；而峨眉山和青城山的次生林仅获得 5 属，说明原始热带雨林放线菌的组成更为丰富。

（2）具有特殊地质地貌的元江碱土、元谋土林、陆良彩色沙林，都处于干热河谷，雨量少，温度高，蒸发量大，土壤有机质含量很低，土质贫瘠，几乎没有植被，但分别分离到 27 属、42 属、37 属的放线菌，去除共有属外，共计达 62 属，不但多样性非常丰富，而且 *Amycolatopsis*、*Anticoccus*、*Brachybacterium*、*Brachybacterium*、*Dietzia*、*Glutamicibacter*、 *Glycomyces*、*Intrasporangium*、*Kibdlosporangium*、*Lapillicoccus*、*Lechevalieria*、*Leucobacter*、*Marmoricola*、*Mobilicoccus*、*Monashia*、*Mycolibacterium*、*Pseudoclavibacter*、*Quadrisprera*、*Sinomonas*、*Tetraspora*、*Yonghaparkia* 等 21 属（约占 62 属的 1/3）仅在其中一个样区存在（为 3 个样点的特有属），是罕见现象。元江碱土已经可以算“极端环境”了，但仍然分离到 27 属。这 3 个样区的取样面积加起来还不及西双版纳热带雨林采样地的 1/10，但其放线菌的总属数却是后者的 172%（62∶36）。这远远超出我们的想象，也深刻改变了我们的“成见”，算是一个意外的重要发现。由此我们认为，在西双版纳热带雨林，由于环境优越，万物峥嵘，微生物之间的竞争加剧，竞争的优胜者保存下来，很多“劣势”种反而无法生存，所以放线菌多样性反而不是最丰富的。在这 3 个特殊地质地貌地区，由于环境非常贫瘠，微生物之间的竞争成为耐贫瘠的竞争，很多需要丰富营养的菌种难于生存，而那些“耐瘠”微生物（尤其是放线菌）能保存下来，反而多样性更为丰富。我们由此进一步推论，原始沙漠地区可能保留了自古至今遗留的微生物，未知放线菌可能会很多。因此，新疆、青海、甘肃、内蒙古等地的广大沙漠及非洲大沙漠是研究未知放线菌资源的极佳环境。

（3）新疆、青海盐碱地区的放线菌区系并不复杂，种类和数量并不多，但蕴藏着大量未知的放线菌。我们发现了 *Yania*、*Streptomonospora* 等新属及大量新种，但其培养条件要求苛刻，生长缓慢。为了利用嗜盐碱菌，其生理学研究值得重视。

（4）在这些研究中，只有 *Streptomyces* 在所研究的 10 个地区都有分布。*Nocardia*、*Promicromonospora* 和 *Rhodococcus* 在 8 个地区有分布。*Micromonospora*、*Mycobacterium*、*Nocardia*、*Promicromonospora*、*Pseudonocardia*、*Rhodococcus* 等 6 属在 7 个以上地区分离到，说明它们是常见菌。有 40 属（占 88 属的 45%）仅在 1 个地区被找到，是非常罕见的放线菌。

（5）近 10 年，我们从我国西部十多个地区的土壤总共分离到 110 属的放线菌，占目前国际描述约 300

属的 1/3 以上，发表新属 25 个，新保存 8441 株土壤放线菌及其 DNA，实为国家的宝贵资源。

第三节 动物放线菌资源

早在 17 世纪发明显微镜后，人类对自身肠道菌及动物肠道菌的认识和研究就开始了。微生物与动物在长期协同进化过程中，互相选择、互相适应、互利互惠、取长补短，与肠黏膜密切结合，形成了特定的微生物区系——肠道微生物区系（gut microbiota）。但就每个物种的个体而言，它在出生时其肠道就已经有菌（很长时期以来都认为胎儿无菌；仍处于争论中）。在出生以后，它带着祖先的指令（遗传信息），同时接受生存环境、食物状况的综合影响，与有益的、有害的、厌气的和好氧的微生物互相选择，互相适应，逐步完善特有的微生物区系。又随着年龄的变化，逐步形成时空上不断变化、极为复杂、相对稳定并具有种群特点的微生物区系，这是不断变化的动态过程。例如，家养动物因病服用抗生素以后，许多肠道菌死亡，肠道微生物区系必然发生变化，之后又根据宿主的遗传特性逐渐回复常态。这种动态过程及宿主与微生物的关系是极为复杂的。最近菌与宿主相互关系的研究逐步多了起来。一般情况下动物吃“脏”的生食物为什么不生病？原因是动物具有强大的抗菌和免疫机制，微生物应该是这种免疫机制的重要组成部分。总体上，微生物在对宿主食物的消化、吸收，免疫，抗菌，以及维持宿主的健康方面起着重要作用，包括有益的作用和有害的作用。这些有益作用必然有其物质基础。换言之，微生物产生各种生物活性物质（如抗生素、免疫调节剂、免疫抑制剂、各种维生素、各种酶、酶抑制剂等）是这种机制的组成部分。而且这些微生物及其产生的活性物质是微生物与宿主长期互相选择、互相适应、互利互惠、取长补短的结果，它们对宿主本身应该无毒。这等于是在微生物与宿主长期协同进化过程中，为人类进行了亿万年的“毒性实验”，并证明这些活性物质对自己无毒。对于食品和药物开发来说，相较于其他来源的微生物，这无疑是这些微生物最为重要的优越性。

动物粪便放线菌作为一类资源的研究与开发利用始于本实验室。

在国家自然科学基金两个项目的支持下，我们分析了 53 种动物（表 1-18，S1-2）粪便未培养原核生物和纯培养放线菌的组成、群落结构、分布规律。共鉴定、保存 3803 株放线菌及其 DNA（库）。以下介绍部分动物粪便放线菌的组成和特点。

表 1-18 研究的 53 种动物总结简表

动物种类	种数
灵长类	11
其他哺乳动物	28
两栖爬行类	2
鸟类	9
鱼类	1
昆虫	2

一、2 种长臂猿

白眉长臂猿（图 1-17）和白颊长臂猿（图 1-18）都属长臂猿科，国家 I 级重点保护野生动物。白眉长臂猿隶属于白眉长臂猿属，生活在热带、亚热带的高山。白颊长臂猿属冠长臂猿属，生活在热带雨林。它们的亲缘关系、原栖息地都有差异。采集新鲜粪便样品前，它们都生活在云南野生动物园，处于半野生状态，群体数量不多。从它们的粪便样品中共鉴定了 170 株纯培养放线菌。白眉长臂猿有 12 属，白颊长臂猿有 8 属。两种动物都共有 *Arthrobacter*、*Kocuria*、*Microbacterium*、*Oerskovia*、*Rhodococcus*、*Streptomyces* 等 6 属，约占总数（14 属）的 43%，可见亲缘关系和原产地的影响犹存。除 *Oerskovia* 以外，这 6 属都是动物粪便中普遍存在的放线菌。*Gulosibacter* 目前仅有两种，*Zimmermannella* 只有 4 种，都属于少见的放线菌（表 1-19）。

图 1-17　白眉长臂猿

图 1-18　白颊长臂猿

表 1-19　两种长臂猿粪便放线菌的组成

动物	总属数	特有属	共有属
白眉长臂猿	12	*Cellulosimicrobium*，*Corynebacterium*，*Dietzia*，*Gulosibacter*，*Nocardia*，*Zimmermannella*	*Arthrobacter*，*Kocuria*，*Microbacterium*，*Oerskovia*，*Rhodococcus*，*Streptomyces*
白颊长臂猿	8	*Brevibacterium*，*Nocardiopsis*	

二、2 种金丝猴

川金丝猴和滇金丝猴同属仰鼻猴属，都为我国所特有，属国家Ⅰ级重点保护野生动物。前者分布于四川、甘肃、陕西、湖北，后者分布于云南西部。它们都生活于 3000～5000m 地段的高山密林，属高寒地带动物。虽然它们野生的分布区域相距千里以上，但是它们亲缘关系相近，属性相近，居住环境很相似。粪便样品采自半野生状态的云南野生动物园。从两种动物粪便分离到的纯培养放线菌都各有 13 属，共计 15 属，均特有两属（表 1-20），11 属为双方共有，相似度高达 73%。原先从甘肃沙漠发现的姜氏菌属（*Jiangella*）在这两种动物粪便中都分离到了。*Mobilicoccus* 目前也只有两种，属很稀有的类群，却在滇金丝猴的粪便中发现了。

表 1-20　两种金丝猴粪便放线菌的组成

动物	总属数	特有属	共有属
川金丝猴	13	*Dietzia*，*Leucobacter*	*Arthrobacter*，*Cellulosimicrobium*，*Citricoccus*，*Corynebacterium*，*Gordonia*，*Jiangella*，*Kocuria*，*Microbacterium*，*Oerskovia*，*Rhodococcus*，*Streptomyces*
滇金丝猴	13	*Agrococcus*，*Mobilicoccus*	

三、猕猴

猕猴分布于我国南部的广大地区，在巴基斯坦、阿富汗、印度北部也常见，已被列入《濒危野生动植物种国际贸易公约》（Convention on International Trade in Endangered Species of Wild Fauna and Flora，CITES）（简称《华盛顿公约》）附录Ⅱ。猕猴栖息地广泛，草原、沼泽、各类森林都有分布。主要栖息在石山峭壁、溪旁沟谷和江河岸边的密林中或疏林岩山上，群居。从昆明的云南野生动物园及普洱太阳河国家森林公园采集到 96 只不同年龄段（6 个月至 14 岁）、食用不同饲料的猕猴的粪便样品，共分离放线菌 892 株。经鉴定，这些放线菌有 23 属：*Agrococcus*、*Arsenicicoccus*、*Arthrobacter*、*Brachybacterium*、*Brevibacterium*、*Cellulosimicrobium*、*Corynebacterium*、*Dietzia*、*Kocuria*、*Leucobacter*、*Microbacterium*、*Micrococcus*、*Nocardia*、*Nocardiopsis*、*Oerskovia*、*Planococcus*、*Plantibacter*、*Pseudoclavibacter*、*Rhodococcus*、

Rothia、*Streptomyces*、*Tessaracoccus*、*Zimmermannella*，以单一动物看，放线菌区系是比较丰富的。其中 *Plantibacter*、*Arsenicicoccus*、*Zimmermannella* 分别仅有 2 种、3 种、4 种，属于少见类群。

四、3 种虎

东北虎（西伯利亚虎）是寒冷地区的动物，分布在我国东北地区及俄罗斯山地落叶林和针阔混交林。在长白山，最近常监测到野生状态的个体，其种群数量开始回升。华南虎是典型的山地林栖动物，生活在我国南方的热带雨林、常绿阔叶林、山地落叶阔叶林和针阔叶混交林。孟加拉虎主要分布在印度和孟加拉国，常居住于热带雨林、草地、红树林。这 3 种动物都属于国家 I 级保护动物，且均被列入《世界自然保护联盟濒危物种红色名录》，都是典型的食肉动物。从云南野生动物园采集半野生状态下生活的动物粪便，分离其中的放线菌。从孟加拉虎粪便中分离到 177 株放线菌，经鉴定属于 10 科 13 属。这 10 科中，链霉菌占 64%，其次是 Micrococcaceae（7%）、Dietziaceae（5%）、Corynebacteriaceae（5%）和 Microbacteriaceae（5%）（图 1-19）。

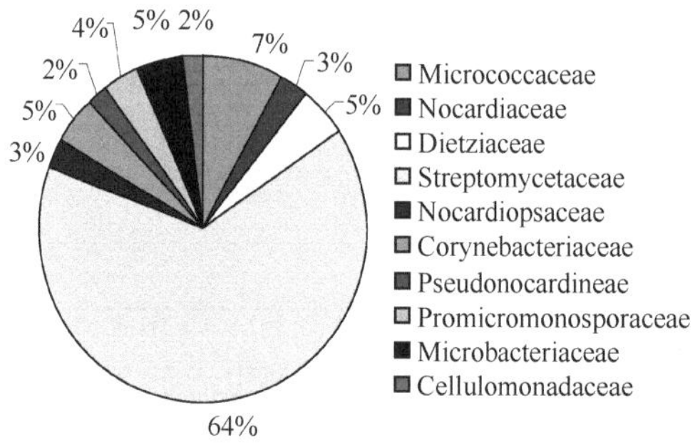

图 1-19　孟加拉虎粪便纯培养放线菌不同科的组成（彩图请扫封底二维码）

从这 3 种动物粪便分离、鉴定到的放线菌共计 14 属（表 1-21，图 1-20）。*Arthrobacter*、*Enteractinococcus*、*Microbacterium*、*Streptomyces* 和 *Yaniella* 等 5 属为 3 种动物所共有。*Yaniella* 是 2004 年本室从盐土发现的新属，目前只有两种；*Enteractinococcus* 是 2014 年本室从华南虎粪便中发现的新属，也只有两种，却在 3 种虎的粪便中都有分布。华南虎 8 属中的 7 属与孟加拉虎相同，相似性较高，唯 *Rhodococcus* 属不同。而东北虎的 9 属，在孟加拉虎中均出现了。只有 *Dietzia*、*Kocuria*、*Rhodococcu* 只在一种动物粪便中分离到。由此可见，尽管 3 种虎的栖息地相距万里，但它们的放线菌区系组成的相似度却很高。孟加拉虎生活在热带雨林，放线菌区系要复杂一些，有 13 属。

五、4 种熊科动物

大熊猫属熊科，是我国特有的 I 级保护动物，已经成为多国民众喜爱的友好使者。分布于我国四川、甘肃、陕西的秦岭、岷山、邛崃山、大相岭、小相岭和大小凉山等山系。生活在海拔 2600～3500m 的茂密竹林里，那里常年空气稀薄，湿度大，气温低于 20℃。主要食物是竹子。我们从采自云南野生动物园半野生状态成年个体的粪便中分离到 *Agrococcus*、*Arthrobacter*、*Cellulomonas*、*Cellulosimicrobium*、*Gordonia*、*Janibacter*、*Kribbella*、*Microbacterium*、*Micrococcus*、*Micromonospora*、*Mycobacterium*、*Nocardiopsis*、*Oerskovia*、*Patulibacter*、*Promicromonospora*、*Rhodococcus*、*Streptomyces*、*Verrucosispora* 等 18 属的放线菌。其中 *Oerskovia*、*Patulibacter* 属少见的放线菌。

表 1-21　3 种虎粪便放线菌的组成

放线菌（属）	东北虎	华南虎	孟加拉虎	总占比
Arthrobacter	+	+	+	3/3
Corynebacterium		+	+	2/3
Dietzia			+	1/3
Enteractinococcus	+	+	+	3/3
Kocuria			+	1/3
Microbacterium	+	+	+	3/3
Nocardia	+		+	2/3
Nocardiopsis		+	+	2/3
Oerskovia	+		+	2/3
Promicromonospora	+		+	2/3
Rhodococcus		+		1/3
Saccharomonospora	+		+	2/3
Streptomyces	+	+	+	3/3
Yaniella	+	+	+	3/3
总计	9	8	13	

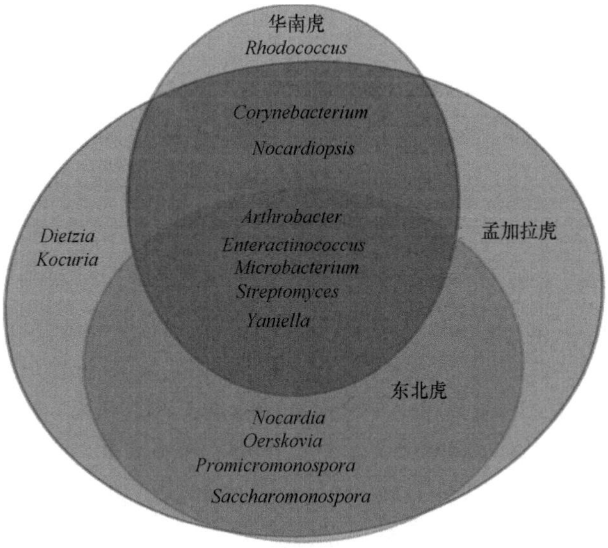

图 1-20　3 种虎粪便放线菌的组成

大熊猫、黑熊、马来熊和亚洲黑熊等同科动物粪便纯培养放线菌的组成展现出很有趣的图景（表 1-22）。虽然大熊猫的食物习惯与其他 3 种熊科动物大不相同，但大熊猫仅 *Agrococcus*、*Verrucosispora* 两个特有属，黑熊特有 *Dietzia*、*Microlunatus* 两属，马来熊仅特有 *Isoptericola*，而亚洲黑熊没有特有属。它们共有 *Arthrobacter*、*Cellulomonas*、*Cellulosimicrobium*、*Kribbella*、*Microbacterium*、*Micrococcus*、*Rhodococcus* 和 *Streptomyces* 8 个属，可见它们的放线菌区系相差并不大。与上述 3 种虎的结果类似，我们认为，动物的遗传和食物习性对放线菌的组成有重要影响。*Ailuropoda melanoleuca* 中文名叫大熊猫，是以其温顺的习性来命名的，但如果以本性来命名，还是叫猫熊更为贴切。

表 1-22　4 种熊科动物放线菌区系的比较

放线菌（属）	大熊猫	黑熊	马来熊	亚洲黑熊
Agrococcus	+			
Arthrobacter	+	+	+	+
Cellulomonas	+	+	+	+
Cellulosimicrobium	+	+	+	+
Dietzia		+		
Gordonia	+		+	
Isoptericola			+	
Janibacter	+		+	+
Kocuria		+	+	
Kribbella	+	+	+	+
Microbacterium	+	+	+	+
Micrococcus	+	+	+	+
Microlunatus		+		
Micromonospora	+		+	+
Mycobacterium	+	+		+
Nocardiopsis	+	+		+
Oerskovia	+			+
Patulibacter	+		+	
Promicromonospora	+	+		+
Rhodococcus	+	+	+	+
Saccharomonospora		+		+
Streptomyces	+	+	+	+
Verrucosispora	+			
总计　23	18	15	14	15

为什么大熊猫每天要消耗大量竹子？在研究放线菌资源的同时，我们在一年内的春、夏、秋末，重复采集 121 只人工饲养的不同年龄段健康大熊猫的粪便，并与其他草食动物进行比较，以 16S rRNA 基因为基础，对它们的粪便微生物组进行了大规模结构分析（图 1-21，图 1-22）。

图 1-21 和图 1-22 的结果显示，总体上大熊猫的肠道菌群多样性极低，整体结构与其他食草动物很不相同，但与食肉和杂食动物相似。大熊猫体内并没有预想的那么多的纤维分解菌，如 Ruminococcaceae 和 *Bacteroides* 通常在其他食草动物中富集，*Escherichia*、*Shigella* 和 *Streptococcus* 细菌却大量存在于大熊猫中。在大熊猫的肠道菌群中，梭状芽孢杆菌是常见的并大量存在的，而其他草食动物中却不常见。所以大熊猫每天要消耗大量竹子以补充其肠胃系统的纤维分解菌。据现有资料，远在 800 万年前，大熊猫的祖先始熊猫（*Ailuaractos lufengensis*）就开始以竹子为食，但到现在还不足以进化出与其新采用的食物相适应的肠道微生物群。这对这种食草动物的协同进化适应性产生了不利影响，导致大熊猫在自然竞争中处于劣势。所以，大熊猫是一类进化上很脆弱的动物（竞争力弱的动物），特别需要人类的保护，也是研究动物与微生物协同进化的理想材料。

六、麝香猫

麝香猫（大灵猫）因产生麝香而闻名，广泛分布于我国热带与亚热带地区及东南亚、南亚地区，属国家Ⅱ级保护动物。它主要栖息于海拔 2100m 以下的丘陵、山地热带雨林、亚热带常绿阔叶林的林缘灌木丛、草丛中，并选择岩穴、土洞或树洞作为栖息地，已人工饲养。我们从采自马来西亚森林的麝香猫

粪便中分离到 *Arthrobacter*、*Cellulomonas*、*Cellulosimicrobium*、*Corynebacterium*、*Curtobacterium*、*Enteroactinococcus*、*Isoptericola*、*Kocuria*、*Leucobacter*、*Microbacterium*、*Micrococcus*、*Rhodococcus*、*Saccharopolyspora*、 *Sanguibacter*、*Streptomyce* 等 15 属的放线菌。*Enteroactinococcus* 是本室从东北虎粪便中发现的新属，较少见，其他都是动物粪便常见放线菌。

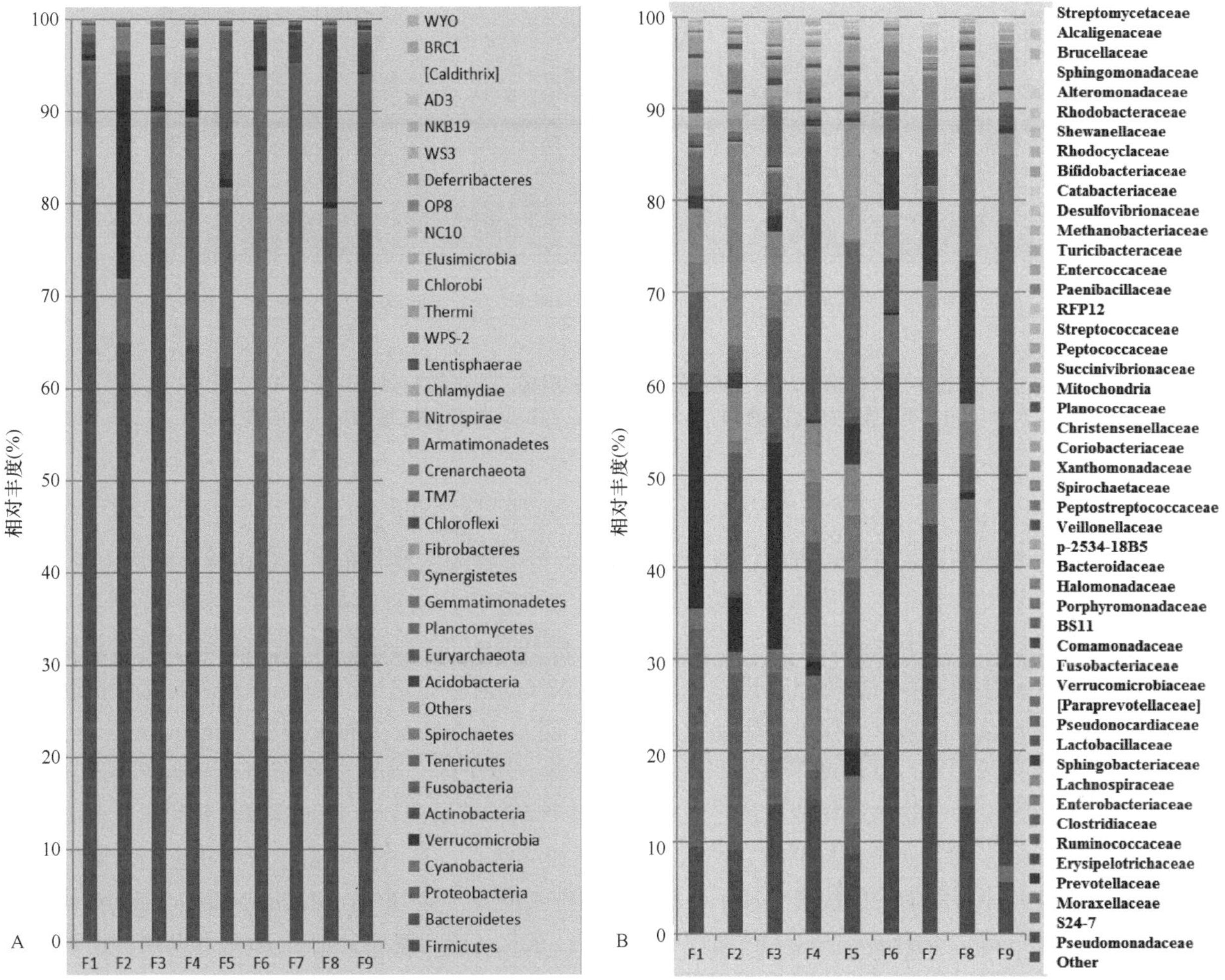

图 1-21　9 种动物肠道细菌的相对丰度（彩图请扫封底二维码）

A. 门水平；B. 科水平。F1，白眉长臂猿；F2，滇金丝猴；F3，黑猩猩；F4，阿萨姆猕猴；F5，孟加拉虎；F6，大熊猫；F7，黑熊；F8，小熊猫；F9，非洲狮

A

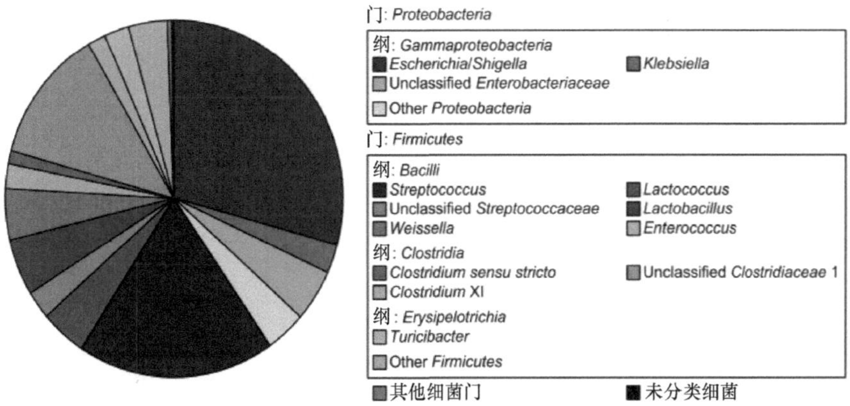

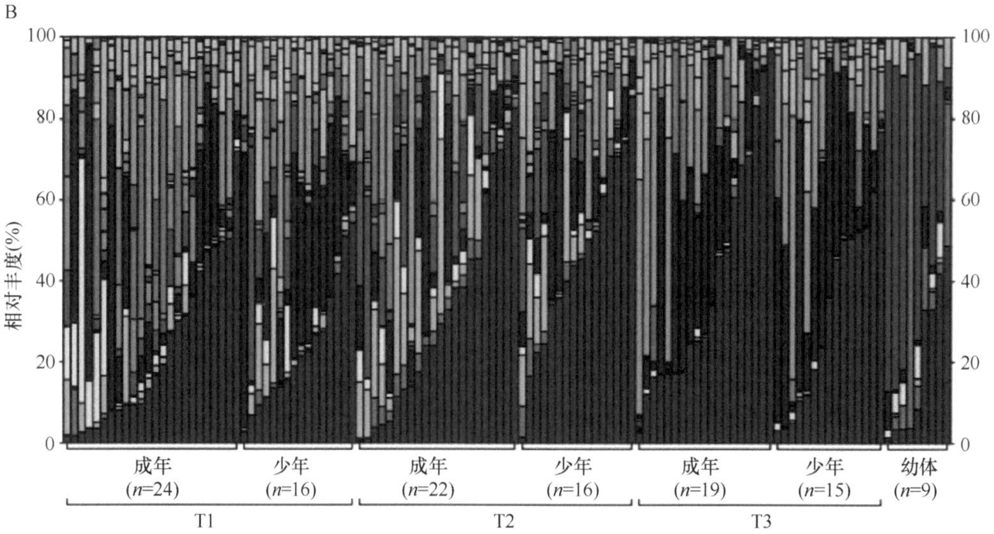

图 1-22 在属水平大熊猫肠道微生物的组成（彩图请扫封底二维码）
A. 121 个大熊猫粪便样品的 10 个优势属（>1%）；B. 这些优势属在每个样品中的丰度

七、5 种鹿

东北马鹿分布于我国黑龙江、吉林、内蒙古、河北。野生种源主要分布在长白山脉，完达山麓及大、小兴安岭地区。梅花鹿分布于亚洲东部及俄罗斯东部，现在虽然从南到北都有分布，但种群数量少。麋鹿属大型食草动物，原产于我国长江中下游沼泽地带，到 19 世纪时，只剩下在北京南海子皇家猎苑内的一群，现在只在动物园饲养，野外已难觅踪迹，已被列入《华盛顿公约》（Ⅰ级）、《世界自然保护联盟濒危物种红色名录》及《国家重点保护野生动物名录》（Ⅰ级）。水鹿广泛分布于斯里兰卡、印度、尼泊尔、中南半岛及东南亚等地区，常活动于水边，栖息于阔叶林、混交林、稀树的草场和高草地带，该物种已被列入《世界自然保护联盟濒危物种红色名录》。以上 4 种动物都属鹿科。长颈鹿属长颈鹿科，分布于非洲各国大草原。除了梅花鹿粪便样品取自德国北部牧场放养状态，其余均取自半野生状态的云南野生动物园。先看前 4 种鹿科动物的放线菌组成，以梅花鹿的种类最多，有 16 属，*Actinocorallia*、*Isoptericola*、*Mycobacterium*、*Salinibacterium* 在这 4 种动物中为特有；东北马鹿和麋鹿分别有 10 属和 9 属，但都存在于梅花鹿中，这 3 种动物粪便放线菌的相似度很高；而水鹿却有 *Actinotalea*、*Corynebacterium*、*Dietzia*、*Micrococcus*、*Oerskovia*、*Tessaracoccus*、*Williamsia* 等 7 个特有属，与梅花鹿的相似度仅 30%。与梅花鹿相比较，长颈鹿有 *Oerskovia*、*Patulibacter*、*Pseudoclavibacter*、*Sanguibacter* 4 个特有属，二者相似度为 35%。*Arthrobacter*、*Cellulosimicrobium*、*Microbacterium*、*Rhodococcus*、*Streptomyces* 等 5 属的成员在 5 种鹿的粪便中都有分布，它们是动物粪便中较为常见的放线菌（表 1-23）。

表 1-23 5 种鹿粪便放线菌的组成

放线菌（属）	东北马鹿	梅花鹿	麋鹿	水鹿	长颈鹿
Actinocorallia		+			
Actinotalea				+	
Agrococcus	+	+	+	+	
Arthrobacter	+	+	+	+	+
Cellulosimicrobium	+	+	+	+	+
Citricoccus		+	+		
Corynebacterium				+	
Dietzia				+	

续表

放线菌（属）	东北马鹿	梅花鹿	麋鹿	水鹿	长颈鹿
Isoptericola		+			
Kocuria	+	+		+	+
Leucobacter	+	+			
Microbacterium	+	+	+	+	+
Micrococcus				+	
Mycobacterium		+			
Nocardiopsis	+	+			+
Oerskovia				+	+
Patulibacter					+
Promicromonospora	+	+	+		
Pseudoclavibacter					+
Rhodococcus	+	+	+	+	+
Salinibacterium		+			
Sanguibacter					+
Streptomyces	+	+	+	+	+
Tessaracoccus				+	
Tsukamurella		+	+		
Williamsia				+	
总计 26	10	16	9	14	11

八、2 种羊驼

大羊驼、小羊驼都原产于南美洲安第斯山脉 4000m 的高山，皮厚毛多，能在−20℃生活。它们的亲缘关系很近，生活环境也很相近。从云南野生动物园采集的粪便样品中分离放线菌，经鉴定，大羊驼有 16 属；小羊驼有 12 属，都存在于大羊驼中，可见它们的放线菌区系相似度很高。仅 *Enteractinococcus*、*Gordonia*、*Oerskovia*、*Williamsia* 4 属为大羊驼特有（表 1-24）。

表 1-24 两种羊驼纯培养放线菌的组成

动物	总属数	特有属	共有属
大羊驼	16	*Enteractinococcus*，*Gordonia*，*Oerskovia*，*Williamsia*	*Arthrobacter*，*Cellulosimicrobium*，*Corynebacterium*，*Dietzia*，*Isoptericola*，*Kocuria*，*Microbacterium*，*Micrococcus*，*Nocardiopsis*，*Rhodococcus*，*Saccharomonospora*，*Streptomyces*
小羊驼	12		

九、2 种犀牛

过去，爪哇犀牛广泛分布于热带亚洲，如今仅分布在印度尼西亚的爪哇岛，被列入《世界自然保护联盟濒危物种红色名录》（极危）、《华盛顿公约》（附录Ⅰ）、《国家重点保护野生动物名录》（Ⅰ级）。白犀牛的主要栖息地为非洲热带和亚热带草原、热带稀树草原及灌丛，《华盛顿公约》中，白犀牛被列入附录Ⅱ。两者都属奇蹄目犀科。从昆明的云南野生动物园和普洱太阳河国家森林公园采集粪便样品，从白犀牛样品分离到的放线菌有 17 属，*Aeromicrobium*、*Oceanitalea*、*Oerskovia*、*Williamsia* 比较少见。从爪哇犀牛分离到的放线菌有 13 属，都存在于前者中，可见它们的放线菌区系相似度很高（表 1-25）。这种情况与羊驼的很相似，只是它们的具体组成不同而已。

表 1-25　两种犀牛纯培养放线菌的组成

动物	总属数	特有属	共有属
白犀牛	17	*Aeromicrobium*，*Oceanitalea*，*Oerskovia*，*Williamsia*	*Arthrobacter*，*Corynebacterium*，*Dietzia*，*Gulosibacter*，*Kocuria*，*Microbacterium*，*Micromonospora*，*Nocardiopsis*，*Promicromonospora*，*Pseudoclavibacter*，*Rhodococcus*，*Streptomyces*，*Tessaracoccus*
爪哇犀牛	13		

十、亚洲象

1. 纯培养放线菌的组成

亚洲象（大象、印度象），属于长鼻目象科。在东南亚热带地区的印度、斯里兰卡、孟加拉国、缅甸、泰国、老挝、越南、柬埔寨和马来西亚均有分布，中国境内只分布在云南省西双版纳。7000 多年来，总体趋势是由北向南迁移，现仅存于与老挝、缅甸交界的西双版纳、西盟、沧源和盈江。最近十多年，由于植被恢复和人工保护力度加大，象群数量有所恢复。亚洲象已被列入《华盛顿公约》（Ⅰ级）、《国家重点保护野生动物名录》（Ⅰ级）、《世界自然保护联盟濒危物种红色名录》。我们多次从昆明动物园、云南野生动物园、西双版纳野象谷等地采集大象粪便样品，分离其中的放线菌，共获得多达 29 属的放线菌，它们是 *Aeromicrobium*、*Agrococcu*、*Arthrobacter*、*Cellulomonas*、*Cellulosimicrobium*、*Citricoccus*、*Corynebacterium*、*Dietzia*、*Glutamicibacter*、*Gordonia*、*Janibacter*、*Kitasatospora*、*Kocuria*、*Krasilnikoviella*、*Leucobacter*、*Microbacterium*、*Micrococcus*、*Oerskovia*、*Micromonospora*、*Nakamurella*、*Promicromonospora*、*Rhodococcus*、*Sphaerobacter*、*Streptomyces*、*Terrabacter*、*Tomitella*、*Tsukamurella*、*Verrucosispora*、*Williamsia*，其中 *Citricoccus*、*Krasilnikoviella*、*Oerskovia*、*Tomitella* 属稀少放线菌。亚洲象是单种动物中放线菌区系最为复杂的动物之一。

我们从西双版纳野象谷采集了初生乳象第一次粪便，野生象粪便，以及不同性别、不同年龄半野生象的粪便，在相同条件下，分离、鉴定放线菌的结果如表 1-26 所示。总体趋势是：①乳象粪便的放线菌仅 3 属；②3 岁母象粪便放线菌有 9 属，4～25 岁不同性别大象粪便放线菌的组成比较稳定，25 岁以后随着年龄增长，放线菌种类有所减少；③*Arthrobacter*、*Glutamicibacter*、*Streptomyces* 3 属较普遍存在，而 *Glutamicibacter* 的成员在其他动物中并不多见；④*Aeromicrobium*、*Agrococcus*、*Dietzia*、*Krasilnikoviella* 等 4 属的出现频率分别仅一次。

表 1-26　乳象、野生象及不同性别、年龄半野生象粪便放线菌的组成

放线菌（属）	1	2	3	4	5	6	7	8	9	10
Aeromicrobium							+			
Agrococcus				+						
Arthrobacter	+	+	+	+	+	+	+	+	+	+
Cellulosimicrobium		+	+	+		+				
Corynebacterium			+			+				
Dietzia		+								
Glutamicibacter	+		+	+	+	+		+		+
Gordonia						+	+		+	
Kitasatospora			+		+		+		+	
Krasilnikoviella		+								
Microbacterium		+	+	+			+			
Oerskovia		+	+							
Rhodococcus			+		+		+		+	
Streptomyces	+	+	+		+	+	+	+	+	+
Williamsia		+			+	+				
总计 15	3	8	9	5	6	7	7	3	5	3

注：1=初生乳象第一次粪便；2=野生象；3=3 岁母象；4=4 岁公象；5=13 岁母象；6=13 岁公象；7=25 岁母象；8=25 岁公象；9=35 岁母象；10=40 岁公象

2. 宏基因组分析

对上述采自野象谷的样品，用宏基因组技术进行深度分析。结果（表 1-27，图 1-23）表明，10 个大象的微生物组最多有 5 界［原核生物、真核生物、古菌、病毒及未归类生物（可能是原虫之类）］55 门 101 纲 222 目 463 科 1473 属 4538 种，微生物的数量庞大。野生象的粪便微生物组占 8 个成年象微生物组平均数的百分比如下：界、门为 100%，纲为 106%，目为 103%，科为 100%，属为 99%，种为 101%。它们在各个分类水平上，相似度在 99%～106%。说明，尽管生活环境（半野生和野生）、食物状况、饥饱情况很不相同，但它们能保持非常相似而稳定的粪便（肠道）微生物区系。

表 1-27 用宏基因组技术分析乳象、野生象及不同性别、年龄半野生象粪便微生物组成的比较

样品号	注解的基因数目	注解的界数目	注解的门数目	注解的纲数目	注解的目数目	注解的科数目	注解的属数目	注解的种数目	香农指数
1	132 881	5	32	56	110	204	525	1 472	1.69
2	393 544	5	53	101	214	432	1 387	4 101	2.01
3	492 756	5	54	91	196	410	1 400	4 241	1.93
4	779 728	5	55	97	209	439	1 456	4 462	1.99
5	341 683	5	51	93	196	392	1 180	3 158	1.90
6	352 515	5	53	98	208	427	1 282	3 441	1.98
7	759 361	5	55	96	213	446	1 473	4 538	1.89
8	707 195	5	54	95	214	447	1 439	4 325	1.85
9	602 322	5	51	91	205	436	1 374	3 990	1.94
10	562 601	5	54	99	222	463	1 462	4 178	1.96

注：1=初生乳象；2=野生象；3=3 岁母象；4=4 岁公象；5=13 岁母象；6=13 岁公象；7=25 岁母象；8=25 岁公象；9=35 岁母象；10=40 岁公象

初生乳象第一次粪便微生物组占 8 个成年象微生物组平均数的百分比如下：界为 100%、门为 60%、纲为 59%、目为 53%、科为 47%、属为 38%、种为 36%。它们是亚洲象微生物组的基本骨架，它们应该是土著菌，主要特点是分解纤维素的类群 Ruminococcaceae、*Bacteroides* 丰度都很低，且没有跟母象不同的微生物类群。换言之，母象的微生物组全部覆盖乳象的微生物组。

不同年龄公母象的粪便细菌平均有 166.9 目 385.5 科 1167.3 属，而放线菌仅有 13.5 目 47.0 科 133.4 属，分别占细菌目、科、属的 8.1%、12.2%、11.4%。分离到的纯培养放线菌仅 15 属，占 133.4 属的 11.2%，即 88.8%的放线菌未获得纯培养（表 1-28），可见开发潜力很大。

结合以上高等动物粪便微生物研究的结果，下面我们专门对乳象与其母象、野生象的微生物组进行比较（图 1-24 和图 1-25，表 1-29）。

乳象（F1）第一次粪便微生物组有 32 门 56 纲；其母象（F5）有 51 门 93 纲；乳象分别占母象门的 63%和纲的 60%，没有跟其母象不同的门和纲。野生象（F2）有 53 门 101 纲，与 F5 相比，有 1 个特有门 8 个特有纲；与 F2 相比，母象有 2 个特有门 1 个特有纲；两者共有 50 门 91 纲。野生象和母象粪便微生物组门的相似性为 89.3%，纲为 82.7%，可见相似度较高。如此大量的微生物不可能是“污染”的。第一，尽管母象生仔不是在无菌条件下进行的，但其微生物组不至于有上述那样的规律性，更不可能有如此大的数量，关键是，乳象没有任何与其母象不同的微生物；第二，母象及生下的小象都很健康，可以排除母象或乳象感染病菌的可能性；第三，如果是“污染”的，芽孢杆菌、大肠杆菌等外界常见微生物应该很多，却未发现这种情况；第四，乳象粪便为液体，呈暗绿色，没有固形物，与成年象粪便存在大量未消化利用的固形物完全不同。

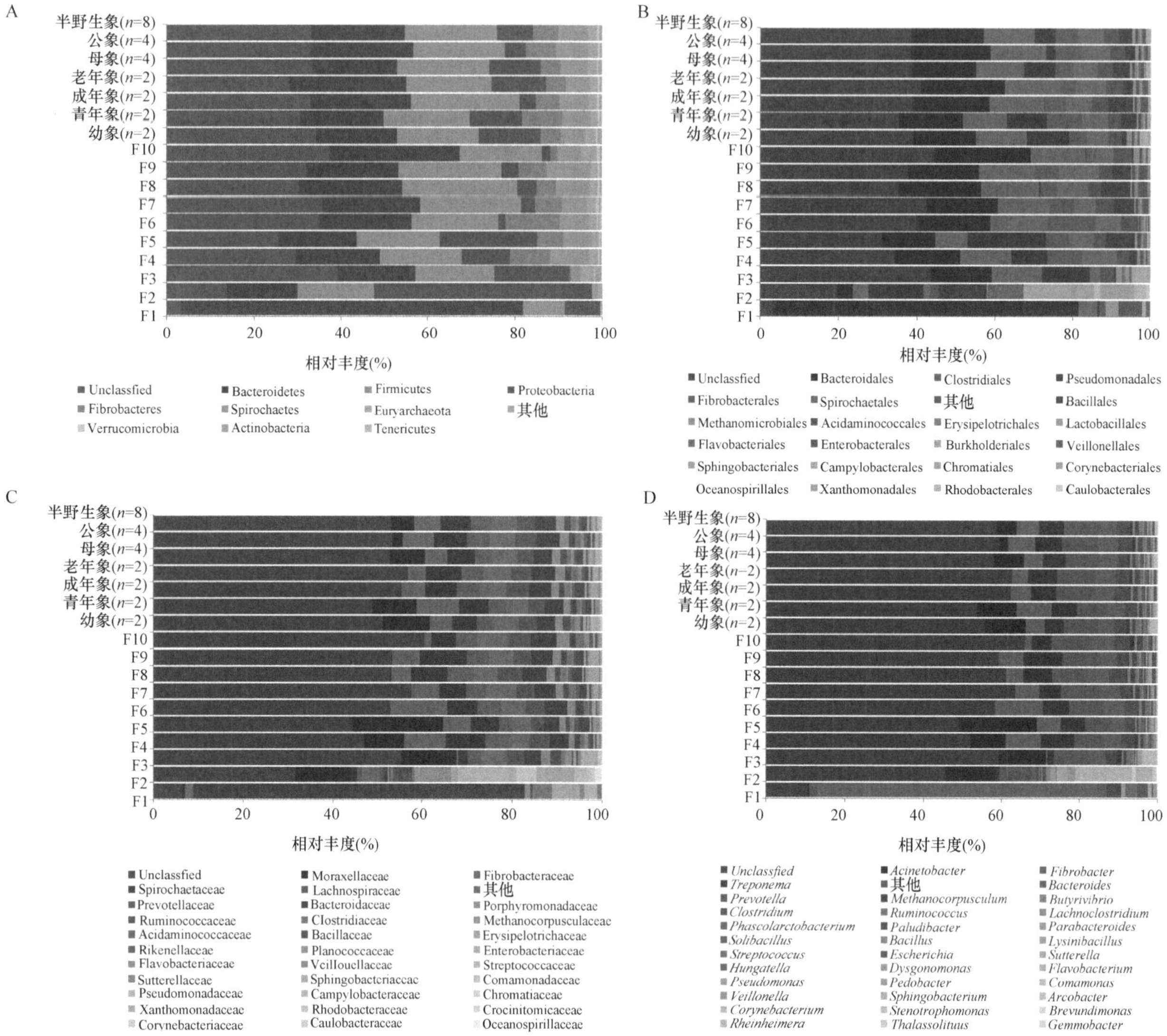

图 1-23 亚洲象粪便微生物组门（A）、目（B）、科（C）、属（D）的相对丰度（>0.5%）（彩图请扫封底二维码）

F1=初生乳象；F2=野生象；F3=3 岁母象；F4=4 岁公象；F5=13 岁母象；F6=13 岁公象；F7=25 岁母象；F8=25 岁公象；F9=35 岁母象；F10=40 岁公象；n=采集粪便样品的亚洲象头数

表 1-28 用宏基因组技术分析乳象、野生象及不同性别、年龄半野生象粪便细菌、放线菌的比较

样品号	目		科		属	
	细菌	放线菌	细菌	放线菌	细菌	放线菌
1	98	10	204	31	520	72
2	194	18	414	54	1387	158
3	176	15	401	48	1100	138
4	175	14	409	46	1256	135
5	166	13	405	51	1180	142
6	186	13	407	49	1282	137
7	182	13	404	48	1273	130
8	173	13	401	52	1239	139
9	156	13	406	47	1174	145
10	163	13	404	44	1262	138
平均	166.9	13.5	385.5	47.0	1167.3	133.4

注：1=初生乳象；2=野生象；3=3 岁母象；4=4 岁公象；5=13 岁母象；6=13 岁公象；7=25 岁母象；8=25 岁公象；9=35 岁母象；10=40 岁公象

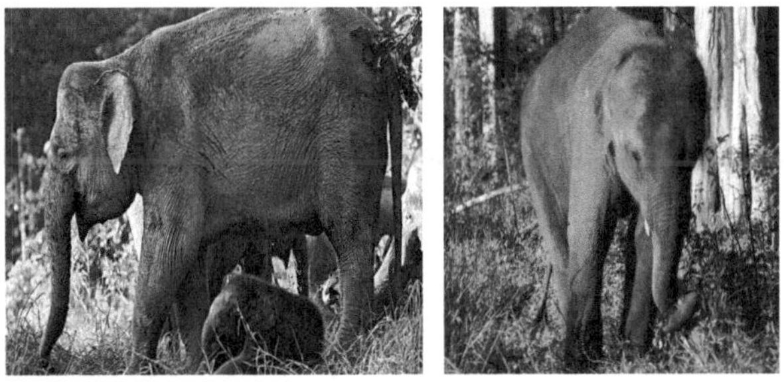

图 1-24　母象和乳象（A）及野生象（B）

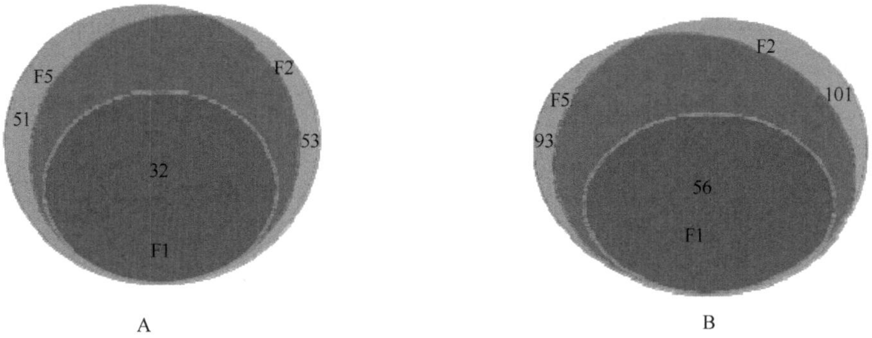

图 1-25　乳象、母象、野生象粪便微生物组在门（A）和纲（B）的比较

F1，乳象；F5，母象；F2，野生象

表 1-29　乳象、母象、野生象粪便微生物组在门和纲水平的比较

水平	F1 与 F5			F1 与 F2			F5 与 F2		
	F1 特有	总计	F5 特有	F1 特有	总计	F2 特有	F5 特有	总计	F2 特有
门	0	51	19	0	53	21	2	56	1
纲	0	93	37	0	101	45	1	110	8

注：F1=乳象；F2=野生象；F5=母象

长时期以来研究者都认为，人类或动物胎儿是在无菌条件下发育的，新生胎儿及其肠道是无菌的。最近几年人类胎盘及胎儿肠道中无菌开始受到质疑（Willyard，2018），但没有确切的证据证明胎儿肠道中确实存在微生物。我们的上述研究结果明确证明，乳象胎儿的肠道在出生前本来就有大量微生物，其组成与成年象类似，种类是成年象的一半左右，主要缺乏分解纤维素的菌群。现就此提出以下观点。

第一，亚洲象与微生物长期共进化、相互适应、相互选择，形成了相对稳定、具有自身特色的微生物区系。它们属土著菌。

第二，大象胎儿在出生以后至能独立生活之后不长的时间内，与外界环境接触，受其遗传指令的控制，逐步完善微生物区系（尤其是增加纤维分解菌），建成自己特有的微生物区系。这个时间点应该早于 3 岁，在独立生活不久之后。在生物进化进程中，大象当然会吸纳一些对自己有益的微生物新成员，进一步完善独具自身特点的微生物区系。现有的肠道微生物区系是动物和微生物（包括作为食物的植物的内生菌）长期协同进化、互相选择的结果，且相对稳定，各种动物（至少是高等哺乳动物）具有各自的特点。上述很多例子都说明，亲缘关系相近的动物应该有相似的微生物区系。这就是生物进化中遗传（每种动物的肠道微生物区系相对稳定）和变化（进化，在一定程度上的变化）的逻辑。当然，肠道微生物中肯定有暂栖菌及致病菌，它们是“变化着”的部分，随食物、气候等的变化而变化。

综合以上研究结果，我们推论，动物（至少是高等哺乳动物）的微生物区系主要受遗传指令的控制，其次才是环境因素（主要是食物）的影响。

第三，这些土著微生物包括细菌（含放线菌）、古菌、真菌、病毒及其他未归类生物，它们应该对大象本身有益。这里有个问题，病毒在健康亚洲象粪便中大量普遍存在，蝙蝠体内更是有大量不同种类的病毒及相应的抗体存在，这些病毒的生物学意义是什么？我们估计，有部分病毒（如果它是土著生物）对宿主应该有益。动物与病毒的关系很值得研究。

第四，萜类化合物广泛分布于植物和真菌，但在细菌中很少见。我们通过宏基因组深度分析发现，大象肠道微生物的基因组内存在大量萜类化合物的合成基因簇（第二章）。这可能是因为肠道菌在与大象植物性食物长期互相选择过程中，发生基因交换，使肠道微生物自身逐步具备了合成萜类化合物的能力。或者，动物长期摄入植物的过程中，植物的内生菌变成了肠道菌。以萜类化合物为核心，形成了动物、微生物和作为食物的植物（包括其内生菌）之间错综复杂的关系。由此我们推论，食草动物肠道微生物中能够找到大量千变万化的萜类化合物。

第五，大象肠道菌含有大量具有生物活性次级代谢产物（尤其是非核糖体多肽类）合成途径中的关键基因，还有大量抗生素抗性基因。这证明，肠道微生物产生大量活性物质，其在建立动物防御机制的过程中扮演重要角色，同时也是开发天然药物的重要来源。

人和动物胎儿肠道有没有微生物？何时开始有菌？微生物如何进入胎儿肠道？与宿主的遗传特性有何关系？微生物在胎儿发育期起什么作用？还是“以备”出生后使用？动物出生后，其微生物区系如何形成？它们与宿主的相互关系如何？与环境的关系如何？时空上的变化规律如何？这些都是重大的科学问题，对于了解人类、动物与微生物共进化以及解决人类健康问题有重大意义。

十一、9种鸟类

绿孔雀是云南特有珍稀鸟类，分布于云南怒江、普洱、西双版纳、红河和楚雄地区，在东南亚也有分布，主要栖息于海拔2000m以下热带、亚热带常绿阔叶林和混交林，尤其喜欢在疏林草地、河岸或地边丛林及林间草地和林中空旷的开阔地带活动。栖息地生境的破坏导致绿孔雀种群呈小家族群点状隔离分布，已被列入《国家重点保护野生动物名录》（Ⅱ级）、《世界自然保护联盟濒危物种红色名录》（濒危物种）。花冠皱盔犀鸟在中国仅出现于云南西部盈江县铜壁关和洪崩河一带，以及腾冲，主要栖息于海拔400～1500m的亚热带常绿阔叶林中，尤其在河流沿岸湿性常绿阔叶林中较易见，在东南亚有广泛分布，被列入《国家重点保护野生动物名录》（Ⅱ级）、《世界自然保护联盟濒危物种红色名录》（无危物种）。红嘴鸥是典型的冬候鸟，来昆明过冬的红嘴鸥来自北西伯利亚贝加尔湖，每年 9～10 月离开繁殖地往南迁徙至昆明，每年约5万只，被列入《世界自然保护联盟濒危物种红色名录》（低危物种）、《国家保护的有益的或者有重要经济、科学研究价值的陆生野生动物名录》。丹顶鹤也是候鸟，栖息于开阔平原、沼泽、湖泊、海滩，在黑龙江、吉林、辽宁和内蒙古达里诺尔湖等地繁殖，冬季迁至江苏、上海、山东沿海滩涂及长江中下游地区的沼泽，近些年每年都有迁徙至云南昭通越冬的丹顶鹤，被列入《世界自然保护联盟濒危物种红色名录》（濒危物种）、《华盛顿公约》（Ⅰ级保护动物）。灰雁在世界各地都有分布，有迁徙特性，主要栖息在不同生境的淡水水域中，常见出入于富有芦苇和水草的湖泊、水库、湿地、沼泽及草地，被列入《世界自然保护联盟濒危物种红色名录》国际鸟类红皮书。天鹅是一种冬候鸟，在我国大部分省份都有分布，喜欢群栖在湖泊和沼泽地带，主要以水生植物为食，每年3～4月，它们大群地从南方飞向北方，在我国北部边疆省份产卵繁殖，属于国家Ⅱ级保护动物。鸵鸟广泛分布于非洲、澳大利亚干旱地区，被列入《濒危野生动植物种国际贸易公约》。家鸽是由野生的原鸽经过长期的人工驯养培育而成的家养鸟类。虎皮鹦鹉属宠物鸟类。所有这些鸟类属于不同的科、属，亲缘关系不同，生活习性不同，迁徙特性各异，体形大小悬殊。红嘴鸥的新鲜粪便样品采自昆明滇池；其余新鲜粪便样品采自云南野生动物园。放线菌区系组成及特点如下（表1-30）。

表 1-30　9 种鸟类粪便放线菌的区系组成及特点

放线菌（属）	1	2	3	4	5	6	7	8	9	总占比
Actinotalea			+							1/9
Agrococcus			+	+	+		+			4/9
Arthrobacter	+	+	+	+	+	+	+	+	+	9/9
Blastococcus			+	+						2/9
Brevibacterium	+						+			2/9
Cellulomonas					+	+	+		+	4/9
Cellulosimicrobium	+	+		+	+		+		+	6/9
Corynebacterium		+						+	+	3/9
Curtobacterium	+				+					2/9
Dietzia	+	+			+					3/9
Gordonia	+	+								2/9
Isoptericola	+					+		+		3/9
Janibacter	+					+		+		3/9
Kineococcus	+	+				+	+	+		5/9
Kocuria	+					+	+	+	+	5/9
Leucobacter	+									1/9
Microbacterium	+	+	+	+	+	+	+	+	+	9/9
Micrococcus			+	+			+	+	+	5/9
Micromonospora					+	+				2/9
Mycobacterium				+						1/9
Nocardia		+	+	+			+		+	5/9
Nocardiopsis	+						+			2/9
Oerskovia	+		+				+			3/9
Planococcus					+					1/9
Plantibacter			+	+			+			3/9
Promicromonospora			+							1/9
Pseudoclavibacter			+	+						2/9
Pseudonocardia	+									1/9
Rhodococcus	+	+	+	+	+	+	+	+	+	9/9
Salinactinospora							+			1/9
Sanguibacter	+									1/9
Streptomyces	+	+	+	+	+	+	+	+	+	9/9
Verrucosispora					+	+				2/9
Williamsia				+						1/9
Yaniella		+		+						2/9
总计　35	18	11	13	14	12	11	16	10	10	

注：1=绿孔雀；2=花冠皱盔犀鸟；3=红嘴鸥；4=丹顶鹤；5=天鹅；6=灰雁；7=鸵鸟；8=家鸽；9=虎皮鹦鹉

（1）9 种鸟类粪便纯培养的放线菌共有 35 属，放线菌的组成比较复杂；*Arthrobacter*、*Microbacterium*、*Rhodococcus*、*Streptomyces* 等 4 属的成员在 9 种动物粪便中都有分布。

（2）绿孔雀是云南省特有的珍稀鸟类，其放线菌有 18 属，在这 9 种鸟类中放线菌区系最为复杂，其中 *Leucobacter*、*Pseudonocardia*、*Sanguibacter* 3 属为其独有。

（3）从花冠皱盔犀鸟粪便分离到 11 属，没有特有的放线菌存在。

（4）红嘴鸥、丹顶鹤、天鹅、灰雁都属于迁徙鸟类，都喜欢生活在沼泽地带，但它们的亲缘关系、原产地和生活习性不同。鉴定到的放线菌分别有 13、14、12、11 属，共计 27 属；*Actinotalea*、*Oerskovia*、*Promicromonospora* 为红嘴鸥的特有属；*Mycobacterium*、*Williamsia*、*Yaniella* 为丹顶鹤特有的属；*Curtobacterium*、*Dietzia*、*Planococcus* 为天鹅的特有属；*Isoptericola*、*Janibacter*、*Kineococcus*、*Kocuria* 为灰雁的特有属；总共 13 个特有属，说明彼此间放线菌的组成相似性较低。

（5）从鸵鸟粪便分离到 16 属，*Salinactinospora* 是其在这 9 种动物中的特有属。

（6）家鸽和虎皮鹦鹉都是家养鸟类，*Arthrobacter*、*Corynebacterium*、*Kocuria*、*Microbacterium*、*Micrococcus*、*Rhodococcus*、*Streptomyces* 等 7 属在两者中都有分布；而 *Cellulomonas*、*Cellulosimicrobium*、*Isoptericola*、*Janibacter*、*Kineococcus*、*Nocardia* 等 6 属却各不相同，它们的区系相似度较低。

（7）*Actinotalea*、*Oerskovia*、*Plantibacter*、*Salinactinospora*、*Yaniella* 是极少见的放线菌。

十二、中华竹鼠

中华竹鼠属啮齿类动物，主要分布在我国长江以南各省区的中山阔叶林、针叶阔叶混交林带，以竹子、芒草等植物茎秆为食，洞穴生活，不需阳光，昼伏夜出。被列入《世界自然保护联盟濒危物种红色名录》（低危物种）。从中华竹鼠分离到 *Agrococcus*、*Arthrobacter*、*Brachybacterium*、*Corynebacterium*、*Dietzia*、*Gordonia*、*Labedella*、*Microbacterium*、*Oerskovia*、*Rhodococcus*、*Sanguibacter*、*Streptomyces*、*Williamsia* 等 13 属的放线菌，其中仅 *Labedella* 少见。

十三、北海狮、髯海豹

北海狮分布于太平洋海域，一般栖息于寒温带沿岸海域，其食性很广，主要包括乌贼、蚌、海蜇和鱼类等，已被列入《世界自然保护联盟濒危物种红色名录》（2012 年）。髯海豹分布于北冰洋、北大西洋、北太平洋等寒带海域，偶尔会在福建、广东等地的东海和南海海域出现，但不会越过南半球海域，主要以海洋中的底栖生物为食，已被列入《世界自然保护联盟濒危物种红色名录》、《国家重点保护野生动物名录》（Ⅱ级保护动物）。这两种动物的粪便样品取自沈阳森林动物园。从北海狮粪便鉴定到 *Brevibacterium*、*Cellulosimicrobium*、*Corynebacterium*、*Kocuria*、*Jeotgalicoccus*、*Microbacterium*、*Rhodococcus*、*Streptomyces*、*Williamsia* 9 属，从髯海豹粪便鉴定到 *Kitasatospora*、*Kocuria*、*Microbacterium*、*Nocardia*、*Rhodococcus*、*Streptomyces* 6 属，大多是常见放线菌，只有 *Jeotgalicoccus* 比较少见。

十四、罗非鱼

罗非鱼（非洲鲫鱼、非鲫、越南鱼、南洋鲫等）属热带杂食性鱼类，生活在淡水和海水中。绝大部分是杂食性，常吃水中的植物和碎物。鱼鳃和鱼肠样品采自北部湾茅尾海海域，鉴定到的放线菌有 12 属：*Arthrobacter*、*Brevibacterium*、*Corynebacterium*、*Dietzia*、*Glutamicibacter*、*Isoptericola*、*Janibacter*、*Kocuria*、*Microbacterium*、*Nocardia*、*Rhodococcus*、*Streptomyces*。其中 *Glutamicibacter*、*Janibacter* 两属比较少见。

十五、云南土白蚁

云南土白蚁可侵食各种木材，其体内的各种微生物具有很强的纤维素分解能力，是西双版纳地区居民竹楼的一大危害因素。从临沧、普洱、西双版纳雨林等地采集的云南土白蚁中分离到 *Aeromicrobium*、*Arthrobacter*、*Brevibacterium*、*Cellulomonas*、*Cellulosimicrobium*、*Citricoccus*、*Corynebacterium*、*Curtobacterium*、*Isoptericola*、*Luteimicrobium*、*Microbacterium*、*Micrococcus*、*Micromonospora*、*Oerskavia*、*Promicromonospora*、*Pseudoclavibacter*、*Rhodoccus*、*Streptomyces* 18 属的放线菌，放线菌区系比较复杂，

其中 *Luteimicrobium* 较少见。

十六、几类高等动物粪便免培养微生物的比较

从云南野生动物园采集 4 种灵长目、5 种食肉目、2 种奇蹄目动物（共计 11 种）的新鲜粪便样品，对 16S rDNA 的 V4 区进行测序，测序质量、覆盖度、深度均很好。将 Illumina MiSeq 测序平台得到的下机数据进行处理后，使用 Uparse（113）根据 97%序列相似性将序列归类得到 OTU，再从分类单元中选取代表序列，使用 RDP-Classifier 对分类单元进行注释，通过物种注释的结果，统计出各样品不同分类等级的序列总数，并统计每个分类单元下每个样品在该分类单元中的序列数，得到 OTU 表，主要使用 Qiime 的软件（V1.6.0，114）进行分析。具体每个动物粪便样品获得的序列数和质控数据见表 1-31。

表 1-31 几类高等动物粪便免培养微生物测序信息

动物	拼接序列数	有效序列数	分类序列数	最小运算分类单元数	Chao1 指数（97%）	测序准确率（%）	测序有效率（%）
白眉长臂猿	67 762	61 931	52 869	1 919	1 569.3	98.00	91.11
川金丝猴	59 694	54 239	45 762	1 903	1 737.6	98.23	90.64
黑猩猩	61 598	55 851	46 742	2 010	1 615.1	98.11	90.15
熊猴	93 941	80 010	63 965	3 366	2 798.7	97.82	84.72
孟加拉虎	36 185	30 976	26 508	1 518	1 491.3	98.17	85.33
大熊猫	60 900	53 833	49 762	1 574	1 264.3	97.95	88.15
黑熊	88 600	72 935	65 061	2 076	1 404.2	98.05	82.02
小熊猫	68 493	57 996	52 589	1 869	1 386.2	98.17	84.45
北非狮	86 449	72 073	64 300	2 140	1 858.5	98.26	83.05
爪哇犀牛	80 220	74 779	63 045	2 425	1 788.7	98.31	93.22
斑马	94 340	84 301	62 038	3 029	2 458.0	98.01	89.36

通过对每个 OTU 代表序列进行注释发现，本次研究所获得的 OTU 总共属于 46 门，其中灵长类动物共检测到 38 门，食肉目动物共检测到 45 门，奇蹄目动物共检测到 36 属。所有这些动物粪便（肠道）菌群门按总的丰度从高到低依次是：Firmicutes（30.7%）、Bacteroidetes（30.3%）、Proteobacteria（22.0%）、Cyanobacteria（4.2%）、Verrucomicrobia（4.2%）、Actinobacteria（3.7%）、Fusobacteria（1.4%）、Tenericutes（0.9%）、Spirochaetes（0.8%）、Acidobacteria（0.3%）、Euryarchaeota（古菌，0.3%）、Planctomycetes（0.2%）、Gemmatimonadetes（0.2%）、Synergistetes（0.1%）、Fibrobacteres（0.1%）、Chloroflexi（0.1%）、TM7（0.1%）、Crenarchaeota（古菌，0.1%）、Armatimonadetes、Nitrospirae、Chlamydiae、Lentisphaerae、WPS-2、Thermi、Chlorobi、Elusimicrobia、NC10、OP8、Deferribacteres、WS3、NKB19、AD3、[Caldithrix]、BRC1、WYO、Thermotogae、TM6、SAR406、AncK6、GAL15、OP9、WS1、Caldiserica、GN04、EM3、FCPU426（其中打中括号的表示 OTU 归类地位还不是很确定的门，缩写表示目前还未培养仅在免培养测序中检测到的微生物门类）。不过，具体每个门在不同动物中含量是不一样的（表 1-32）。在门水平上，灵长目粪便中拟杆菌门含量更高，食肉目动物粪便中变形菌门含量更高，食草的奇蹄目粪便中厚壁菌门和拟杆菌门比较相当。Lactobacillaceae 在熊猴中丰度比较高；OTU6-Cyanobacteria-Chloroplast-Streptophyta 在大熊猫中丰度比较高，这可能是被错误注释的大熊猫食物竹叶中的叶绿体；Moraxellaceae 在小熊猫中丰度相对较高；而 Erysipelotrichaceae 在北非狮中丰度相对较高。

表 1-32　几类高等动物肠道微生物在门水平的比较（%）

动物	Firmicutes	Bacteroidetes	Proteobacteria	Cyanobacteria	Verrucomicrobia	Actinobacteria	总计
白眉长臂猿	25.1	58.8	10.9	0.5	0.6	1.3	97.2
川金丝猴	28.4	36.5	6.6	0.4	22.0	1.4	95.3
黑猩猩	24.8	54.0	10.5	0.5	0.7	1.5	92.0
熊猴	54.4	10.3	24.2	0.5	2.0	2.9	94.3
孟加拉虎	31.2	31.0	18.3	1.2	1.0	3.1	85.8
大熊猫	12.6	9.6	30.8	41.3	0.5	3.8	98.6
黑熊	15.7	14.4	65.0	0.1	0.1	3.2	98.5
小熊猫	12.3	21.7	43.8	1.6	0.7	18.3	98.4
北非狮	75.8	1.4	16.6	—	0.3	3.1	97.2
爪哇犀牛	16.4	63.1	5.6	0.2	8.7	0.8	94.8
斑马	40.3	32.4	9.0	0.2	9.2	1.5	92.6

各种动物粪便微生物中有平均 59.3%是这几种动物共有的，大熊猫和其他几种动物共有率最低（31.7%），孟加拉虎粪便微生物和其他几种动物的 OTU 共有率最高（89.0%），其余依次是小熊猫（86.9%）、北非狮（84.4%）、爪哇犀牛（72.4%）、熊猴（62.7%）、黑熊（57.4%）、白眉长臂猿（44.9%）、黑猩猩（43.5%）、川金丝猴（40.6%）、斑马（36.6%）。由此可见，各个动物末端肠道微生物的特有率分别是白眉长臂猿 0.09%、川金丝猴 0.13%、黑猩猩 0.11%、熊猴 0.59%、孟加拉虎 0.09%、大熊猫 0.05%、黑熊 1.06%、小熊猫 0.08%、北非狮 0.85%、爪哇犀牛 0.17%、斑马 0.42%。绝大部分 OTU 是很多动物共有的，而只有少部分的 OTU 是每个动物特有的。

在科水平上共检测到 280 科（包括可培养和未培养），在属水平上共检测到 407 属。在属水平上含量排名前 20 的依次是：*Prevotella*、*Acinetobacter*、*Bulleidia*、*Clostridium*、*Sphingobacterium*、*Pseudomonas*、*Amycolatopsis*、*Akkermansia*、*Lactobacillus*、[*Prevotella*]、*Ruminococcus*、*Oscillospira*、*Psychrobacter*、*Moraxella*、*Treponema*、*Bacteroides*、*Citrobacter*、*Comamonas*、*Halomonas*、*Butyrivibrio*。不管从门水平、科水平还是属水平，这几种动物的粪便微生物多样性都是非常丰富的（图 1-26）。

在大熊猫粪便中，与草食消化相关的微生物类群也较少。这又一次证明大熊猫肠道内缺乏和它们的草食相关的微生物类群，这就是大熊猫每天要消耗大量竹子，且消化吸收率低的原因之一。这反映了大熊猫的祖先是肉食动物，在进化进程中还没有建立起消化草食微生物菌群的遗传特性，这种“消化不良”的结果可能是导致它们在进化中处于一个危险的境地。

值得一提的是，小熊猫粪便放线菌门的丰度为 18.3%，是 11 种动物平均数的 5 倍，这是很罕见的现象；而爪哇犀牛仅占 0.8%，其余在 1.3%～3.8%，平均为 3.7%（表 1-32）。

在属的水平上，*Amycolatopsis* 的成员在含量最多的 20 属的原核生物中排在第七，是唯一的放线菌，但最常见的链霉菌却不在其中。这是一个独特的现象，是很值得研究的问题之一。

十七、动物粪便放线菌区系的特点

研究规模如此之大，涉及动物种类如此之多，持续时间达 10 年，并同时用免培养和纯培养方法研究动物放线菌资源，保存菌株量之大，在世界实为首次。

从 53 种动物中共鉴定到 67 属放线菌（表 1-33，S1-3）。动物粪便放线菌群落结构的特点如下。

（1）放线菌界目前约 300 属被国际承认。我们仅仅从 53 种动物中就获得 67 属（约占目前承认放线菌总属数的 1/4），属于 2 纲 12 目 29 科和 3 个未定科（表 1-33），可见动物肠道放线菌的群落结构相当复杂。

（2）100%的样品都分离到了链霉菌，其数量在 2×10^5～176×10^7/g 粪便干重，以 *Streptomyces albus*、*S. albidoflavus*、*S. griseus*、*S. hygroscopicus*、*S. rutgersensis*、*S. tendae* 和 *S. violaceoruber* 等的出现频度较高。

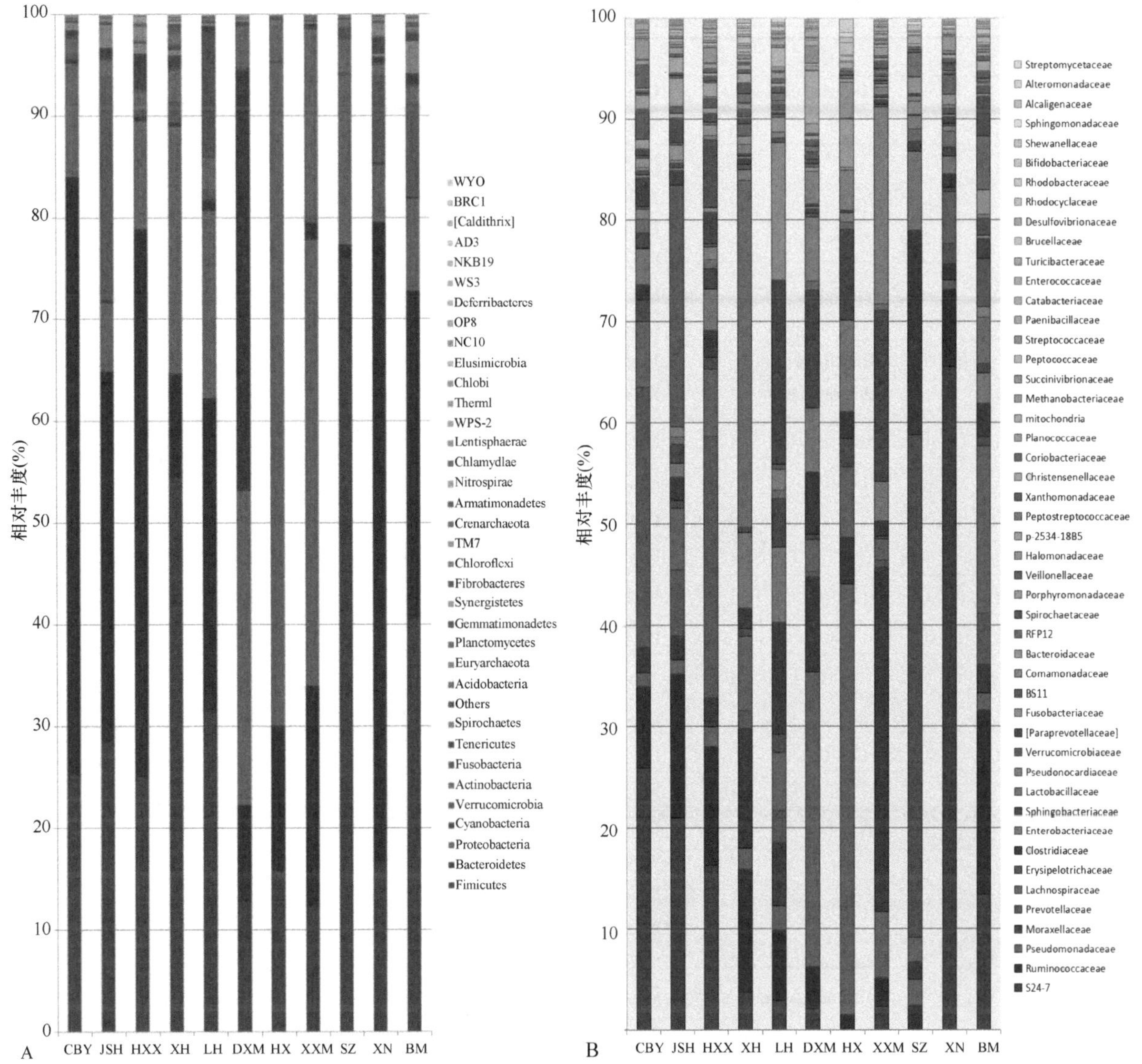

图 1-26　几类高等动物的免培养粪便微生物在门（A）和科（B）水平的相对丰度（彩图请扫封底二维码）
CBY，白眉长臂猿；JSH，川金丝猴；HXX，黑猩猩；XH，熊猴；LH，孟加拉虎；DXM，大熊猫；HX，黑熊；XXM，小熊猫；SZ，北非狮；XN，爪哇犀牛；BM，斑马

（3）这 67 属中，有 38 属属于 Micrococcales 目，10 属属于 Corynebacteriales 目，区系组成较为复杂。*Arthrobacter*、*Cellulosimicrobium*、*Corynebacterium*、*Microbacterium*、*Micrococcus* 和 *Rhodococcus* 等分化程度较低的杆、球状放线菌在所有动物粪便样品中出现频度较高，其中 *Rhodococcus coprophilus*、*Rh. corynebacterioides*、*Rh. equi*、*Rh. pyridinivorans*、*Rh. zopfii*、*Arthrobacter gandavensis*、*Cellulosimicrobium funkei*、*Corynebacterium xerosis*、*Microbacterium paraoxydans* 等成员在大多数动物粪便中都能分离到。这是动物放线菌群落与其他环境放线菌群落的重要区别。

（4）*Agreia*、*Arsenicicoccus*、*Citricoccus*、*Enteractinococcus*、*Glaciihabitans*、*Gulosibacter*、*Jiangella*、*Krasilnikoviella*、*Labedella*、*Luteimicrobium*、*Luteococcus*、*Mobilicoccus*、*Oceanitalea1*、*Oerskovia*、*Patulibacter*、*Plantibacter*、*Salinibacterium*、*Sphaerobacter*、*Tomitella*、*Yaniella*、*Zimmermannella* 等 21 属目前发表的种数均低于 5 个，换言之，67 属中约 30%是极为少见的放线菌。*Actinotale*、*Arsenicicoccus*、*Enteractinococcus*、*Luteimicrobium*、*Luteococcus*、*Oceanitalea*、*Patulibacter*、*Planococcus*、*Rothia*、*Salinibacterium*、*Sphaerobacter*、*Tomitella*、*Zimmermannella* 等是动物特有属。*Enteractinococcus* 是本室发表的新属。

表 1-33　53 种动物粪便纯培养放线菌的组成

纲	目	科	属（共计 67）
Actinobacteria	Corynebacteriales	Corynebacteriaceae	*Corynebacterium*
		Mycobacteriaceae	*Mycobacterium*
		Nocardiaceae	*Gordonia*，*Nocardia*，*Rhodococcus*，*Williamsia*
		Tsukamurellaceae	*Tsukamurella*
		Dietziaceae	*Dietzia*
		Family unassigned	*Tomitella*
	Frankiales	Frankiaceae	*Blastococcus*
		Geodermatophilaceae	*Mobilicoccus*
	Jiangellales	Jiangellaceae	*Jiangella*
	Kineosporiales	Kineosporiaceae	*Kineococcus*
	Micrococcales	Micrococcaceae	*Arthrobacter*，*Citricoccus*，*Enteractinococcus*，*Kocuria*，*Glutamicibacter*，*Micrococcus*，*Rothia*，*Yaniella*
		Brevibacteriaceae	*Brevibacterium*
		Cellulomonadaceae	*Cellulomonas*
		Dermabacteraceae	*Arsenicicoccus*，*Brachybacterium*
		Intrasporangiaceae	*Janibacter*，*Terrabacter*
		Promicromonosporaceae	*Cellulosimicrobium*，*Isoptericola*，*Krasilnikoviella*，*Promicromonospora*
		Microbacteriaceae	*Agreia*，*Agrococcus*，*Agromyces*，*Clavibacter*，*Curtobacterium*，*Glaciihabitans*，*Gulosibacter*，*Labedella*，*Leucobacter*，*Microbacterium*，*Plantibacter*，*Pseudoclavibacter*，*Salinibacterium*，*Zimmermannella*
		Planococcaceae	*Planococcus*
		Cellulomonadaceae	*Oerskovia*
		Sanguibacteraceae	*Sanguibacter*
		Bogoriellaceae	*Oceanitalea*
		Family unassigned	*Actinotalea*，*Luteimicrobium*
	Nakamurellales	Nakamurellaceae	*Nakamurella*
	Micromonosporales	Micromonosporaceae	*Micromonospora*，*Verrucosispora*
	Propionibacteriales	Propionibacteriaceae	*Luteococcus*，*Microlunatus*，*Tessaracoccu*
		Nocardioidaceae	*Aeromicrobium*
	Pseudonocardiales	Pseudonocardiaceae	*Pseudonocardia*，*Saccharomonospora*，*Saccharopolyspora*
	Streptomycetales	Streptomycetaceae	*Kitasatospora*，*Streptomyces*
	Streptosporangiales	Thermomonosporaceae	*Actinocorallia*
		Nocardiopsaceae	*Nocardiopsis*
Thermoleophilia	Solirubrobacteriles	Patulibacteriaceae	*Patulibacter*
	Incertae sedis	Incertae sedis	*Sphaerobacter*

（5）3803 株动物放线菌中，有 312 株（约占 8.2%）的 16S rDNA 序列相似性在 98.8%以下，按照当今的认识，这些菌株都属于未知菌种或潜在新种。可见，动物粪便是一个未知菌数量巨大的、值得深入研究和发掘的新资源库。

（6）放线菌仅占动物粪便微生物的 0.8%～18%，大部分在 5%以下，属于少数。为了获得尽可能多的放线菌，在分离时，消除其他占绝对优势的细菌（高达 10^{13}～10^{14}）就成为主要难题。第一，要在室温下风干粪便样品；第二，风干的样品要在 80～120℃干热处理 1h；第三，要使用至少 4 种成分差异较大的培养基；第四，培养基中要加入 40mg/L 的萘啶酸；第五，要做预试，并根据预试结果，使用 3 个较合适稀释度的样品提取液。

第四节 地衣放线菌资源

地衣是地球生物圈中生物多样性的组成部分之一，是地衣型真菌与藻类或蓝细菌的共生体，是一个共生状态下的菌藻群落，也是一个生态学概念，而非系统学概念。最近发现担子菌酵母（Basidiomycete yeast）也是地衣的组成部分。地衣型真菌绝大多数隶属于真菌界的子囊菌门，少数属担子菌门。全球各地都有地衣分布。目前知道的地衣约有 3 万种，中国约 2000 种，云南约 1000 种。云南是世界上生物多样性最丰富的地区之一，也是地衣物种多样性最丰富的地区之一，由于研究投入不足，大量未知物种等待发现。迄今已从地衣中发现了 1100 多种化合物，如地衣多糖类、地衣酸类、缩酚酸类、地衣酚、蒽醌类、萜类等。一些地衣已经入药，具有广泛的生物活性和药用价值。地衣是“荒漠拓荒者”、“先锋生物”和“长寿植物”（有的地衣生命长达数千年）。有的地衣生长在营养贫瘠的石头上。有的地衣生长较快，有的又极为缓慢。地衣真菌、藻类、酵母、放线菌之间的关系如何？它们如何共生？地衣的生物活性是否与其共生的放线菌有关？放线菌的活性物质在地衣生命活动中的作用如何？如何利用地衣放线菌？地衣的亲缘关系与其内生放线菌的亲缘关系是否相关？地衣何以存活千年？一系列问题都值得研究。

国外有少数实验室研究过地衣相关的放线菌（lichen-associated actinomycete），从地衣中仅仅获得 *Actinomadura*、*Actinomycetospora*、*Actinoplanes*、*Amycolatopsis*、*Micromonospora*、*Planobispora*、*Pseudonocardia*、*Rhodococcus*、*Saccharapolyspora*、*Streptomyces*、*Streptosporangium*、*Geodermatophilus* 等 12 属的放线菌，它们都属于常见菌。

我们在两项国家自然科学基金支持下，在中国首次把地衣放线菌作为资源进行研究，取得了有益的成果（表 1-34）。

表 1-34 部分地衣样品信息

地衣编号	地衣学名	采集地点	生境	海拔（m）
A-1	*Parmotrema austrosinense*	临沧永德县大红岩山	植物上	1776
A-2	*Parmotrema tincforum*	临沧永德县大红岩山	植物上	1776
A-3	*Everniastru cirrhatum*	临沧永德县乡大红岩山	植物上	1776
A-4	*Lepraria* sp.	临沧永德县大红岩山	植物上	2059
B-1	*Pertusaria* sp.	普洱西盟县˙国家级公益林保护区雄狮山	土壤上	950
B-2	*Lepraria* sp.	普洱西盟县国家级公益林保护区雄狮山	土壤上	950
B-3	*Heterodermia diademata*	普洱西盟县国家级公益林保护区雄狮山	土壤上	950
B-4	*Everniastru cirrhatum*	普洱西盟县国家级公益林保护区雄狮山	植物上	950
B-5	*Usnea florida*	普洱西盟县国家级公益林保护区雄狮山	植物上	950
B-6	*Lepraria* sp.	普洱西盟县国家级公益林保护区雄狮山	植物上	950
B-7	*Heterodermia diademata*	普洱西盟县国家级公益林保护区雄狮山	植物上	950
B-8	*Lepraria* sp.	普洱西盟县国家级公益林保护区雄狮山	植物上	950
B-9	*Parmotrema austrosinense*	普洱西盟县国家级公益林保护区雄狮山	植物上	950
B-10	*Pannaria* sp.	普洱西盟县国家级公益林保护区雄狮山	植物上	950
B-11	*Hypotrachyna* sp.	普洱西盟县国家级公益林保护区雄狮山	植物上	950
B-12	*Ramalina fastigiata*	普洱西盟县国家级公益林保护区雄狮山	土壤上	950
B-13	*Lepraria* sp.	普洱西盟县国家级公益林保护区雄狮山	植物上	950
B-14	*Heterodermia diademata*	普洱西盟县国家级公益林保护区雄狮山	植物上	950
B-15	*Lepraria* sp.	普洱西盟县国家级公益林保护区雄狮山	植物上	2196
B-16	*Bulbothrix asiatica*	普洱西盟县国家级公益林保护区雄狮山	植物上	2063
C-1	*Bulbothrix* sp.	西双版纳勐养保护区	植物上	1220
C-2	*Anzia* sp.	西双版纳勐养保护区	树皮上	2500
C-3	*Nephomopsis* sp.`	西双版纳勐养保护区	树皮上	2400

续表

地衣编号	地衣学名	采集地点	生境	海拔（m）
C-4	*Sticta* sp.	西双版纳勐养保护区	树皮上	2300
C-5	*Stereocaulon* sp.	西双版纳勐养保护区	岩石上	2400
C-6	*Hypotrachyna* sp.	西双版纳勐养保护区	树皮上	2400
C-7	*Everniastrum* sp.	西双版纳勐养保护区	树皮上	2400
C-8	*Leptogium* sp.	西双版纳勐养保护区	树皮上	1400
C-9	*Coccocarpia* sp.	西双版纳勐养保护区	树皮上	1220
C-10	*Rhozoplaca* sp.	西双版纳勐养保护区	植物上	1330
C-11	*Pilophorus chrysoleuca*	西双版纳勐养保护区	岩石上	4390
C-12	*Usnea* sp.	西双版纳勐养保护区	植物上	3555
C-13	*Bryoria* sp.	西双版纳勐养保护区	土壤上	3270
C-14	*Xanthoparmelia* sp.	西双版纳勐养保护区	岩石上	3920
C-15	*Xanthoria* sp.	西双版纳勐养保护区	土壤上	4300
C-16	*Cladonia* sp.	西双版纳勐养保护区	岩石上	3700
C-17	*Cetraria* sp.	西双版纳勐养保护区	岩石上	4020

*：西盟县全称为西盟佤族自治县，为方便叙述，本书采用简称形式

一、滇西南地区地衣放线菌

从保山龙陵，经镇康、澜沧，至孟连沿云南西南边境一线，正好处在北回归线南北附近，横断山高黎贡山山系南延地段。地势西北高、东南低，山水纵横交错。属亚热带山地季风气候，雨量充沛，日照充足，冬无严寒，夏无酷暑，干雨季分明。森林植被良好，是典型的亚热带常绿阔叶林地区。采样地带为海拔 950～2603m 的常绿阔叶林。在旱季采集 20 份地衣样品，共计 6 科 11 属 15 种。用 4 种培养基分离放线菌。获得 899 株，鉴定其中 584 株。从 10 种地衣鉴定的放线菌如表 1-35 所示。从大哑铃胞（*Heterodermia diademata*）鉴定到 16 属，放线菌区系最为复杂，且 *Aeromicrobium*、*Paenarthrobacter*、*Plantibacter*、*Promicromonospora*、*Pseudarthrobacter* 等都是少见的放线菌。从 *Ramalina fastigiata* 仅分离到链霉菌一属。从其他地衣分离到 3～10 属的放线菌（表 1-35）。

从 6 种未鉴定的癞屑衣（*Lepraria* sp.）（表 1-36）中分离到 29 属的放线菌，从 2 号样品分离到 14 属，其余在 5～9 属。特别有趣的是，这 6 个同属地衣，每个种之间放线菌的相似性很低，只有 *Microbacterium* 和 *Streptomyces* 两属为 6 种所共有；29 属中就有 20 属只为一个种独有，占 69%；*Actinomycetospora*、*Aeromicrobium*、*Gordonia*、*Flexivirga*、*Isoptericola*、*Leifsonia*、*Microlunatus*、*Pilimelia* 都是很少见的放线菌。

表 1-35 10 种地衣放线菌的组成

地衣	放线菌（属）
Bulbothrix asiatica	*Leifsonia*，*Mycolicibacterium*，*Streptomyces* 3
Everniastrum cirrhatum	*Arthrobacter*，*Kitasatospora*，*Kocuria*，*Leifsonia*，*Microbacterium*，*Micrococcus*，*Mycolicibacterium*，*Nocardioides*，*Streptomyces*，*Williamsia* 10
Heterodermia diademata	*Aeromicrobium*，*Agromyces*，*Curtobacterium*，*Dactylosporangium*，*Kocuria*，*Microbacterium*，*Micrococcus*，*Nakamurella*，*Nocardioides*，*Nocardiopsis*，*Paenarthrobacter*，*Plantibacter*，*Promicromonospora*，*Pseudarthrobacter*，*Rhodococcus*，*Streptomyces* 16
Hypotrachyna sp.	*Curtobacterium*，*Kocuria*，*Mycolicibacterium*，*Streptomyces* 4
Pannaria sp.	*Agromyces*，*Herbiconiux*，*Microbacterium*，*Streptomyces* 4

续表

地衣	放线菌（属）
Parmotrema austrosinense	*Curtobacterium*，*Gordonia*，*Microbacterium*，*Micrococcus*，*Mycolicibacterium*，*Streptomyces*　6
Parmotrema tincforum	*Dactylosporangium*，*Kocuria*，*Microbacterium*，*Rhodococcus*，*Saccharothrix*，*Streptomyces*　6
Pertusaria sp.	*Agromyces*，*Curtobacterium*，*Kitasatospora*，*Kocuria*，*Microbacterium*，*Mumia*，*Nocardia*，*Nocardioides*，*Promicromonospora*，*Streptomyces*　10
Ramalina fastigiata	*Streptomyces*　1
Usnea florida	*Aeromicrobium*，*Agrococcus*，*Klenkia*，*Marmoricola*，*Microbacterium*，*Microlunatus*，*Plantibacter*，*Quadrisphaera*，*Subtercola*，*Terracoccus*　10

表 1-36　6 种 *Lepraria* sp.的放线菌组成

属	1	2	3	4	5	6	共有属
Actinomycetospora						+	1
Aeromicrobium		+					1
Agromyces		+	+	+			3
Amycolatopsis			+	+			2
Arthrobacter			+				1
Brevibacterium			+				1
Cellulomonas	+						1
Curtobacterium	+			+		+	3
Gordonia	+						1
Flexivirga				+			1
Isoptericola		+					1
Kocuria		+					1
Leifsonia						+	1
Microbacterium	+	+	+	+	+	+	6
Micrococcus			+				1
Microlunatus					+		1
Micromonospora		+					1
Mumia		+					1
Mycolicibacterium	+	+				+	3
Nakamurella	+			+	+		3
Nocardia		+					1
Nocardioides	+						1
Pilimelia		+					1
Promicromonospora		+	+				2
Pseudonocardia		+					1
Rhodococcus			+		+	+	3
Streptomyces	+	+	+	+	+	+	6

续表

属	1	2	3	4	5	6	共有属
Streptosporangium		+					1
Williamsia				+			1
总计 29	8	14	9	8	5	7	
独有 20	3	9	3	2	1	2	
独有占比（%）69	38	64	33	25	20	29	

按照放线菌分离系统，从滇西南采集的 20 份样品中共分离到 42 属的放线菌。它们属于 10 目 18 科（表 1-37）。

表 1-37　滇西南地衣放线菌的组成

目	科	属
Corynebacteriales	Mycobacteriaceae	*Mycolicibacterium*
	Nocardiaceae	*Gordonia*，*Nocardia*，*Rhodococcus*，*Williamsia*
Geodermatophilales	Geodermatophilaceae	*Klenkia*
Kineosporiales	Kineosporiaceae	*Quadrisphaera*
Micrococcales	Cellulomonadaceae	*Cellulomonas*
	Dermacoccaceae	*Flexivirga*
	Intrasporangiaceae	*Terracoccus*
	Microbacteriaceae	*Agromyces*，*Agrococcus*，*Curtobacterium*，*Herbiconiux*，*Kocuria*，*Microbacterium*，*Leifsonia*，*Lysinimonas*，*Plantibacter*，*Subtercola*
	Micrococcaceae	*Arthrobacter*，*Micrococcus*，*Paenarthrobacter*，*Pseudarthrobacter*
	Promicromonosporaceae	*Promicromonospora*，*Isoptericola*
Micromonosporales	Micromonosporaceae	*Dactylosporangium*，*Micromonospora*
Nakamurellales	Nakamurellaceae	*Nakamurella*
Propionibacteriales	Nocardioidaceae	*Aeromicrobium*，*Marmoricola*，*Mumia*，*Nocardioides*
	Propionibacteriaceae	*Microlunatus*
Pseudonocardiales	Pseudonocardiaceae	*Actinomycetospora*，*Amycolatopsis*，*Pseudonocardia*，*Saccharothrix*
Streptomycetales	Streptomycetaceae	*Kitasatospora*，*Streptomyces*
Streptosporangiales	Nocardiopsaceae	*Nocardiopsis*
	Streptosporangiaceae	*Streptosporangium*

Streptomyces atroolivaceus、*S. badius*、*S. hundungensis*、*S. gramineus*、*S. omiyaensis*、*S. pratensis*、*S. tanashiensis*、*Promicromonospora sukumoe*、*P. vindobonensis*、*Agromyces aureus*、*Microbacterium lacus* 在地衣中的存在量为 10^4/g 干重。

二、普洱地区地衣放线菌

普洱位于云南省西南部，地处北纬 22°02′～24°50′、东经 99°09′～102°19′，东临红河、玉溪，南接西双版纳，西北连临沧，北靠大理、楚雄。受亚热带季风气候的影响，这里大部分地区常年无霜，冬无严寒，夏无酷暑，享有“绿海明珠”“天然氧吧”之美誉。从普洱西盟县国家级公益林保护区雄狮山采集 10 属 14 种的 16 份地衣样品，共分离 340 株放线菌，鉴定其中 266 株，它们归属于 10 目，棒状杆菌目（Corynebacteriales）、Geodermatophilales、动孢菌目（Kineosporiales）、微球菌目（Micrococcales）、小单孢菌目（Micromonosporales）、Nakamurellales、丙酸杆菌目（Propionibacteriales）、假诺卡氏菌目（Pseudonocardiales）、链霉菌目（Streptomycetales）、链孢囊菌目（Streptosporangiales）；17 科，分枝杆菌科（Mycobacteriaceae）、诺卡氏菌科（Nocardiaceae）、Geodermatophilaceae、动孢菌科（Kineosporiaceae）、纤维单孢菌科（Cellulomonadaceae）、皮生球菌科（Dermacoccaceae）、间孢囊菌科（Intrasporangiaceae）、微杆菌科（Microbacteriaceae）、微球菌科（Micrococcaceae）、原小单孢菌科（Promicromonosporaceae）、小单孢菌科（Micromonosporaceae）、中村氏菌科（Nakamurellaceae）、类诺卡氏菌科（Nocardioidaceae）、丙酸杆菌科（Propionibacteriaceae）、假诺卡氏菌科（Pseudonocardiaceae）、链霉菌科（Streptomycetaceae）、链孢囊菌科（Streptosporangiaceae）；39 属，*Mycolicibacterium*、诺卡氏菌属（*Nocardia*）、红球菌属（*Rhodococcus*）、威廉姆斯氏菌属（*Williamsia*）、*Klenkia*、*Quadrisphaera*、纤维单孢菌属（*Cellulomonas*）、*Flexivirga*、土壤球菌属（*Terracoccus*）、壤霉菌属（*Agromyces*）、农球菌属（*Agrococcus*）、短小杆菌属（*Curtobacterium*）、草药菌属（*Herbiconiux*）、考克氏菌属（*Kocuria*）、微杆菌属（*Microbacterium*）、赖氏菌属（*Leifsonia*）、*Lysinimonas*、植物杆菌属（*Plantibacter*）、*Subtercola*、节杆菌属（*Arthrobacter*）、微球菌属（*Micrococcus*）、*Paenarthrobacter*、假节杆菌属（*Pseudarthrobacter*）、原小单孢菌属（*Promicromonospora*）、居白蚁菌属（*Isoptericola*）、指孢囊菌属（*Dactylosporangium*）、小单孢菌属（*Micromonospora*）、中村氏菌属（*Nakamurella*）、气微菌属（*Aeromicrobium*）、大理石雕菌属（*Marmoricola*）、*Mumia*、类诺卡氏菌属（*Nocardioides*）、小月菌属（*Microlunatus*）、*Actinomycetospora*、拟无枝酸菌属（*Amycolatopsis*）、假诺卡氏菌属（*Pseudonocardia*）、北里孢菌属（*Kitasatospora*）、链霉菌属（*Streptomyces*）、链孢囊菌属（*Streptosporangium*）。*Streptomyces*、*Microbacterium*、*Agromyces* 和 *Promicromonospora* 是主要的优势菌群。

三、金沙江中段地衣放线菌

从金沙江中段的巧家至奔子栏属于干热河谷，气温高，雨量较少；也广泛分布着暖性针叶林与常绿阔叶林及落叶阔叶林，以及滇西北高原高寒地带森林和高山草甸地。共采集 17 属 57 种 68 份地衣样品。用 6 种培养基分离放线菌，共获得纯培养放线菌 2415 株，去重复后，鉴定其中 545 株，这些种分属于放线菌纲的 11 目 23 科 49 属（表 1-38）：马杜拉放线菌属（*Actinomadura*）、游动放线菌属（*Actinoplanes*）、壤霉菌属（*Agromyces*）、拟无枝酸菌属（*Amycolatopsis*）、节杆菌属（*Arthrobacter*）、芽球菌属（*Blastococcus*）、短杆菌属（*Brevibacterium*）、纤维单孢菌属（*Cellulomonas*）、纤维微菌属（*Cellulosimicrobium*）、短小杆菌属（*Curtobacterium*）、弗莱德门菌属（*Friedmanniella*）、戈登氏菌属（*Gordonia*）、草药菌属（*Herbiconiux*）、两面神菌属（*Janibacter*）、拟孢囊菌属（*Kibdelosporangium*）、动球菌属（*Kineococcus*）、动孢菌属（*Kineosporia*）、北里孢菌属（*Kitasatospora*）、考克氏菌属（*Kocuria*）、韩国生工菌属（*Kribbella*）、拉贝达氏菌属（*Labedella*）、列舍瓦列氏菌属（*Lechevalieria*）、赖氏菌属（*Leifsonia*）、伦茨氏菌属（*Lentzea*）、无色杆菌属（*Leucobacter*）、微杆菌属（*Microbacterium*）、微球菌属（*Micrococcus*）、小月菌属（*Microlunatus*）、小单孢菌属（*Micromonospora*）、移杆菌属（*Motilibacter*）、分枝杆菌属（*Mycobacterium*）、诺卡氏菌属（*Nocardia*）、类诺卡氏菌属（*Nocardioides*）、拟诺卡氏菌属（*Nocardiopsis*）、野野村氏菌属（*Nonomuraea*）、

发仙菌属（*Pilimelia*）、植物杆菌属（*Plantibacter*）、假诺卡氏菌属（*Pseudonocardia*）、红球菌属（*Rhodococcus*）、舒曼氏菌属（*Schumannella*）、链霉菌属（*Streptomyces*）、链孢囊菌属（*Streptosporangium*）、梅泽宾夫氏菌属（*Umezawaea*）、威廉姆斯氏菌属（*Williamsia*）、*Actinophytocola*、*Amnibacterium*、*Angustibacter*、*Flexivirga*、*Nakamurella*，共有超过 183 个物种。其中 *Actinophytocola*、*Amnibacterium*、*Angustibacter*、*Blastococcus*、*Flexivirga*、*Labedella*、*Motilibacter*、*Plantibacter*、*Schumannella* 和 *Umezawaea* 等 10 属，目前为止，每个属都只有 3 个以下种，说明地衣体内蕴藏着大量稀有放线菌资源。

表 1-38　金沙江中段纯培养地衣放线菌的组成

目	科	属
Corynebacteriales	Gordoniaceae	*Gordonia*
	Mycobacteriaceae	*Mycobacterium*
	Nocardiaceae	*Nocardia*，*Rhodococcus*
	Williamsiaceae	*Williamsia*
Frankiales	Motilibacteraceae	*Motilibacter*
Geodermatophilales	Geodermatophilaceae	*Blastococcus*
Kineosporiales	Kineosporiaceae	*Angustibacter*，*Kineosporia*，*Kineococcus*
Micrococcales	Microbacteriaceae	*Agromyces*，*Amnibacterium*，*Curtobacterium*，*Herbiconiux*，*Labedella*，*Leifsonia*，*Microbacterium*，*Plantibacter*，*Schumannella*
	Micrococcaceae	*Arthrobacter*，*Kocuria*，*Micrococcus*
	Brevibacteriaceae	*Brevibacterium*
	Cellulomonadaceae	*Cellulomonas*
	Promicromonosporaceae	*Cellulosimicrobium*
	Dermacoccaceae	*Flexivirga*
	Intrasporangiaceae	*Janibacter*
Micromonosporales	Micromonosporaceae	*Actinoplanes*，*Micromonospora*，*Pilimelia*
Nakamurellales	Nakamurellaceae	*Nakamurella*
Propionibacteriales	Nocardioidaceae	*Friedmanniella*，*Kribbella*，*Nocardioides*
	Propionibacteriaceae	*Microlunatus*
Pseudonocardiales	Pseudonocardiaceae	*Actinophytocola*，*Amycolatopsis*，*Kibdelosporangium*，*Lechevalieria*，*Lentzea*，*Leucobacter*，*Pseudonocardia*，*Umezawaea*
Streptomycetales	Streptomycetaceae	*Kitasatospora*，*Streptomyces*
Streptosporangiales	Thermomonosporaceae	*Actinomadura*
	Nocardiopsaceae	*Nocardiopsis*
	Streptosporangiaceae	*Nonomuraea*，*Streptosporangium*

四、西双版纳、白茫雪山、波罗的海南岸地衣放线菌

这次研究主要针对自然环境完全不同的 3 个地区的地衣，研究其放线菌资源。从云南西双版纳勐养保护区采集 17 属 17 种地衣样品，从云南白茫雪山采集 6 属 7 种地衣，从波罗的海南岸采集 2 属 5 种地衣。用 YIM 171（改良甘油-天冬酰胺培养基）、YIM 91（椰子汁培养基）[脲蛋白胨 1.0g/L、半胱氨酸 1.0g/L、海藻糖 1.0g/L、$NaHCO_3$ 4.0g/L、K_2HPO_4 0.45g/L、KH_2PO_4 0.45g/L、NaCl 0.9g/L、$MgSO_4 \cdot 7H_2O$ 0.09g/L、$CaCl_2$ 0.09g/L、氯化血红素 0.01g/L、生物素 0.01mg/L、新鲜椰子汁 10mL/L、琼脂 9g/L，pH 7.2］和改良 HV 培养基分离放线菌。结果分述如下。

（一）西双版纳地衣放线菌多样性

西双版纳位于云南的最南端，北纬 21°08′～22°36′，东经 99°56′～101°50′，它拥有中国唯一的热带雨林自然保护区，气候温暖湿润，树木葱茏，蔓藤盘根错节。亚洲象、犀鸟、孔雀、黑冠长臂猿等不少珍禽异兽都生活在这片热带丛林里。西双版纳年平均气温在 18～22℃，长夏无冬，湿热的气候为热带植物的生长提供了良好的条件。从勐养保护区采集 17 属 17 种的地衣样品，用 3 种选择性培养基分离其中的放线菌，共获得 596 株地衣菌。根据菌落形态和培养特征去重复后，对 213 株地衣菌进行 16S rRNA 基因测序，其中放线菌有 107 株。经过 EzBioCloud 数据库在线比对，这 107 株放线菌分属于放线菌纲的 7 目 14 科 33 属：棒状杆菌目（Corynebacteriales）、微球菌目（Micrococcales）、小单孢菌目（Micromonosporales）、丙酸杆菌目（Propionibacteriales）、假诺卡氏菌目（Pseudonocardiales）、链霉菌目（Streptomycetales）、链孢囊菌目（Streptosporangiales）7 目。棒状杆菌科（Corynebacteriaceae）、诺卡氏菌科（Nocardiaceae）、微球菌科（Micrococcaceae）、短杆菌科（Brevibacteriaceae）、纤维单孢菌科（Cellulomonadaceae）、微杆菌科（Microbacteriaceae）、原小单孢菌科（Promicromonosporaceae）、小单孢菌科（Micromonosporaceae）、类诺卡氏菌科（Nocardioidaceae）、丙酸杆菌科（Propionibacteriaceae）、假诺卡氏菌科（Pseudonocardiaceae）、链霉菌科（Streptomycetaceae）、高温单孢菌科（Thermomonosporaceae）、拟诺卡氏菌科（Nocardiopsaceae）14 科。马杜拉放线菌属（*Actinomadura*）、游动放线菌属（*Actinoplanes*）、气微菌属（*Aeromicrobium*）、农球菌属（*Agrococcus*）、拟无枝酸菌属（*Amycolatopsis*）、节杆菌属（*Arthrobacter*）、短杆菌属（*Brevibacterium*）、纤维单孢菌属（*Cellulomonas*）、纤维微菌属（*Cellulosimicrobium*）、棒状杆菌属（*Corynebacterium*）、弗莱德门菌属（*Friedmanniella*）、戈登氏菌属（*Gordonia*）、草药菌属（*Herbiconiux*）、居白蚁菌属（*Isoptericola*）、拟孢囊菌属（*Kibdelosporangium*）、北里孢菌属（*Kitasatospora*）、考克氏菌属（*Kocuria*）、无色杆菌属（*Leucobacter*）、微杆菌属（*Microbacterium*）、微球菌属（*Micrococcus*）、小单孢菌属（*Micromonospora*）、诺卡氏菌属（*Nocardia*）、拟诺卡氏菌属（*Nocardiopsis*）、*Paenarthrobacter*、植物杆菌属（*Plantibacter*）、*Pseudarthrobacter*、假诺卡氏菌属（*Pseudonocardia*）、红球菌属（*Rhodococcus*）、糖多孢菌属（*Saccharopolyspora*）、链霉菌属（*Streptomyces*）、链孢囊菌属（*Streptosporangium*）、土壤球菌属（*Tessaracoccus*）、威廉姆斯氏菌属（*Williamsia*）33 属。其中链霉菌属、小单孢菌属、纤维微菌属、微杆菌属是西双版纳地衣样品中广泛分布的类群。而 *Herbiconiux*、*Paenarthrobacter*、*Plantibacter* 和 *Williamsia* 等属的成员在自然界比较罕见。18 株为潜在新种，占比 16.8%。

（二）白茫雪山地衣放线菌多样性

白茫雪山（也称白马雪山）位于云南西北部的德钦县，面积 190 144hm^2，海拔最高处的扎拉雀尼峰保护区（5640m）与最低处的霞若傈僳族乡高差达 3380m。白茫雪山国家级自然保护区属于寒温性森林生态系统类型，是中国低纬度高海拔地区生物资源保存比较完整而原始的高山针叶林区，雪线以上终年积雪不化。保护区植物区系复杂，并几乎包含了世界温带分布的所有木本植物，是生物多样性丰富的地区之一。从白茫雪山海拔 4000m 附近采集 6 属 7 种的地衣样品，从中共分离得到 268 株地衣菌，经形态和培养特征观察除去重复后，对 103 株放线菌进行 16S rRNA 基因测序，并鉴定其分类地位。这些菌株分别属于放线菌纲的 4 目 5 科 9 属：棒状杆菌目、微球菌目、假诺卡氏菌目、链霉菌目 4 目；诺卡氏菌科、皮生球菌科（Dermacoccaceae）、微杆菌科、假诺卡氏菌科、链霉菌科 5 科；拟无枝酸菌属、*Flexivirga*、考克氏菌属、微杆菌属、植物杆菌属、红球菌属、链霉菌属、链孢囊菌属、威廉姆斯氏菌属 9 属。其中链霉菌为优势菌群，在鉴定的 103 株放线菌中有 40 株链霉菌，占 39%。迄今为止，植物杆菌属只有 2 种，属于罕见类群。16 株为潜在新种，占 15.5%。这说明，白茫雪山 4000m 高山上尽管放线菌组成相对单调，但未知菌占的比重较大。

（三）波罗的海南岸地衣放线菌多样性

波罗的海（54°32′21″N，10°12′41″E）是北欧的内海、北冰洋的边缘海和大西洋的属海，它是世界最大的半咸水海，属温带海洋性气候。波罗的海四面几乎均为陆地环抱，其南岸森林属海洋性向大陆性气候过渡的温带阔叶林气候。通常情况下，全年气候温和，冬无严寒，夏无酷热，年平均气温 6～6.8℃，平均海拔 300m。从波罗的海南岸的基尔湾附近采集 2 属 5 种的地衣样品，从中共分离得到 259 株地衣菌，鉴定 101 株，其中放线菌有 66 株，这些菌株分属于放线菌纲的 5 目 9 科 19 属。5 目是棒状杆菌目、微球菌目、丙酸杆菌目、链霉菌目、黄色单孢菌目（Xanthomonadales）。9 科是诺卡氏菌科、短杆菌科、微杆菌科、微球菌科、原小单孢菌科、血杆菌科（Sanguibacteraceae）、类诺卡氏菌科、链霉菌科、黄单孢菌科（Xanthomonadaceae）。19 属是气微菌属、节杆菌属、短杆菌属、纤维微菌属、棍状杆菌属（*Clavibacter*）、短小杆菌属（*Curtobacterium*）、*Glaciibacter*、戈登氏菌属、北里孢菌属、拉贝达氏菌属（*Labedella*）、藤黄色单孢菌属（*Luteimonas*）、微杆菌属、*Naasia*、类诺卡氏菌属（*Nocardioides*）、*Pseudarthrobacter*、红球菌属、血杆菌属（*Sanguibacter*）、链霉菌属及威廉姆斯氏菌属。其中链霉菌属、红球菌属、微杆菌属的成员出现频率较多。到目前为止，*Naasia*、*Glaciibacter*、*Labedella* 仅有一两个种，属非常罕见的放线菌。有 5 个菌株与已知种的 16S rRNA 相似性在 96.4%～98.6%，属潜在新种，所占比例为 5%。这些数据说明，波罗的海南岸地衣中蕴藏着丰富的稀有放线菌资源。

（四）3 个地区地衣放线菌多样性比较分析

从西双版纳、白茫雪山、波罗的海南岸 3 个地区采集的地衣样品共有 25 属 29 种。从中共分离到 1123 个菌株，去重复后，共鉴定 417 株，其中放线菌有 276 株，它们属于放线菌纲的 8 目 17 科 42 属，其组成示于图 1-27。西双版纳勐养保护区属热带雨林，常年雨量充沛，气温高，适于各类生物的繁衍生息，从采自西双版纳的 17 属 17 种地衣中获得了 33 属的放线菌，该地区是本研究中放线菌区系组成较为复杂的地域。其中 *Actinomadura*、*Actinoplanes*、*Agrococcus*、*Cellulomonas*、*Corynebacterium Friedmanniella*、*Herbiconiux*、*Isoptericola*、*Kibdelosporangium*、*Micrococcus*、*Micromonospora*、*Nocardia*、*Nocardiopsis*、*Leucobacter*、*Paenarthrobacter*、*Pseudonocardia*、*Saccharopolyspora*、*Tessaracoccus* 等 18 属（占 33 属的 55%）在另外两个地区的地衣中未被分离到。白茫雪山采样地段位于 4000m 以上高寒山区，终年积雪，年平均气温 0℃以下。从 6 属 7 种地衣中仅获得 9 属的放线菌，区系组成相对单调，但 Dermacoccaceae 的 *Flexivirga* 的成员是第一次从采自严寒地区的地衣中分离到，在另外两个地区的地衣中没有获得该属，属于特有的分布。该属目前仅有 4 种，曾从土壤、植物中获得，从地衣获得该属成员还是第一次。波罗的海采样地段在北纬 55°附近的基尔湾，地处温带北缘，春秋短而冬夏长，最高温度可达 28℃，植被丰富多样。从波罗的海南岸的 2 属 5 种地衣样品中共分离到 19 属的放线菌，该地区地衣放线菌多样性处于西双版纳和白茫雪山之间。其中 *Clavibacter*、*Curtobacterium*、*Glaciibacter*、*Labedella*、*Naasia*、*Sanguibacter*、*Nocardioides* 及 Xanthomonadales 目 Xanthomonadaceae 科的 *Luteimonas* 等 8 属没有在另外两处的地衣中分离到。地衣放线菌的组成不算复杂，但与另外两个地区放线菌的组成显著不同。在 3 个地区地衣样品中都分离到 *Streptomyces*、*Microbacterium*、*Rhodococcus* 和 *Williamsia* 等 4 属（仅占 42 个属的 9.5%）的成员，说明这 4 属在北纬 22°～55°从海平面到 4000m 高山的地衣中都广泛分布。*Williamsia* 是 Kämpfer 等在 1999 年从托儿所发现的，目前有 11 种，广泛分布在海洋、湖沼、植物、海绵，甚至人血和油田土壤中，这是首次从地衣中获得。这 3 个地区的气候、土壤、植被等自然条件差别很大，采集的地衣样品分属 42 属；西双版纳地衣放线菌独有 18 属，波罗的海南岸地衣放线菌有 8 个特有属，白茫雪山地衣放线菌只有一个特有属；三者之间只共有 4 属；可以说地衣放线菌的区系组成共性很小。对土壤放线菌的组成进行比较，除了以上 4 个共有属以外，杆球状的 Corynebacteriales 和 Micrococcales 两个目的放线菌组成较为复杂，这是地衣放线菌区系的主要特征。值得一提的是，在此次分离工作中有 8.5%～15.5%的菌株属于潜在新种。

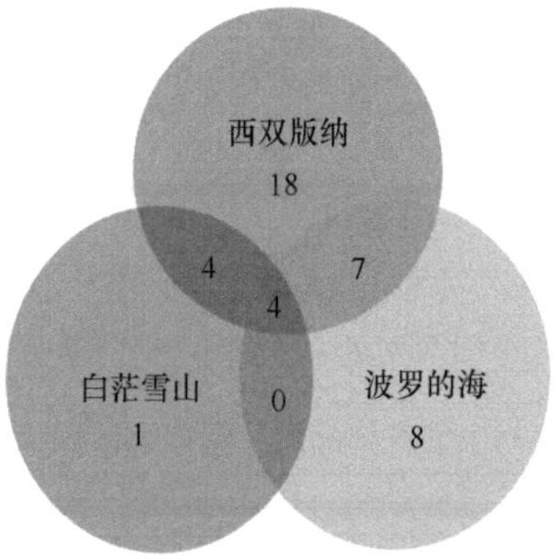

图 1-27　3 个地区纯培养地衣放线菌在属水平的相似性比较

五、几个地区免培养和纯培养地衣微生物比较研究

将采集自我国西藏、云南、陕西及新西兰和澳大利亚等地的 9 份地衣样品 L1～L9（包含 4 属）作为研究对象，其中 L2 为来自西藏不同地域的 *Sticta* 3 种的混合样；L4 为来自西藏、陕西不同地域的 *Lobaria* 8 种的混合样（表 1-39）。国内地衣样品整体上来自 2700m 以上高山寒冷地区。L5 取自新西兰南岛西海岸皇后镇高地。L6 取自澳大利亚达尔文市，属热带地区。

表 1-39　免培养地衣样品信息

样品	地衣学名	采样地点	海拔（m）
L1	*Sticta nylanderiana*	西藏察隅县目若村至丙中洛途中	3833
L2	*Sticta nylanderiana*	西藏墨脱县嘎瓦垄雪山	2830
	Sticta nylanderiana	西藏墨脱县嘎瓦垄雪山	2830
	Sticta nylanderiana	西藏波密县扎木镇岗村云杉林	2688
	Sticta wrightii	西藏波密县至然乌途中	2811
	Sticta praetextata	西藏波密县栋曲村	3052
	Sticta wrightii	西藏察隅县目若村	3912
	Sticta wrightii	西藏察隅县目若村至丙中洛途中	3833
	Sticta nylanderiana	西藏察隅县目若村至丙中洛途中	3833
	Sticta wrightii	西藏察隅县桑久村	2709
	Sticta praetextata	西藏察隅县至察瓦龙途中	3941
L3	*Lobaria isidiophora*	西藏墨脱县嘎瓦垄雪山	2830
L4	*Lobaria retigera*	西藏墨脱县嘎瓦垄雪山	2830
	Lobaria isidiophora	西藏墨脱县嘎瓦垄雪山	2830
	Lobaria yunnanensis	西藏墨脱县嘎瓦垄雪山	2830
	Lobaria yunnanensis	西藏波密县扎木镇岗村云杉林	2688
	Lobaria discolor	西藏波密县扎木镇岗村云杉林	2688
	Lobaria sublaevis	西藏波密县至然乌途中	2811
	Lobaria yunnanensis	西藏波密县至然乌途中	2811
	Lobaria spathulata	西藏察隅县目若村至丙中洛途中	3833
	Lobaria kurokawae	陕西宝鸡市太白山二台	2400
	Lobaria linita	西藏察隅县至察瓦龙途中	3306
L5	*Parmotrema cristiferum*	新西兰南岛西海岸皇后镇	2108
L6	*Usnea rubrotincta*	澳大利亚达尔文市	106
L7	*Usnea longissima*	云南德钦县白茫雪山垭口	4288
L8	*Usnea longissima*	云南德钦县白茫雪山	3520
L9	*Usnea longissima*	云南德钦县白茫雪山	2850

注：L2、L4 为混合样品

（一）免培养微生物的多样性

表 1-40 的测序数据质量很好，覆盖率在 96.52%以上。L2 和 L4 同属混合样的 OTU 数都超过 L1 和 L3 相应单个种 20%左右的 OTU。随着白茫雪山海拔以 700m 的落差逐步降低，*Usnea* 同种地衣（*Usnea longissima*）的 OTU 数逐步升高，L7 仅为 155，L8 增加到 627，L9 增加到 645；来自万里之外的澳大利亚热带地区青棕榈的同属不同种地衣 L6（*Usnea rubrotincta*）的 OTU 数则是 L9 的 3 倍多。

表 1-40　9 个地衣样品测序数据统计表和 OTU 数

样品	拼接序列数	有效序列数	最小运算分类单元数	Chao 指数	香农指数	测序有效率（%）
L1	51 980	49 879	1 360	2 004	4.05	98.88
L2	67 333	62 748	1 603	2 420	4.26	99.01
L3	29 685	24 112	1 244	1 971	4.78	98.19
L4	44 637	41 371	1 677	2 180	5.07	98.75
L5	49 365	45 710	1 562	2 021	5.23	99.03
L6	94 891	85 124	2 202	2 637	5.41	99.45
L7	47 674	45 986	155	165	2.02	98.02
L8	77 384	75 117	627	724	1.46	97.08
L9	77 039	74 353	645	676	1.42	96.52
总计	539 988	504 400	11 075	—	—	—

采用 RDP-Classifier 对 OTU 的代表序列进行物种注释，发现这些序列属于古菌域（Archaea）的有广古菌门（Euryarchaeota）和奇古菌门（Thaumarchaeota）两门；属于细菌域的有 30 门：变形菌门（Proteobacteria）、蓝细菌门（Cyanobacteria）、厚壁菌门（Firmicutes）、酸杆菌门（Acidobacteria）、放线菌门（Actinobacteria）、装甲菌门（Armatimonadetes）、拟杆菌门（Bacteroidetes）、芽单孢菌门（Gemmatimonadetes）、螺旋体门（Spirochaetes）、衣原体门（Chlamydiae）、绿弯菌门（Chloroflexi）、梭杆菌门（Fusobacteria）、软壁菌门（Tenericutes）、硝化螺旋菌门（Nitrospirae）、纤维杆菌门（Fibrobacteres）、迷踪菌门（Elusimicrobia）、热袍菌门（Thermotogae）、疣微菌门（Verrucomicrobia）、浮霉菌门（Planctomycetes）、热微菌门（Thermomicrobia）、Saccharibacteria、Latescibacteria 和暂定的 WPS-2、OD1、Thermi、FBP、TM7、BRC1、WD272、RsaHF231 等。在门水平未能注释的 OTU 序列数为 7563，占 1.4%。

这 30 门中，变形菌门、蓝细菌门、放线菌门、厚壁菌门、酸杆菌门、拟杆菌门、绿弯菌门等 7 门广泛分布于各个地衣样品中；其中变形菌门、蓝细菌门、厚壁菌门和放线菌门占较大优势，L7 以变形菌门占绝对优势。L8 和 L9 则以蓝细菌门占绝对优势。各样本中占比最高的 15 门的分布见图 1-29。变形菌门在 L1～L7 所占相对丰度为 36%～95%（L7）。L1～L6 中蓝细菌门占 5%～10%，但 L8、L9 达到 85%～90%。L1～L6 中放线菌门丰度在 2%～40%（图 1-28）。

根据样本在门水平的分析可以看出，海拔 4288m 的白茫雪山垭口，终年积雪，在那里还能生长的 L7（*Usnea longissima*）仅有 7 门的微生物，是微生物门数最少的。其他地衣样品所获得的细菌门数相差不大，都在 17～23。其中 L1（*Sticta nylanderiana*）的多样性最丰富（23 门）；其次是 L6（*Usnea rubrotincta*）（21 门）、L8（*Usnea longissima*）（20 门）；L4（*Lobaria* spp.）、L5（*Parmotrema cristiferum*）和 L9（*Usnea longissima*）分别获得 19 门；L2（*Sticta* 的 3 种）和 L3（*Lobaria isidiophora*）分别有 17 门。来自不同样点 3 种混合样品的 L2 的 OTU 为 1603，同属单一种 L1 为 1360，L2 是 L1 的 118%。但 L2 只有 17 门，L1 却有 23 门，L2 仅为 L1 的 74%。这可能是 L1、L2、L5 和 L7 中都发现了较多未能注释的细菌类群（3.09%～9.53%）所导致的结果。

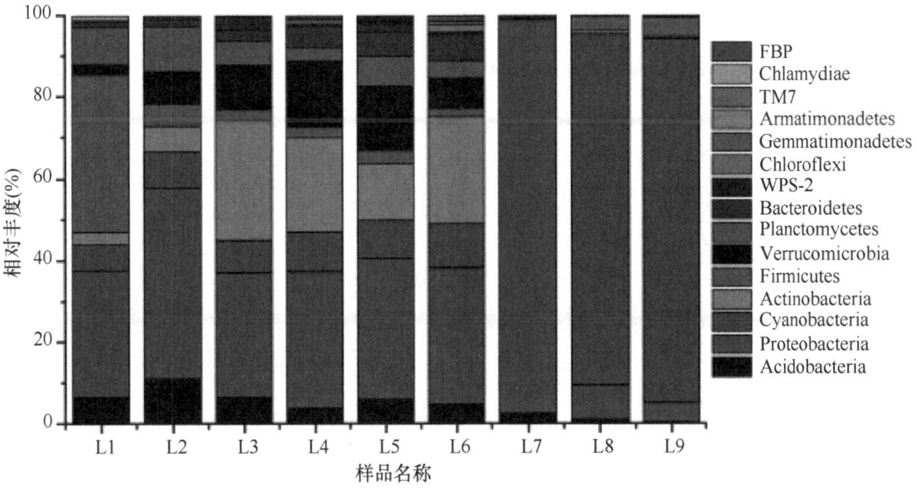

图 1-28 各样本在门水平上的物种相对丰度（彩图请扫封底二维码）

在属水平上，共获得 288 个细菌属，其中，L9、L8 和 L1 的多样性较丰富，分别有 154、152 和 110 属；L4 和 L6 各有 91 属；L5 有 81 属；L2 和 L3 各有 77 属；L7 仍旧最少，仅有 52 个细菌属。在不同海拔的同种松萝中，属的多少也出现明显的梯度分布，L9 有 154 属，L8 有 152 属，L7 仅有 52 属（仅有 L9 和 L8 的 1/3 左右），而且未确定分类地位的细菌类群在 L9 和 L8 中占的比例较高，可见微生物的多样性随着海拔的上升而减小，严寒对地衣微生物多样性具有决定性的影响。根据属水平的多样性分析也可以看出，混合样品 L2 有 77 属，L1 却有 110 属，L2 仅为 L1 的 70%。可能是这两个样品中未知细菌类群较多，对 OTU 的注释不够所致。

样品中共有 49 874 条序列属于放线菌门，占总测序量的 9.24%，比动物粪便放线菌所占比例要高一些。对属于放线菌门的 1831 个 OTU 进行物种注释，共获得 40 个放线菌属及 2 个未确定分类地位的属。放线菌中各属在 9 个样品中的分布如图 1-30 所示。其中在样品 L3、L4、L6 中放线菌各属的相对丰度较高，其比例可达 7.23%、5.92%、5.72%。L1 注释到 18 属的放线菌，L2 注释到 21 属，增加了 *Catellatospora*、*Euzebya*、*Iamia* 3 属；L3 有 14 属，L4 有 19 属，增加了 *Actinobacter*、*Actinocorallia*、*Catellatospor*、*Iamia*、*Microlunatus*，两个混合样的放线菌组成都有增加。对于从白茫雪山不同海拔采集的 3 个同种地衣样品（*Usnea longissima*），4288m 采集的 L7 仅有 8 属，*Corynebacterium* 和 *Saccharopolyspora* 为特有；随着海

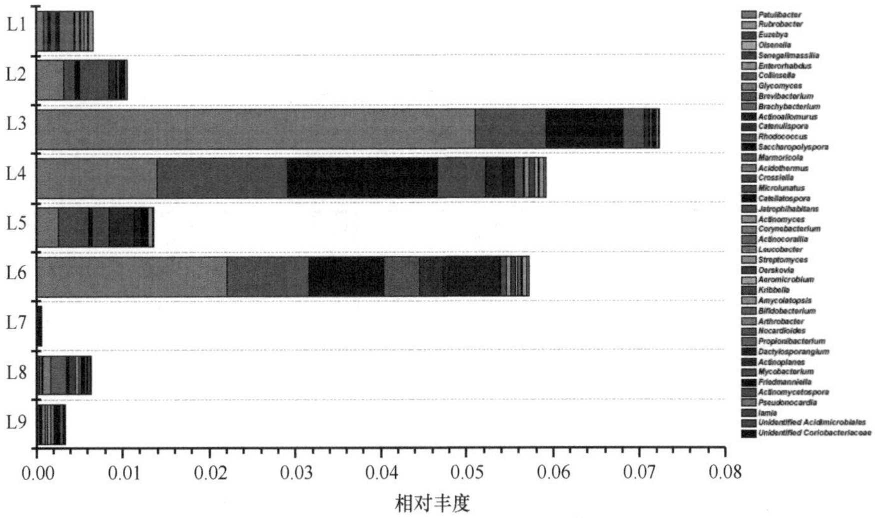

图 1-29 各样本中放线菌属的相对丰度（彩图请扫封底二维码）

拔降低到3520m，L8有25属，*Bifidobacterium*、*Brachybacterium*、*Propionibacterium*、*Rhodococcus*为特有属；2850m的L9有26属，*Brevibacterium*和*Glycomyces*为特有属。可见随着海拔升高，放线菌的多样性降低，3700m以上终年积雪，放线菌急剧减少，仅获得8属。而万里之外的澳大利亚热带地区青棕榈树干上的同属不同种的L6（*Usnea rubrotincta*）仅有20属，且没有跟L7～L9不同的特有属，放线菌的多样性并没有增加。每种地衣样本中均发现了未知类群，有待我们去研究。

（二）免培养、纯培养放线菌组成的比较

同时用免培养和纯培养对比研究了上述9个地衣样品放线菌。结果（表1-41）显示，用免培养法检测和分离纯培养两种方法，共得到66属的放线菌；免培养检测到而没有获得纯培养的有31属，占47%；只获得纯培养，而免培养未检测到的属有19个，占29%；两种方法都鉴定到的放线菌有*Acidothermus*、*Actinobacter*、*Actinoplanes*、*Amycolatopsis*、*Arthrobacter*、*Brachybacterium*、*Corynebacterium*、*Friedmanniella*、*Kribbella*、*Leucobacter*、*Mycobacterium*、*Nocardia*、*Oerskovia*、*Rhodococcus*、*Saccharopolyspora*、*Streptomyces* 16属，占24%。

这些结果说明，使用的分离培养基多，可分离到更多的纯培养放线菌。在多次实验中，获得纯培养的种类用免培养法却未检测到，对此我们认为，用16S rDNA个别可变区段测序注释的方法在科以上的分辨率较高，置信度较高，而在属及属以下的分辨率不够高。但免培养法仍不失为探索特定环境微生物多样性及其资源潜力的一种有力的方法。通过免培养分析，我们对地衣微生物多样性有了较全面的认识，为获得未知微生物资源提供了参照。

表1-41 免培养和纯培养放线菌的比较

免培养	免培养和纯培养	纯培养
Actinoallomurus，*Actinocorallia*，*Actinomyces*，*Actinomycetospora*，*Aeromicrobium*，*Bifidobacterium*，*Brevibacterium*，*Catellatospora*，*Catenulispora*，*Collinsella*，*Crossiella*，*Dactylosporangium*，*Enterorhabdus*，*Euzebya*，*Glycomyces*，*Iamia*，*Jatrophihabitans*，*Marmoricola*，*Microlunatus*，*Nocardioides*，*Olsenella*，*Patulibacter*，*Propionibacterium*，*Pseudonocardia*，*Rubrobacter*，*Senegalimassilia*，5属未分类	*Acidothermus*，*Actinobacter*，*Actinoplanes*，*Amycolatopsis*，*Arthrobacter*，*Brachybacterium*，*Corynebacterium*，*Friedmanniella*，*Kribbella*，*Leucobacter*，*Mycobacterium*，*Nocardia*，*Oerskovia*，*Rhodococcus*，*Saccharopolyspora*，*Streptomyces*	*Actinomadura*，*Agomyces*，*Amnibacterium*，*Bosea*，*Cellulomonas*，*Cellulosimicrobium*，*Curtobacterium*，*Gordonia*，*Isoptericola*，*Kineococcus*，*Kocuria*，*Leifsonia*，*Microbacterium*，*Micrococcus*，*Micromonospora*，*Pilimelia*，*Saccharothrix*，*Streptosporangium*，*Williamsia*
31属，占47%	16属，占24%	19属，占29%

六、地衣放线菌资源的分布规律及特点

规模如此之大，覆盖地域如此广大，涉及的地衣种类之多，并同时使用免培养和纯培养方法研究地衣放线菌资源，在中国实为首次（表1-42，S1-4）。

表1-42 纯培养地衣放线菌资源研究简表

地区	地衣属数	地衣种数	样品份数	纯培养菌株数	鉴定菌株数	放线菌属数	放线菌特有属
金沙江中段	17	57	68	2415	545	49	16
滇西南地区	11	15	20	899	584	42	1
普洱地区	10	14	16	340	266	39	0
西双版纳地区	17	17	17	596	213	33	4
白茫雪山	6	7	7	268	103	9	0
波罗的海南岸	2	5	5	259	101	19	5
总计	23	55	133	4777	1812	74	26

过去一直认为，地衣是地衣型真菌与藻类或蓝细菌的共生体，是一个共生状态下的菌藻群落。最近

发现担子菌酵母也是地衣的组成部分。地衣是一个生态学概念，而非系统学概念。我们的上述研究结果确证，原核生物（细菌、古菌）是地衣共生体的重要组成部分，而且共生的原核生物种类极为多样化，地衣应该是以地衣型真菌为主导的，藻类（蓝细菌）、细菌（包括放线菌）、古菌的共生体。放线菌与地衣的关系如何？它们在共同进化中如何互相选择？在地衣的分类中细菌处于何种地位？每种地衣是否有“专属”细菌？如此庞大、多样性如此丰富的细菌如何与地衣共生？放线菌在地衣生命活动中起何种作用？如何利用？这些都是值得研究的问题。

滇西南和普洱大体在相近的纬度，都处于亚热带常绿阔叶林地带，森林植被完好率差不多。尽管两地采集的地衣种类有些不同，但从前者获得纯培养放线菌 42 属，从后者获得 39 属，并包含于前者，前者比后者仅增加 3 属（分别为 *Gordonia*、*Nocardiopsis* 和 *Saccharothrix*），两者的相似度达 93%。同一座白茫雪山，随着海拔升高，地衣放线菌的种类减少，到 4288m，地衣放线菌就很单调。因此气候、土壤、植被对地衣放线菌区系的影响占主导地位。

我们有意选择西双版纳、白茫雪山、波罗的海，纬度 21°～55°，相距万里的 3 个地区，其气候、土壤、植被等自然条件差别很大。从云南的两个地区和波罗的海没有采到相同属的地衣样品，地衣的亲缘关系也较远。从西双版纳地衣获得的放线菌有 18 属为该地区特有，波罗的海南岸地衣放线菌有 8 个特有属，白茫雪山地衣放线菌只有一个特有属；三者之间只共有 4 属。地衣放线菌的区系组成共性很小。

现在的研究工作不足以说明地衣放线菌的分布规律与地衣种类之间的关系，但是可以肯定，凡是有地衣的地方，都有与之共生的放线菌。即使在 4200m 终年积雪的雪山，在那里生长的地衣也有共生放线菌，只是区系比较单调、数量较少而已。

这 74 个放线菌属中金沙江中段地衣有 49 属，其中 16 属只在本地区分离到，属地区特有属；滇西南地区有 42 属，只有 1 个特有属；西双版纳有 33 属，有 4 个特有属；波罗的海有 19 属，有 5 个特有属；普洱和白茫雪山分别有 39 属和 9 属，均没有特有属。金沙江中段地域较广，环境差异大，地衣放线菌要丰富一些。

从 23 属 55 种共计 133 份地衣样品中共分离到纯培养菌株 4777 株，鉴定其中 1812 株，属于 74 属（S1-4）的放线菌，约占全世界已描述约 300 属的 25%，可见地衣放线菌的多样性非常丰富。*Arthrobacter*、*Kocuria*、*Microbacterium*、*Plantibacter*、*Rhodococcus*、*Streptomyces*、*Streptosporangium*、*Williamsia* 这 8 属的成员至少在 5 个地区的地衣中有分布，说明它们在地衣中广为分布。其中 *Plantibacter* 和 *Williamsia* 在其他环境很少见，却在地衣体内广为分布，属于罕见现象。这 74 属当中，有 20%的属，每个属少于 5 种，说明它们非常少见。有 5%～9.8% 的纯培养菌株是潜在新种。地衣遍布全世界，我们的研究仅为九牛一毛。所以我们认为，地衣体内存在大量未知放线菌，是待开发的重要资源。

同时用免培养和纯培养两种方法研究相同地衣样品的结果表明，获得的纯培养种类约占免培养的 50%，虽然占比很高，但因为还有大量不能鉴定的种类，即使是这些研究过的地衣中也还存在大量的放线菌未获得纯培养。可以说地衣放线菌资源量非常大。

第五节　毒性植物内生放线菌资源

最近 20 年，随着研究手段的进步，微生物学界对植物内生菌的研究逐渐重视起来。地球上的植物在 30 万种左右，生活环境千差万别，与其共生的微生物也非常多。植物共生微生物的居住环境与土壤微生物、动物微生物不同，它们必然有其独特的种类和功能。与植物共生的微生物群落有何特点？微生物与宿主的关系如何？它们如何共进化？这些微生物是否有专一性？是否有利用价值？如何利用？以上都是很有研究价值的课题。

对人类和动物而言，存在“毒性”植物。传说中的神农，就是因为食用了断肠草而中毒的。但其中的毒素是否对所有的微生物也有“毒性”是另一回事。或许宿主的毒素与其共生的微生物有某种联系。

我们在研究中草药植物内生放线菌的基础上，将研究领域扩展至毒性植物放线菌资源。

一、3 种有毒植物的免培养、纯培养研究

（一）免培养研究结果

我们选择 3 种毒性强弱不同的热带植物作为研究对象。八角枫在民间被用于祛风除湿、舒筋活络、散瘀止痛，基本上毒性很低。马缨丹有清热解毒、散结止痛、祛风止痒之效，可治疟疾、肺结核，枝、叶及未熟果有毒。箭毒木，又称见血封喉，其树干中的乳汁有剧毒。从西双版纳热带雨林采集箭毒木、八角枫和马缨丹 3 种植物的根、茎皮样品，同时用免培养和纯培养方法研究其微生物多样性。

将相似性大于 97%的序列聚类，得到 1795 个 OTU。箭毒木、八角枫和马缨丹中包含的 OTU 数目分别为 434 个、681 个和 680 个（表 1-43），箭毒木比其他两种植物少 36%。其中 3 种植物共有的 OTU 数目为 185 个，箭毒木、八角枫和马缨丹特有的 OTU 数目分别为 69 个、128 个和 47 个，其余 OTU 为植物样品间两两共有的（图 1-30）。八角枫特有的 OTU 数目最多，预示其中含有较多特有的微生物种类。八角枫和马缨丹共有的 OTU 数目有 284 个，比其他两组间共有的 OTU 高出许多，说明这两种植物的微生物群落结构较为相似，含有大量相同的微生物。

表 1-43　高通量测序结果

样品	有效序列数	运算分类单元数	覆盖率	Chao 指数	辛普森指数
箭毒木	54 726	434	0.998	623.056	0.874
八角枫	74 425	681	0.998	686.186	0.225
马缨丹	75 201	680	0.998	669.275	0.265
合计	204 352	1 795	—	—	—

注：表中数据显示，数据覆盖率在 99.8%，表示测序效果非常好

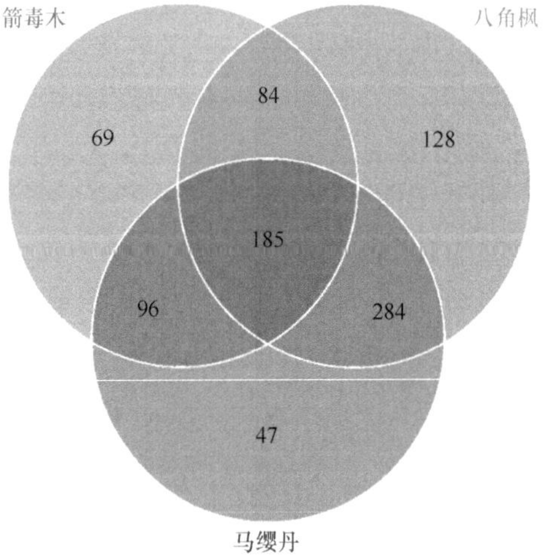

图 1-30　OTU 分布维恩图

对 OTU 的代表序列进行物种注释（表 1-43）。统计发现，这些 OTU 代表序列在门分类水平上的群落结构包括古菌域（Archaea）的广古菌门（Euryarchaeota）、奇古菌门（Thaumarchaeota），细菌域的 18 门：酸杆菌门（Acidobacteria）、放线菌门（Actinobacteria）、拟杆菌门（Bacteroidetes）、绿弯菌门（Chloroflexi）、蓝细菌门（Cyanobacteria）、迷踪菌门（Elusimicrobia）、纤维杆菌门（Fibrobacteres）、厚壁菌门（Firmicutes）、芽单孢菌门（Gemmatimonadetes）、硝化螺旋菌门（Nitrospirae）、变形菌门（Proteobacteria）、螺旋体门

（Spirochaetes）、软壁菌门（Tenericutes）、热微菌门（Thermomicrobia）、热袍菌门（Thermotogae）、疣微菌门（Verrucomicrobia）、Latescibacteria、Saccharibacteria 和暂定的 RsaHF231、WD272 门。其中 3 种植物的 OTU 注释结果分别是：箭毒木有 11 门、八角枫有 16 门、马缨丹有 17 门。说明在门水平，箭毒木的内生菌组成比八角枫和马缨丹少 1/3 左右。

为了直观查看各样品在门分类水平上相对丰度较高的优势菌群的群落结构及其比例，选取每个样品在门分类水平上相对丰度排名前 10 的门，生成物种相对丰度柱形图（图 1-31）。

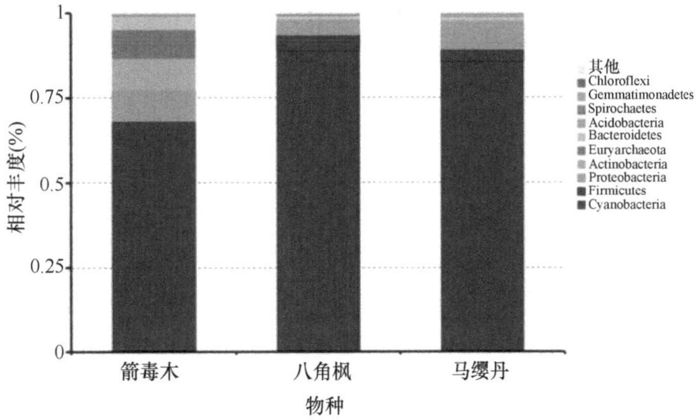

图 1-31　门水平上的物种相对丰度柱形图（彩图请扫封底二维码）

如图 1-31 所示，在门的水平上，八角枫和马缨丹的优势菌群均以蓝细菌门（Cyanobacteria）为主，分别为 88.9%和 85.7%。八角枫的 Latescibacteria 门、暂定的 RsaHF231 和绿弯菌门（Chloroflexi）所占比例较高，然后是少量的厚壁菌门（Firmicutes）、变形菌门（Proteobacteria）；马缨丹中迷踪菌门（Elusimicrobia）、热微菌门（Thermomicrobia）、疣微菌门（Verrucomicrobia）、热袍菌门（Thermotogae）、酸杆菌门（Acidobacteria）、Saccharibacteria 和古菌域的奇古菌门（Thaumarchaeota）所占比例较高，厚壁菌门（Firmicutes）、变形菌门（Proteobacteria）比例较小。八角枫和马缨丹中放线菌门的比例分别仅为 0.6%和 0.8%。总体来说，八角枫和马缨丹在门分类水平的相对丰度较为相似。箭毒木在门分类水平的优势菌群主要是占 67.7%的厚壁菌门（Firmicutes），软壁菌门（Tenericutes），以及约占 9%的放线菌门（Actinobacteria）、螺旋体门（Spirochaetes）、变形菌门（Proteobacteria）、拟杆菌门（Bacteroidetes）和古菌域的广古菌门（Euryarchaeota），其他门所占比例较少甚至没有。可见，在门水平上，箭毒木与另外两种低毒植物完全不同。

箭毒木的放线菌门占 9%，而八角枫和马缨丹仅 0.6%和 0.8%，相差 10 倍以上，差异极为显著。箭毒木当地叫见血封喉，有剧毒，富含强心苷类物质，如 α-弩箭子苷（α-antiarin）、见血封喉苷（antioside）、马来亚苷（malayoside）等剧毒物质。箭毒木的内生放线菌对这些毒性有抗性。在长期共进化的过程中，部分类群的放线菌甚至可能喜欢这些毒素。

在注释属的水平上，共获得 260 个原核微生物属，箭毒木较少，为 152 属，八角枫为 216 属，马缨丹为 204 属；箭毒木只有后两者的 72%左右。

进一步分析样品内的微生物群落多样性，根据 Chao 指数分析样品内微生物群落的丰富度，以及香农指数和辛普森指数分析样品内微生物群落的均匀度，通过维恩图分析样品内物种丰富度和均匀度信息、不同样品或分组间的共有及特有 OTU 信息等。通过 OTU 聚类注释可知，放线菌共计 34 属，箭毒木有 16 属，八角枫和马缨丹分别有 31 属和 33 属。3 种植物共有的属包括链霉菌属（*Streptomyces*）、节杆菌属（*Arthrobacter*）、纤维单孢菌属（*Cellulomonas*）、红椿菌属（*Coriobacter*）、柯林斯菌属（*Collinsella*）、亮杆菌属（*Leucobacter*）、微杆菌属（*Microbacterium*）、血杆菌属（*Sanguibacter*）、*Enterorhabdus*、*Marmoricola*、*Olsenella*、*Senegalimassilia* 等。在属水平，箭毒木放线菌的组成仅有八角枫和马缨丹的 50%左右。差异仍然显著。

整体上，有剧毒的箭毒木的内生菌数量比其他两种毒性较小的植物要少；在门水平，箭毒木内生放线菌占细菌的比重却是后两者的 10 倍以上；而属数则是后两者的 50%左右。这些结果说明，箭毒木富集了数量很多但组成相对单调的放线菌，它们不惧毒素，甚至喜欢毒素。毒素是影响植物内生菌生存的重要因素。这种现象十分奇特。

（二）纯培养研究结果

使用五步表面消毒处理，对实验样品进行表面消毒，用 6 种培养基分离 3 种植物的根、茎、叶样品，获得 249 株放线菌，经鉴定它们分别属于：发仙菌属、链霉菌属、迪茨氏菌属、分枝杆菌属、戈登氏菌属、诺卡氏菌属、红球菌属、威廉姆斯氏菌属、芽球菌属、动球菌属、四叠球菌属、两面神菌属、皮生球菌属、土壤球菌属、壤霉菌属、短杆菌属、微杆菌属、微球菌属、节杆菌属、考克斯氏菌属、短状杆菌属、纤维单胞菌属、厄氏菌属、血杆菌属、纤维杆菌属、原小单孢菌属、小单孢菌属、孢囊菌属、气微菌属、韩国生工菌属、类诺卡氏菌属、拟无枝酸菌属、假诺卡氏菌属、糖丝菌属、野野村氏菌属、拟诺卡氏菌属。249 株放线菌中最多的是链霉菌属，有 94 株（37.8%），微杆菌属有 29 株（11.6%），红球菌属有 14 株（5.6%），纤维杆菌属有 13 株（5.2%），其他分离频率均小于 5%的稀有放线菌共有 99 株（39.8%）。有 3%菌株是潜在新种。

（三）纯培养、免培养放线菌的比较研究

同时用免培养法和纯培养法研究上述 3 种植物根皮的相同样品。免培养法的结果显示，在属的水平上，共计注释放线菌 34 属及 3 个未鉴定的分类单元，箭毒木有 16 属，八角枫和马缨丹分别有 31 属和 33 属。纯培养的结果显示，箭毒木有 7 属，八角枫和马缨丹分别有 4 属和 6 属。获得纯培养的 *Cellulosimicrobium*、*Dermacoccus*、*Dietzia*、*Micrococcus*、*Mycobacterium*、*Micromonospora* 并未在免培养中检测到。说明免培养法的分辨率还有待提高，高通量技术只能提供检测微生物多样性的潜力，只能作参考（表 1-44）。

表 1-44　3 种毒性植物未培养与纯培养内生放线菌多样性比较

放线菌（属）	纯培养			免培养		
	箭毒木	八角枫	马缨丹	箭毒木	八角枫	马缨丹
Acidothermus					+	+
Actinoallomurus					+	+
Actinocatenispora				+		+
Amycolatopsis					+	+
Arthrobacter	+			+	+	+
Bifidobacterium				+	+	+
Brachybacterium	+			+	+	+
Brevibacterium					+	
Catenulispora					+	+
Cellulomonas				+	+	+
Cellulosimicrobium	+		+			
Collinsella				+	+	+
Coriobacter				+	+	+
Crossiella					+	+
Curtobacterium					+	+
Dermacoccus		+				

续表

放线菌（属）	纯培养			免培养		
	箭毒木	八角枫	马缨丹	箭毒木	八角枫	马缨丹
Dietzia			+			
Enterorhabdus				+	+	+
Glycomyces					+	+
Iamia					+	+
Jatrophihabitans					+	+
Kribbella	+				+	+
Leucobacter				+	+	+
Marmoricola				+	+	+
Microbacterium	+	+	+	+	+	+
Micrococcus			+			
Mycobacterium	+					
Micromonospora		+				
Nocardioides					+	+
Nocardiopsis						+
Olsenella				+	+	+
Propionibacterium					+	+
Pseudonocardia					+	+
Rhodococcus				+	+	+
Rubrobacter					+	+
Sanguibacter				+	+	+
Senegalimassilia				+	+	+
Sporichthya					+	+
Streptomyces	+	+	+	+	+	+
Verrucosispora			+			+
unidentified-Acidimicrobiales					+	+
unidentified-Coriobacteriaceae				+	+	
unidentified-Gaiellales					+	+
合计 40+3	7	4	6	16	31	33
纯培养/免培养（%）	44	13	18			

这项研究的结果表明，放线菌与毒性植物在长期共进化的过程中，有一定比例的放线菌适应了毒素环境而存活下来。毒素是放线菌在植物体内生存的重要影响因子。自然界是否存在“嗜毒”放线菌和其他微生物？毒素与菌的关系如何，有何生物学意义，是否有利用价值？这些问题非常值得研究。

二、26 种毒性植物纯培养放线菌资源

我们从西双版纳热带雨林、中国科学院西双版纳热带植物园（简称西双版纳热带植物园）、中国科学院昆明植物研究所（简称昆明植物研究所）等地选择了 3 种剧毒植物、7 种毒性大的植物、10 种全株具毒的植物及 6 种毒性小的植物，采集根、茎、叶样品（表 1-45）。用 8 种培养基，分离放线菌。分别从根、茎、叶样品中获得纯培养放线菌 134 株、80 株、35 株。

表 1-45　研究用毒性植物样品

植物	学名	科	毒性	样品采集地
箭毒木	*Antiaris toxicaria*	桑科	剧毒	西双版纳热带雨林，昆明植物研究所
海杧果	*Cerbera manghas*	夹竹桃科	剧毒	西双版纳热带植物园
嘉兰	*Gloriosa superba*	百合科	剧毒	西双版纳热带植物园
八角枫	*Alangium chinense*	八角枫科	毒性大	西双版纳热带雨林
巴豆	*Croton tiglium*	大戟科	毒性大	西双版纳热带植物园
大狼毒	*Euphorbia jolkinii*	大戟科	毒性大	昆明植物研究所
驳骨丹	*Buddleja asiatica*	马钱科	毒性大	西双版纳热带雨林
马钱子	*Strychnos nux-vomica*	马钱科	毒性大	西双版纳热带植物园
乌头	*Aconitum carmichaeli*	毛茛科	毒性大	昆明植物研究所
昆明山海棠	*Tripterygium hypoglaucum*	卫矛科	毒性大	昆明植物研究所
苍耳	*Xanthium sibiricum*	菊科	全株具毒	西双版纳热带植物园
紫茎泽兰	*Eupatorium adenophora*	菊科	全株具毒	普洱热带雨林
榼藤	*Entada phaseoloides*	豆科	全株具毒	西双版纳热带植物园
了哥王	*Wikstroemia indica*	瑞香科	全株具毒	西双版纳热带植物园
马缨丹	*Lantana camara*	马鞭草科	全株具毒	西双版纳热带雨林，云南大学校园
美洲商陆	*Phytolacca americana*	商陆科	全株具毒	昆明植物研究所
娃儿藤	*Tylophora ovata*	萝藦科	全株具毒	西双版纳热带植物园
喜树	*Camptotheca acuminata*	蓝果树科	全株具毒	云南大学校园
羊角拗	*Strophanthus divaricatus*	夹竹桃科	全株具毒	西双版纳热带植物园
野芋	*Colocasia antiquorum*	天南星科	全株具毒	西双版纳热带雨林
贡山木荷	*Schima reinw*	山茶科	毒性小	西双版纳热带雨林
紫藤	*Wisteria sinensis*	豆科	毒性小	昆明植物研究所
金合欢	*Acacia farnesiana*	豆科	毒性小	西双版纳热带植物园
南山藤	*Dregea volubilis*	萝藦科	毒性小	西双版纳热带植物园
三桠苦	*Evodia lepta*	芸香科	毒性小	普洱亚热带季风常绿阔叶林
深绿山龙眼	*Helicia nilagirica*	山龙眼科	毒性小	普洱亚热带季风常绿阔叶林

经过鉴定，这些菌株属于 9 目［链霉菌目（Streptomycetales）、棒状杆菌目（Corynebacteriales）、弗兰克氏菌目（Frankiales）、动球菌目（Kineococcales）、微球菌目（Micrococcales）、小单孢菌目（Micromonosporales）、丙酸杆菌目（Propionibacteriales）、假诺卡氏菌目（Pseudonocardiales）、链孢囊菌目（Streptosporangiales）］的 38 属：发仙菌属、链霉菌属、迪茨氏菌属、分枝杆菌属、戈登氏菌属、诺卡氏菌属、红球菌属、威廉姆斯氏菌属、芽球菌属、动球菌属、四折叠球菌属、两面神菌属、皮球菌属、壤球菌属、壤霉菌属、短杆菌属、微杆菌属、微球菌属、节杆菌属、考克氏菌属、短状杆菌属、纤维单孢菌属、厄氏菌属、血杆菌属、纤维微杆菌属、冰冻小杆菌属、原小单孢菌属、小单孢菌属、链孢囊菌属、气微菌属、韩国生工菌属、类诺卡氏菌属、拟无枝酸菌属、假诺卡氏菌属、拟孢囊菌属、糖丝菌属、野村氏菌属、拟诺卡氏菌属。获得的 249 株中，分离频率最高的是链霉菌属（94 株）(37.8%)，其次是微杆菌属（29 株）(11.6%)、红球菌属（14 株）(5.6%)、纤维微杆菌属（13 株）(5.2%)，其他分离频率均小于 5%的稀有放线菌属共获得 99 株（39.8%）。链霉菌属、微杆菌属、红球菌属、纤维微杆菌属等都是根、茎、叶中分离频率较高的优势菌（表 1-46）。

我们根据毒性大小，将植物大体划分为剧毒、毒性大、全株具毒、毒性小，依次对比不同毒性植物的内生放线菌群落结构差异。结果显示，植物的毒性大小对内生放线菌的群落构成有一定影响（图 1-32）。含有剧毒的植物中分离到的菌株数目最少；毒性大和毒性小的植物获得的菌株数目处于中等水平；全株具毒的植物获得的菌株数目最多。整体上，从根获得的内生放线菌数量最多，区系也最复杂；来自茎的次之；来自叶的最少，组成也最单调。

表 1-46　毒性植物内生放线菌在不同器官中的分布

样品	总计	链霉菌属	微杆菌属	红球菌属	纤维微杆菌属	其他属
根	134	58（43.3%）	11（8.2%）	5（3.7%）	6（4.5%）	54（40.3%）
茎	80	24（30.0%）	10（12.5%）	7（8.8%）	6（7.5%）	33（41.3%）
叶	35	12（34.3%）	8（22.9%）	2（5.7%）	1（2.9%）	12（34.3%）
总计	249	94（37.8%）	29（11.6%）	14（5.6%）	13（5.2%）	99（39.8%）

注：因为存在四舍五入，所以表中数据可能有求和不等于 100%的情况

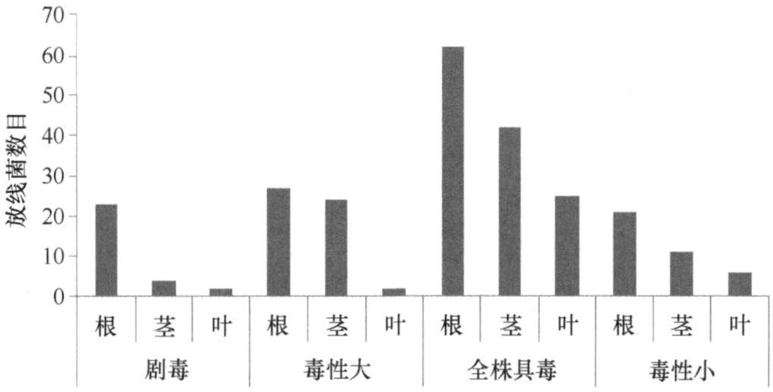

图 1-32　不同毒性植物内生放线菌多样性比较

三、生长在不同生境同种毒性植物的内生放线菌多样性

为了探究同种植物在不同地域、不同生境中内生放线菌群落结构的差异，从西双版纳采集野生马缨丹和箭毒木的茎皮，同时在昆明采集人工栽培的同种植物茎皮作实验材料，同时用 4 种培养基分离其中的放线菌。结果如表 1-47 所示，野生、栽培的马缨丹中分布有 6 属和 5 属的放线菌，但仅链霉菌属为共有，它们的相似性仅为 10%。同样，野生箭毒木和栽培箭毒木分别有 6 属和 3 属，共有链霉菌和分枝杆菌两属，相似性也仅有 29%（表 1-47）。西双版纳热带雨林和昆明的生存环境差距太大，可见环境（尤其是气候）对植物内生放线菌的区系有着重要影响。

表 1-47　不同地域野生、栽培马缨丹、箭毒木放线菌的组成

植物	属数	特有属	共有属
野生马缨丹（西双版纳热带雨林）	6	*Cellulosimicrobium*，*Dietzia*，*Microbacterium*，*Micrococcus*，*Streptosporangium*	*Streptomyces*
栽培马缨丹（昆明植物园）	5	*Brevibacterium*，*Micromonospora*，*Nocardioides*，*Williamsia*	
野生箭毒木（西双版纳热带雨林）	6	*Arthrobacter*，*Brevibacterium*，*Cellulosimicrobium*，*Microbacterium*	*Streptomyces*，*Mycobacterium*
栽培箭毒木（昆明植物园温室）	3	*Kribbella*	

四、西双版纳热带雨林 90 种中药植物的内生放线菌资源

从西双版纳热带雨林采集叶下珠（*Phyllanthus urinaria*）、嘉兰（*Gloriosa superba*）、异形南五味子（*Kadsura heteroclita*）、包疮叶（*Maesa indica*）、滇南美登木（*Maytenusaus troyunnanensis*）、滇重楼（*Paris yunnanensis*）、海南萝芙木（*Rauvolfia verticillata*）、野甘草（*Scoparia dulcis*）、葫芦茶（*Tadehagitri quetrum*）

等 90 种中药植物的根皮和茎皮，用 11 种培养基分离放线菌，共获得 2174 株纯培养菌株。经鉴定，它们属于 Corynebacteriales、Frankineales、Glycomycetales、Jiangellales、Kineosporiales、Micrococcales、Micromonosporiales、Propionibacteriales、Pseudonocardiales、Streptomycetales、Streptosporangiales 11 目的 34 属：*Actinocorallia*、*Actinomadura*、*Actinorugispora*、*Amycolatopsis*、*Arthrobacter*、*Blastococcus*、*Catellatospora*、*Dactylosporangium*、*Dietzia*、*Glycomyces*、*Gordonia*、*Herbidospora*、*Janibacter*、*Jiangella*、*Kineococcus*、*Kineosporia*、*Lentzea*、*Microbacterium*、*Micrococcus*、*Micromonospora*、*Mycobacterium*、*Nonomuraea*、*Nocardia*、*Nocardiopsis*、*Oerskovia*、*Plantactinospora*、*Polymorphospora*、*Promicromonospora*、*Pseudonocardia*、*Rhodococcus*、*Saccharopolyspora*、*Streptomyces*、*Streptosporangium*、*Tsukamurella*。

鉴定的这 2174 株放线菌中，有 87%是链霉菌，占绝大多数；非链霉菌有 280 株，占 13%。如果以这 280 株非链霉菌作为 100%，则 *Pseudonocardia* 的成员占 57%，以后依次是 *Nocardiopsis*（8.3%）、*Micromonospora*（6.4%）、*Streptosporangium*（3.8%），它们构成了放线菌的主体。剩下的 69 株（仅占 2174 株的 3%）分属于 27 属，每属仅 1～4 株。

经过鉴定，确认有 46 株是新种，占 2174 株的 2%。

这次用于分离放线菌的 11 种培养基中，我们设计的丙酸钠琼脂（1.0g/L 丙酸钠，0.2g/L 天冬酰胺，0.9g/L KH_2PO_4，0.6g/L K_2HPO_4，0.1g/L $MgSO_4·7H_2O$，0.2g/L $CaCl_2·2H_2O$，15.0g/L 琼脂）、海藻糖-脯氨酸琼脂（5.0g/L 葡萄糖、1.0g/L 脯氨酸、1.0g/L$(NH_4)_2SO_4$、1.0g/L NaCl、2.0g/L $CaCl_2$、1.0g/L K_2HPO_4、1.0g/L $MgSO_4·7H_2O$、15.0g/L 琼脂）、纤维素-脯氨酸琼脂（2.5g/L 纤维素、1.0g/L 脯氨酸、2.0g/L 丙酮酸钠、0.25g/L KNO_3、0.2g/L $MgSO_4·7H_2O$、0.2g/L K_2HPO_4、0.5g/L $CaCl_2$、10mg/L $FeSO_4·7H_2O$、15.0g/L 琼脂）和木聚糖-精氨酸琼脂（2.5g/L 木聚糖、1.0g/L 精氨酸、1.0g/L$(NH_4)_2SO_4$、2.0g/L $CaCl_2$、1.0g/L K_2HPO_4、0.2g/L $MgSO_4·7H_2O$、10mg/L $FeSO_4·7H_2O$、15.0g/L 琼脂）分离放线菌时的出菌率较多，多样性较丰富。同时也可以采用 TWYE 琼脂（Crawford et al.，1993）、HV 琼脂（Hayakawa and Nonomura，1989）、棉籽糖-组氨酸琼脂（Williams，1984）及甘油-天冬酰胺琼脂（ISP5 琼脂）（Shirling and Gottlieb，1966）。ISP5 琼脂分离链霉菌比较有效。

五、毒性植物内生放线菌的分布及其特点

3 种毒性不同植物的免培养和纯培养的研究结果表明，共有 18 门 260 属的原核微生物（细菌和古菌），其中放线菌有 34 属，占免培养微生物总属数的 13%。获得的纯培养放线菌在 3 种植物中分别占免培养的 13%、18%和 44%。说明与植物共生的微生物种类繁多。

从 26 种毒性植物获得纯培养放线菌 9 目 38 属。从 90 种中药植物获得 34 属的纯培养放线菌。共计从 116 种植物获得 55 属的放线菌（S1-5）。

从生长于热带雨林的野生和栽培于昆明的马缨丹分别分离到 6 属和 5 属的放线菌，但仅链霉菌属为共有，它们的相似性仅为 10%。同样，从野生箭毒木和栽培箭毒木中分别分离到 6 属和 3 属，共有链霉菌和分枝杆菌两属，相似性也仅有 29%。西双版纳热带雨林和昆明的栽培环境差距太大，可见环境气候对植物内生放线菌的区系有着重要影响。

从 90 种产自西双版纳热带雨林的中药植物中鉴定的 2174 株放线菌中，有 87%是链霉菌，占绝大多数；非链霉菌有 280 株，占 13%。如果以这 280 株非链霉菌作为 100%，则 *Pseudonocardia* 的成员占 57%，以后依次是 *Nocardiopsis*（8.3%）、*Micromonospora*（6.4%）、*Streptosporangium*（3.8%），它们构成了放线菌的主体。剩下的 69 株（仅占 2174 株的 3%）分属于 27 属，每属仅 1～4 株。经过鉴定，确认有 46 株是新种，占 2174 株的 2%。

本研究从云南 116 种植物共获得放线菌 55 属：*Actinocorallia*、*Actinomadura*、*Actinorugispora*、*Aeromicrobium*、*Agrococcus*、*Agromyces*、*Amycolatopsis*、*Arthrobacter*、*Blastococcus*、*Brachybacterium*、

Catellatospora、*Cellulomonas*、*Cellulosimicrobium*、*Curtobacterium*、*Dactylosporangium*、*Dermacoccus*、*Dietzia*、*Frigoribacterium*、*Glycomyces*、*Gordonia*、*Herbidospora*、*Janibacter*、*Jiangella*、*Kineococcus*、*Kineosporia*、*Kocuria*、*Kribbella*、*Lentzea*、*Methylobacterium*、*Microbacterium*、*Micrococcus*、*Micromonospora*、*Mycobacterium*、*Nocardia*、*Nocardioides*、*Nocardiopsis*、*Nonomuraea*、*Oerskovia*、*Phytomonospora*、*Pilimelia*、*Planococcus*、*Plantactinospora*、*Polymorphospora*、*Promicromonospora*、*Pseudonocardia*、*Pseudosporangium*、*Rhodococcus*、*Saccharopolyspora*、*Saccharothrix*、*Sanguibacter*、*Streptomyces*、*Streptosporangium*、*Tsukamurella*、*Verrucosispora*、*Williamsia*。*Actinorugispora* 和 *Phytomonospora* 为我们发表的新属。*Streptomyces* 占菌株总数的 40%～50%。*Microbacterium*、*Rhodococcus*、*Cellulomonas* 在各地植物中普遍存在。*Actinorugispora*、*Dermacoccus*、*Frigoribacterium*、*Herbidospora*、*Methylobacterium*、*Phytomonospora* *Plantactinospora*、*Polymorphospora*、*Pseudosporangium* 等 9 属在本研究中属于特有属。

动物的种类（遗传性）与其粪便微生物之间的相关性比较明显，但植物与其内生菌的这种关系并不明显。气候对植物与其内生菌的分布影响较大。剧毒素可以理解为一种“极端环境”，剧毒植物与其内生菌在长期共进化的过程中相互协作，相互适应，部分微生物甚至成为“嗜毒”菌。毒素与菌的关系、生物学意义都很值得研究，很可能有巨大利用价值。

第六节　部分海域的放线菌资源

海洋占地球表面积的 2/3，那里的微生物分布情况及其生态作用如何？怎么利用？近 20 多年来，日本、美国、德国、英国等一些国家和国内的研究机构与制药厂逐步把研究方向转向海洋。由于海洋环境研究所需装备（如考察船和深水取样器等）要求较高，以及研究方法的不成熟性，与海洋真菌和海绵微生物的研究相比，海洋放线菌的研究和开发工作相对滞后。我们研究了南北相距万里的两个海域的放线菌。现报告部分研究结果。

一、北部湾茅尾海的放线菌

北部湾（Beibu Gulf，旧称东京湾），属我国南海的西北部海域，是一个半封闭的海湾。钦州湾的红树林湿地已被列入中国重要湿地名录，是自治区级自然保护区。茅尾海红树林自然保护区位于钦州湾境内，总面积 2700hm^2 以上，海水盐度 0.5%左右。其中，康熙岭片区位于康熙岭镇辖区的滩涂湿地，坚心围片区位于茅尾海区域的尖山、大番坡坚心围一带的滩涂湿地。红树林是生长在热带和亚热带地区的海岸或河口湾等特殊盐生生境的木本植物群落，广泛分布在全球的海岸潮间带。我们从茅尾海海域采集底泥样品 14 份、红树根皮 10 份、鱼类 15 种。用 9 种培养基分离放线菌。部分结果如下。

1. 底泥的放线菌

从茅尾海底泥样品中分离到 413 株放线菌，经鉴定，它们属于 19 属，其中 *Arthrobacter*、*Cellulosimicrobium*、*Citricoccus*、*Dietzia*、*Mariniluteicoccus*、*Marinactinospora*、*Micrococcus*、*Micromonospora*、*Nocardia*、*Rhodococcus*、*Salinimicrobium*、*Sciscionella*、*Williamsia* 等 13 属在同一海域的红树根皮中并没有分离到。*Sciscionella* 和 *Mariniluteicoccus* 是新属。除新发现的两属以外，就整体而言，底泥的放线菌区系与陆地相似，都是陆地常见的放线菌。这是陆地冲刷进入海洋的结果。

2. 红树根皮内生放线菌

红树林是浅海滩涂常见的景观，是浅海生态系统的一部分。从采自茅尾海的红树根皮中分离到 247 株放线菌，它们属于 *Agromyces*、*Corynebacterium*、*Homoserinibacter*、*Kitasatospora*、*Kocuria*、*Lysinimicrobium*、*Microbacterium*、*Nocardioides*、*Streptomyces*、*Terrabacter* 等 10 属。其中 *Homoserinibacter*、

Kitasatospora、*Lysinimicrobium* 和 *Kocuria* 4 属在底泥样品中并未发现，而且前 3 属很罕见。说明处于低盐水生浅海的植物的内生菌又是一番景象。

3. 鱼肠道放线菌的组成

从 15 种海鱼肠道分离到 95 株放线菌，经鉴定，它们属于 14 属，其中 *Brachybacterium*、*Brevibacterium*、*Glutamicibacter*、*Janibacter*、*Jeotgalicoccus* 5 属在底泥样品中未分离到，而且 *Brachybacterium*、*Brevibacterium*、*Dietzia*、*Jeotgalicoccus*、*Nocardia*、*Rhodococcus*、*Williamsia* 7 属与红树根皮的放线菌不同。

二、波罗的海基尔湾的放线菌

波罗的海位于北欧，在北纬 54°～65.5°，从北纬 54°起向东北延伸到北极圈附近，长 1600km 以上，平均宽度约 190km，面积超过 41 万 km^2，呈三岔形，西以斯卡格拉克海峡、厄勒海峡、卡特加特海峡、大贝尔特海峡、小贝尔特海峡、里加海峡等海峡和北海，与大西洋相通。波罗的海是欧洲北部的内海、北冰洋的边缘海、大西洋的属海。由于四周注入的河流众多，雨量充沛，波罗的海是地球上最大的半咸水海，比其他大洋的含盐量低。

从波罗的海南岸基尔湾海域两次共收集底泥样品 100 份，用 7 种培养基分离到 809 株菌，经鉴定，其中 240 株为放线菌，共计有 17 属：*Actinomadura*、*Actinoplanes*、*Amycolatopsis*、*Arthrobacter*、*Cellulomonas*、*Isoptericola*、*Knoellia*、*Kocuria*、*Marinactinospora*、*Microbacterium*、*Micromonospora*、*Myceligenerans*、*Mycobacterium*、*Nocardiopsis*、*Promicromonospora*、*Rhodococcus*、*Streptomyces*。其中 *Marinactinospora* 为新属，*Promicromonospora flava* 为新种。在这些放线菌中，仅 *Isoptericola* 和 *Myceligenerans* 两属的成员比较少见，可见海域里面的菌种很多来自附近的陆地。

作为探索，这是我们有意设计的研究方案。放线菌区系的研究结果整理于表 1-48。

表 1-48 北部湾茅尾海与波罗的海基尔湾放线菌的组成

放线菌（属）	波罗的海基尔湾	北部湾茅尾海		
		底泥	红树根皮	鱼肠道
Actinomadura	+			
Agromyces		+	+	
Actinoplanes	+			
Amycolatopsis	+			
Arthrobacter	+	+		
Brachybacterium				+
Brevibacterium				+
Cellulomonas	+			
Cellulosimicrobium		+		
Citricoccus		+		
Corynebacterium		+	+	+
Dietzia		+		+
Glutamicibacter				+
Homoserinibacter			+	
Isoptericola	+			
Janibacter				+
Jeotgalicoccus				+
Kitasatospora			+	+

续表

放线菌（属）	波罗的海基尔湾	北部湾茅尾海		
		底泥	红树根皮	鱼肠道
Knoellia	+			
Kocuria	+		+	+
Lysinimicrobium			+	
Marinactinospora	+	+		
Mariniluteicoccus		+		
Microbacterium	+	+	+	+
Micrococcus		+		
Micromonospora	+	+		
Myceligenerans	+			
Mycobacterium	+			
Nocardia		+		+
Nocardioides		+	+	
Nocardiopsis	+			
Promicromonospora	+			
Rhodococcus	+	+		+
Salinimicrobium		+		
Sciscionella		+		
Streptomyces	+	+	+	+
Terrabacter		+	+	
Williamsia		+		+
菌株总数　1564	809	413	247	95
放线菌总属数　38	17	19	10	14

从相同的茅尾海海域采集底泥、红树根皮和鱼类 3 种本质上完全不同的样品，用相同方法，共分离到 755 株放线菌，样品量、获得的放线菌都不少。从上述结果明显可以看出，尽管 3 类样品在同一海域，气候、水生环境相同，但它们的放线菌区系差别非常大，仅仅 *Corynebacterium*、*Microbacterium*、*Streptomyces* 3 属非常常见的放线菌在 3 种样品中均有分布，仅占 3 类样品放线菌共计 28 属的 11%。

从北部湾到基尔湾，纬度跨度大，相距万里，简直是天南地北，天壤之别。但两者都是海域。放线菌区系研究的结果显示，两者只有 *Arthrobacter*、*Marinactinospora*、*Microbacterium*、*Micromonospora*、*Rhodococcus*、*Streptomyces* 到处可见的放线菌属相同，仅占两处共计 30 属的 20%，放线菌区系的相似性很低。

1564 株海洋放线菌的研究结果显示，不同地域、不同深度，尤其是那些万米深海（超高压、黑暗等极端环境）海域的底泥、水体、海洋植物、海洋动物及微生物，会有不同的生物学特性，也可能有特殊用途。那里的放线菌更可能产生极为特殊的代谢产物。我国深海探测已走在世界的前列，科考队员应该跟放线菌资源学家、分类学家合作，必将开辟一个放线菌资源研究新领域。

第七节　放线菌资源分布的规律和特点

遵照童村、阎逊初、吴征镒、焦瑞身、段金玉等先生的指示和嘱托，在国家各级组织的支持和指导及国内外友人的大力帮助下，本实验室两三代人，行驶了 12 万多千米，研究了与胡焕庸线交叉，从我国海南岛至新疆的广大地区及五洲十国的部分地区的放线菌资源。分离放线菌 12 万株以上，鉴定、保存放线菌5万株以上及部分DNA。实为国家重要放线菌资源库。

最近10年，我们在联合实验室总体规划下，开拓了动物、地衣、毒性植物放线菌资源的新研究领域，适时采用各种新技术，分离放线菌32 000多株，鉴定、保存约1.6万株及其DNA。放线菌资源研究取得了重要进展。

从土壤、动物、地衣、植物、海洋5类来源的样品中获得15 895株放线菌，它们属于放线菌纲的167属，占目前国际承认约300属的56%左右（表1-49）。在这5类来源的样品中都有分布的属仅有 *Agromyces*、*Arthrobacter*、*Cellulomonas*、*Cellulosimicrobium*、*Janibacter*、*Kocuria*、*Microbacterium*、*Micrococcus*、*Micromonospora*、*Mycobacterium*、*Nocardia*、*Nocardiopsis*、*Promicromonospora*、*Rhodococcus*、*Williamsia* 等15属，仅占总计167属的9%。除 *Williamsia* 以外，其余14属都是比较常见且普遍存在的放线菌。仅1种来源的特有属达87个，占167属的52%（表1-48，S1-6）。

表1-49　各种来源放线菌总表

来源	土壤	动物	地衣	植物	海洋	总数
鉴定菌株数	3 633	3 186	1812	5 700	1 564	15 895
总属数	110	67	74	55	38	167
特有属数	43	14	14	8	8	87
特有属占总属数的百分比（%）	39	21	19	15	21	52

（1）全世界对土壤放线菌已经做了100多年的研究，取得了重大成就，目前广泛应用的链霉素、阿维菌素等抗生素都是从土壤放线菌中发现的。但我们的研究仍然表明，土壤仍然存在大量未知放线菌资源。从土壤中获得的110属中，就有43属在其他4类环境中没有发现，我们将其称为“特有属”，即有约1/3在其他4类环境没有获得。我们曾经同时研究过同一地区的原始森林、次生林、荒地、耕作地的放线菌区系组成，结果是放线菌的多样性按此顺序逐步降低；耕作地的水肥条件好，放线菌数量大量增加，但多样性反而减少；越是无人干扰过的原始环境，区系越复杂，未知放线菌越多。对于微生物资源而言，保护原始环境，就是保护微生物资源。一般来说，温热、雨量充沛、原始植被保存完好的地带，尤其是原始热带雨林地区，土壤放线菌种类丰富；次生林、寒冷地区，放线菌的种类较少。

我们从新疆、青海盐碱土壤、甘肃沙漠等极端环境发现了大量新属（25个），还有新目（姜氏菌目）、新科等高级新分类单元的放线菌；但是“嗜极菌”培养条件要求苛刻，应该加强生理学研究，以利资源开发。元谋等特殊地质地区高温，少雨，有机质含量很低，土壤贫瘠，几乎没有植被，采样面积加起来也不过$25km^2$，却分离到62属放线菌，比从西双版纳原始森林土壤获得的36属还多出很多。由此推测，原始沙漠地区可能存在大量未知放线菌资源。

（2）全世界约有150万种动物，仅哺乳动物就有5100多种。我们仅仅研究了53种动物粪便，就发现纯培养的放线菌达67属（约占全世界已报道总属数的1/4）（S1-3），区系组成较为复杂。其中 *Arthrobacter*、*Cellulosimicrobium*、*Corynebacterium*、*Microbacterium*、*Micrococcus* 和 *Rhodococcus* 等分化程度较低的杆、球状放线菌在所有动物粪便样品中出现频度较高，这是动物粪便放线菌区系的重要特点。动物粪便的微生物区系主要受遗传指令的控制，其次才是环境因素的影响，而环境压力即使很强，也是用地质年代来估算的。也就是说，每种动物都有其相对特有的微生物区系（土著菌），是在长期进化过程中形成的，而且稳定；亲缘关系相近的动物应该有相似的微生物区系。大熊猫的祖先是食肉动物，而现今的大熊猫肠道仍然缺乏纤维分解菌就是一个好的例证。放线菌仅占动物粪便微生物的0.8%～18%，大部分在5%以下，属于少数。为了获得尽可能多的放线菌，在分离时，消除其他占绝对优势的细菌成为主要难题。动物粪便放线菌的代谢产物极为多样（第二、三章），其中抗真菌、抗肿瘤的几个化合物很有开发潜力。与其他来源相比，动物放线菌产生的活性物质可能对人无毒。这是一个非常重要的优点。对于药物开发来说，动物粪便放线菌是一类蕴藏量巨大、种类千差万别、有待开发的优质资源。

（3）外国科研工作者对地衣放线菌做过少量研究，仅从地衣中发现 12 属常见的放线菌。有些地衣早已入药，引起我们的关注。我们依靠云南丰富的地衣资源和中国科学院昆明植物研究所雄厚的地衣分类学实力，新开展了地衣放线菌资源研究。我们从我国云南、德国北部、新西兰和澳大利亚等地采集 23 属 55 种，共计 133 份地衣样品，共分离到纯培养菌株 4777 株，从中鉴定、保存 1812 株放线菌（S1-4），它们属于 74 属，约占现今全世界已描述约 300 属的 1/4。其中 *Actinophytocola*、*Amnibacterium*、*Angustibacter*、*Flexivirga*、*Herbiconiux*、*Klenkia*、*Luteimonas*、*Lysinimonas*、*Motilibacter*、*Mumia*、*Nassia*、*Schumannella*、*Subtercola*、*Umezawae* 等 14 属为特有属，都是非常少见的放线菌。

我们选择纬度从 21°～55°，相距万里，气候、土壤、植被等自然条件差别很大的西双版纳、白茫雪山、波罗的海，试图探索地衣放线菌的分布特点，从西双版纳地衣中获得的放线菌有 18 属为特有，波罗的海南岸地衣放线菌有 8 个特有属，白茫雪山地衣放线菌只有一个特有属；三者之间只共有 4 属。地衣放线菌的区系组成共性很小。另外，滇西南和普洱的气候、植被、土壤都相近，尽管从两地采集的地衣种类有些不同，但从前者获得纯培养放线菌 42 属，从后者获得 39 属，并包含于前者，两地地衣放线菌区系的相似度达 93%。同一座白茫雪山，随着海拔升高，地衣放线菌的种类减少，到 4288m，地衣放线菌就很单调。这些结果都说明，气候、土壤、植被对衣放线菌区系的综合影响占主导地位。

同时用免培养和纯培养两种方法研究相同地衣样品的结果表明，仍有大量放线菌不能获得纯培养。获得的纯培养菌株有 5%～9.8%的是潜在新种。我们发表新种 6 个。地衣遍布全世界，我们的研究仅为九牛一毛。所以我们认为，地衣体内存在大量未知放线菌资源，有待发掘利用。

（4）微生物与植物共生的过程中，可能发生基因交换，使微生物具备合成与宿主类似化合物的能力，由此兴起了植物内生菌的研究。云南药用植物约 1800 种，约占全国之半。我们在研究 90 种药用植物内生放线菌的基础上，最近又研究了 26 种有毒植物的放线菌（S1-5）。

3 种毒性不同植物的免培养和纯培养的研究结果表明，共有 18 门 260 属的原核微生物，其中放线菌有 34 属，占免培养微生物总属数的 13%，放线菌占比高于动物粪便中的放线菌比例。获得的纯培养放线菌在 3 种植物中分别占免培养的 13%、18%和 44%，远高于文献报道的结果。*Actinorugispora*、*Dermacoccus*、*Frigoribacterium*、*Herbidospora*、*Methylobacterium*、*Phytomonospora*、*Pilimelia*、*Plantactinospora*、*Pseudosporangium* 等 9 属为植物特有菌（S1-6），都是非常少见的菌群。我们发表 *Actinorugispora* 和 *Phytomonospora* 两个新属。说明与植物共生的放线菌种类繁多。

从生长在热带雨林的野生和栽培在昆明的马缨丹分别分离到 6 属和 5 属的放线菌，但仅链霉菌属为共有，它们的相似性仅为 10%。同样，从野生箭毒木和栽培箭毒木中分别分离到 6 属和 3 属，共有链霉菌和分枝杆菌两属，相似性也仅有 29%。西双版纳热带雨林和昆明的栽培环境差距太大，可见气候、土壤、植被对植物内生放线菌的区系有着重要影响，这种情形跟地衣放线菌类似。

从 90 种产自西双版纳热带雨林的中药植物中鉴定的 2174 株放线菌中，有 87%是链霉菌，占绝大多数；非链霉菌有 280 株，占 13%。如果以这 280 株非链霉菌作为 100%，则 *Pseudonocardia* 的成员占 57%，以后依次是 *Nocardiopsis*（8.3%）、*Micromonospora*（6.4%）、*Streptosporangium*（3.8%），它们构成了放线菌的主体。剩下的 69 株（仅占 2174 株的 3%）分属于 27 属，每属仅 1～4 株。经过鉴定，确认有 46 株是新种，占 2174 株的 2%。动物的种类（遗传性）与其肠道（粪便）微生物之间的相关性比较明显，但植物与其内生菌的这种关系并不明显。剧毒素可以理解为一种肠道（极端环境），剧毒植物与其内生菌在长期共进化的过程中相互协作，相互适应，部分微生物甚至成为“嗜毒”菌。毒素与菌的关系、生物学意义都很值得研究，可能很有利用价值。

（5）我们对比研究了茅尾海底泥、红树根皮、鱼肠道及波罗的海基尔湾底泥的放线菌区系。共鉴定 1564 株放线菌，属于 38 属，*Homoserinibacter*、*Jeotgalicoccus*、*Lysinimicrobium*、*Marinactinospora*、*Mariniluteicoccus*、*Myceligenerans*、*Salinimicrobium*、*Sciscionella* 8 属为特有属，占比 21%。它们都是陆地上很少见到的放线菌。我们发表了 *Mariniluteicoccus*、*Myceligenerans* 两个新属。

从茅尾海同一片海域采集的底泥、红树根皮和鱼类样品，其放线菌区系差别却非常大，仅仅 *Corynebacterium*、*Microbacterium*、*Streptomyces* 3 属非常常见的放线菌在 3 种样品中均有分布，它们之间的相似性仅 11%。

对比茅尾海和相距万里的波罗的海基尔湾的放线菌区系，两者只有 6 个常见的放线菌属相同，仅占两处共计 30 属的 20%，放线菌区系的相似性也很低。

海洋蓄积的放线菌难以估量，是一个巨大无比的未知世界。

（6）发现菌种新资源是开发利用的目的之一。最近 20 年，本室建立了多相分类的全套程序，修正、完善了放线菌分类系统，已被国际细菌系统学权威著作 *Bergey's Manual of Systematic Bacteriology* 所采用。发表放线菌新目 3 个、新科 9 个、新属 38 个及其他细菌新属 31 个（S1-7），新种约 500 个，都分别占全世界承认总数的 10%以上。最近 20 年，本室一直是我国发表放线菌新分类单元最多的实验室。我们这个团队为世界放线菌系统学研究作出了杰出贡献。新目、新科如下。

3 个新目：①Actinopolysporineae ord. nov.；②Kineosporiineae ord. nov.；③Jiangellineae ord. nov.。

9 个新科：①Actinopolysporaceae fam. nov.；②Kineosporiaceae fam. nov.；③Beutenbergiaceae fam. nov.；④Cryptosporangiaceae fam. nov.；⑤Jiangellaceae fam. nov.；⑥Sinobacteraceae fam. nov.；⑦Ruaniaceae fam. nov.；⑧Egicoccaceae fam. nov.；⑨Egibacteraceae fam. nov.。

如果我们站在更高处总览地球的不同环境，海洋、动物、植物、地衣的放线菌资源真可谓多姿多彩、千变万化、层出不穷，其多样性无法估量，蕴藏的资源也无法估量。探索、认识、研究、开发利用及保护放线菌资源永远在路上。

（作者：姜　怡*，姜明国*，李沁元，李桂鼎，李有龙，保明伟，王立松，杨立芳，姜成林）

主要参考文献

曹艳茹. 2012. 动物粪便放线菌多样性及生物活性研究. 杨凌: 西北农林科技大学博士学位论文
陈秀. 2017. 几种非人灵长类动物末端肠道细菌多样性和稳定性及其中一些菌株潜在应用初探. 沈阳: 东北大学博士学位论文
范薇. 2004. 实验小鼠肠道正常菌群. 中国比较医学杂志, 14(1): 58-60
冯霞, 殷幼平, 王中康. 2005. 现代分子生物学技术在动物肠道微生物多样性研究中的应用. 应用与环境生物学报, 11(3): 381-387
高绘菊, 路国兵, 查传勇, 等. 2007. 家蚕肠道产酶菌的分离与筛选. 蚕业科学, 33(2): 228-233
姜成林, 徐丽华. 1997. 微生物资源学. 北京: 科学出版社
姜怡, 徐平, 娄恺, 等. 2008. 放线菌药物资源开发面临的问题和对策. 微生物学通报, 35(2): 272-274
克拉西里尼科夫. 1963. 放线菌和分枝杆菌. 阎逊初, 译. 北京: 科学出版社
李沁元. 2019. 云南三种特色地质地貌区域放线菌多样性、生物活性及其生物合成潜力研究. 昆明: 云南大学博士学位论文
李文均, 职晓阳, 唐蜀昆. 2013. 我国放线菌系统学研究历史、现状及未来发展趋势. 微生物学通报, 40(10): 1860-1873
刘昌孝. 2017. 当代抗生素发展的挑战与思考. 中国抗生素杂志, 42(1): 1-12
刘凌云, 郑光美. 1997. 普通动物学. 3 版. 北京: 高等教育出版社
柳成宾. 2017. 地衣放线菌多样性及次级代谢产物研究. 沈阳: 东北大学博士学位论文
梅建凤, 吕琴, 闵航, 等. 2002. 白蚁及其肠道细菌的固氮作用研究. 浙江大学学报, 28(6): 625-628
覃映雪, 王晓林, 鄢庆枇, 等. 2007. 青石斑鱼肠道菌群研究. 海洋水产研究, 28(5): 19-23
瓦克斯曼. 1974. 放线菌. 第二卷. 阎逊初, 译. 北京: 科学出版社
王立松, 钱子刚. 2013. 中国药用地衣图鉴. 昆明: 云南科技出版社
王立松. 2012. 中国云南地衣. 上海: 上海科学技术出版社
魏江春. 1991. 中国地衣综览. 北京: 万国学术出版社

* 通讯作者 Email：jiangyi@ynu.edu.cn；mzxyjiang@163.com

徐丽华, 李文均, 刘志恒, 等. 2007. 放线菌系统学原理实践及方法. 北京: 科学出版社
徐志毅. 2005. 肠道正常菌群与人体的关系. 微生物学通报, 32(3): 117-120
阎逊初. 1992. 放线菌的分类与鉴定. 北京: 科学出版社
杨贵军, 吴涛, 雍惠莉, 等. 2008. 沟眶象成虫肠道好氧及兼性厌氧菌群的研究. 宁夏大学学报(自然科学版), 29(2): 166-179
易发平, 王林玲, 周成, 等. 2001. 蚕肠道好氧微生物菌群的研究. 西南农业大学学报, 23(2): 117-119
尹军霞, 陈瑛, 邵健忠, 等. 2006. 三角帆蚌肠道菌群的研究. 浙江大学学报(理学版), 33(2): 211-215
张保卫, 魏辅文, 李明, 等. 2004. 大熊猫和小熊猫粪便 DNA 提取的简易方法. 动物学报, 50(3): 452-458
张贵权, 张和民, 彭广能, 等. 2000. 熊焰卧龙自然保护区大熊猫粪样菌群的分离鉴定与分布研究. 畜牧兽医学报, 31: 165-170
Abdelmohsen U R, Pimentel-Elardo S M, Hanora A, et al. 2010. Isolation, phylogenetic analysis and anti-infective activity screening of marine sponge-associated actinomycetes. Marine Drugs, 8: 399-412
Abdelnasser S S I , Ali A A S, Ashraf A H, et al. 2012. Tapping uncultured microorganisms through metagenomics for drug discovery. African Journal of Biotechnology, 11: 15823-15834
Alvaro B, Sylvia H D, Grietje H, et al. 2007. Impact of pH on lactate formation and utilization by human fecal microbial communities. Applied and Environmental Microbiology, 73: 6526-6533
Amy N, Nadine J D, Céline S, et al. 2009. Characterization of bacterial and fungal communities in composted biosolids over a 2 year period using denaturing gradient gel electrophoresis. Canadian Journal of Microbiology, 55(4): 375-387
Anastasia M, Michael B, Annett B. 2009. Isolation of a human intestinal bacterium capable of daidzein and genistein conversion. Applied and Environmental Microbiology, 75(6): 1740-1744
Arai T. 1976. Actinomycetes: The Boundary Microorganisms. Tokyo: Toppen Company Limited
Asolkar R N, Kirkland T N, Jensen P R, et al. 2010. Arenimycin, an antibiotic effective against rifampin- and methicillin-resistant *Staphylococcus aureus* from the marine actinomycete *Salinispora arenicola*. The Journal of Antibiotics, 63: 37-39
Bentley S D, Chater K F, Cerdeno-Tarraga A M, et al. 2002. Complete genome sequence of the model actinomycete *Streptomyces coelicolor* A3(2). Nature, 417: 141-147
Berdy J. 2005. Bioactive microbial metabolites—A personal view. The Journal of Antibiotics, 58: 1-26
Berdy J. 2012. Thoughts and facts about antibiotics: where we are now and where we are heading. The Journal of Antibiotics, 65: 385-395
Blunt J W, Copp B R, Keyzers R A, et al. 2013. Marine natural products. Natural Product Reports, 30: 237-323
Cao Y R, Jiang Y, Jin R X, et al. 2012. *Enteractinococcus coprophilus* gen. nov., sp. nov., of the family Micrococcaceae isolated from *Panthera tigris amoyensis* feces, transfer of *Yaniella fodinae* Dhanjal, et al. 2011 to the genus *Enteractinococcus* as *Enteractinococcus fodinae* comb. nov. International Journal of Systematic and Evolutionary Microbiology, 62: 2710-2716
Che O J, Lim J M, Lee J M, et al. 2005. Reclassification of *Bacillus haloalkaliphilus* Fritze 1996 as *Alkalibacillus haloalkaliphilus* gen. nov., comb. nov. and the description of *Alkalibacillus salilacus* sp. nov., a novel halophilic bacterium isolated from a salt lake in China. International Journal of Systematic and Evolutionary Microbiology, 55: 1891-1896
Chen X, Li G D, Wei Y F, et al. 2020. *Faecalibacter macacae* gen. nov., sp. nov., isolated from the faeces of *Macaca assamensis*. International Journal of Systematic and Evolutionary Microbiology, 70: 751-758
Clardy J , Michael A F, Cameron R C. 2014. The natural history of antibiotics. Current Biology, 19: 437-441
Crawford D L, Lynch J M, Whipps J M, et al. 1993. Isolation and characterization of actinomycete antagonists of a fungal root pathogen. Applied and Environmental Microbiology 59: 3899-3905
Cross T. 1982. Actinomycetes: a continuing source of new metabolites. Development in Industrial Microbilogy, 23: 1-18
Cui X L, Mao P H, Zeng M, et al. 2001. *Streptomonospora salina* gen. nov., sp. nov, a new member of the family Nocariopsaceae. International Journal of Systematic and Evolutionary Microbiology, 51: 357-363
Cui X L, Schumann P, Stackebrandt E, et al. 2004. *Myceligenerans xiligouense* gen. nov., sp. nov., a novel hyphae-forming member of the family Promicromonosporaceae. International Journal of Systematic and Evolutionary Microbiology, 54: 1287-1293
Daniel N F, Allison L S, Robert A F, et al. 2007. Molecular phylogenetic characterization of microbial community imbalances in human inflammatory bowel diseases. Proceedings of the National Academy of Sciences of the United States of America, 104(34): 13780-13785
David A S, Berdena F, Howard R M, et al. 1998. Use of phylogenetically based hybridization probes for studies of ruminal microbial ecology. Applied and Environmental Microbiology, 54: 1079-1084
Demain A L, Sanchez S. 2009. Microbial drug discovery: 80 years of progress. The Journal of Antibiotics, 62: 5-16
Dhansekaran D, Jiang Y. 2016. Actinobacteria—Basics and Biotechnological Applications. Rijeka: InTech
Elizabeth K C, Christian L L, Micah H, et al. 2009. Bacterial community variation in human body habitats across space and time. Science, 326(5960): 1694-1697

Emmanuel F M, Joanne B E, Karen E N. 2005. Metagenomics: application of genomics to uncultured microorganisms. Genome Biology, 6: 347-349

Fischbach M A, Walsh C T. 2009. Antibiotics for emerging pathogens. Science, 325: 1089-1093

Goodfellow M, Fiedler H P. 2010. A guide to successful bioprospecting: informed by actinobacterial systematics. Antonie van Leeuwenhoek, 98: 119-142

Goodfellow M, Kampfer P, Busse H J, et al. 2012. Bergey's Manual of Systematic Bacteriology. 2nd ed. New York: Springer

Goodfellow M, Mordarski M, Williams S T. 1984. The Biology of the Actinomyceres. London: Academic Press

Guan T W, Tang S K, Wu J Y, et al. 2009. *Haloglycomyces albus* gen. nov., sp. nov., a halophilic, filamentous actinomycete of the family Glycomycetaceae. International Journal of Systematic and Evolutionary Microbiology, 59: 1297-1301

Hamedi J, Fatemeh M, Antonio V. 2013. Systematic and biotechnological aspects of halophilic and halotolerant actinomycetes. Extremophiles, 17: 1-13

Hayakawa M, Nonomura H. 1989. A new method for the intensive isolation of actinomycetes from soil. Actinomycetologica, 3: 95-104

Ibtissem D, Andrea D, Mouloud K, et al. 2019. Actinobacteria derived from algerian ecosystems as a prominent source of antimicrobial molecules. Antibiotics, 8: 172-194

Janko D, Antonio S, Mohamed L, et al. 2014. Evolutionary concepts in natural products discovery: what actinomycetes have taught us. Journal of Industrial Microbiology & Biotechnology, 41: 211-217

Jiang C L, Xu L H, Yang Y R, et al. 1991. Actinobispora, a new genus of the order Actinomycetales. International Journal of Systematic and Evolutionary Microbiology, 41: 526-528

Jiang Y, Cao Y R, Zhao L X, et al. 2011. Large numbers of new bacterial taxa found by Yunnan Institute of Microbiology. Chinese Science Bulletin, 56(8): 709-712

Jiang Y, Han L, Huang X S. 2015. Animal fecal actinomycetes: a new source for the discovery of drug leads. *In*: Dhanasekaran D, Thajuddin N, Panneerselvam A. Antimicrobials: Synthetic and Natural Compounds. Boca Raton: CRC Press

Jiang Y, Wiese J, Tang S K, et al. 2008. *Actinomycetospora chiangmaiensis* gen. nov., sp. nov., a new member of the family Pseudonocardiaceae. International Journal of Systematic and Evolutionary Microbiology, 58: 408-413

Kampfer P, Andersson M A, Rainey F A, et al. 1999. *Williamsia muralis* gen. nov., sp. nov., isolated from the indoor environment of a children's day care centre. International Journal of Systematic and Evolutionary Microbiology, 49: 681-687

Kiyoshi T, Roustam I A, Takafumi N, et al. 1999. Rumen bacterial diversity as determined by sequence analysis of 16S rDNA libraries. Fems Microbiology Ecology, 29: 159-169

Lai H X, Jiang Y Y, Chen X, et al. 2017a. *Haloactinomyces albus* gen. nov., sp. nov., isolated from the Dead Sea. International Journal of Systematic and Evolutionary Microbiology, 67: 1163-1168

Lai H X, Jiang Y Y, Saker R, et al. 2017b. Reclassification of *Mzabimyces algeriensis* Saker, et al. 2015 as *Halopolyspora algeriensis* comb. nov. International Journal of Systematic and Evolutionary Microbiology, 67: 2787-2790

Lai H X, Wei X M, Jiang Y Y, et al. 2014. *Halopolyspora alba* gen. nov., sp. nov., isolated from sediment. International Journal of Systematic and Evolutionary Microbiology, 64: 2775-2780

Les D, Sue H, Mitchell L S, et al. 2008. The pervasive effects of an antibiotic on the human gut microbiota, as revealed by deep 16S rRNA sequencing. PLoS Biology, 6: 2383-2400

Ley R E, Peterson D A, Gordon J I. 2006. Ecological and evolutionary forces shaping microbial diversity in the human intestine. Cell, 124: 837-848

Li J, Zhao G Z, Zhu W Y, et al. 2011. *Phytomonospora endophytica* gen. nov., sp. nov., a novel actinomycete of the family Micromonosporaceae isolated from the roots of *Artemisia annua* L. International Journal of Systematic and Evolutionary Microbiology, 61(12): 2967-297

Li W J, Chen H H, Xu P, et al. 2004. *Yania halotolerans* gen. nov., sp. nov., a novel member of the suborder Micrococcineae from a saline soil in China. International Journal of Systematic and Evolutionary Microbiology, 54: 525-531

Li W J, Zhang Y Q, Schumann P, et al. 2006. *Sinococcus qinghaiensis* gen. nov., sp. nov., a novel member of the order Bacillales from a saline soil in China. International Journal of Systematic and Evolutionary Microbiology, 56: 1189-1192

Lim J M, Che O J, Lee S S, et al. 2008. Reclassification of *Salegentibacter catena* Ying, et al. 2007 as *Salinimicrobium catena* gen. nov., comb. nov. and description of *Salinimicrobium xinjiangense* sp. nov., a halophilic bacterium isolated from Xinjiang Province in China. International Journal of Systematic and Evolutionary Microbiology, 58: 438-442

Masahira H, Todd D T. 2009. The human intestinal microbiome: a new frontier of human biology. Dna Research, 16: 1-12

Mast Y, Stegmann E. 2019. Actinomycetes: the antibiotics producers. Antibiotics, 8: 105-108

Myronovskyi M, Luzhetskyi A. 2013. Genome engineering in actinomycetes using site-specific recombinases. Applied Microbiology and Biotechnology, 97: 4701-4712

Newman D J, Cragg G M, Snader K M. 2003. Natural products as sources of new drugs over the period 1981-2002. Journal of Natural Products, 66: 1022-1037

Newman D J, Cragg G M. 2007. Natural products as sources of new drugs over the last 25 years. Journal of Natural Products, 70: 461-477

Olga G. 2019. Natural products discovery and potential for new antibiotics. Current Opinion in Microbiology, 51: 81-87

Paul B E, Elisabeth M B, Charles N B, et al. 2005. Diversity of the human intestinal microbial flora. Science, 308(5728): 1635-1638

Polpass A J, Bhavanath J. 2016. New dimensions of research on actinomycetes: quest for next generation antibiotics. Frontiers in Microbiology, 7: 1-4

Prauser H. 1970. The Actinomycetes. Jena: Gustav Fischer Verlag

Qin J J, Li R Q, Raes J, et al. 2010. A human gut microbial gene catalogue established by metagenomic sequencing. Nature, 464: 59-66

Qin S, Li J, Zhang Y Q, et al. 2009. *Plantactinospora mayteni* gen. nov., sp. nov., a member of the family Micromonosporaceae. International Journal of Systematic and Evolutionary Microbiology, 59: 2527-2533

Raja A, Prabakarana P. 2011. Actinomycetes and drug—An review. American Journal of Drug Discovery and Development, 1: 75-84

Richard H B. 2007. Antimicrobials from actinomycetes: back to the future. Features, 2: 125-137

Richard H B. 2008. Renaissance in antibacterial discovery from actinomycetes. Current Opinion in Pharmacology, 8: 1-7

Roberto K, Gilles P, Wezel V. 2016. Goodbye to brute force in antibiotic discovery? Nature Microbiology, 1: 1-2

Robin C A, Mark A R, Neil S J, et al. 2000. *Denitrobacterium detoxificans* gen. nov., sp. nov., a ruminal bacterium that respires on nitrocompounds. International Journal of Systematic and Evolutionary Microbiology, 50: 633-638

Ruth E L, Micah H, Catherine L, et al. 2008. Evolution of mammals and their gut microbes. Science, 320(5883): 1647-1651

Saliou F, Jerome H, Farma N, et al. 2007. Differences between bacterial communities in the gut of a soil-feeding termite (*Cubitermes niokoloensis*) and its mounds. Applied and Environmental Microbiology, 73: 5199-5208

Shen B. 2015. New golden age of natural products drug discovery. Cell, 163: 1297-1300

Shirling E B, Gottlieb D. 1966. Methods for characterizing *Streptomyces* species. International Journal of Systematic Bacteriology, 16: 313-340

Song L, Li W J, Wang Q L, et al. 2005. *Jiangella gansuensis* gen. nov., sp. nov., a novel actinomycete from a desert soil in north-west China. International Journal of Systematic and Evolutionary Microbiology, 55: 881-884

Steven P, Dhartika P, Aref K, et al. 2005. Detection of *Salmonella* strains and *Escherichia coli* O157: H7 in feces of small ruminants and their isolation with various media. Applied and Environmental Microbiology, 71: 2158-2161

Steven R G, Mihai P, Robert T D, et al. 2006. Metagenomic analysis of the human distal gut microbiome. Science, 312: 1355-1359

Subramani R, Aalbersberg W. 2013. Culturable rare actinomycetes: diversity, isolation and marine natural product discovery. Applied Microbiology and Biotechnology, 97: 9291-9321

Takahashi Y, Nakashima T. 2018. Actinomycetes, an inexhaustible source of naturally occurring antibiotics. Antibiotics, 7: 45-62

Tang S K, Tian X P, Zhi X Y, et al. 2008. *Haloactinospora alba* gen. nov., sp. nov., a halophilic filamentous actinomycete of the family Nocardiopsaceae. International Journal of Systematic and Evolutionary Microbiology, 58: 2075-2080

Tang S K, Wu J Y, Wang Y, et al. 2010. *Yimella lutea* gen. nov., sp. nov., a novel actinobacterium of the family Dermacoccaceae. International Journal of Systematic and Evolutionary Microbiology, 60: 659-663

Tang S K, Zhi X Y, Wang Y, et al. 2011. *Haloactinopolyspora alba* gen. nov. sp. nov., a novel halophilic filamentous actinomycete isolated from a salt lake in China, with proposal of Jiangellaceae fam. nov. and Jiangellineae subord. nov. International Journal of Systematic and Evolutionary Microbiology, 61(1): 194-200

Tian X P, Tanf S K, Dong J D, et al. 2009a. *Marinactinospora thermotolerans* gen. nov., sp. nov., a marine actinomycete isolated from a sediment in the northern South China Sea. International Journal of Systematic and Evolutionary Microbiology, 59: 948-952

Tian X P, Zhi X T, Qiu Y Q, et al. 2009b. *Sciscionella marina* gen. nov., sp. nov., a marine actinomycete isolated from a sediment in the northern South China Sea. International Journal of Systematic and Evolutionary Microbiology, 59: 222-228

Waksman S A, Lechevalier H A. 1982. The Actinomycetes, Volume 3. Antibiotics of Actinomycetes. London: Bailliere, Tindall and Cox

Wang G Y S, Edmund G, Barbara W, et al. 2000. Novel natural products from soil DNA libraries in a streptomycete host. Organic Letters, 2(16): 2401-2404

Wang Y N, Chi C Q, Cai M, et al. 2010. *Amycolicicoccus subflavus* gen. nov., sp. nov., an actinomycete isolated from a saline soil contaminated by crude oil. International Journal of Systematic and Evolutionary Microbiology, 60: 638-645

Wang Y X, Wang Z G, Liu J H, et al. 2009a. *Sediminimonas qiaohouensis* gen. nov., sp. nov., a member of the Roseobacter clade in the order Rhodobacterales. International Journal of Systematic and Evolutionary Microbiology, 59: 1561-1567

Wang Y, Tang S K, Lou K, et al. 2009b. *Aidingimonas halophila* gen. nov., sp. nov., a moderately halophilic bacterium isolated from a salt lake. International Journal of Systematic and Evolutionary Microbiology, 59: 3088-3094

Wiese J, Jiang Y, Tang S K, et al. 2008. A new member of the family Micromonosporaceae, *Planosporangium flavigriseum* gen. nov., sp. nov. International Journal of Systematic and Evolutionary Microbiology, 58(Pt 6): 1324-1331

Wiese J, Jiang Y, Tang S K, et al. 2008. *Planosporangium flavigriseum* gen. nov., sp. nov. International Journal of Systematic and Evolutionary Microbiology, 58: 1324-1331

Williams S. 1984. A taxonomic approach to selective isolation of streptomycetes from soil. Biological, Biochemical, and Biomedical Aspects of Actinomycetes. Orlando: Academic Press: 553-561

Willyard C. 2018. Baby's first bacteria. Nature, 553: 256-257

Xin Y J, Huang J Y, Deng M C, et al. 2008. Culture-independent nested PCR method reveals high diversity of actinobacteria associated with the marine sponges *Hymeniacidon perleve* and *Sponge* sp. Antonie van Leeuwenhoek, 94: 533-542

Xu P, Li W J, Tang S K, et al. 2005. *Naxibacter alkalitolerans* gen. nov., sp. nov., a novel member of the family 'Oxalobacteraceae' isolated from China. International Journal of Systematic and Evolutionary Microbiology, 55: 1149-1153

Xue Z S, Zhang W P, Wang L H, et al. 2015. The bamboo-eating giant panda arbors a carnivore-like gut microbiota, with excessive seasonal variations. mBio, 6: 1-11

Zhang W J, Tang Y. 2009. Combinatorial biosynthesis of natural products. Journal of Medicinal Chemistry, 51: 2629-2633

Zhang Y Q, Liu H Y, Yu L Y, et al. 2011. *Sinosporangium album* gen. nov., sp. nov., a new member of the suborder Streptosporangineae. International Journal of Systematic and Evolutionary Microbiology, 61(3): 592-597

Zhang Y Q, Schumann P, Yu L Y, et al. 2007. *Zhihengliuella halotolerans* gen. nov., sp. nov., a novel member of the family Micrococcaceae. International Journal of Systematic and Evolutionary Microbiology, 57: 1018-1023

Zhou Y, Zhang Y Q, Zhi X T, et al. 2008. Description of *Sinobacter flavus* gen. nov., sp. nov., and proposal of Sinobacteraceae fam. nov. International Journal of Systematic and Evolutionary Microbiology, 58: 184-189

第二章　放线菌资源药用价值评估

最近20年，各国相继建立了许多药物开发新程序和新技术。目前，放线菌药物发现正处于以高分辨代谢组学为核心，综合利用各种现代技术的所谓七轮驱动（分离、活性筛选、遗传学、基因组学、宏基因组、基因挖掘及基因编辑、高分辨代谢组学）时期（Baltz，2008；Parrington and Coward，2007；Polpass and Bhavanath，2016）。姜成林和徐丽华（1997）与徐丽华等（2010）认为从不同生境（土壤、动物粪便、植物、地衣、极端环境）获得放线菌资源，是药物开发的第一步，也是最重要的步骤之一。获取来自各种环境的菌株后，通过不同的筛选模型、现代技术，从海量的菌株中，筛选得到有应用价值的放线菌，是传统的药物发现的基础。我们一直坚信特殊生境中可能蕴含有特殊应用价值的菌株，为此，本室长期从事各种生境放线菌菌株资源的分离培养，已从动物粪便、地衣、毒性植物、云南各地区土壤及海洋环境中分离得到大量放线菌菌株，为后续研究、开发利用打下了坚实的菌种资源的基础。我们通过设计不同的筛选模型，以抗菌活性、抗肿瘤活性、功能基因、特殊蛋白酶活性、基因组学、代谢组学、生物合成技术，深度挖掘有价值的菌株进行药物开发。本章重点从开发放线菌药物的角度论述如何评估放线菌资源的药用价值。

第一节　菌种快速鉴定

要利用放线菌资源，首先要认识它。弄清楚它的遗传特点、分类地位、生理生化特性、培养条件是一切研究工作的基础。本室是放线菌资源研究最具实力的科研团队之一，已经发表过几百篇放线菌分类的文章。根据菌种的分类地位，可以了解已知种与相似种已经做过的工作，如基因组大小、有什么产物等信息，为后续研究提供有用的参考。阎逊初（1992）是我国放线菌分类与鉴定的奠基人，开启了我国放线菌分类鉴定研究工作。本团队在不同时期已出版多本放线菌系统学著作，如《放线菌系统学——原理、方法及实践》及 *Actinobacteria：Basics and Biotechnological Applications*（https://www.intechopen.com/books/actinobacteria-basics-and-biotechnological-applications）。在此仅简要介绍放线菌快速鉴定方法。

一、放线菌基因组小量提取方法

用 YIM 38 号（酵母膏 4g/L，葡萄糖 4g/L，麦芽膏 5g/L，复合维生素 10mg/L，pH 7.2）液体培养基或可使菌株良好生长的培养基，摇瓶培养至对数期。采用优化的溶菌酶裂解法提取基因组 DNA，具体步骤如下。

（1）加 1×TE 缓冲液（含溶菌酶 2mg/mL）充分振荡并悬浮菌体，37℃摇床振荡过夜（180r/min）以充分破壁。

（2）加入 10.0% SDS（终浓度 1.0%）和蛋白酶 K（终浓度 0.1mg/mL），55℃水浴处理 60min，约 5min 振荡一次。

（3）加入 CTAB/NaCl 100μL，65℃处理 20～30min，约 5min 振荡一次。

（4）用等体积饱和酚：氯仿：异戊醇（25：24：1）抽提 2～3 次。

（5）用 80μL 3mol/L Na_2CO_3，2 倍抽提液体积的预冷无水乙醇，充分混匀，沉淀 DNA。

（6）用 70.0%乙醇洗涤除盐 1～2 次。

（7）充分干燥后加适量 1×TE 缓冲液，充分溶解（37℃保温 30min，充分溶解基因组 DNA），存放在

-20℃备用。

二、16S rRNA 基因扩增及测序比对

1. 采用细菌 Marker 基因 16S rRNA 基因的通用引物（27F 及 1492R）

27F（PA）：5′-CAGAGTTTGATCCTGGCT-3′
1492R（PB）：5′-AGGAGGTGATCCAGCCGCA-3′

2. PCR 反应体系及反应条件

1）PCR 反应体系（以 50μL 反应体系为例）

成分	体积（μL）
模板（菌株总 DNA）	1
PA（20pmol/μL）	1
PB（20pmol/μL）	1
10×EasyTaq Buffer（含 2.5mmol/L 的 Mg^{2+}）	5
2.5mmol/L dNTPs	4
EasyTaq DNA Polymerase（5U）	0.3
ddH_2O	根据实验适量添加
总体积	50

2）PCR 反应条件

94℃	5min	
94℃	30s	35 个循环
50～60℃	45s	35 个循环
72℃	1min30s	35 个循环
72℃	10min	

PCR 扩增产物用 0.8%（*m*/*V*）琼脂糖凝胶电泳进行检测，并对 PCR 扩增产物进行测序。

三、菌种鉴定

将获得的 16S rRNA 基因序列经人工核对去除两端不可用序列后，使用 16S rRNA 基因公共数据库 NCBI（https://blast.ncbi.nlm.nih.gov/Blast.cgi）、EzBioCloud（https://www.ezbiocloud.net/）或 the “Classifier” tool of the Ribosomal Database Project（rdp）（https://rdp.cme.msu.edu/classifier/classifier.jsp）在线比对，确定菌株与有效发表菌种的相似度，初步确定菌种的分类地位及可能的新分类单元。一般情况下，可能新种、专利菌种、有开发潜力的菌株有必要做系统分类学鉴定。

第二节　抗 菌 活 性

抗菌活性是判断放线菌利用价值的重要指标之一，以抗菌活性为导向也是发现活性天然产物的重要手段。本室在过去的工作中通过抗菌活性筛选，成功地从多株具有抗菌活性的放线菌中获得了许多有开发价值的天然产物。随着抗生素的大量使用，尤其是滥用，病原菌的抗药性急剧增长，成为当今药物开发的重大难题之一。临床上的真菌感染，仍然是未攻克的难关。家畜、农作物的许多病害仍然不能有效防止（刘昌孝，2017；Diminic et al.，2014）。我们用革兰氏阳性菌、革兰氏阴性菌、无毒耐药性结核分枝杆菌、酵母、丝状真菌（黑曲霉）等多种病原菌及农作物致病菌作指示菌，测试了 7634 株不同来源放

线菌的抗菌活性，部分结果分述如下。

一、土壤放线菌的抗菌活性

1. 高黎贡山土壤放线菌的抗菌活性

通过对高黎贡山土壤样品分离得到的 346 株放线菌进行 6 种指示菌[枯草芽孢杆菌（*Bacillus subtilis*）CGMCC1.1849；金黄色葡萄球菌（*Staphylococcus aureus*）CGMCC1.2386；大肠杆菌（*Escherichia coli*）CGMCC1.2385；结核分枝杆菌（*Mycobacterium tuberculosis*）；白色念珠菌（*Candida albicans*）CGMCC2.2086；黑曲霉（*Aspergillus niger*）]的抗菌活性的筛选，获得 41 株阳性菌株。能拮抗枯草芽孢杆菌、金黄色葡萄球菌、结核分枝杆菌、大肠杆菌、白色念珠菌、黑曲霉的阳性菌株数分别为 25 株、19 株、18 株、9 株、6 株、6 株（图 2-1），占所筛选菌株的比例分别为 7.2%、5.5%、5.2%、2.6%、1.7%、1.7%。可以看出，抗枯草芽孢杆菌阳性比例最高，抗金黄色葡萄球菌与结核分枝杆菌阳性比例次之，抗白色念珠菌与黑曲霉阳性比例最低。

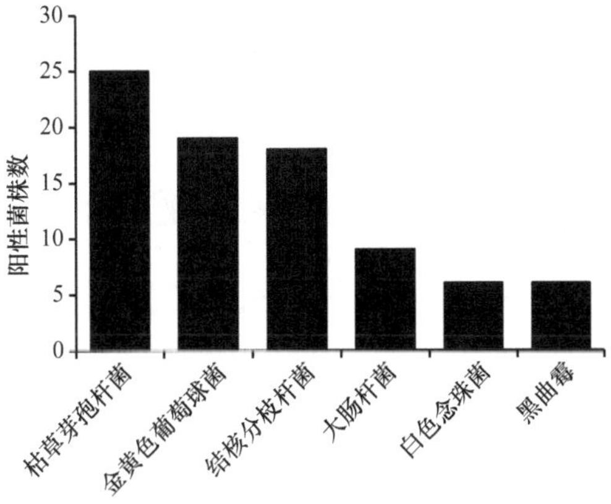

图 2-1　拮抗各种指示菌的阳性菌株数

此外，我们对这些阳性菌株进行属水平上的统计分析（图 2-2）。结果显示，这些阳性菌株共分布于 10 个放线菌属，链霉菌属菌株表现出很强的抗菌活性，并且在 6 种指示菌中，链霉菌属的阳性比例很高。在 41 株阳性菌株中，对这 6 种指示菌有拮抗作用的链霉菌分别为 23 株、14 株、14 株、6 株、5 株、4

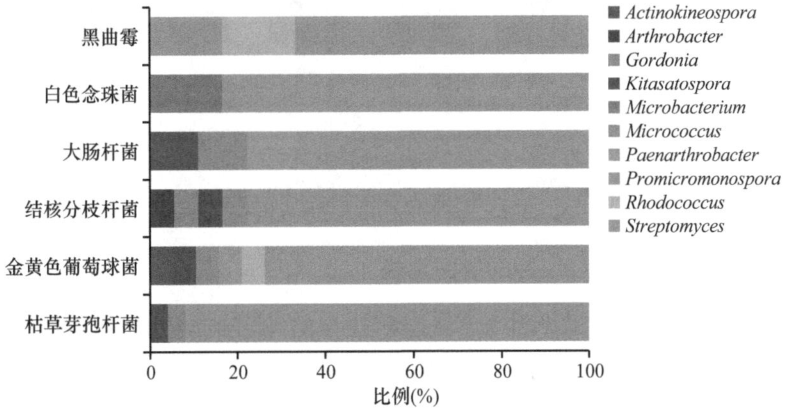

图 2-2　抗菌活性阳性菌株在属水平上的分布（彩图请扫封底二维码）

株，占总阳性菌株的比例为 56.1%、34.1%、34.1%、14.6%、12.2%、9.8%，并且链霉菌 YIM 123384 对 6 种指示菌都表现出拮抗作用，说明菌株 YIM 123384 具有广谱抗菌活性。另外还发现，除链霉菌属

（*Streptomyces*）外，动孢菌属（*Actinokineospora*）、北里孢菌属（*Kitasatospora*）、类节杆菌属（*Paenarthrobacter*）、原小单孢菌属（*Promicromonospora*）这些稀有放线菌也存在一定的抗菌活性。

2. 怒江河谷地区土壤放线菌的抗菌活性

我们对从怒江河谷地区不同海拔的土壤样品中分离到的 351 株不同属的放线菌进行了抗菌活性的筛选。整体上抗菌活性菌株的阳性比例由高到低依次为：链霉菌属（*Streptomyces*，60.0%～80.0%）、微杆菌属（*Microbacterium*）、红球菌属（*Rhodococcus*）、威廉姆斯氏菌属（*Williamsia*）等。链霉菌属菌株仍然是占比高、活性强的具有抗菌活性的主要类群（图 2-3）。拮抗大肠杆菌的阳性菌株数占 20.5%，拮抗白色念珠菌的菌株仅占 2.8%（图 2-4）。

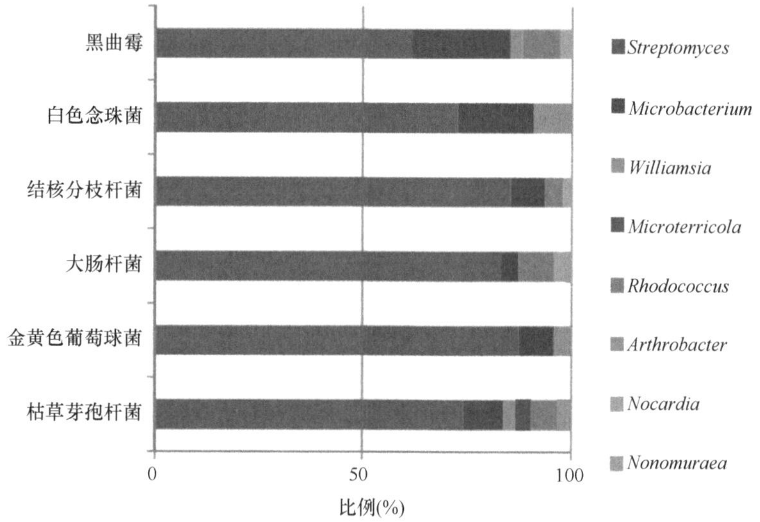

图 2-3　不同属放线菌对 6 种指示菌的抑菌率（彩图请扫封底二维码）

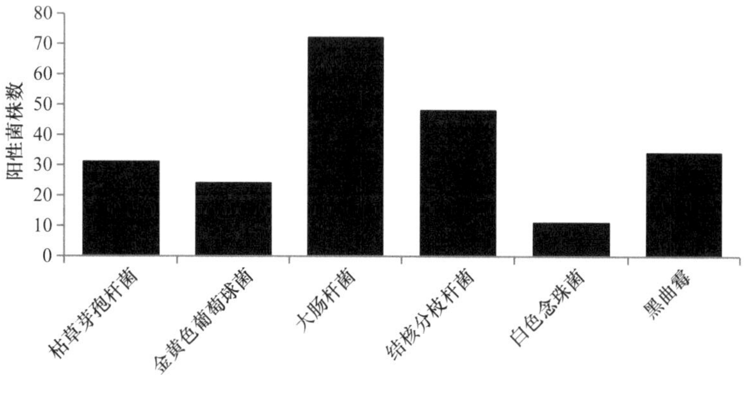

图 2-4　351 株放线菌的抗菌活性阳性菌株数

3. 云南 3 种特殊地质地区土壤放线菌的抗菌活性

对从元江碱土、元谋土林、陆良彩色沙林 3 个地区获得的纯培养 675 株放线菌进行抗菌活性筛选（李沁元，2019）。图 2-5 显示了对所测试指示菌具有抑制作用的菌株数。抑制枯草芽孢杆菌的阳性菌株最多，达 251 株，达到测试菌株总数的 37.2%。对白色念珠菌有拮抗作用的阳性菌株最少，有 173 株，占总数的 25.6%。通过统计，有 96 株放线菌对 4 种以上的指示菌具有抑制活性，占总数的 14.2%；有 311 株菌对两种以上不同类型（革兰氏阳性/阴性菌、真菌）的指示菌有抑制活性，占总数的 46.1%；对 3 种类型指示菌都有抑制活性的有 115 株。整体上来自这 3 个地区的放线菌的抗菌活性阳性菌株占比普遍较高。

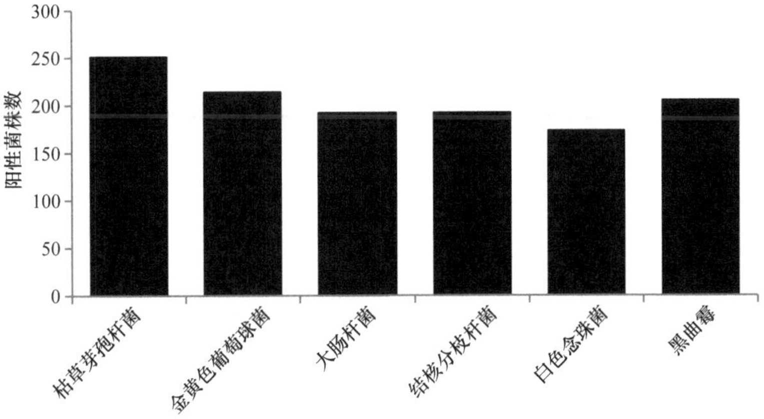

图 2-5　3 种特殊地质地区土壤放线菌的抗菌活性阳性菌株数

4. 我国西南部分地区土壤放线菌的抗菌活性

我们从我国西南川、黔、滇部分地区各种生态环境获得了土壤放线菌，测定了其中 235 株的抗菌活性（表 2-1）。结果显示，不同地区放线菌的抗菌活性不一，来自武陵山的放线菌有 19.7%的菌株有抗菌活性，来自大香格里拉的放线菌仅有 5.5%有抗菌活性，其余活性菌株在 9.3%～13.8%。这些菌株对巨大芽孢杆菌（*Bacillus megaterium*）、金黄色葡萄球菌（*Staphylococcus aureus*）、枯草芽孢杆菌（*Bacillus subtilis*）、烟草疫霉菌（*Phytophthora nicotianae*）、禾谷镰刀菌（*Fusarium graminearum*）的抑制率分别为 22.6%、17.9%、17.0%、14.5%、14.5%，对大肠杆菌（*Escherichia coli*）和胡萝葡肿胀病菌（*Protomyces macrosporus*）分别仅 3.0%和 3.8%。

表 2-1　我国西南地区土壤放线菌的抗菌活性

指示菌	分离样品产地及测试菌株数				
	武陵山（30）	黄荆镇（58）	峨眉山和青城山（53）	九寨沟（58）	大香格里拉（36）
大肠杆菌	—	2	2	3	—
金黄色葡萄球菌	9	8	7	16	2
枯草芽孢杆菌	3	7	13	15	2
巨大芽孢杆菌	12	11	10	18	2
烟草疫霉菌	13	8	5	8	0
烟草赤星病菌	1	7	8	8	1
禾谷镰刀菌	16	5	7	4	2
炭疽菌	0	0	6	3	7
节梨孢菌	2	1	4	4	2
胡萝葡肿胀病菌	2	2	2	3	0
黑曲霉	1	3	4	5	2

注：“—”代表无抗性菌株，数字代表阳性菌株数

在所测试的 235 株土壤放线菌中，以链霉菌属的抗菌活性最强，活性菌株所占比例最高，有高达 56.0%～80.0%的链霉菌属有抗菌活性，其中约 2.0%的菌株活性很强。另外一些稀有放线菌动孢菌属（*Actinokineospora*）、北里孢菌属（*Kitasatospora*）、类节杆菌属（*Paenarthrobacter*）、原小单孢菌属（*Promicromonospora*）也存在一定的抗菌活性，其中少数菌株的活性也很强。近些年来，从稀有放线菌中发现的活性物质越来越多，值得特别重视。产生抗生素是放线菌维持土壤生态平衡和土壤活力的重要物质基础，其中，种类最多、生长最快、分布最广的链霉菌属扮演主要角色，也是迄今人类利用的主要

对象。

需要特别指出的是，来自元江碱土、元谋土林、陆良彩色沙林 3 种特殊地质地区的 675 株放线菌，具有抗菌活性的菌株所占比例远远高于其他地方、环境的土壤放线菌，最少也有 25.6%的菌株抗白色念珠菌，有高达 37.2%的菌株抗枯草芽孢杆菌。这 3 个地区不但放线菌多样性非常丰富（第一章），而且具有抗菌活性的菌株所占比例也特别高，这是非常特殊的现象，也是一个很有意义的新发现。

二、动物粪便放线菌的抗菌活性

一般情况下，动物吃脏东西不会生病，人吃脏东西则易生病。这个司空见惯的常识说明，人类“养娇了”，对各种有害微生物失去了抵抗性，而动物的肠道微生物还保留了这种对有害微生物的抗性。总体上，微生物在对宿主食物的消化、吸收，抗菌，免疫，以及维持宿主的健康方面起着重要作用，包括有益的作用和有害的作用。肠道的有益菌大体可以叫固有菌，而有害菌应该叫外来菌或暂栖菌。这些有益菌的作用必然有其物质基础。换言之，它们产生各种生物活性物质（如抗生素、免疫调节剂、免疫抑制剂、各种维生素、各种酶、酶抑制剂等）是这些机制的组成部分；而且这些微生物及其产生的活性物质是微生物与宿主长期互相选择、互相适应、互利互惠、取长补短的结果，它们对宿主本身应该无毒。这等于在微生物与宿主长期协同进化过程中，“为”人类进行了上亿年的毒性实验，并证明这些活性物质对宿主无毒。对于药物开发来说，相较于其他来源的微生物，这也许是这些微生物最为重要的优越性。动物粪便放线菌比其他环境来源的放线菌更有利用价值。

总之，我们从资源利用角度出发，研究粪便放线菌的多样性、生物活性及产物，实际上是研究某些个体系统进化与个体发育相结合的一个断面，并不太多注意宿主与微生物的关系（这些关系太复杂了），有用者便利用之。本研究试图开辟放线菌资源利用的新方向、新途径（陈秀，2017；曹艳茹，2012；Jiang et al.，2009）。

在测试抗菌活性实验过程中，对来自水鹿（60 株放线菌）、犀牛（46 株）、亚洲象（92 株）、羊驼（84 株）、长颈鹿（102 株）、角马（52 株）和斑马（89 株）的共计 525 株放线菌进行抗菌活性的筛选。结果显示，抑制 6 种实验菌的 1 种以上的活性菌株所占的比例分别为 28.3%、28.3%、34.8%、32.1%、39.2%、32.1%和 30.0%。其中来自亚洲象、长颈鹿粪便的菌株，抗菌活性阳性菌株所占的比例最高；同时抗 4 种以上指示菌的菌株一共 21 株，占所有测试菌株的比例为 4.0%。来自长颈鹿的放线菌抑制结核分枝杆菌、大肠杆菌、金黄色葡萄球菌、枯草芽孢杆菌的活性很强。来自亚洲象粪便的放线菌对所有 6 种指示菌（尤其是黑曲霉）的抗菌活性也普遍较高。来自犀牛粪便的放线菌抗菌活性相对较低。其中有几株抑制结核分枝杆菌和黑曲霉活性强的放线菌值得进一步研究（图 2-6）。

另外，选取从 22 种动物粪便中分离鉴定的 604 株放线菌进行抗菌活性检测，结果见表 2-2。测试结果显示，有 19.7%（119 株）、12.9%（78 株）、5.3%（32 株）、19.2%（116 株）、15.7%（95 株）的菌株分别对枯草芽孢杆菌、金黄色葡萄球菌、结核分枝杆菌、白色念珠菌、黑曲霉有抑制作用。来自川金丝猴和马鹿的放线菌抑制黑曲霉的菌株很多。来自亚洲象粪便的 64 株放线菌中有 12 株（占 18.8%）具有很好的抑制黑曲霉的活性。已从其中一株链霉菌中发现了有开发前景的抗真菌的新抗生素（倍半萜新化合物）。特别值得指出，来自网纹蟒的 47 株供试菌中（主要是链霉菌）有 57.0%、32.0%、30.0%、28.0%、13.0%的菌株分别对上述 5 种指示菌有抑制活性，很值得研究。本次测试中有 11 株链霉菌对 5 种指示菌都表现出了很强的抑制活性，这些活性菌株为后续放线菌的开发利用提供了宝贵的资源。

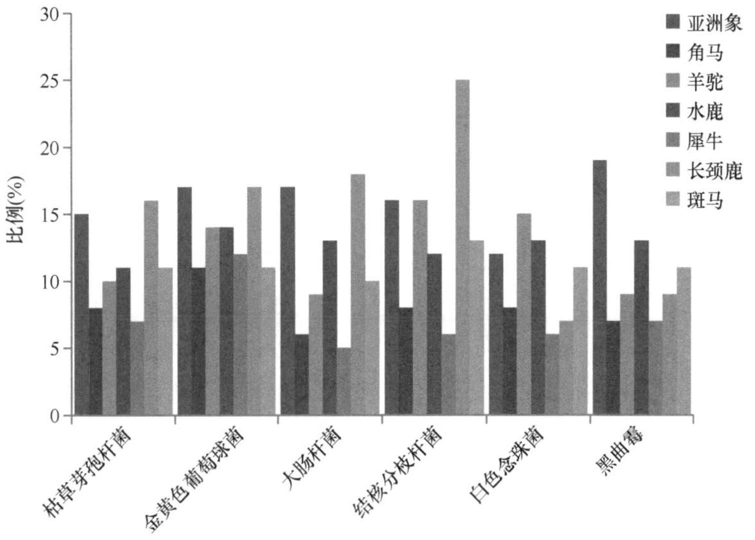

图 2-6　不同动物粪便放线菌对 6 种指示菌的抑制率（彩图请扫封底二维码）

表 2-2　22 种动物粪便放线菌的抗菌活性

菌株来源	菌株数	阳性菌株数				
		枯草芽孢杆菌	金黄色葡萄球菌	结核分枝杆菌	白色念珠菌	黑曲霉
白眉长臂猿	40	7	1	1	0	14
川金丝猴	52	5	1	1	3	26
东北虎	30	7	0	0	2	2
华南虎	13	1	0	0	2	0
大熊猫	43	3	5	4	2	0
小灵猫	7	5	4	1	0	4
亚洲象	64	10	16	0	24	12
德国鹿	43	5	3	7	0	1
梅花鹿	43	5	3	0	7	1
马鹿	64	6	12	0	6	20
麋鹿	32	8	2	0	12	0
长颈鹿	14	0	0	0	6	0
斑纹角马	6	0	1	0	1	0
羊驼	36	8	2	0	14	2
大羚羊	18	8	4	0	8	0
山地羚	14	4	6	0	10	0
花冠犀鸟	3	0	0	0	0	0
蓝孔雀	3	0	0	0	0	0
灰雁	16	8	2	3	4	2
鸵鸟	5	1	1	1	1	3
缅甸陆龟	11	1	0	0	1	2
网纹蟒	47	27	15	14	13	6
总计（株）	604	119	78	32	116	95
阳性率（%）	—	19.7	12.9	5.3	19.2	15.7

以上结果证明，来自动物粪便的 1129 株放线菌的抗菌活性普遍高于土壤（元江等 3 个样点除外）放线菌及其他环境来源的放线菌，而且具有广谱抗菌活性的菌株所占比例较大，尤其是来自网纹蟒的放线

菌，其抗菌活性特别高。我们已经从以上活性强的菌株中获得了大量分子结构不同的活性化合物，其中一些具有开发潜力（第三章）。这证明，放线菌的抗菌活性在维持宿主动物健康中起着重要作用。所以我们认为，动物粪便放线菌可能是一个无穷的“分子药物库”，是一类非常有开发价值的微生物资源。

三、毒性植物内生放线菌的抗菌活性

关于植物内生放线菌已经有许多研究。我们选择箭毒木等 26 种毒性植物（有毒植物）作为研究对象，从中分离鉴定放线菌，选出 249 株测定了它们的抗菌活性。如图 2-7 所示，这些放线菌大都对枯草芽孢杆菌、金黄色葡萄球菌、结核分枝杆菌有较强的抑制作用，例如，链霉菌属的 YIM 140022、YIM 140048、YIM 140183 对革兰氏阳性菌都表现出较强的抗菌作用，抑菌圈平均直径均在 15mm 以上。抑制真菌的放线菌较少，抑制大肠杆菌的放线菌最少。抗菌活性较强的链霉菌大都分离自毒性强烈的大型乔木箭毒木、了哥王、深绿山龙眼、喜树等植物的根和茎，也有少部分来自草本植物大狼毒和美洲商陆。另外，具有抗菌活性的稀有放线菌分离自大狼毒、昆明山海棠、喜树等植物。一般来说，毒性较强、多年生木本植物的内生放线菌的抗菌活性要强于草本植物的内生放线菌。

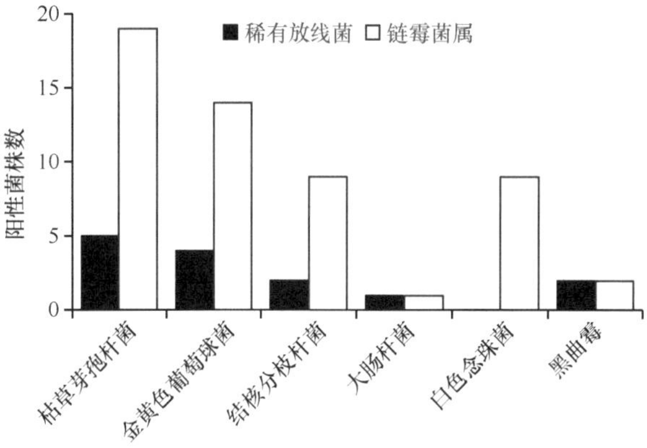

图 2-7　稀有放线菌与链霉菌属抗菌活性比较

稀有放线菌中芽球菌属（*Blastococcus*）、皮生球菌属（*Dermacoccus*）、考克氏菌属（*Kocuria*）、诺卡氏菌属（*Nocardia*）、野野村氏菌属（*Nonomuraea*）、红球菌属（*Rhodococcus*）、原小单孢菌属（*Promicromonospora*）等 7 属的 10 株菌表现出较强的抗菌活性。稀有放线菌对革兰氏阳性菌的抗性比对革兰氏阴性菌强，抗真菌作用较差，仅诺卡氏菌属的 YIM 140010 和芽球菌属的 YIM 140267 对黑曲霉表现出较强抗性。野野村氏菌属、红球菌属的菌株抗两种真菌。原小单孢菌属的 YIM 140019 对 3 种革兰氏阳性菌（枯草芽孢杆菌、金黄色葡萄球菌、结核分枝杆菌）都表现出较强的抗性，尤其对金黄色葡萄球菌表现出强的抑制作用，其抑菌圈直径达到 20mm。

总体上，稀有放线菌的抗菌活性没有链霉菌属那样强，但稀有放线菌对某些致病菌具有很强的抑制活性（实验资料未显示），说明稀有放线菌仍然具有非常大的开发潜力。

四、地衣放线菌的抗菌活性

在国际上，地衣放线菌资源及利用的研究相当少。在国家基金的支持下，我们在国内首先开展地衣放线菌资源研究，测定了它们的抗菌活性。

1. 滇西南地衣放线菌的抗菌活性

从普洱、西双版纳、临沧及保山采集地衣，分离其中的内生放线菌，选出 340 株进行抗菌活性测试。

结果显示，340 株地衣放线菌中有 114 株（33.5%）对至少一种指示菌有抑制活性（柳成宾，2017）；有 6 株同时对 4 种指示菌有抑制活性，且都是链霉菌属的成员；8 株对 3 种指示菌有抑制活性。如图 2-8 所示，其中对金黄色葡萄球菌有抑制活性的有 16 株，占比 4.7%；对枯草芽孢杆菌有抑制活性的有 31 株，占比 9.1%；对结核分枝杆菌有抑制活性的有 23 株，占比 6.8%；对大肠杆菌有抑制活性的有 34 株，占比 10.0%；对黑曲霉有抑制活性的有 45 株，占比 13.2%；对白色念珠菌有抑制活性的有 17 株，占比 5.0%。在有抑菌活性的放线菌中，链霉菌属和微杆菌属的成员表现出对至少 3 种指示菌有抑制活性；有 16 株（链霉菌属 8 株、壤霉菌属 2 株、纤维菌属 1 株、短杆菌属 1 株、科库里亚 1 株、微杆菌属 2 株、原小单孢菌属 1 株）的抑菌活性很强。滇西南地区地衣放线菌中抑制黑曲霉的比例很高（13.2%），这是很突出的特点。

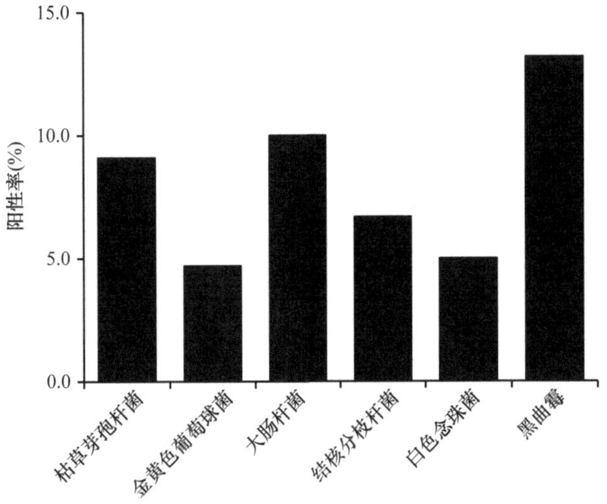

图 2-8　抗菌活性阳性菌株所占比例

2. 金沙江河谷地区地衣放线菌的抗菌活性

从金沙江中段（奔子栏至元谋）地衣样品中分离鉴定放线菌，选出 462 株进行抗菌活性检测。结果显示，有 110 株地衣放线菌（23.8%）至少对一种指示菌有抑制活性。其中对枯草芽孢杆菌有抑制活性的菌株最多（57 株），占全部地衣放线菌的 12.3%；其次为金黄色葡萄球菌（37 株）（8.01%）、黑曲霉（34 株）（7.4%）、结核分枝杆菌（28 株）（6.1%）和白色念珠菌（15 株）（3.25%）；对大肠杆菌具有抑制作用的菌株最少，共有 14 株，占全部地衣放线菌的 3.0%。

331 株地衣放线菌的抗菌活性在科、属水平的分布见表 2-3。其中链霉菌属有抗菌活性的菌株最多（93 株），占链霉菌属总株数的 35.4%，而且抗菌谱最广，对 6 种指示菌都具有广泛的抗菌活性。在稀有放线菌（非链霉菌属）中，拟无枝酸菌属（*Amycolatopsis*）的活性菌株最多（4 株），占全部拟无枝酸菌属的 36.4%；其次为伦茨氏菌属（*Lentzea*）、微球菌属（*Micrococcus*）。值得注意的是，本研究中所获得的微球菌属（*Micrococcus*）、纤维微菌属（*Cellulosimicrobium*）、两面神菌属（*Janibacter*）、移杆菌属（*Motilibacter*）、拟孢囊菌属（*Kibdelosporangium*）和梅泽宾夫氏菌属（*Umezawaea*）的全部菌株都具有抗菌活性。此外，在全部测试菌株中，戈登氏菌科（Gordoniaterrae）、分枝杆菌科（Mycobacteriaceae）、微杆菌科（Microbacteriaceae）、短杆菌科（Brevibacteriaceae）、皮生球菌科（Dermacoccaceae）、小单孢菌科（Micromonosporaceae）、中村氏菌科（Nakamurellaceae）、高温单孢菌科（Thermomonosporaceae）、拟诺卡氏菌科（Nocardiopsaceae）、链孢囊菌科（Streptosporangiaceae）等科的放线菌没有检测到抑菌活性。

表 2-3 具有抗菌活性的地衣放线菌在科、属水平的分布

测试菌类群	测试菌株数	阳性菌株数	抗菌的菌株数					
			A	B	C	D	E	F
微球菌科	9	2	0	1	0	0	0	1
微球菌属	2	2	0	1	0	0	0	1
诺卡氏菌科	25	1	1	0	0	0	0	0
红球菌属	18	1	1	0	0	0	0	0
类诺卡氏菌科	16	2	0	0	0	1	1	0
韩国生工菌属	9	1	0	0	0	0	1	0
类诺卡氏菌属	5	1	0	0	0	1	0	0
丙酸杆菌科	5	1	1	0	0	1	1	1
小月菌属	5	1	1	0	0	1	1	1
原小单孢菌科	1	1	1	0	0	0	0	0
纤维微菌属	1	1	1	0	0	0	0	0
间孢囊菌科	1	1	0	0	0	0	0	1
两面神菌属	1	1	0	0	0	0	0	1
动孢囊菌科	1	1	0	0	0	0	0	1
移杆菌属	1	1	0	0	0	0	0	1
假诺卡氏菌科	36	8	4	2	1	3	0	2
拟无枝酸菌属	11	4	2	2	1	1	0	1
拟孢囊菌属	1	1	1	0	0	0	0	0
伦茨氏菌属	10	2	1	0	0	1	0	0
梅泽宾夫氏菌属	1	1	0	0	0	1	0	1
链霉菌科	274	93	50	34	13	23	13	28
链霉菌属	263	93	50	34	13	23	13	28
总计	331	110	57	37	14	28	15	34

注：A=枯草芽孢杆菌；B=金黄色葡萄球菌；C=大肠杆菌；D=结核分枝杆菌；E=白色念珠菌；F=黑曲霉

总体上，来自金沙江河谷中段的地衣放线菌的抗菌活性普遍低于来自滇西南的地衣放线菌。两地的地衣放线菌中抗黑曲霉的比例在 7.4%～13.2%；金沙江河谷中段的地衣放线菌中抗结核分枝杆菌的活性菌株占 6.1%，这是地衣放线菌非常突出的特点，值得重视。本研究中，从金沙江河谷获得的微球菌属、纤维微菌属、两面神菌属、移杆菌属、拟孢囊菌属和梅泽宾夫氏菌属的全部菌株都具有抗菌活性。还获得一批抗菌活性强的菌株，可以用于后续开发。

这些工作初步证明，在云南这个地衣种类特别丰富的地区，地衣体内存在着大量待开发的放线菌新资源，这里是一个分子药物资源的宝库。

在本次筛选中的 YIM 130634[相似田无链霉菌（*Streptomyces tanashiensis*）LMG 20274^T]、YIM 130679[相似孢疣链霉菌（*Streptomyces sporoverrucosus*）NBRC 15458^T]、YIM 130686[相似（*Microlunatus ginsengisoli*）Gsoil 633^T]、YIM 130747[相似产水链霉菌（*Streptomyces hydrogenans*）NBRC 13475^T]、YIM 131116[相似孢疣链霉菌（*Streptomyces sporoverrucosus*）NBRC 15458^T]、YIM 131122[相似浅紫链霉菌（*Streptomyces violascens*）NBRC 12920^T]、YIM 131159[相似灰色链霉菌（*Streptomyces griseus*）KCTC 9080^T]至少对 6 种指示菌中的 4 种表现出了很强的抑制活性。已从这些放线菌中获得 39 个化合物，其中包含 4 个抗菌活性好的七尾霉素（nanaomycin）类化合物，以及硫肽（thiopeptide）类新化合物（Liu et al.，2017；Ma et al.，2018；Olha et al.，2018）。

五、北部湾茅尾海放线菌的抗菌活性

从我国北部湾茅尾海红树根际底泥、红树根皮及浅海底泥采集样品，分离鉴定放线菌 740 株，选择其中 609 株，经发酵，用 8 株菌作为指示菌，测定抗菌活性，现分别叙述于后。

1. 红树根际底泥放线菌的抗菌活性

对从茅尾海红树根际底泥样品分离鉴定的 220 株放线菌进行抗菌活性测定。它们中，对指示菌均有抗性的有 4 株，对 4 种以上指示菌有抗性的有 4 株，有 66 株对至少一种指示菌有抗性。对金黄色葡萄球菌、大肠杆菌、结核分枝杆菌、黑曲霉、枯草芽孢杆菌、白色念珠菌、尖孢镰刀菌 A、尖孢镰刀菌 B 有抗性的菌株所占比例分别为 10.7%、9.3%、11.3%、12.0%、7.3%、6.0%、12.7%、5.3%（图 2-9）。其中 GY10122 链霉菌对 8 株指示细菌和真菌均有较强的抗性。

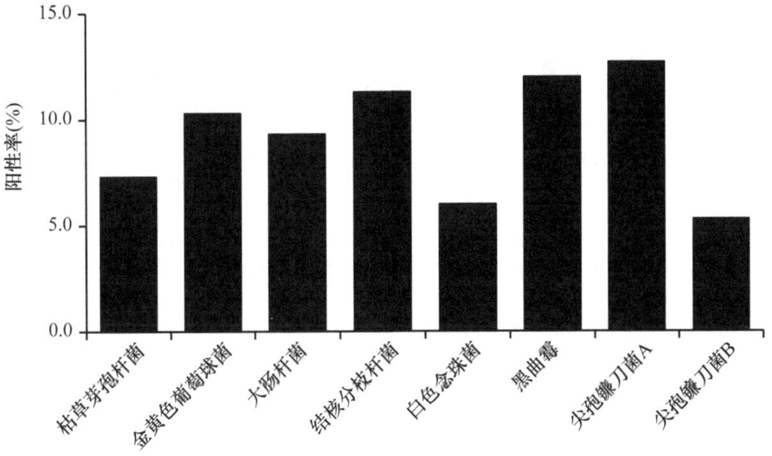

图 2-9　茅尾海红树根际底泥放线菌对 8 种指示菌的抗性

2. 红树根皮内生放线菌的抗菌活性

从茅尾海红树根皮样品中获得 160 株放线菌，测定它们的抗菌活性。结果显示，对 6 种指示菌都有抗性的有 4 株，对 4 种以上指示菌有抗性的有 6 株，有 32 株对至少一种指示菌有抗性。对金黄色葡萄球菌、大肠杆菌、结核分枝杆菌、黑曲霉、枯草芽孢杆菌、白色念珠菌、尖孢镰刀菌 A、尖孢镰孢菌 B 有抗性的菌株所占比例分别为 5.1%、13.9%、15.2%、7.6%、12.7%、6.3%、7.6%、12.7%（图 2-10）。

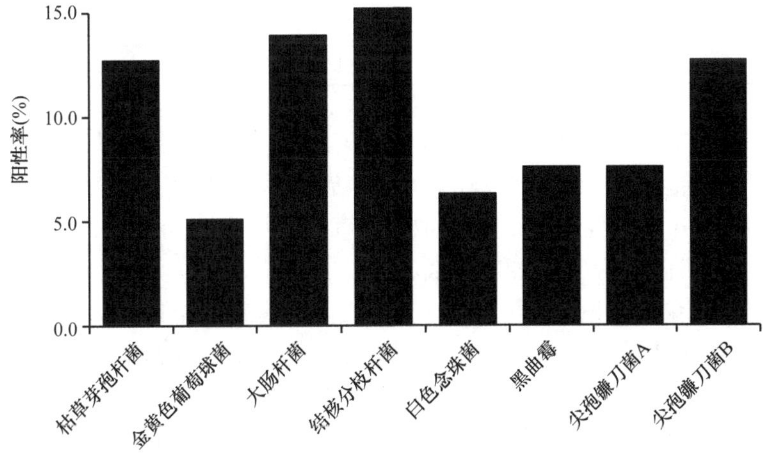

图 2-10　茅尾海红树根皮内生放线菌对 8 种指示菌的抗性

3. 浅海底泥放线菌的抗菌活性

从茅尾海浅海底泥样品中获得 229 株放线菌。它们的抗菌活性测定结果表明，至少对一种指示菌有抗性的菌株有 98 株。对金黄色葡萄球菌、大肠杆菌、结核分枝杆菌、黑曲霉、枯草芽孢杆菌、白色念珠菌、尖孢镰刀菌 A、尖孢镰刀菌 B 等 8 株指示菌有抗性的菌株所占比例分别为 8.7%、10.9%、12.7%、10.5%、9.2%、6.1%、10.9%、7.9%（图 2-11）。

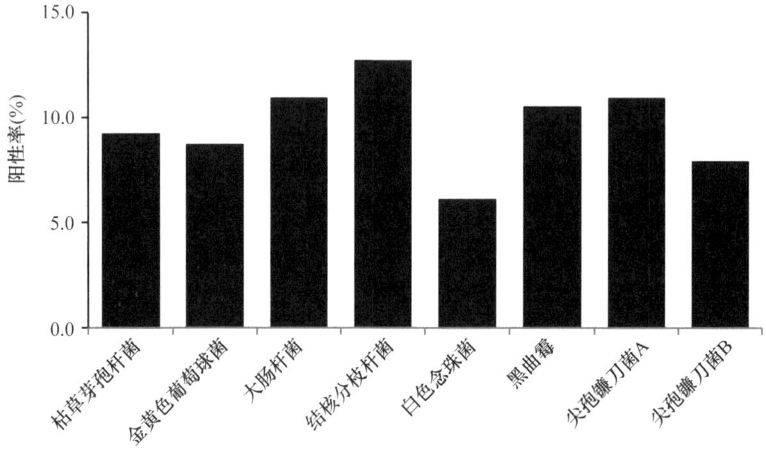

图 2-11　茅尾海浅海底泥放线菌对 8 种指示菌的抗性

比较 3 种来源共 609 株放线菌的抗菌活性（表 2-4）可知，抑制结核分枝杆菌的放线菌平均有 13.1%，从茅尾海底泥样品获得的放线菌中能抑制该菌的菌株比例显著高于本实验室从土壤、动物、植物、地衣中获得的放线菌，仅长颈鹿粪便放线菌抑制结核分枝杆菌的比例达到 25%；能抑制尖孢镰刀菌的比例也较高。值得一提的是，3 种来源的放线菌对 8 株指示菌的抗性虽各不相同，但总的平均比例分别为 10.1%、9.6%、9.3%，极差仅 0.8%，说明它们的抗菌活性差别较小。在一定的海域，不管是红树根际底泥、红树根皮，还是远离红树的底泥，它们所处的环境大体上是一样的，也就是说，微生物所受的环境压力大体相似，所以 3 种来源放线菌的抗菌活性差别并不大。

表 2-4　北部湾 3 种来源放线菌的抗菌活性比较（%）

菌株来源	枯草芽孢杆菌	金黄色葡萄球菌	大肠杆菌	结核分枝杆菌	白色念珠菌	黑曲霉	尖孢镰刀菌 A	尖孢镰刀菌 B	平均
红树根际底泥	12.7	3.1	13.9	15.2	6.3	7.6	7.6	12.7	10.1
红树根皮	9.2	8.7	10.9	12.7	6.1	10.5	10.9	7.9	9.6
浅海底泥	7.3	10.7	9.3	11.3	6.0	12.0	12.7	5.3	9.3
平均	9.7	8.2	11.4	13.1	6.1	10.0	10.4	8.6	9.7

我们测定了不同来源共计 7634 株放线菌的抗菌谱（表 2-5），可以总结以下几点。

（1）来自云贵川等采样地区不同生态环境的 2677 株放线菌，平均有 6.3%的菌株有抗菌活性，约 1.1%的菌株活性高（抑菌圈 2cm 以上）。7.2%的地衣放线菌有抗菌活性。10.6%的海洋放线菌有抗菌活性。而有毒植物的放线菌仅 4.2%有抗菌活性，相对较低。

（2）所有 7634 株放线菌，抗枯草芽孢杆菌（革兰氏阳性菌）的占 10.5%，抗大肠杆菌（革兰氏阴性菌）的占 6.5%，抗结核分枝杆菌的占 5.6%，抗各种真菌的在 5.2%～8.7%。

（3）来自 46 种动物的 2580 株放线菌中，平均 8.5%的菌株有抗菌活性，高活性菌株有 1.2%；来自长颈鹿的菌株有 25.0%对结核分枝杆菌有抑制作用，有 16.0%～18.0%的菌株对枯草芽孢杆菌、金黄色葡萄球菌、大肠杆菌有抗性；来自川金丝猴和马鹿的放线菌中抑制黑曲霉的菌株很多，分别占 50.0%和 31.0%；

表 2-5　7634 株不同来源放线菌菌株的抗菌活性

菌株来源及测试菌株总数（株）	比例（%）	抗不同菌的菌株比例（%）						平均（%）
		A	B	C	D	E	F	
西南地区土壤 2677	活性菌株	9.9	6.6	5.3	4.4	4.3	7.4	6.3
	高活性菌株	1.9	1.0	0.8	0.6	0.9	1.4	1.1
3 种特殊地质地区 675	活性菌株	31.7	28.4	37.2	28.4	25.5	30.4	30.3
46 种动物粪便 2580	活性菌株	12.2	7.2	7.8	8.2	5.4	10.3	8.5
	高活性菌株	1.8	1.2	0.8	0.9	0.8	1.5	1.2
地衣 802	活性菌株	10.9	8.6	3.7	4.7	5.6	9.9	7.2
有毒植物 391	活性菌株	8.4	6.0	1.8	2.5	4.5	1.7	4.2
海洋 509	活性菌株	15.5	6.3	14.9	8.1	8.4	10.5	10.6
总计 7634	活性菌株数	656	422	410	352	328	544	
	平均（%）	10.5	6.7	6.5	5.6	5.2	8.7	

注：A=枯草芽孢杆菌；B=金黄色葡萄球菌；C=大肠杆菌；D=结核分枝杆菌；E=白色念珠菌；F=黑曲霉

来自亚洲象粪便的 64 株放线菌中，有 12 株（占 18.8%）具有很好的抑制黑曲霉的活性；来自网纹蟒的菌株中 31.9%有抗菌活性，30.0%的菌株能抑制结核分枝杆菌，是一个极端的例子。动物与其肠道微生物在长期共进化过程中，互相选择、互相利用、取长补短，形成了和谐的共生关系，其中放线菌在对宿主食物的消化、吸收，抵御外来有害微生物，以及免疫等方面都可能扮演重要角色。它们对宿主应该无毒。与其他环境来源放线菌相比较，这是非常重要的优越性。从动物放线菌中很可能找到活性好、对动物和人无毒的生物活性物质。因此动物放线菌是开发微生物药物的重要新资源。

（4）来自滇西南地区的地衣放线菌和金沙江河谷地区的地衣放线菌分别有 13.2%和 7.4%的菌株对黑曲霉有抗性，占比较高。说明从地衣放线菌中发现抗真菌抗生素的可能性较大。

（5）来自元江碱土、元谋土林、陆良彩色沙林的 675 株放线菌，平均 30.3%有抗菌活性，显著高于其他来源的放线菌；25.6%～37.2%的菌株对 6 种实验菌之一有抑制作用。这些几乎寸草不生的地域，不但放线菌的种类出奇的多（第一章），而且抗菌活性也很普遍。为此我们认为，人迹罕至、处于原始状态的沙漠，历经沧桑巨变，遗存了许多与众不同的耐贫微生物，放线菌是主要遗存菌。所以原始状态的沙漠是放线菌资源宝库，非常值得研究。

这些结果表明，来自不同栖息地的放线菌均广泛产生抑菌活性，是开发抗菌活性物质的新的重要来源。

第三节　抗肿瘤活性

1. 土壤放线菌的抗肿瘤活性

肿瘤仍然是造成人类死亡率最高的疾病之一，开发治疗肿瘤的药物是放线菌药物开发的重点之一（Gupta et al.，2009）。我们用 7392 株土壤放线菌的发酵液，以 5-氟尿嘧啶（5-fluorouracil，5-FU）作对照，测试其抑制胃癌 GXF 251 L3740、肺癌 LXF L529 L3761、乳腺癌 MAXF 01NL 1475、黑素瘤 MEXF 462NL 3024、肾癌 RXF 486L 2995、子宫癌（uterus cancer）UXF 1138L 2921 等 6 种肿瘤细胞的效果，以 70.0%以上抑制率为有效（表 2-6）。结果显示，3.5%的菌株发酵液能同时抑制 6 种肿瘤细胞的生长。所有菌株能抑制 1～6 种肿瘤细胞的比例为 10.1%。

表 2-6 7392 株土壤放线菌抑制 6 种肿瘤细胞的实验结果

抑制肿瘤细胞种数	活性菌株数	比例（%）
抑制 6 种肿瘤细胞	257	3.5
抑制 5 种肿瘤细胞	139	1.9
抑制 4 种肿瘤细胞	117	1.6
抑制 3 种肿瘤细胞	103	1.4
抑制 2 种肿瘤细胞	133	1.8
总计	749	10.1

注：抑制率＞70.0%为有活性

2. 动物粪便放线菌的抗肿瘤活性

选取 228 株不同来源的动物粪便放线菌，检测其发酵产物粗提物对肿瘤细胞 K562（人类慢性髓性白血病细胞）的抗性，结果发现，在 100μg/mL 粗提物浓度下，有 76 株菌（33.0%）具有抑制活性，对肿瘤细胞的抑制率高达 90.0%以上。

另选取 220 株粪便放线菌，检测其发酵产物粗提物对肿瘤细胞 K562 和 HL60（急性白血病细胞）的抑制作用。结果显示，在 100μg/mL 粗提物浓度下，有 71 株菌（32.3%）对肿瘤细胞的抑制率大于 60.0%（表 2-7），与上述结果类似。在 100μg/mL 浓度下，来自白眉长臂猿、川金丝猴和大熊猫粪便中一半及以上的菌株对 K562 的抑制率在 90.0%以上；来自川金丝猴的菌株有 54%对 HL60 的抑制率达 60.0%以上。其中，来自白眉长臂猿的菌株 YIM 100525 对 K562 和 HL60 的 IC_{50} 小于 4μg/mL；考虑到有效成分在发酵液中含量一般不超过 1.0%，其作用浓度应该在 0.04μg/mL 以下，有效浓度很低。

表 2-7 动物粪便放线菌抗肿瘤细胞活性

动物	K562 细胞株		HL60 细胞株	
	实验菌株数	90%抑制率的菌株数	实验菌株数	60%抑制率的菌株数
白眉长臂猿	19	12	16	4
川金丝猴	24	12	24	13
东北虎	13	6	12	2
大熊猫	23	12	18	0
亚洲象	37	13	24	11
梅花鹿	25	4	42	14
马鹿	19	0	20	5
麋鹿	19	5	23	11
斑纹角马	14	0	5	2
羊驼	22	7	11	0
大羚羊	13	5	25	9
总计	228	76	220	71

3. 抑制肿瘤干细胞的活性

肿瘤干细胞是最近 10 年找到的肿瘤治疗的新靶点。通过对活性菌株的抗肿瘤活性、抗菌活性、生长情况、分类地位、来源等综合评估，选取 525 株，经发酵，选用两个具备间质特性、高转移性、富集肿瘤干细胞群的乳腺癌细胞——SUM159 和 BT549 作为测试对象。取 96 孔细胞培养板，每个孔加入 6000 个肿瘤细胞，每孔加入发酵液 1.2μL。细胞活性评估选用 Cell Counting Kit-8（CCK-8 试剂盒）；对细胞生成的荧光素进行定量评估。信号值越高，表明活性越好。结果显示，有 16.0%菌株的发酵液是通过细胞凋亡的方式导致癌细胞死亡的。有 9 株对肿瘤干细胞的毒性很高。部分菌株的发酵液虽然对肿瘤细胞没有太大的毒性，但是能够改变其形态。其中有 2 株的发酵液能够引发肿瘤细胞的“半自噬”效应（产生大量液泡）；有另外 2 株的发酵液能够使肿瘤细胞发生从圆形到拉长型的形态变化。

我们对同样的发酵液处理过的细胞进行了细胞周期分析。分析结果表明，两菌株的发酵液能够使细胞维持在 G_2 期。G_2 是一个非常重要的细胞检查点，和 DNA 修复有关。此结果表明，这两菌株发酵液里的某个成分可能会使细胞出现 DNA 损伤，并且导致细胞凋亡。来自地衣菌株 YIM 131160 的发酵液对细胞增殖有抑制作用，但是对细胞周期并没有太大影响。这是非常有趣的现象。

进一步实验结果表明，其中 YIM 130544（来自地衣）的发酵液具有超强的功效，在 3000 倍的稀释情况下，仍然具有很强的抗肿瘤活性；该发酵液里的某个成分有可能对部分特殊 CD44 肿瘤细胞群有特别的影响，该成分可能可以调节该细胞群 CD44 的表达；某个成分能够使肿瘤细胞维持在 G_2 期，使肿瘤细胞出现 DNA 损伤，并且导致细胞凋亡。另一株 YIM 122071（来自元谋土林）发酵液功效稍弱，但在 300 倍稀释情况下还具有较好的抗肿瘤活性。YIM 127294（来自元谋土林）放线菌稀释 80 倍还有活性。YIM 131160（来自地衣）对肿瘤细胞形态有显著规律性影响；如果细胞形态有规律性变化，那么该发酵液里的某个成分很有可能影响了某一个具体的肿瘤细胞信号通路；该发酵液里至少有 2 个活性成分；一个成分含量较少，但是能够影响肿瘤细胞形态和某一个具体通路；另外一个成分能够抑制肿瘤细胞增殖（图 2-12 和图 2-13）。此结果暗示该发酵液里可能至少有 2 个活性成分。

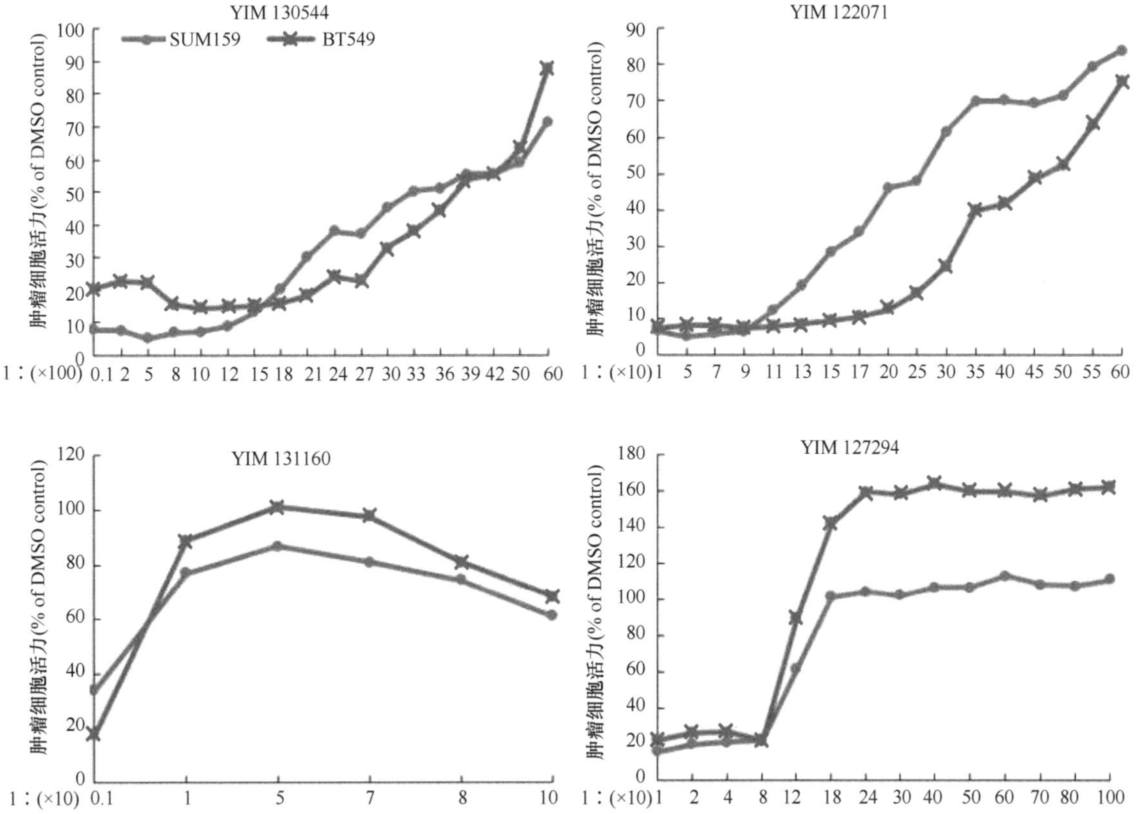

图 2-12　4 个高活性菌株发酵液的抗肿瘤活性评估

经过上述实验，我们认为这 3 个菌株（YIM 130544、YIM 122071、YIM 131160）具有研究价值。根据 CD24/CD44，以及细胞周期分析实验结果，有必要对这 3 株放线菌进行具体的成分分离和结构鉴定。

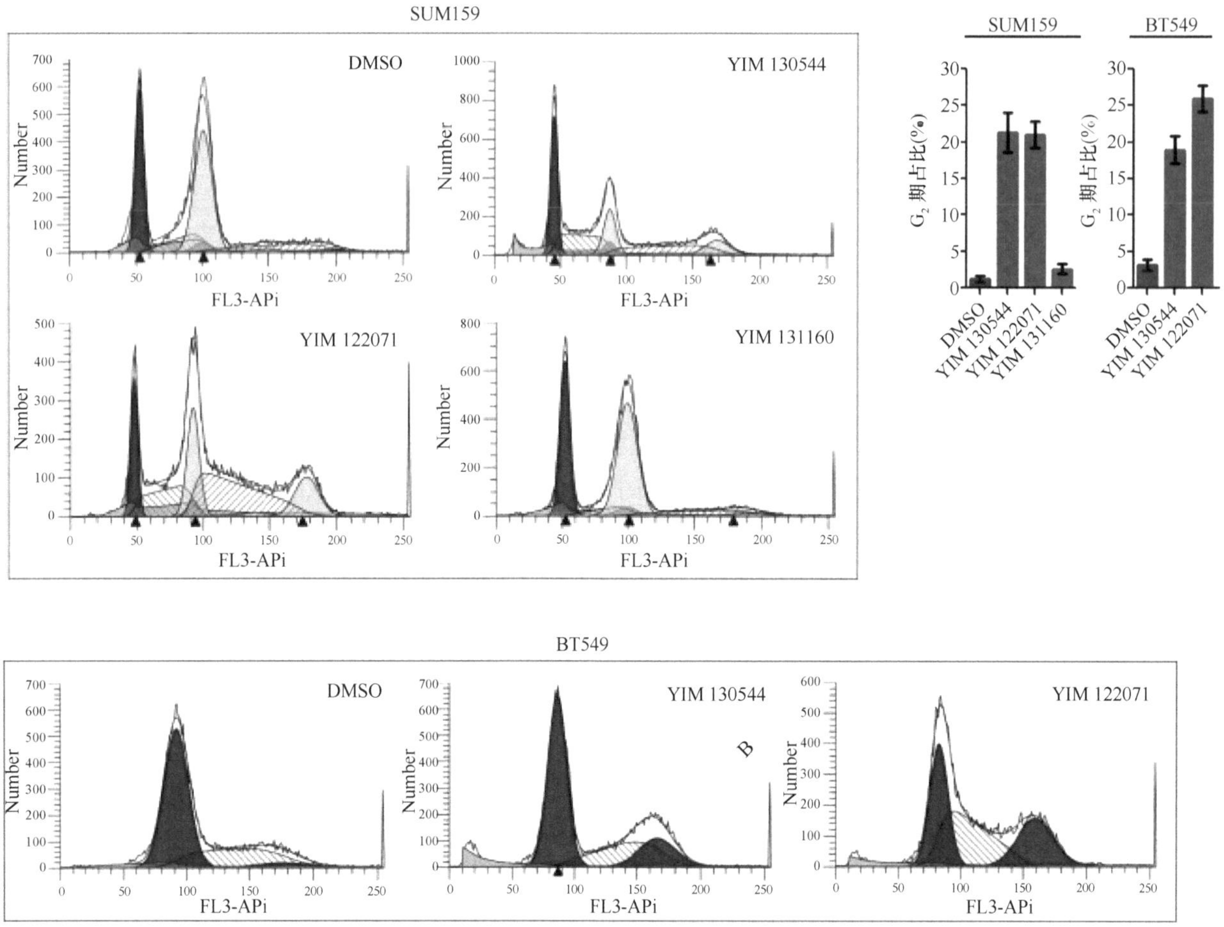

图 2-13 3 个菌株发酵液对乳腺癌细胞周期的影响（彩图请扫封底二维码）

第四节 酶 活 性

放线菌的生态功能之一是分解自然界各种难分解的物质，如纤维素、木质素、贝壳、动物皮毛。这些生态作用都是通过产生各种各样的酶来实现的。很多研究结果表明，动物肠道菌在食物的消化和吸收中起着重要作用。肠道微生物产生的各种酶是可利用的重要资源。以下报告动物放线菌生产的各种酶（曹艳茹，2012）。

我们使用 API ZYM 试剂盒（Biomèrieux）检测了 121 株粪便放线菌的碱性磷酸酶、酯酶（C4）、类脂酯酶（C8）、类脂酶（C14）、白氨酸芳胺酶、缬氨酸芳胺酶、胱氨酸芳胺酶、胰蛋白酶、胰凝乳蛋白酶、酸性磷酸酶、萘酚-AS-BI-磷酸水解酶、α-半乳糖苷酶、β-半乳糖苷酶、β-糖醛酸苷酶、α-葡萄糖苷酶、β-葡萄糖苷酶、*N*-乙酰-葡萄糖胺酶、α-甘露糖苷酶、β-岩藻糖苷酶共 19 种酶的活性。产生各种酶的菌株比例如图 2-14 所示。在供测的 121 株粪便放线菌中有 118 株菌（98%）具有碱性磷酸酶活性，116 株菌具有酸性磷酸酶活性（96%），114 株菌具有白氨酸芳胺酶活性（94%），110 株菌具有萘酚-AS-BI-磷酸水解酶活性（91%），仅有 1 株菌具有 β-岩藻糖苷酶活性，所有菌株都没有检测到 β-糖醛酸苷酶活性。供测菌株中，分离自大熊猫的 30 株菌全部有碱性磷酸酶和酸性磷酸酶活性；分离自中华竹鼠的 23 株菌全部有白氨酸芳胺酶和 α-葡萄糖苷酶活性；来自斑马的 28 株菌全部有碱性磷酸酶、酯酶（C4）、类脂酯酶（C8）、白氨酸芳胺酶、酸性磷酸酶和萘酚-AS-BI-磷酸水解酶活性；分离自中华竹鼠的 40 株菌则全部有碱性磷酸

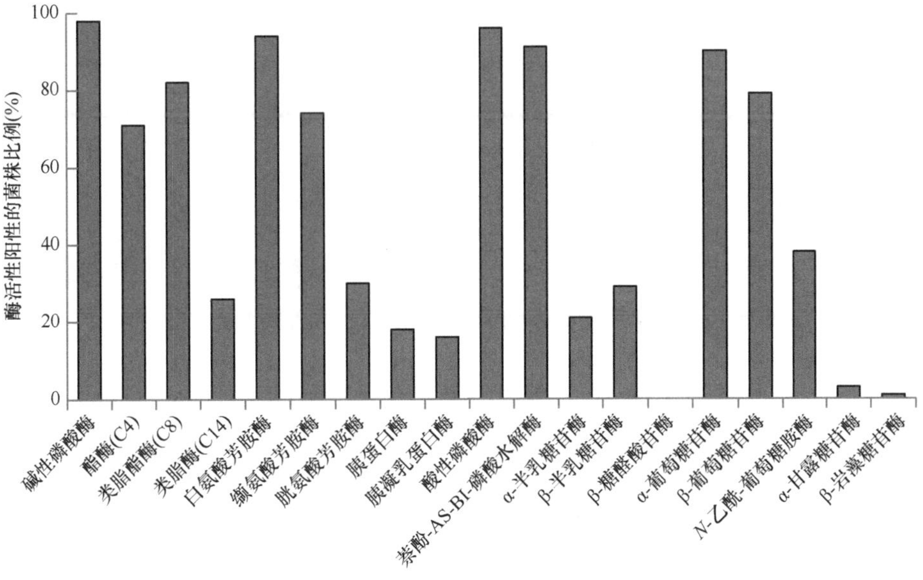

图 2-14　19 种酶活性阳性的菌株比例

酶、酯酶（C4）、类脂酯酶（C8）、缬氨酸芳胺酶、酸性磷酸酶和萘酚-AS-BI-磷酸水解酶活性。从本研究的结果来看，粪便放线菌中具有各种酶活性的菌株比例较高，是开发各种酶的好材料。

我们还检测了来自 13 种动物的 233 株粪便放线菌的纤维素酶活性和角蛋白酶活性（用滤纸和鸡毛作为底物）。结果（图 2-15）显示，来自梅花鹿、马鹿、麋鹿、长颈鹿、斑纹角马、羊驼、大羚羊、山地羚等专性食草动物的纤维素酶和角蛋白酶活性菌株的比例都较高，有半数以上的菌株有纤维素酶活性；而来自白眉长臂猿、川金丝猴、东北虎、大熊猫和亚洲象的纤维素酶活性菌株的比例相对较低。检测的 233 株菌中，有近半数（103 株菌，占 44%）的菌株有纤维素酶活性；有 75%（174 株菌）的菌株有角蛋白酶活性。分离自长颈鹿和羊驼的所有供试菌株都有角蛋白酶活性。无论食草动物、食肉动物，还是杂食动物，这两类酶在绝大多数动物粪便放线菌中普遍存在，说明它们在动物的食物消化过程中起到重要作用。大熊猫的粪便放线菌分解纤维素的菌株占比较低，而具有角蛋白酶活性菌株的占比较高，这进一步说明，它的祖先是食肉动物，当今大熊猫还保留了祖先的特性。图 2-16 是来自大熊猫的两株链霉菌（YIM 100110、YIM 100135）分解鸡毛、来自斑纹角马的 YIM 100118 水解纤维素的图片。动物粪便放线菌中蕴藏着具有多种酶活性的菌株，是开发酶制剂的极好材料。

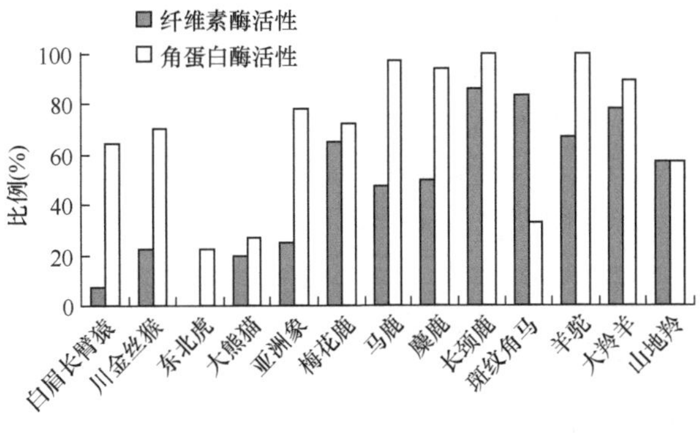

图 2-15　分离自不同动物粪便的具有纤维素酶和角蛋白酶活性的菌株比例

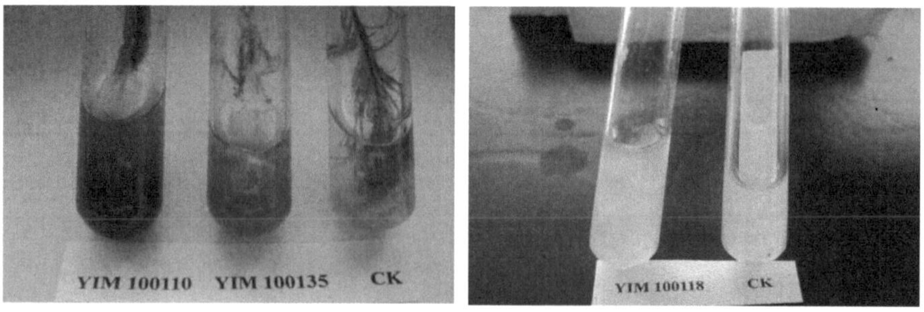

图 2-16 粪便放线菌产生的角蛋白酶活性和纤维素酶活性

第五节 各类活性物质的合成基因

迄今从放线菌中发现的抗生素及其他生物活性物质已有 2 万种以上，它们的结构表现出非常复杂的多样性（Mast and Stegman，2019；Joachim et al.，2018；Takahashi and Nakashima，2018；Polpass and Bhavanath，2016；Raja and Prabakarana，2011；Goodfellow and Fiedler，2010；Richard，2007）。这些次生物质都是由不同的基因簇合成的。有些放线菌具有同时合成许多化合物的能力，呈现出代谢途径极其丰富的多样性。这是它们在自然界扮演重要生态参与者角色的物质基础之一。放线菌的基因组中，次生物质合成基因簇往往呈线性分布，一个化合物的基因簇串联在一起（Mohamed et al.，2014；Myronovskyi and Luzhetskyy，2013）。这为研究和改造它们提供了极大方便。遵守节约化的规律，也有共用一个途径，连接不同的其他途径，甚至成为相互交织的网络，表现出千变万化的代谢途径网络，合成结构多样的化合物。为了评价放线菌的应用价值，我们从 2000 年起，就设计了各种抗生素合成基因的引物，进行了大规模的基因测试。

一、基因筛选的实验方法

1. 目标基因引物设计及实验条件

我们对几大类天然产物合成途径的核心基因进行了筛选，如聚酮类 I 型的聚酮合酶基因（polyketide synthase I，PKS-I）（Bergmann et al.，2007）；聚酮类 II 型的聚酮合酶基因（polyketide synthase II，PKS-II）（Jenke et al.，2006）；非核糖体多肽类合成途径中的关键合成基因（nonribosomal peptide synthetase，NRPS）（Kim et al.，2009）；盐霉素合成的关键基因（salinomycin synthetase，SAL）（Knirschova et al.，2007）；多烯类化合物合成酶基因（cytochrome P450 hydroxylase，CYP）（Hwang et al.，2007）；氨基-羟基-苯甲酸合成基因合酶基因（amino-hydroxy-benzoic acid，AHBA）（Kim et al.，1998）；氨基糖磷酸转移酶基因（aminoglycoside phosphotransferase enzymes，APH）（Anderson et al.，2002）；3-羟基-3-甲基戊二酸单酰辅酶 A 合成基因（3-hydroxy-3-methyl glutaryl coenzyme A reductase，HMG-CoA）（Sigmund et al.，2003）；放线酮类核心结构戊二酰亚胺合成基因（chcloheximide acyltransferase-less type I polyketide synthase，CHX）（Sandal et al.，2011）；复苏促进因子合成基因（resuscitation promoting factor gene，Rpf）（Coletta-Filho et al.，2010）。这些目标基因引物，PCR 退火温度、时间，检测基因片段的长度如表 2-8 所示。

此外，我们还对最近几年国际上一些实验室从纯培养或者免培养微生物中发现的一些极具开发前景的新化合物合成基因簇的核心基因进行了筛选。lactocillin 类抗生素是从人类微生物组分析中获得的（González et al.，2014）。teixobactin 抗生素被认为是抗菌谱广，且不产生耐药性的新型抗生物，被美国媒体认为是 2015 年十大科技发现之一（Losee et al.，2015）。路邓菌素（lugdunin）类抗生素是从人类鼻孔葡萄球菌中发现的，其生物合成途径已经被研究清楚（Zipperer et al.，2016）。雷纳霉素（leinamycin）是本实验室参与发现、极具开发价值的抗肿瘤化合物，自然界很少（仅发现约 30 个化合物），其生物合成途径为杂合的、新型的 PKS-NRPS 类型。PKS 型、NRPS 型天然产物在微生物尤其在放线菌中是很常见的，但是两者的杂合途径在微生物次级代谢产物合成中很少见，这种天然存在的生物合成途径的杂合，证明了微生物在进化过程中不断演化出更加复杂的生物合成途径，可能产生结构更为复杂、活性更具优势的天然药物分子，同时也为组合生物合成提供了天然的模式和研究思路（Pan et al.，2017）。Malacidin 类抗生素是从土壤总 DNA 克隆文库中异源表达获得的，能抗多重耐药菌，是一类很有研究价值的天然药物分子（Bradley et al.，2018）。烯二炔（enediyne）和二萜（diterpene）类化合物在自然界很少，也是极具开发价值的抗肿瘤化合物（Yan et al.，2018；Ludlow et al.，2019）。我们设计了这些化合物合成功能基因的引物（表 2-9），对来自不同栖息地的放线菌进行了测试。

2. 检测条件

1）PCR 扩增体系（50μL）

成分	体积（μL）
模板（放线菌总 DNA）	1
PA（20pmol/μL）	1
PB（20pmol/μL）	1
10×EasyTaq Buffer（含 2.5mmol/L 的 Mg^{2+}）	5
2.5mmol/L dNTPs	4
EasyTaq DNA Polymerase（5U）	0.3
ddH_2O	根据实验适量添加
总体积	50

2）反应条件和检测

一般情况下 95℃变性 40s，在退火温度下退火 120s，72℃延伸 240s，循环 35 次。产物用 1.0%琼脂糖凝胶电泳进行检测，通过与适合的 Marker（如 DL2000）比对记录阳性菌株，并选取部分阳性菌株进行测序，验证扩增的正确性。

表 2-8　几类抗生素合成基因引物及相关信息

基因	引物	退火温度（℃）和时间（s）	片段长度（bp）
PKS-Ⅰ	F：5′-TSAAGTCSAACATCGGBCA-3′ R：5′-CGCAGGTTSCSGTACCAG-3′	55，120	1200～1400
PKS-Ⅱ	F：5′-TSGCSTGCTTGGAYGCSATC-3′ R：5′-TGGAANCCGCCGAABCCTCT-3′	55，90	600
NRPS	F：5′-GCSTACSYSATSTACACSTCSGG-3′ R：5′-SASGTCVCCSGTSCGGTAS-3′	58，50	700
SAL	F：5′-AACGCACGCCGTCGTTCTC-3′ R：5′-ACCAGCCACTTGCCGTCCTC-3′	55，50	750
CYP	F：5′-TGGATCGGCGACGACCGSVYCGT-3′ R：5′-CCGWASAGSAYSCCGTCGTACTT-3′	55，90	350
AHBA	F：5′-AGAGGATCCTTCGAGCRSGAGTTCGC-3′ R：5′-GCAGGATCCGGAMCATSGCCATGTAG-3	56，50	700
APH	F：5′-CGGCTGCTCGACCACGAC-3′ R：5′-GTCCTCGATGTCCCACAG-3′	62，60	600
HMG-CoA	F：5′-GGGCATCGCCGCGACCCTCGTCGACGAGCG-3′ R：5′-GCGATGACGGCGAGGCGGCGGGCGTTCTC-3′	62，60	900
CHX	F：5′-GACACCCAGGTCGTCATCGC-3′ R：5′-CCCGCATCCAGGTAGTAGCC-3′	58，60	820
Rpf	F：5′-CGAGGATCCACCATGGACACCATGACTCTCTTCAC-3′ R：5′-TCAGAATTCTCAGGCCTG CGG CAGGACGAGCTCCT-3′	55～68，50	700

表 2-9　最近几年发现的具有重要开发价值化合物的基因引物及相关信息

基因	引物	退火温度（℃）	片段长度（bp）
malacidin（MLC）	mlc F1：5′-TCACGGAACCCGAGGACAC-3′ mlc R1：5′-GACCAGCCATCCAGCAACAG-3′	61	789
	mlc F3：5′-GACAAGGGCATGGGCTAC-3′ mlc R3：5′-CCAGGAGGATGTGGTGATAC-3′	55	853
lugdunin（LUG）	lug F1：5′-AAACTGTCTGGAGGTATT-3′ lug R1：5′-TTTGGCTATCTATTCTGC-3′	43	758
	lug F5：5′-GCTATGGACCGACAGAAA-3′ lug R5：5′-GGAATCAATACCCAAATCA-3′	50	725
teixobactin（TEIX）	Tox F2：5′-CACTGGCAGCAGGTGGAAGC-3′ Tox R2：5′-GCAGGTGCAAGGACAGGTCG-3′	64	885
	Tox F4：5′-AGCCGCTGCTGCTGTATTGG-3′ Tox R4：5′-GGCATCGGTGTCGTTGTAGTCC-3′	64	794
leinamycin（LNM）	LnmJ-F：5′-GTACCGACCAGGAGATCACCAC-3′ LnmJ-R：5′-GCACAGATACAGCGGCAGATT-3′	58	460
	F：5′-TGTAAAACGACGGCCAGTAYCTGCTSGACSTGGAGTTCTA-3′ R：5′-CAGGAAACAGCTATGACCCGSHGTCGASRCCGAAGTCCTT-3′	58	1200
glutarimide（GLA）	chxBCD-F：5′-GACACCCAGGTCGTCATCGC-3′ chxBCD-R：5′-CCCGTCATCCAGGTAGTAGCC-3′	58	820
salinomycin（SAL）	F：5′-AACGCACGCCGTCGTTCTC-3′ R：5′-ACCAGCCACTTGCCGTCCTC-3′	55	750
diterpene（DTS）	F：5′-CTSMTSCACGACGACGTSATGGAC-3′ R：5′-SAGSAGGTCGTCSCGSAKCTGGAA-3′	58	500
	F：5′-ATGTAGTGAGCTGCTTCGACGCTCAGTGCGGTSGAG-3′ R：5′-AATCAGCATCCTTCGACCGGIGAGGCGTGCCACTTGTC-3′	58～65	1000
enediyne（PKSE）	F：5′-GACCTSACSCACTGGCTSGCSCT-3′ R：5′-GTGGAASGCGTGSSGTACSGCSAG-3′	65	900
	F：5′-TGAGCTCSATCACCGTCGGCCAG-3′ R：5′-CGACSAGRTTSGTYTCCTCGAACC-3′	58～70	2000

二、土壤放线菌基因筛选

1. 高黎贡山土壤放线菌基因筛选

从高黎贡山土壤样品分离放线菌，经过鉴定以后，选出 346 株，测试 7 类最近几年发现并认为极具开发前景的化合物（malacidin、lugdunin、teixobactin、leinamycin、glutarimide、salinomycin 和 diterpene）的合成功能基因，并选择实验室之前筛选确认的相关基因阳性菌株作为阳性对照，以确保引物的正确性，最终根据电泳结果判定阳性菌株，并选择少量阳性菌株相关基因扩增产物进行测序，将所得序列转化为氨基酸序列并比对后，结果均可证明筛选得到的阳性基因确实与相关功能基因一致，说明 PCR 扩增筛选的可靠性。

结果如图 2-17 所示，共筛选到具有 1 种或多种化合物合成功能基因的阳性菌株 199 株。除路邓菌素功能基因并未检测到阳性菌株外，其余均检测到了阳性菌株。筛选到的这 7 类功能基因的阳性菌株分别有 5 株、0 株、2 株、143 株、16 株、17 株、58 株，占总的测试菌株的比例分别为 1.4%、0%、0.6%、41.3%、4.6%、4.9%和 16.8%。可以明显看出雷纳霉素功能基因阳性比例最高，这是非常罕见的现象。

此外，对其中 199 株基因筛选呈阳性的菌株进行属水平上的统计分析发现（图 2-18），这 199 株阳性菌株分布于 25 属中。其中，以链霉菌属阳性菌株最多，具有 teixobactin 合成基因的菌株全是链霉菌，有

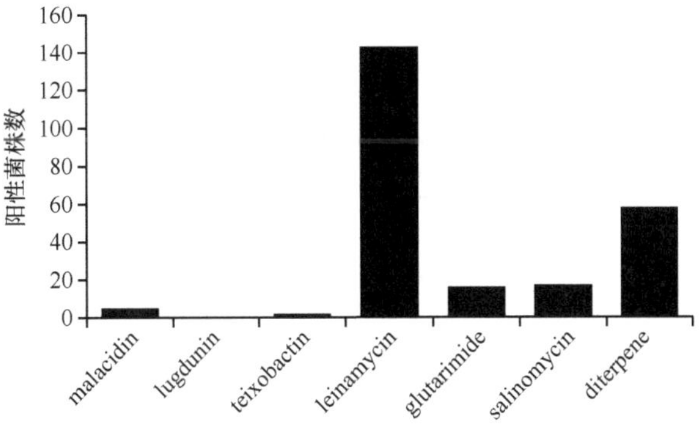

图 2-17　高黎贡山土壤放线菌基因筛选阳性菌株数

两个菌株显示 3 种功能基因阳性，且这两株菌均属于链霉菌属；其次是红球菌属（*Rhodococcus*），malacidin 合成基因阳性菌株中有 80.0%是红球菌属的成员。此外，在一些其他稀有菌属中也检测到了阳性菌株，如气微菌属（*Aeromicrobium*）、纤维微菌属（*Cellulosimicrobium*）、短小杆菌属（*Curtobacterium*）、假节杆菌属（*Pseudarthrobacter*）、土壤球菌属（*Agrococcus*）、原小单孢菌属（*Promicromonospora*）等。这些结果表明，链霉菌不但含有功能基因的菌株数较多，而且一个菌株还同时具有多种功能基因。

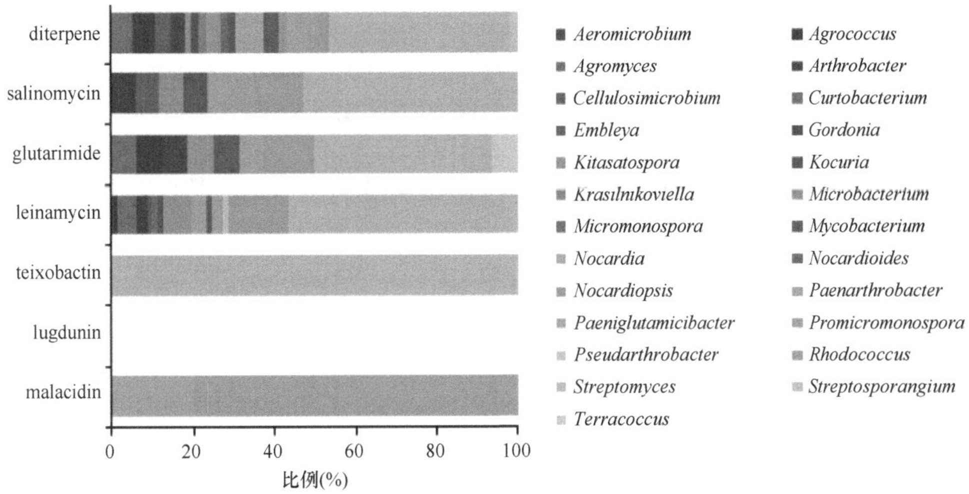

图 2-18　基因筛选阳性菌株在属水平上的分布（彩图请扫封底二维码）

上述测试的 7 种基因及其产物，是最近几年才发现，并被认为极具开发潜力的化合物。teixobactin 能抗多种耐药性致病菌，而且不产生耐药性，2015 年被美国评为十大科技发现之一。雷纳霉素是 2018 年我们参与发现的新化合物，有可能被开发为抗肿瘤新药；过去认为微生物中这种化合物很少，这次检测却发现其大量存在，而且在 14 属的放线菌中均存在这类化合物的合成基因，这是罕见的现象。本研究的结果显示，除没有检测到路邓菌素的合成基因外，具有其他 6 种化合物合成基因的菌株还不少。这为我们从这些阳性菌株中发现更优越的类似新化合物提供了可能性。

2. 怒江河谷土壤放线菌基因筛选

从分离自怒江河谷不同海拔土壤的放线菌中，选 351 株测定 5 种活性物质合成基因。结果显示，有 44%的菌株能合成 NRPS 类抗生素。合成 PKS-Ⅰ、PKS-Ⅱ的菌株也广泛存在。能合成 AHBA 化合物的菌株较少。盐霉素（salinomycin）是个很早之前就被发现的化合物，最近研究发现其有很好的抗肿瘤细胞活性。在来自怒江河谷的 351 株放线菌中，有 56 株能合成盐霉素类化合物（图 2-19）。

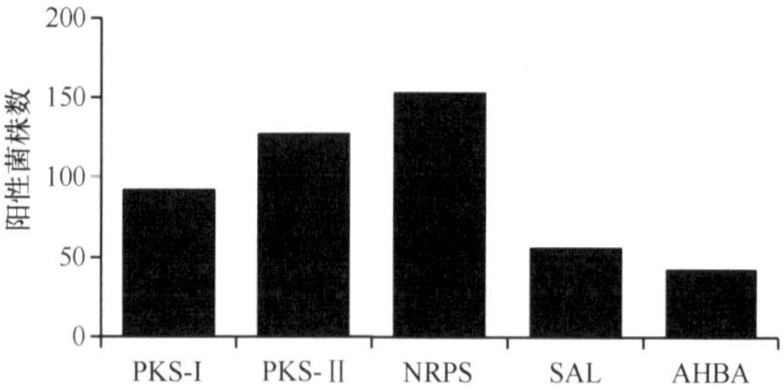

图 2-19　各功能基因筛选的阳性菌株数

不同属放线菌产生上述合成基因的结果如图 2-20 所示。链霉菌属仍然是产生各类化合物合成基因最多的放线菌；其次，红球菌（*Rhodococcus*）和微杆菌（*Microbacterium*）的成员也广泛产生各类合成基因；其他很多稀有放线菌都不同程度地产生这些化合物的合成基因。

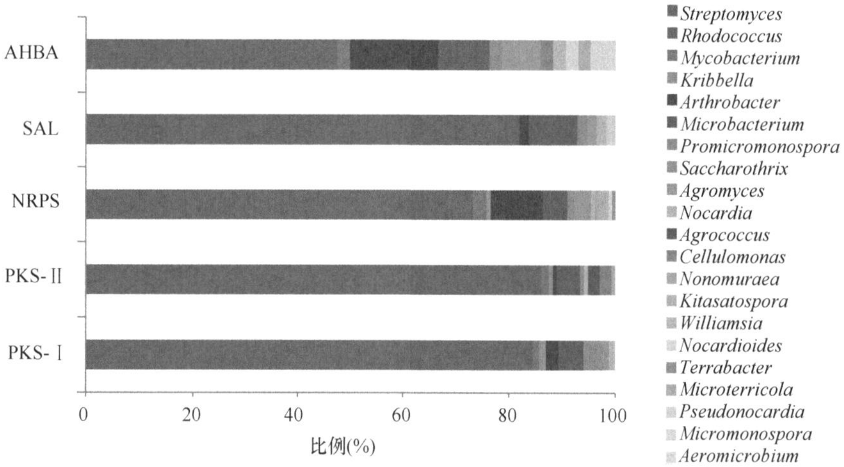

图 2-20　各功能基因筛选所得阳性结果在属水平上的分布情况（彩图请扫封底二维码）

3.3 种特殊地质地区土壤放线菌基因筛选

利用 8 种功能基因的引物对 56 属的 630 株放线菌进行 PCR 筛选。不同功能基因筛选所获阳性菌株数如图 2-21 所示。从阳性菌株数统计结果来看，所筛选的放线菌具有较为丰富的相关功能基因。其中 NRPS 阳性率最高，达到 72.5%，其次分别为 SAL（61.6%）、AHBA（55.7%）、CHX（36.5%）、Rpf（26.8%）、DTS（22.1%）、LNM（3.3%）、PKSE（2.9%）。不同功能基因阳性率差距较大的原因，一方面在于部分功能基因普遍存在于细菌特别是放线菌基因组中，例如，NRPS 功能基因参与合成的抗生素是多肽类抗生素中的重要家族，具有丰富的多样性，除放线菌外，在多种细菌、黏细菌和蓝藻基因组中均有分布；另一方面则与筛选使用的引物的特异性密切相关，阳性率较高的 NRPS、DTS、SAL、AHBA 和 Rpf 的引物是根据相关大类化合物的核心保守基因设计的，具有较高的简并性，筛选出的阳性菌株可能包含相关基因，却无法表达相关产物；而 LNM 和 PKSE 的引物则是根据比较基因组分析，结合目标产物的核心结构域合成基因的保守序列进行设计，具有较强的目标针对性，虽然检测到的阳性菌株较少，但一旦验证确实含有该基因，即可有针对性地对目标产物进行分离。雷纳霉素（LNM）和烯二炔（PKSE）在微生物中非常罕见，在这 630 株放线菌中分别发现 21 株和 18 株具有合成这两种化合物的能力，值得进一步研究。

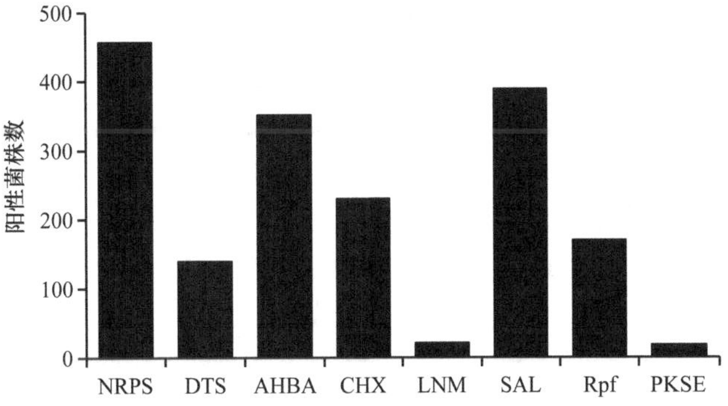

图 2-21　功能基因筛选阳性菌株数

进一步对不同功能基因阳性菌株在属一级的物种组成丰度进行比较（图 2-22），发现所筛选的功能基因广泛分布于各放线菌属中，再次验证了放线菌巨大的生物合成潜力。在参与筛选的 56 属中，检测到功能基因的结果为：NRPS 43 属、DTS 36 属、AHBA 50 属、CHX 37 属、LNM 10 属、SAL 46 属、Rpf 35 属及 PKSE 13 属，分布最为广泛的是 AHBA。链霉菌属（*Streptomyces*）仍然是活性物质合成功能基因最具多样性的放线菌属，在不同功能基因阳性菌株中的比例分别达到了 54.1%（NRPS）、40.3%（DTS）、43.6%（AHBA）、47.0%（CHX）、57.1%（LNM）、48.5%（SAL）、45.0%（Rpf）和 38.9%（PKSE）。除链霉菌属外，检测到功能基因种类超过 6 种的稀有放线菌属包括：土壤球菌属（*Agrococcus*）、壤霉菌属（*Agromyces*）、拟无枝酸菌属（*Amycolatopsis*）、节杆菌属（*Arthrobacter*）、戈登氏菌属（*Gordonia*）、拟孢囊菌属（*Kibdelosporangium*）、考克氏菌属（*Kocuria*）、韩国生工菌属（*Kribbella*）、赖氏菌属（*Leifsonia*）、伦茨氏菌属（*Lentzea*）、微杆菌属（*Microbacterium*）、微球菌属（*Micrococcus*）、小单孢菌属（*Micromonospora*）、分枝杆菌属（*Mycobacterium*）、诺卡氏菌属（*Nocardia*）、类诺卡氏菌属（*Nocardioides*）、拟诺卡氏菌属（*Nocardiopsis*）、*Paenarthrobacter*、假节杆菌属（*Pseudarthrobacter*）、假棍状杆菌属（*Pseudoclavibacter*）、红球菌属（*Rhodococcus*）、糖丝菌属（*Saccharothrix*）、威廉姆斯氏菌属（*Williamsia*）等 23 属。这说明所筛选的放线菌类群，为了最大限度地提高菌群应对各种环境压力的能力，保持了较为广泛的次级代谢产物基因多样性和产物多样性，从而可以维持生理或生态功能的动态平衡，也为天然产物的开发提供了大量的菌种资源。

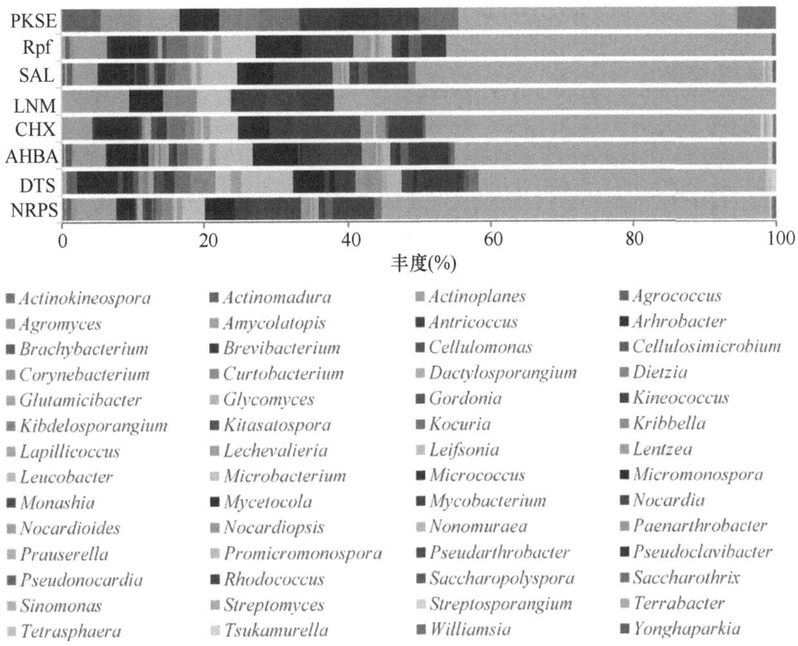

图 2-22　功能基因阳性菌株在属水平的丰度（彩图请扫封底二维码）

此外，从功能基因的筛选结果还可以看出，不同种属的放线菌都具有丰富的天然产物遗传多样性，而且天然产物种类的丰富性在不同属间也有较大差异。根据优势放线菌属参试菌株的不同功能基因阳性率（表 2-10），可以发现所检测的功能基因在不同的放线菌属中检出率差异较大，说明天然产物合成基因在不同类群放线菌中具有各自重要的生物学功能。根据对部分放线菌属天然产物生物合成基因的比较基因组学研究可知，有的属含有的某类基因簇的比例会更高，而且同类型的天然产物基因簇在不同属内具有一定的差异。由此，可以由放线菌系统学引导不同种类天然产物的开发。

表 2-10　18 个优势放线菌属功能基因阳性率（%）

放线菌	NRPS	DTS	AHBA	CHX	LNM	SAL	Rpf	PKSE
拟无枝酸菌属	**89.7**	—	55.2	31.0	6.9	44.8	27.6	3.4
节杆菌属	50.0	36.4	**68.2**	54.5	4.5	**86.4**	36.4	4.5
短杆菌属	—	28.6	57.1	28.6	—	**71.4**	14.3	—
动球菌属	44.4	22.2	22.2	33.3	—	55.6	—	—
考克氏菌属	50.0	37.5	50.0	**62.5**	—	50.0	**62.5**	12.5
韩国生工菌属	**63.6**	45.5	**63.6**	27.3	9.1	**72.7**	36.4	—
微杆菌属	**60.9**	43.5	**73.9**	39.1	4.3	**82.6**	34.8	—
微球菌属	45.5	9.1	**90.9**	36.4	—	45.5	**81.8**	—
小单孢菌属	**82.4**	29.4	**70.6**	29.4	—	**82.4**	11.8	—
分枝杆菌属	**78.6**	21.4	**64.3**	50.0	7.1	**64.3**	14.3	7.1
诺卡氏菌属	**91.2**	2.9	58.8	**64.7**	—	**67.6**	29.4	—
类诺卡氏菌属	42.9	28.6	57.1	42.9	—	57.1	42.9	—
拟诺卡氏菌属	42.9	28.6	42.9	14.3	—	14.3	14.3	—
原小单孢菌属	16.7	50.0	**66.7**	—	—	16.7	33.3	—
假诺卡氏菌属	**83.3**	—	**66.7**	16.7	—	**83.3**	50.0	—
红球菌属	**96.3**	33.3	**74.1**	40.7	3.7	**81.5**	22.2	3.7
糖丝菌属	**83.3**	33.3	33.3	16.7	—	**66.7**	—	16.7
链霉菌属	**76.5**	17.3	47.4	33.4	3.7	58.2	23.5	2.2

注：表中加粗部分标注的是放线菌属内阳性率超过 60%的相应功能基因

三、动物粪便放线菌基因筛选

对 525 株来自 7 种动物的放线菌进行基因筛选，在测试的 6 种功能基因中，PKS-Ⅰ、PKS-Ⅱ、NRPS、CYP 及 SAL 5 种功能基因在各样品中阳性率相近，分别为 19.2%、19.9%、18.3%、20.1%和 15.8%；AHBA 基因阳性率很低，仅为 6.7%。其中，至少检测到一种基因的菌株共计 349 株，占 66.5%；同时检测到 5 种功能基因的菌株占 349 株的 0.9%；4 种的 21 株，占 6.0%；3 种的 49 株，占 14.0%；2 种的 125 株，占 35.8%；只检测到 1 种的 151 株，占 43.3%。来自 7 种动物粪便的放线菌中都检测到了这 6 类化合物的合成基因。其中 179 株来自长颈鹿的放线菌有这 6 种合成基因，占比最高（34.1%）（图 2-23）。

比较发现，阳性菌株只分布在链霉菌属、节杆菌属、微杆菌属、红球菌属、厄氏菌属、无色杆菌属、拟诺卡氏菌属、纤维微菌属、威廉姆斯氏菌属和棒状杆菌属等 10 属中，并且这些属的菌株都是分离过程中占优势的属，易于培养。不同属菌株基因组测序结果显示，这些属放线菌的基因组相对较大，特别是链霉菌属，基因组大小一般为 7.0～8.0Mb，可能容纳更多的代谢途径，所以这些属的放线菌次级代谢产物合成基因簇类型也较多（图 2-24）。

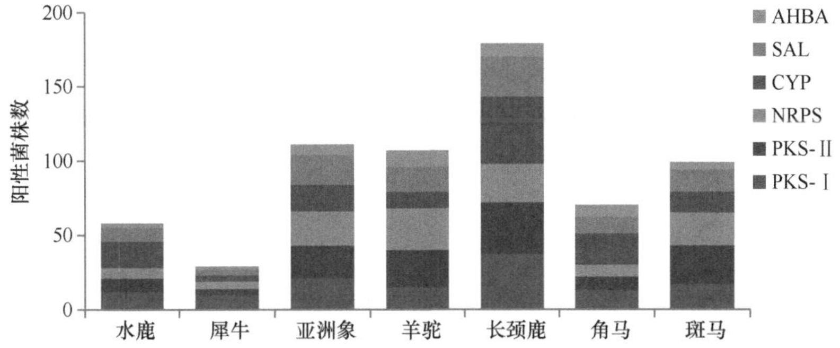

图 2-23　7 种动物粪便放线菌的功能基因阳性菌株数（彩图请扫封底二维码）

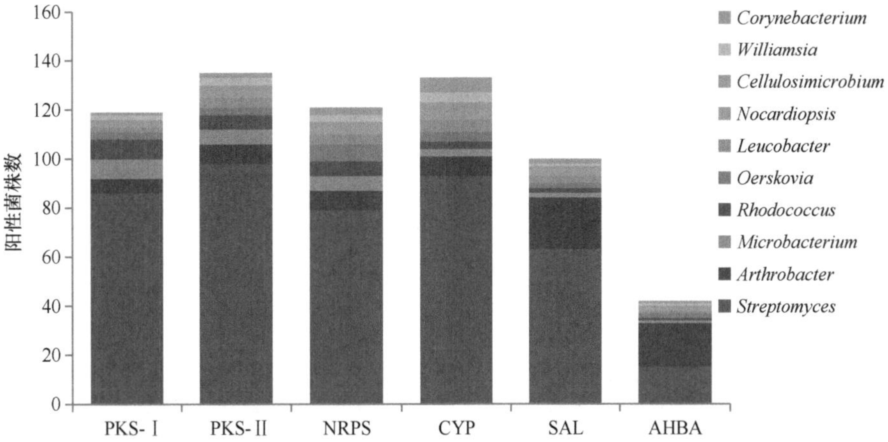

图 2-24　各种基因簇在 10 属的分布（彩图请扫封底二维码）

我们用宏基因组技术，分析了不同年龄、性别亚洲象粪便的微生物组，进一步分析其中蕴含的次生物质合成基因簇（图 2-25）。结果显示，至少有 15 类化合物的合成基因簇。其中非核糖体多肽（NRPS）和芳基多烯（arylpolyene）的合成功能基因簇分布广泛，细菌素（bacteriocin）、β-内酯（betalactone）、塞克肽（sactipeptide）、萜（terpene）类合成基因簇也较广泛存在。

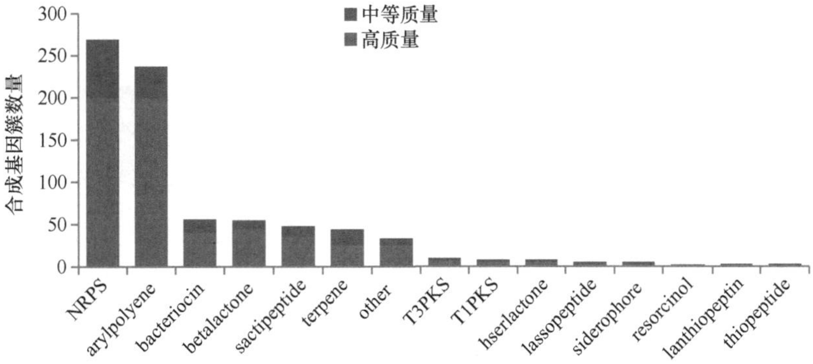

图 2-25　亚洲象未培养粪便微生物组次级代谢产物合成基因簇数量（彩图请扫封底二维码）

NRPS，非核糖体多肽；arylpolyene，芳基多烯；bacteriocin，细菌素；betalactone，β-内酯；sactipeptide，塞克肽；terpene，萜；other，其他；T3PKS，三型聚酮类化合物；T1PKS，一型聚酮类化合物；hserlactone，Hser 内酯；lassopeptide，Lasso 多肽；siderophore，铁载体；resorcinol，间苯二酚；lanthiopeptin，羊毛硫肽；thiopeptide，硫肽

我们进一步量化了亚洲象粪便样本中抗生素耐药基因（antibiotic resistance gene，ARG）的相对丰度（图 2-26）。可以看出，在大象粪便微生物组中，广泛存在大量抗生素耐药基因。在微生物体内，抗生素合成基因和耐药基因是相伴而生的。如果一种微生物产生某种抗生素，而它没有该抗生素的耐药基因（放

线菌的耐药基因通常分布在质粒上)，那么它所产生的该种抗生素就有可能杀死自己。所以可以说，若放线菌有某个抗生素的耐药基因，通常说明其具有产生这种抗生素的合成基因。亚洲象的粪便微生物组有极为丰富的抗生素耐药基因，就说明它们可以产生非常丰富的抗生素。这两方面的结果都表明，粪便微生物可以产生广泛的抗生素，是发现新抗生素的重要来源。

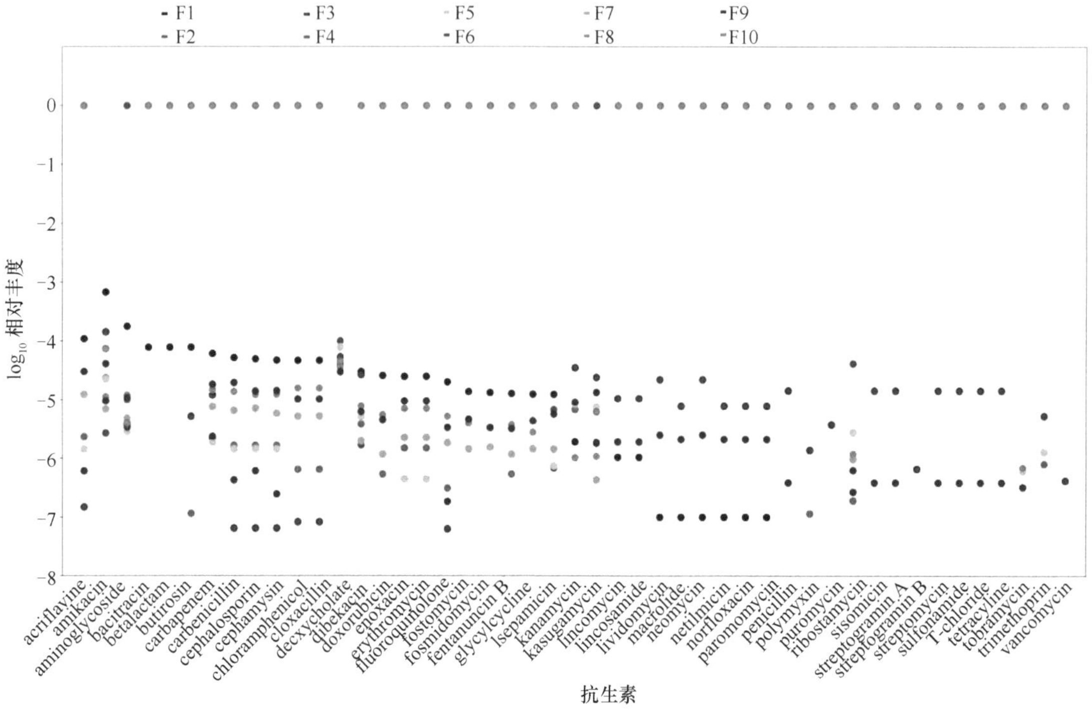

图 2-26 亚洲象粪便未培养微生物抗生素耐药基因的相对丰度（彩图请扫封底二维码）

四、毒性植物内生放线菌基因筛选

从箭毒木等有毒植物分离放线菌，从中选出 249 株，测定 7 种抗生素的合成基因。统计结果（图 2-27）显示，以上 7 种功能基因中，NRPS 检出率最高，为 49.4%（链霉菌属 68 株，稀有放线菌 55 株）；具有这类化合物合成基因的菌株，大多数对革兰氏阳性菌和白色念珠菌等真菌表现出较强抑制作用。而 HMG-CoA 合成基因的检出率最低，只有 3.2%（链霉菌属 6 株，稀有放线菌 2 株）。产生 PKS-Ⅰ、PKS-Ⅱ和 CYP 的菌株比例较高，分别为 30.1%、29.7%和 20.9%。多烯类是抗真菌感染的一类抗生素，具有这类化合物合成基因的菌株，对白色念珠菌的抑制作用比对黑曲霉更明显。APH、SAL 的检出率分别为

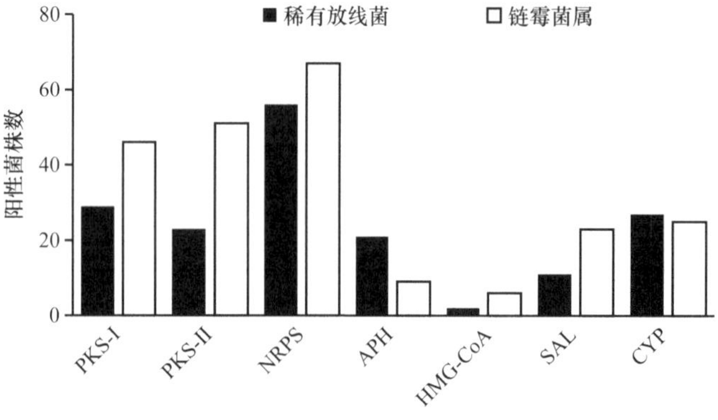

图 2-27 内生放线菌功能基因阳性菌株数

12.0%、13.7%。盐霉素对大多数革兰氏阳性菌的抑制作用比对革兰氏阴性菌更为突出，最近发现，其抗肿瘤活性比紫杉醇高出上百倍。链霉菌属中含有这种化合物合成功能基因的菌株检出率普遍比稀有放线菌高。稀有放线菌的APH基因检出率比链霉菌属高，这值得重视。

同一株菌检测出具有2种功能基因的有52株，3种功能基因的有56株，4种的有13株，5种的有2株，而且抗菌活性较好的菌株大都检测出具有多种功能基因，表现出明显的相关性。至于抗菌活性与功能基因之间的对应联系还需进一步研究。

五、地衣放线菌基因筛选

1. 滇西南地衣放线菌基因筛选

从普洱、西双版纳、临沧甚至保山采集地衣，分离其中的内生放线菌，选出340株检测13个抗生素功能基因。结果显示，340株地衣放线菌中有286株菌（84.1%）至少含有其中一个功能基因。不同功能基因测试获得的阳性菌株比例如图2-28所示。数据统计显示，LNM阳性率最高，达到了54.0%，其次分别是NRPS（45.0%）、DTS（40.6%）、PKS-Ⅱ（35.3%）、PKS-Ⅰ（24.1%）、APH（15.6%）、CYP（15.0%）、LUG（12.2%）、SAL（11.8%）、GLA（8.4%）、HMG-CoA（5.0%）、MLC（3.2%）、TEIX（2.0%）。这些阳性菌株归属于40个放线菌属，说明这13个功能基因在放线菌纲中分布很广泛。malacidin是通过免培养技术从土壤中克隆基因簇发现的，它可以有效地消除革兰氏阳性菌的抗药性，本次筛选中，其合成基因在链霉菌属、微杆菌属、微球菌属、指孢囊菌属、纤维单孢菌属中均检测到了。新近报道的从鼻腔中分离的路邓菌素（lugdunin）可以杀死金黄色葡萄球菌，且不产生耐药性，在链霉菌属、链孢囊菌属、红球菌属、植物杆菌属、微杆菌属、诺卡氏菌属、分枝杆菌属等菌株中检测到阳性结果。戊二酰亚胺（glutarimide）类抗生素具有广谱的抗病毒作用和抑制炎症等作用，其合成关键基因在链霉菌属、微杆菌属、红球菌属、类诺卡氏菌属、北里孢菌属、考克氏菌属和气微菌属中均检测到阳性结果。二萜类化合物大多在植物中发现，在微生物中少见。这次在地衣放线菌中大量发现（占40.8%），实属罕见。

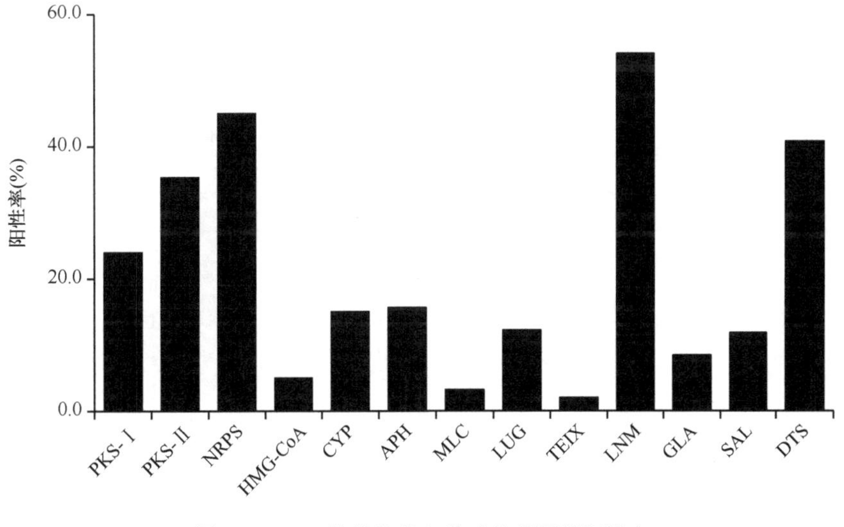

图2-28　340株放线菌各种功能基因的阳性率

不同功能基因在放线菌不同属的丰度分布如图2-29所示。这些结果显示，地衣放线菌中蕴含多种活性物质的合成基因。13种抗生素合成基因在链霉菌属和微杆菌属的丰度普遍较高。过去，被发现的雷纳霉素（leinamycin）类化合物很少，本研究中34属的放线菌中含有这种化合物的合成基因，分布非常广泛，实属罕见。二萜类化合物过去主要在植物中发现，上述结果显示，竟然有31属的地衣放线菌中含有这种化合物的合成基因，也是罕见的现象。

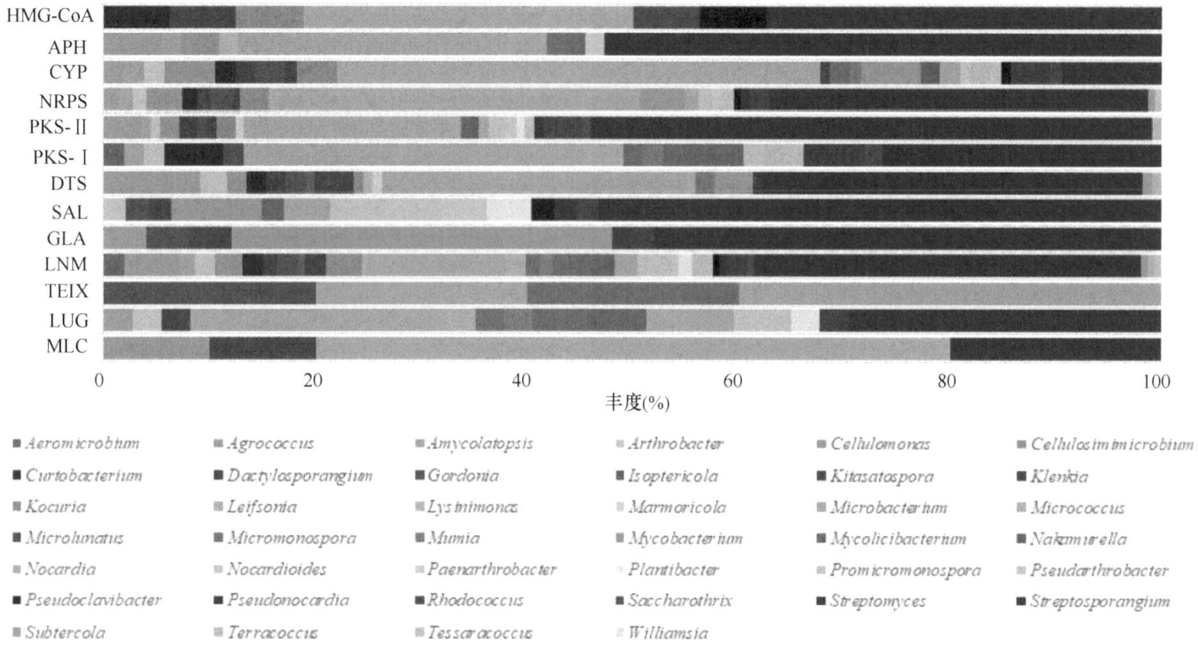

图 2-29 各种功能基因阳性菌株在属一级的丰度（彩图请扫封底二维码）

2. 金沙江河谷地衣放线菌基因筛选

采用 6 对引物，对 462 株地衣放线菌进行抗生素合成功能基因（PKS-Ⅰ、PKS-Ⅱ、NRPS、APH、HMG-CoA、CYP）的 PCR 检测，结果示于表 2-11。结果表明，金沙江河谷地区的地衣放线菌含有丰富的抗生素合成基因，共有超过一半的菌株（259 株，占 56.1%）至少一种抗生素合成基因呈现阳性。6 种抗生素功能基因在地衣放线菌中都有分布，其中 NRPS 基因阳性菌株共有 185 株，占总测试菌株的 40.0%。其次为 PKS-Ⅰ基因（172 株，37.2%）、PKS-Ⅱ基因（128 株，27.7%）和 APH 基因（35 株，7.6%）。CYP 基因和 HMG-CoA 基因相对较少，分别为 3.9%（18 株）和 1.7%（8 株）。选取代表性的抗生素合成功能基因 PCR 产物经克隆测序后，进行验证，结果表明阳性克隆确实编码了相应的抗生素功能基因。

表 2-11 地衣放线菌抗生素功能基因阳性菌株在科、属水平的分布

放线菌（科属）	测序菌株数	抗生素合成基因阳性菌株数					
		A	D	C	D	E	F
短杆菌科	2	0	0	1	0	0	0
短杆菌属	2	0	0	1	0	0	0
纤维单孢菌科	2	2	0	0	1	0	0
纤维单孢菌属	2	2	0	0	1	0	0
戈登氏菌科	4	0	0	2	1	0	0
戈登氏菌属	4	0	0	2	1	0	0
动孢囊菌科	10	2	2	3	2	0	1
动球菌属	4	0	0	1	0	0	1
动孢囊菌属	3	2	2	2	0	0	0
窄杆菌属	3	0	0	0	2	0	0
地嗜皮菌科	1	0	0	1	0	0	0
芽球菌属	1	0	0	1	0	0	0
微杆菌科	34	4	7	4	1	2	1
胺杆菌属	2	0	1	1	0	0	0
拉贝德氏菌属	1	0	0	0	0	1	0

续表

放线菌（科属）	测序菌株数	抗生素合成基因阳性菌株数					
		A	B	C	D	E	F
赖氏菌属	1	1	1	1	0	0	0
微杆菌属	20	2	3	2	1	1	0
舒曼氏菌属	1	1	0	0	0	0	0
壤霉菌属	5	0	1	0	0	0	0
短小杆菌属	2	0	1	0	0	0	1
微球菌科	9	1	0	0	0	0	0
考克氏菌属	5	1	0	0	0	0	0
小单孢菌科	14	5	4	5	2	0	0
小单孢菌属	11	5	3	4	0	0	0
游动放线菌属	3	0	1	1	2	0	0
分枝杆菌科	7	4	0	5	1	0	0
分枝杆菌属	7	4	0	5	1	0	0
中村氏菌科	4	1	0	0	0	0	0
中村氏菌属	4	1	0	0	0	0	0
诺卡氏菌科	25	4	4	19	0	0	0
诺卡氏菌属	7	3	1	5	0	0	0
红球菌属	18	1	3	14	0	0	0
类诺卡氏菌科	14	4	0	6	2	0	1
韩国生工菌属	9	4	0	6	2	0	1
拟诺卡氏菌科	2	2	0	2	0	0	0
拟诺卡氏菌属	2	2	0	2	0	0	0
丙酸杆菌科	5	1	0	0	1	0	0
小月菌属	5	1	0	0	1	0	0
假诺卡氏菌科	36	22	9	20	5	2	1
拟无枝酸菌属	11	11	8	8	1	0	0
拟孢囊菌属	1	1	0	1	0	0	0
列契瓦尼尔氏菌属	1	1	1	1	1	0	0
伦茨氏菌属	10	2	0	6	1	1	0
假诺卡氏菌属	9	4	0	1	1	1	0
梅泽宾夫氏菌属	1	1	0	1	0	0	0
植物放线菌属	3	2	0	2	1	0	1
链霉菌科	270	111	95	106	16	3	13
北里孢菌属	7	4	3	0	1	0	0
链霉菌属	263	107	92	106	15	3	13
微球菌科	9	0	0	1	0	0	0
节杆菌属	9	0	0	1	0	0	0
间孢囊菌科	1	0	0	0	1	1	0
两面神菌属	1	0	0	0	1	1	0
链孢囊菌科	12	8	7	7	1	0	1
链孢囊菌属	11	8	7	7	1	0	1

续表

放线菌（科属）	测序菌株数	抗生素合成基因阳性菌株数					
		A	B	C	D	E	F
威廉姆斯氏菌科	4	1	0	3	1	0	0
威廉姆斯氏菌属	4	1	0	3	1	0	0
总计	—	172	128	185	35	8	18

注：A=PKS-Ⅰ；B=PKS-Ⅱ；C=NRPS；D=APH；E=HMG-CoA；F=CYP

在链霉菌属中，其 PKS-Ⅰ、PKS-Ⅱ、NRPS 和 CYP 基因的检出率分别为 40.7%、35.0%、40.3%和 4.9%，高于全部地衣放线菌的整体水平；但其 APH、HMG-CoA 基因的检出率分别为 5.7%、1.1%，略低于全部地衣放线菌的整体水平。

不同属放线菌产生的抗生素合成功能基因也不相同。在拟无枝酸菌属中，获得的所有 11 株菌全部含有 PKS-Ⅰ功能基因，同时有 72.7%的菌株含有 PKS-Ⅱ、NRPS 功能基因，9.1%的菌株含有 APH 功能基因，在该属的菌株中没有检测到 HMG-CoA 和 CYP 功能基因。在链孢囊菌属（*Streptosporangium*）中，PKS-Ⅰ、PKS-Ⅱ和 NRPS 功能基因同样检测到了较高的比例，分别为 72.7%、63.6%和 63.6%，APH、HMG-CoA、CYP 功能基因却很少。值得注意的是，NRPS 功能基因广泛分布在红球菌属（77.8%）、分枝杆菌属（71.4%）和诺卡氏菌属（71.4%）中，但是其他类型的抗生素功能基因在这些菌株中却很少见。

在本次抗生素合成功能基因的筛选中，YIM 130611[灰色链霉菌（*Streptomyces griseus*）相近种]、YIM 130732（*Lechevalieria aerocolonigenes* 相近种）、YIM 130863[金色链霉菌（*Streptomyces aureocirculatus*）相近种]、YIM 130980[曼尼普尔链霉菌（*Streptomyces manipurensis*）相近种]、YIM 130983[产绿色链霉菌（*Streptomyces viridochromogenes*）相近种]、YIM 131025[产水链霉菌（*Streptomyces hydrogenans*）相近种]、YIM 131058[狗粪链霉菌（*Streptomyces hundungensis*）相近种]、YIM 131120[孔雀石刺链霉菌（*Streptomyces malachitospinus*）相近种]、YIM 131167[橄榄产色链霉菌（*Streptomyces olivochromogenes*）相近种]、YIM 131168[浅紫链霉菌（*Streptomyces violascens*）相近种]、YIM 131192[产水链霉菌（*Streptomyces hydrogenans*）相近种]、YIM 131327[野尻链霉菌（*Streptomyces nojiriensis*）相近种]、YIM 131376[野尻链霉菌（*Streptomyces nojiriensis*）相近种]同时含有 4 种功能基因，进一步说明了地衣放线菌中含有丰富的抗生素合成基因。

在本研究中，我们发现，在链霉菌属和拟无枝酸菌属中，其抗生素合成功能基因的阳性率非常高，分别达到 100.0%和 54.8%，这与其所含有的较为广泛的抗菌活性基本一致。但在其他属的放线菌中，菌株所含有的抗生素功能基因与其抗菌活性之间似乎没有明显的联系。一些有活性的菌株没有检测到相关的抗生素合成基因。同样，一些含有抗生素合成基因的菌株并没有表现出抑菌活性。例如，在红球菌属、分枝杆菌属和诺卡氏菌属中，其抗生素合成功能基因的阳性率分别为 77.8%、71.4%和 71.4%，但其抗菌活性则非常低，红球菌属具有抗菌活性的菌株仅占 5.6%，而在分枝杆菌属和诺卡氏菌属中没有获得具抗菌活性的菌株。产生这种现象的原因一方面可能是本实验的发酵条件没有使菌株所含有的抗生素合成功能基因完全表达；另一方面可能是菌株的抗生素功能基因所表达的产物没有表现为抗菌活性，而是其他的活性物质，或者是沉默基因，没有表达。

六、北部湾茅尾海放线菌基因筛选

从北部湾茅尾海非红树林海域底泥分离 229 株放线菌，对其产生的 8 种功能基因进行筛选，结果示于图 2-30。至少含有一种功能基因的菌株有 168 株。PKS-Ⅰ、PKS-Ⅱ、NRPS、AHBA、CYP、SAL、Rpf、PKSE 8 种合成基因，在菌株中的阳性率分别为 45.4%、45.4%、59.8%、28.4%、31.0%、22.3%、10.5%、0.4%。产生 NRPS 基因的菌株最多，占 59.8%；产生 PKSE 的菌株最少，仅 0.4%。

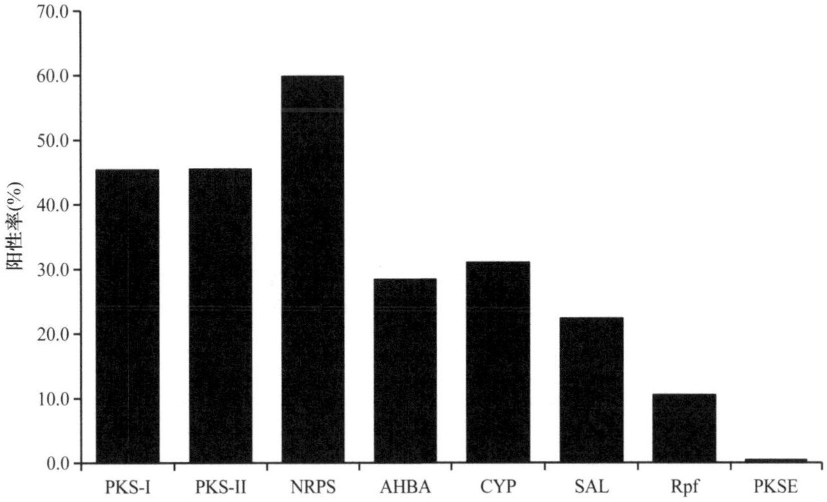

图 2-30　北部湾茅尾海非红树林海域底泥放线菌产生的各种功能基因阳性率

分离自北部湾海域红树林根际底泥及红树根皮的放线菌，产生各种抗生素合成基因的菌株比例示于图 2-31。结果表明，来自红树林根际底泥的放线菌产生 7 类抗生素合成基因的比例普遍比红树根皮的内生放线菌高 10%～20%。

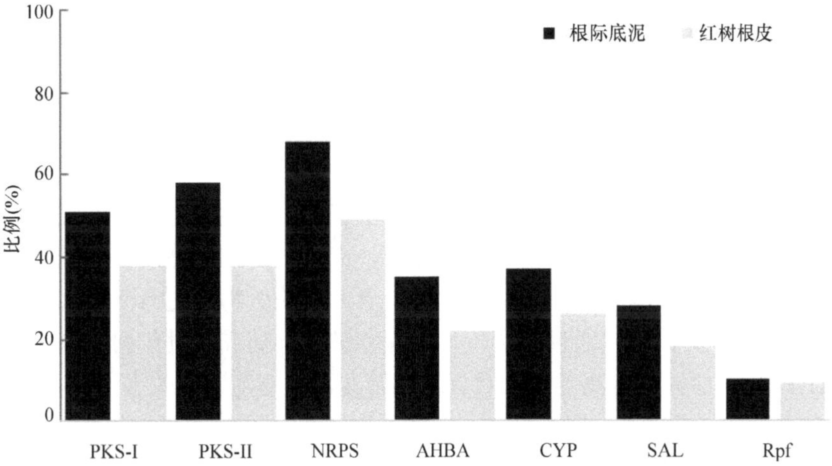

图 2-31　红树林根际底泥和红树根皮的放线菌产生各种抗生素合成基因的对比

4529 株来源于各种环境的放线菌产生的抗生素合成基因测试结果示于表 2-12。

表 2-12　4529 株放线菌蕴含的次级代谢产物合成基因

菌株来源	实验菌株数	阳性菌株占比（%）								
		PKS-Ⅰ	PKS-Ⅱ	CYP	NRPS	SAL	CHX	AHBA	APH	HMG-CoA
土壤	2036	26.4	36.2	32.7	79.2	45.3	36.5	40.0	—	—
动物	1426	21.5	18.9	21.2	25.7	15.8	—	6.7	—	—
地衣	462	37.2	27.7	4.1	40.0	—	—	—	7.6	1.7
植物	437	28.1	28.1	21.0	46.9	13.8	—	—	12.0	3.3
海洋	168	45.4	45.4	31.0	59.8	22.3	—	28.4	—	—
阳性菌株平均占比		31.7	31.2	22.0	50.3	24.3	36.5	25.0	9.8	2.5

（1）非核糖体多肽合成酶基因（NRPS）在放线菌中的存在非常广泛，25.7%～79.2%的菌株（平均50.3%）有这类基因。

（2）平均有36.5%的菌株产生戊二酰亚胺合成基因（CHX），这个酶负责合成放线酮类化合物的核心结构，而放线酮类的抗真菌活性很强。

（3）平均有31.0%左右的菌株产生聚酮（PKS-Ⅰ，PKS-Ⅱ）类化合物合成基因，有25.0%的菌株产生氨基-羟基-苯甲酸类（AHBA）基因，24.3%的菌株产生盐霉素（SAL）基因，22.0%的菌株产生多烯类（CYP）基因，9.8%产生氨基糖磷酸转移酶（APH）基因，2.5%产生3-羟基-3-甲基戊二酸单酰辅酶A（HMG-CoA）基因。

（4）值得一提的是，过去认为，雷纳霉素（leinamycin）类、二萜类和烯二炔类化合物在微生物中很少见。这次从滇西南地衣获得的340株放线菌中，有54.0%的菌株、共计34属含有雷纳霉素的合成基因，可见其在放线菌中非常广泛地存在；高黎贡山的346株土壤放线菌中有41.3%（143株）含有这种合成基因。在滇西南地衣的340株放线菌中有40.6%（138株）含有二萜合成基因；在高黎贡山土壤的346株放线菌中有16.8%（58株）含有二萜合成基因；在元江等3个特殊地质土壤的630株放线菌中，有22.1%（139株）含有二萜合成基因。这些菌株用处很大。

如此大量的实验结果证明，放线菌蕴含极为多样的代谢途径，产生极为多样的抗菌物质，这些化合物在维系自然生态系统的平衡中扮演着重要角色；我们可以利用基因测试手段，发现有开发价值的放线菌。

在对比同一菌株活性筛选与功能基因筛选的结果时我们发现，大部分菌株两种筛选方法的结果保持了一致性，功能基因的多样性通常导致抗菌活性种类的多样性，这说明两种筛选方法都能快速有效地筛选出具有开发潜力的菌株。但少量菌株抗菌活性较好却未检测出功能基因，或功能基因丰富却未表现出抗菌活性。这与两种筛选方法各自的局限性有关，活性筛选受发酵条件的限制，使得相关基因无法表达。而基因筛选则取决于引物设计是否合理，专一性高不高，并且有时会产生假阳性或假阴性结果。这意味着在放线菌活性潜力挖掘的过程中，不仅要将不同的方法相结合，还要对各种方法不断进行优化。特别是功能基因筛选，随着基因组数据的不断增多，一方面，应结合目标生物活性分子的保守区域或核心结构，通过比较基因组学的分析，设计出更具针对性的、更特异的引物，使得活性潜力的挖掘更具有针对性，并提高成功率；另一方面，可以通过设计特异性探针进行杂交或针对代谢途径中某些中间产物设计相关引物，利用RT-PCR程序，进行高通量的目标基因筛选，提高筛选的效率。

第六节　全基因组分析及基因组挖掘

据近期的统计，放线菌基因组中一般蕴含着20～30个生物合成基因簇（biosynthetic gene cluster，BGC）。虽然有90%的基因簇在普通发酵中未必会表达，也未必能获得相应的化合物，但对其相关基因簇的信息挖掘能为天然产物的开发提供有力参考，并指明方向（Shen，2015）。通过分类鉴定、生物活性和酶活性筛选及功能基因筛选，综合评估，从中选择具有较强生物活性潜力、基因组较大、具有某类抗生素合成基因，或可能是新分类单元的80株菌进行全基因组测序（S2-1），并利用次级代谢产物基因簇分析平台——antiSMASH（https://antismash.secondarymetabolites.org/#!/start）对其中的生物合成基因进行预测，从而挖掘出潜力菌株中可能存在的生物合成基因簇，为发现有开发价值的新化合物奠定基础。

一、测序菌株

我们测试了来自土壤的30种放线菌，动物粪便的29种，地衣的18种，以及其他来源共计33属80种（S2-1）的全基因组，并进行基因组挖掘。

二、基因组测序流程

基因组测序及组装：测序公司为武汉华大基因科技有限公司。运用 SOAPdenovo（V1.05）对处理后的 reads 数据进行组装，多次调整后得到最优的组装结果，组装程序如图 2-32 所示。然后运用序列比对软件 SOAPaligner（V2.21）把 reads 比对到组装结果上，统计 reads 的分布图信息，对组装结果进行单碱基校对，相关程序如下。

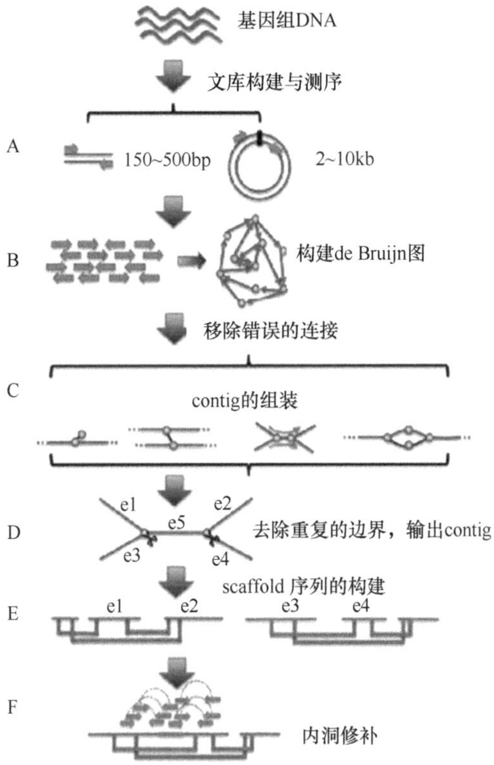

图 2-32　基因组测序程序示意图

A. 文库构建与测序；B. 组装第一步，构建 de Bruijn 图；C、D. 组装第二步，构建 contig 序列；E. 组装第三、四步，根据 reads 与 contig 序列分布图信息构建 scaffold；F. 内洞修补，根据 reads 与 scaffold 序列分布图信息，提取落在洞里的 reads，进行补洞

三、基因组挖掘举例

16S rRNA 比对表明菌株 YIM 121184 是玫瑰淡紫链霉菌（*Streptomyces roseolilacinus*）的近似种，相似率为 98.1%，可能是新的链霉菌种。经分析有 45 个化合物生物合成基因簇（表 2-13），包括聚酮类（8 个）、非核糖体多肽类（8 个）、杂合聚肽聚酮类（3 个）、萜类（6 个）、细菌素类（3 个）、嘧啶类（1 个）、呋喃类（1 个）、嗜铁素类（4 个）、黑色素类（1 个）和 3 个其他类型化合物，其中有 7 个基因簇没有相匹配的基因簇类群，属于未知的基因簇，可能合成新类型的活性物质。

表 2-13　YIM 121184 的生物合成基因簇

基因簇	类型	最相似已知基因簇	相似性（%）
基因簇 1	T1PKS	chlorothricin（T1PKS+ T1PKS -saccharide）	18
基因簇 2	bacteriocin	—	—
基因簇 3	NRPS-like，NRPS，其他	himastatin（NRPS）	80
基因簇 4	NRPS-T1PKS	antimycin（NRPS-T1PKS）	100
基因簇 5	NRPS-T1PKS，terpene	foxicins A-D（NRPS-T1PKS）	9

续表

基因簇	类型	最相似已知基因簇	相似性（%）
基因簇 6	T3PKS	herboxidiene（T1PKS + T3PKS）	8
基因簇 7	furan，butyrolactone	neocarzinostatin（T1PKS + T1PKS）	4
基因簇 8	T2PKS	SF2575（T2PKS -saccharide-other）	17
基因簇 9	ectoine	ectoine（其他）	100
基因簇 10	bacteriocin	—	—
基因簇 11	其他	—	—
基因簇 12	NRPS-T1PKS	—	—
基因簇 13	NRPS-like	octacosamicin（NRPS- T1PKS）	12
基因簇 14	T3PKS，T1PKS	pyralomycin（NRPS- T1PKS）	37
基因簇 15	siderophore	desferrioxamine B（其他）	83
基因簇 16	T2PKS	formicamycins A-M（T2PKS）	48
基因簇 17	siderophore	natamycin（T1PKS）	9
基因簇 18	其他	ethylenediaminesuccinic acid hydroxyarginine（EDHA）（其他）	100
基因簇 19	bacteriocin	—	—
基因簇 20	siderophore	ficellomycin（NRPS）	3
基因簇 21	bacteriocin，lanthipeptide	informatipeptin（lanthipeptide）	100
基因簇 22	其他	—	—
基因簇 23	T2PKS	spore pigment（T2PKS）	91
基因簇 24	thiopeptide，LAP	platencin（terpene）	9
基因簇 25	terpene，NRPS-like	stenothricin（NRPS）	13
基因簇 26	terpene，T1PKS	A54145（NRPS）	8
基因簇 27	terpene	albaflavenone（terpene）	100
基因簇 28	terpene	geosmin（terpene）	100
基因簇 29	NRPS	streptolydigin（NRPS- T1PKS -saccharide）	15
基因簇 30	NRPS	SCO-2138（其他）	71
基因簇 31	siderophore	grincamycin（T2PKS -saccharide）	8
基因簇 32	T1PKS	abyssomicins M-X（T1PKS）	28
基因簇 33	terpene	—	—
基因簇 34	T1PKS	jawsamycin（NRPS- T1PKS）	23
基因簇 35	terpene	hopene（terpene）	92
基因簇 36	nucleoside	toyocamycin（其他）	30
基因簇 37	NRPS	BD-12（NRPS）	17
基因簇 38	melanin	melanin（其他）	57
基因簇 39	NRPS-like	stenothricin（NRPS）	13
基因簇 40	NRPS-like	auricin deoxysugar moieties（saccharide）	6
基因簇 41	T1PKS，hglE-KS	reveromycin（T1PKS）	9
基因簇 42	T3PKS	germicidin（其他）	100
基因簇 43	NRPS	laspartomycin（NRPS）	13
基因簇 44	T1PKS	chlorothricin（T1PKS + T1PKS -saccharide）	16
基因簇 45	T1PKS	micromonolactam（T1PKS）	100

基因簇 1：预测为具有抗菌活性的大环内酯类抗生素氯丝菌素（chlorothricin），该基因在部分链霉菌中均有分布，说明排列正确，但它与目前已知的相关基因簇相似性较低，只有 18%，且核心基因较短，有可能是因为序列不完整或可能产生新的化合物。

基因簇 3：预测为具有抗癌活性的非核糖体多肽类抗生素黑莫他丁（himastatin），该基因在很多链霉菌中都有分布，而且它与目前已知的黑莫他丁基因簇相似性达 80%（图 2-33），表明该基因可能产生类似的化合物。

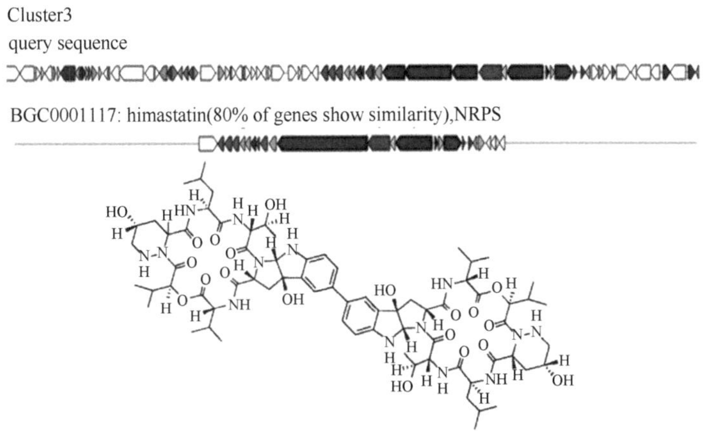

图 2-33　与 YIM 121184 基因簇 3 相似的已知基因簇及其产物

基因簇 4：预测为抗霉素（antimycin），是一类由链霉菌产生的具有抗昆虫和真菌特性的大环内酯类天然抗生素，蛋白质序列比对表明该基因排列正确，而且与已知基因簇的相似性较高（图 2-34），从而说明该菌株可能产生相似的化合物。

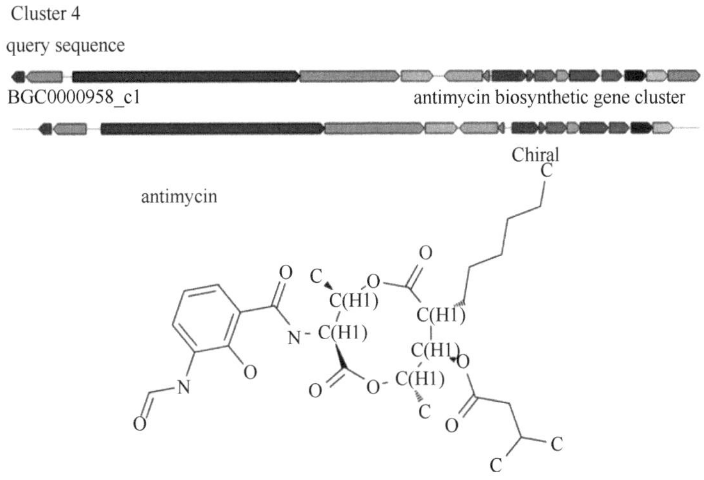

图 2-34　与 YIM 121184 基因簇 4 相似的已知基因簇及其产物

基因簇 5：预测为 NRPS-T1PKS 或萜类，类似基因簇在多种链霉菌中均有分布，说明排列正确，与之相似性较高的两个已知基因簇产生的分别是十七烯（1-heptadecene）和十九烯（1-nonadecene），为 I 型聚酮类化合物，另一种已知的 NRPS-聚酮类化合物 foxicins A-D 基因簇与其相似性较低，仅为 9.0%，说明该基因簇的生物合成可能性较多，需要更多的信息加以分析进行确定。

基因簇 6：预测为具有多种生物活性的聚酮类化合物草醚（herboxidiene），该基因簇在很多链霉菌中都有分布，但其与已知的 herboxidiene 基因簇的相似性较低，仅为 8%，说明该基因簇有可能产生与之相似的物质或新化合物。

基因簇 7：预测为具有抗癌活性的新制癌菌素（neocarzinostatin）基因簇，类似基因簇在多种链霉菌中也有分布，只是该基因簇与目前已知的两个基因簇相似性都较低，分别为 4%（neocarzinostatin）和 19%［次甲霉素（methylenomycin）］，说明该基因簇有可能产生与之类似的新化合物。

基因簇 8：预测为具有细胞毒性的聚酮类化合物 SF2575 基因簇，但相似性不高，为 17%，该基因簇核心基因与已知的杰多霉素（jadomycin）基因簇相似性为 70%，表明此基因簇可能产生类似的化合物。

基因簇 9：预测为四氢嘧啶（ectoine）基因簇，该基因主要与细胞的抗逆性相关，因此广泛存在于链霉菌，特别是从一些极端环境获得的链霉菌中，并且该基因簇与已知的基因簇相似性都比较高，说明其可以产生四氢嘧啶。

基因簇 13 和 14：都预测为 NRPS-T1PKS 类基因簇，该基因簇存在于很多链霉菌中，表明排列正确。目前，基因簇 13 只有 1 个与之类似的已知 octacosamicin 基因簇，不过相似性较低，仅为 12%。与基因簇 14 类似的则是具有抗菌活性的吡咯霉素（pyralomycin）基因簇，相似性为 37%，说明这两个基因簇可能产生类似的新化合物。

基因簇 15、17、20 和 31：均预测为铁载体（siderophore）类基因簇，该基因簇广泛分布于多种链霉菌中。不过仅基因簇 15 与已知的铁载体类化合物去铁敏（desferrioxamine）B 基因簇的相似性较高，为 83%，可以推测其可以产生类似的铁载体类化合物。基因簇 17、基因簇 20 和基因簇 31 与已知类似基因簇的相似性较低，分别仅为 9%、3%和 8%，因此这 3 个基因簇可能产生其他新的化合物。

基因簇 16：预测为聚酮类的 T2PKS 型基因簇，和它类似的已知基因簇中，蚁霉素（formicamycins A-M）和 anthrabenzoxocinone 生物合成基因簇与之相似性相对较高（图 2-35），由此推测，该基因簇可能会产生具有类似结构的化合物。

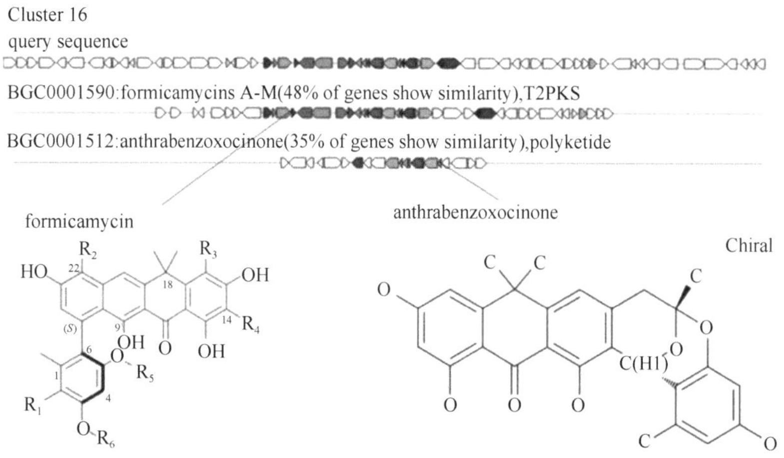

图 2-35　与 YIM 121184 基因簇 16 相似的已知基因簇及其产物

基因簇 21：预测为羊毛硫肽类化合物基因簇，并且该基因簇分布于多种链霉菌中，其核心肽预测为 MALLDLQTMESDEHDGGGAS-DhbVDhaLLDhaCIDhaAADhaVLLCL。该基因簇与部分已知的核糖体多肽类基因簇相似性较高，由此可推测该基因簇可以产生类似的核糖体多肽类化合物。

基因簇 44：预测为 T1PKS 型的生物合成基因簇，经比对核心基因与它相近的两个基因簇分别为氯丝菌素（chlorothricin）和聚酮类 ECO-02301 基因簇，相似性并不高，分别为 16%和 32%（图 2-36），由此可推测该基因簇可能产生类似的新化合物。

除上述基因簇外，YIM 基因组草图还预测出一些调节孢子萌发的杀菌剂（germicidin）基因簇（基因簇 42）、与黑色素相关的 melanin 基因簇（基因簇 38）等，并且与已知基因簇相似性较高，推测其可能产生相应的化合物。还有一些基因簇（基因簇 11、基因簇 22 等）没有已知的基因簇与之类似，可能是测序中的错排，也可能是新的天然产物，需要进一步进行验证分析。

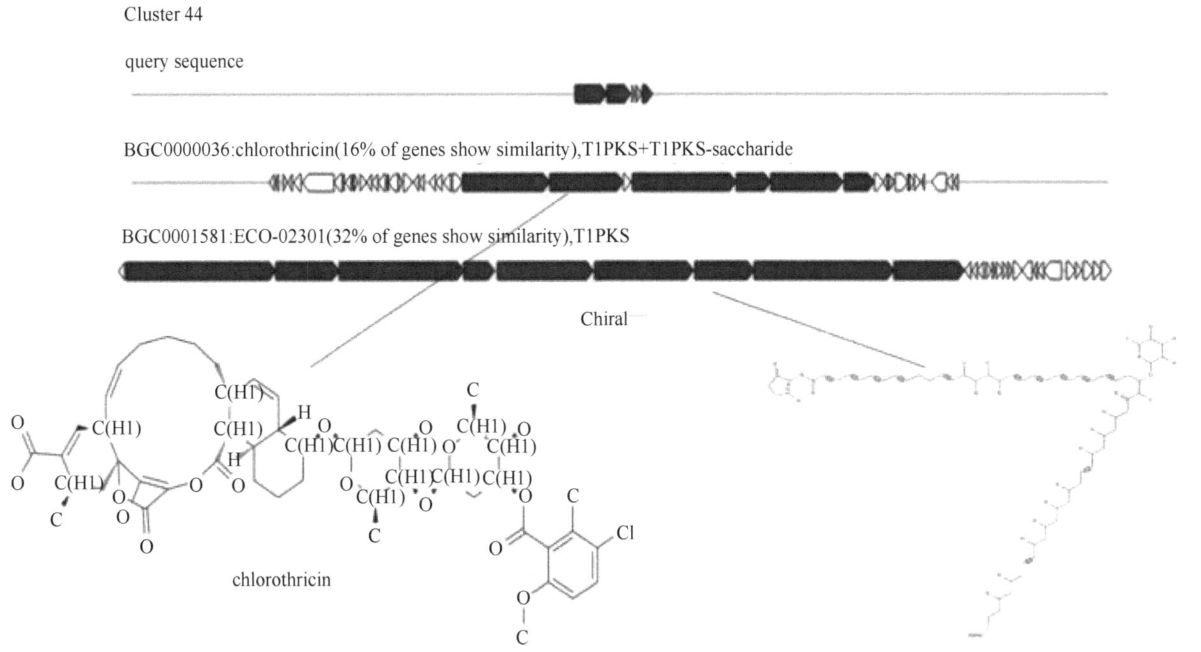

图 2-36　与 YIM 121184 基因簇 44 相似的已知基因簇及其产物

第七节　超高压液相色谱-高分辨质谱-高分辨代谢组学分析

高分辨代谢组学分析是将超高压液相色谱与高分辨质谱仪联用，分析鉴别放线菌能产生何种化合物的有力工具。高分辨代谢组学可以分析菌株在发酵工程中各种物质的动态变化。现以 YIM 132580 为代表，分析 5 个菌株产生的化合物（图 2-37，表 2-14）。

根据菌株 YIM 132580 发酵物超高压液相色谱-高分辨质谱（ultrahigh pressure liquid chromatography-high resolution mass spectrum，UHPLC-HRMS）分析结果可以看出，在 2.91min *m/z* 409.2201[M+H]$^+$，以及 3.07min、3.36min、3.43min、3.45min、3.58min、3.76min、3.81min、3.84min、4.12min、4.32min、4.54min 处分别有 11 个分子量不同的未知化合物，同时还产生大环内酰亚胺（macrolactin）、互变霉素（tautomycin）及其同系物（图 2-37）。可见这个菌株化合物的种类比较丰富。用 UHPLC-HRMS 做动态分析时，

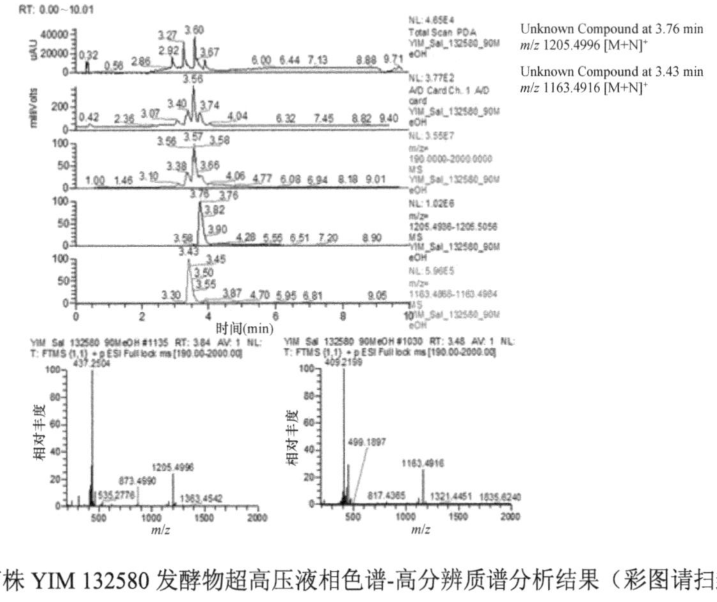

图 2-37　菌株 YIM 132580 发酵物超高压液相色谱-高分辨质谱分析结果（彩图请扫封底二维码）

表 2-14　用超高压液相色谱-高分辨质谱分析 5 株放线菌产生的化合物

质荷比（*m/z*）	保留时间（min）		化合物鉴定	YIM 132147 峰面积	YIM 132391 峰面积	YIM 132423 峰面积	YIM 132105 峰面积	YIM 132580 峰面积
619.309 4	2.08	m+H	nocardamine	0	1 659 147.254	0	0	0
332.135 3	2.10	m+H	unknown compound	0	1 393 936.95	0	0	0
561.360 9	2.13	m+H	deferrioxamine	0	0	0	2 775 808.793	0
247.091 7	2.31	m+Na	phaeochromycin E	0	0	1 098 515.131	0	0
225.109 9	2.31	m+Na	phaeochromycin analog	0	0	5 015 975.189	0	0
601.356 1	2.40	m+H	nocardamine	0	0	0	1.61E+07	0
239.125 5	2.56	m+H	ketalin	4 315 656.106	0	2 521 468.477	0	0
322.162 5	2.63	m+Na	unknown compound	699 417.145 5	0	0	0	0
366.188 7	2.79	m+Na	unknown compound	2 684 075.412	0	0	2 127 768.57	0
304.151 9	2.84	m+H	cycloheximide	1.79E+07	0	0	0	0
395.147 8	2.91	m+	rishirilide B	0	0	0	0	0
425.214 5	2.91	m+H	unknown compound	0	0	0	0	1 784 158.976
316.115 4	3.06	m+H	unknown compound，poss bihimamycin C 316.1179	1 875 428.006	0	0	0	0
1 121.481 7	3.07	m+H	unknown compound	0	0	0	0	1 279 611.846
1 145.648 6	3.08	m+H	unknown compound	0	0	0	4 426 541.706	0
439.230 2	3.10	m+H	unknown compound	0	0	0	0	9 614 902.191
409.219 7	3.36	m+H	unknown compound	0	0	0	0	4.95E+07
434.180 8	3.41	m+H	tirandamycin B	0	2 185 869.781	0	0	0
416.170 2	3.42	m+H	tirandamycin analog	0	710 300.373 9	0	0	0
1163.491 3	3.43	m+H	unknown compound	0	0	0	0	4 989 176.341
478.144 7	3.44	m+H	polyoxin-L	0	5 481 764.601	0	0	0
453.245 6	3.45	m+H	unknown compound	0	0	0	0	6 377 027.673
304.188 3	3.53	m+H	unknown compound	1 964 231.477	0	0	641 513.115 3	0
423.235 3	3.58	m+H	unknown compound	4 103 571.731	0	1 428 929.349	0	1.27E+08
1 205.499 5	3.76	m+H	unknown compound	0	0	0	0	8 577 638.561
1 099.063 1	3.81	[m+2H]2+	unknown compound	0	1 045 451.023	0	0	0
437.250 8	3.81	m+H	unknown compound	1 863 891.137	0	0	0	1.89E+07
451.266 4	4.02	m+H	macrolactin Y	0	0	0	0	504 596.158 8
440.167 9	4.02	m+Na	tirandamycin A	0	1 490 042.311	0	0	0
1 233.531 1	4.06	m+H	unknown compound	0	0	0	0	2 805 016.41
593.330 0	4.12	m+H	tautomycetin analog	0	0	0	0	1 344 810.238
591.314 4	4.22	unknown adduct	unknown compound	0	0	0	0	1 440 581.982
620.340 8	4.26	m+Na	cirramycin-A1	0	0	0	0	939 716.841
607.345 7	4.32	m+H	tautomycetin	1 383 432.417	0	637 995.512 1	0	3 687 401.162
621.361 3	4.54	m+H	tautomycetin analog	926 136.304 2	0	0	0	2 255 926.183
805.474 7	5.23	m+Na	leucanicidin	0	0	1 029 561.986	0	0

菌株的发酵条件、发酵时间和培养基成分、通气条件、pH 等因素都会影响化合物的种类与含量。一般情况下，我们要用 4 种差别较大的配方进行液体发酵，才能较准确地判断菌株产生化合物的潜力。另外，培养基的成分有可能被转化成没有用处的其他化合物，如常用的大豆粉在发酵工程中容易被菌株转化成各种黄酮、核苷、脂肪酸等，会对分析结果造成干扰，应当尽早予以排除。

第八节　放线菌资源药用价值综合评估

根据本书的宗旨，以从放线菌发现药物先导物为目标，为了便于叙述，相关工作流程如图 2-38 所示。

环境(土壤、动物、植物、地衣、海洋、极端环境）样品
↓分离方法研究　　　　↓
去重复后的纯培养菌株(编号)　　　　高通量测序、宏基因组测序
↙　　↘　　　　↓
DNA → 基因筛选　　　　生物活性　　　　目的基因
↓　　　　↓　　　　↓
16S rDNA相似性低于97%　　　　活性菌株　　　　异源表达
全序列确认 > 97%　↓　　　　↓　　　　↓
新种 ← 多相分类 → 全基因组分析、基因挖掘、超高压液相色谱-高分辨质谱分析
↓　　　　↓
综合评估　　　　有效成分的分离及结构解析
↓　　　　↓
潜力菌株(gifted strain)　　　　先导物
↓
发酵培养基优化
↓
薄层层析、高压液相色谱、超高压液相色谱-高分辨质谱、高分辨代谢组学分析
↓
大量发酵
↓
有效成分的分离及结构解析
↓
先导物 → 合成生物学（工程菌株的构建、生物合成研究）

图 2-38　放线菌药物发现工作流程图

我们将从以下几个方面来综合评估菌株的药用价值。

（1）菌株来源。以前的研究大都集中在来自土壤的放线菌。最近二三十年日本、澳大利亚、美国、英国、加拿大等国都有专门研究海洋微生物资源的实验室。根据我们的研究，即使两个菌株 16S rDNA 相似性在 100.0%，但经过全基因组分析，其基因组的大小、序列相似性也可能不同，所以不能认为是同一个种，所合成次级代谢产物的种类可能也不同。例如，我们在从大熊猫粪便获得的浅紫链霉菌（*Streptomyces violascens*）中发现的新型 fusicoccane 型二萜类化合物，具有抑制肿瘤细胞侵袭和转移的能力（第三章），说明不同来源的同一个种的不同菌株，由于所处的环境不同（如土壤和动物），它们与环境因素长期适应，生产的化合物也可能不相同。高黎贡山土壤放线菌中，产生雷纳霉素（leinamycin）和二萜类化合物的菌株多；元江等 3 个特殊地质地区的土壤放线菌产生二萜类化合物的菌株多。因为动物来源的菌株相当于已经跟宿主长期共进化，应该对宿主无毒，这是优先的入选潜力菌株条件之一。总之，菌株来源地（环境因素）对其产生的化合物有重要影响。

（2）菌株的分类地位。一般来说，链霉菌的生物活性强，产生的次级代谢产物多。但根据我们的概念，新物种具有新基因的可能性更大，因此获得新化合物的可能性更大。尤其是新属可作为入选潜力菌株条件之一。

（3）菌株的生长。来自极端环境的菌株（尤其是嗜盐、嗜碱、嗜压菌）要在早期将其生长情况或是否容易培养等作为及早判断的依据。例如，只有在高盐或高压下才能生长的菌株，或生长很慢（我们曾经发现，有的嗜盐菌株在 200mL 摇瓶发酵一个月，湿菌体不到 1g）的菌株，或生长条件要求苛刻的菌株，

即使可能产生某种新化合物，也尽量不要入选潜力菌株，以免增加后续研究的难度。

（4）生物活性。一是考虑菌株对某一对象（致病菌）的活性强度，越强越好；二是考虑广度，如抗菌谱、抗肿瘤的广度，又强又广的入选。

（5）基因组大小。因为通过 16S rDNA 测序，就能容易地预测菌株基因组的大小。一般来说，基因组大的菌株蕴含的代谢途径多，化合物多，成分或许更复杂，产生新化合物的概率更大；基因组小的菌株，可能合成的化合物种类并不多，但合成某一个化合物的量可能多，要统筹考虑。

（6）产生新活性物质的可能性。获得有开发前景的新化合物是药物发现过程中的核心步骤。一般情况下，基因测试可初步判断某个菌株可能产生某种化合物及其类似物，但要考虑这个基因是表达还是沉默。全基因组分析可进一步判断菌株所有次级代谢产物的合成基因簇，可能产生哪类化物，以及产生未知化合物的可能性，但也和表达与否及表达量多少有关。超高压-高分辨液质联用可以比较准确地判断菌株能产生哪些化合物，能否产生未知化合物及其大致的分子量，判断较为准确，但培养基成分及发酵条件会产生影响，且耗费较大。由于化合物的产生跟发酵条件有关，因此我们主张，用 4 种成分差异较大的培养基进行小量发酵，在不同发酵时间用高分辨代谢组学技术适时检测，可以避免遗漏。最好是只高表达一种有开发潜力新化合物的菌株，而不是产生的化合物越多越好。菌体内次级代谢产物合成途径是一个代谢网络，调节机制非常复杂多变。我们在考虑菌株的药用价值时，要综合考虑、评估各种因素，而后决定取舍。

新来源、新菌种、新基因、新产物、新用途，这就是我们贯穿始终的指导思想。

总之，生长好、活性强、活性广、可能新种、能生产某类或某一种具有开发潜力的新化合物的菌株可作为潜力菌株，用于后续开发，发现有开发潜力的先导物。

从设计、采集样品开始，到获得潜力菌株，大概只占药物全程开发的工作量及投入的 5.0%。从获得潜力菌株到获得药物先导物，大概又占 5.0%。虽然获得潜力菌株和先导物仅占药物全程开发的 10%左右，但二者都非常重要。先导物的活性、结构类型、分子量大小、结构稳定性、产量，菌株发酵的条件，制备工艺，都关乎药物开发的成败。可见当今药物开发周期之长，耗资之巨，工作之难。

（**作者**：李桂鼎，姜　怡*，姜明国*，李沁元，李有龙，保明伟，王立松，杨立芳，姜成林）

主要参考文献

曹艳茹. 2012. 动物粪便放线菌多样性及生物活性研究. 杨凌: 西北农林科技大学博士学位论文

陈秀. 2017. 几种非人灵长类动物末端肠道细菌多样性和稳定性及其中一些菌株潜在应用初探. 沈阳: 东北大学博士学位论文

姜成林, 徐丽华. 1997. 微生物资源学. 北京: 科学出版社

李沁元. 2019. 云南三种特色地质地貌区域放线菌多样性、生物活性及其生物合成潜力研究. 昆明: 云南大学博士学位论文

刘昌孝. 2017. 当代抗生素发展的挑战与思考. 中国抗生素杂志, 42(1): 1-12

柳成宾. 2017. 地衣放线菌多样性及次级代谢产物研究. 沈阳: 东北大学博士学位论文

徐丽华, 李文均, 刘志恒, 等. 2010. 微生物资源学. 2 版. 北京: 科学出版社

阎逊初. 1992. 放线菌的分类与鉴定. 北京: 科学出版社

Anderson A S, Clark D J, Gibbons P H, et al. 2002. The detection of diverse aminoglycoside phosphotransferases within natural populations of actinomycetes. Journal of Industrial Microbiology and Biotechnology, 29(2): 60-69

Baltz R H. 2008. Renaissance in antibacterial discovery from actinomycetes. Current Opinion in Pharmacology, 8: 1-7

Bergmann S, Schümann J, Scherlach K, et al. 2007. Genomics-driven discovery of PKS-NRPS hybrid metabolites from *Aspergillus nidulans*. Nature Chemical Biology, 3(4): 213-217

Bradley M H, Kim S H, Micah K, et al. 2018. Culture-independent discovery of the malacidins as calcium-dependent antibiotics with activity against multidrug-resistant Gram-positive pathogens. Nature Microbiology, 3: 415-422

Coletta-Filho H D, Takita M A, Souza A A D, et al. 2010. Primers based on the rpf gene region provide improved detection of

* 通讯作者 Email：jiangyi@ynu.edu.cn；mzxyjiang@163.com

Xanthomonas axonopodis pv. *citri* in naturally and artificially infected citrus plants. Journal of Applied Microbiology, 100: 279-285

Diminic J, Starcevic A, Mohamed L, et al. 2014. Evolutionary concepts in natural products discovery: what actinomycetes have taught us. Journal of Industrial Microbiology & Biotechnology, 41: 211-217

González A, Vázquez-Baeza Y, Knight R. 2014. SnapShot: the human microbiome. Cell, 158: 690

Goodfellow M, Fiedler H P. 2010. A guide to successful bioprospecting: informed by actinobacterial systematics. Antonie van Leeuwenhoek, 98: 119-142

Gupta P B, Tamer T O, Jiang G Z. 2009. Identification of selective inhibitors of cancer stem cells by high-throughput screening. Cell, 138: 1-15

Hwang Y B, Lee M Y, Park H J, et al. 2007. Isolation of putative polyene-producing actinomycetes strains via PCR-based genome screening for polyene-specific hydroxylase genes. Process Biochemistry, 42(1): 102-107

Jenke K H, Rner T, Dittmann E. 2006. Natural biocombinatorics in the polyketide synthase genes of the actinobacterium *Streptomyces avermitilis*. PLoS Computational Biology, 2(10): 132

Jiang Y, Cao Y R, Wiese J, et al. 2009. A new approach of research and development on pharmaceuticls from actinomycetes. Journal of Life Sciences, 3(7): 52-56

Joachim J H, Chantal D B, Remškar M, et al. 2018. Concepts and methods to access novel antibiotics from actinomycetes. Antibiotics, 7: 44-47

Kim B G, Lee M J, Seo J, et al. 2009. Identification of functionally clustered nystatin-like biosynthetic genes in a rare actinobacterias, *Pseudonocardia autotrophica*. Journal of Industrial Microbiology and Biotechnology, 36: 1425-1434

Kim C G, Yu T W, Fryhle C B, et al. 1998. 3-Amino-5-hydroxybenzoic acid synthase, the terminal enzyme in the formation of the precursor of mC7N units in rifamycin and related antibiotics. Journal of Biological Chemistry, 273: 6030-6040

Knirschova R, Novakova R, Feckova L, et al. 2007. Multiple regulatory genes in the salinomycin biosynthetic gene cluster of *Streptomyces albus* CCM 4719. Folia Microbiologica, 52(4): 359

Liu C B, Jiang Y, Lei H, et al. 2017. Four new nanaomycins produced by *Streptomyces hebeiensis* derived from lichen. Chemistry & Biodiversity, 14: e1700057

Losee L L, Schneider T, Peoples A J, et al. 2015. A new antibiotic kills pathogens without detectable resistance. Nature, 517: 455-474

Ludlow E J, Vassiliadis S, Ekanayake P N, et al. 2019. Analysis of the indole diterpene gene cluster for biosynthesis of the epoxy-Janthitrems in *Epichloë* endophytes. Microorganisms, 7(11): 560

Ma J, Cao B X, Liu C B, et al. 2018. Actinofuranones D-I from a lichen-associated actinomycetes, *Streptomyces gramineus*, and their anti-inflammatory effects. Molecules, 23: 2393-2407

Mast Y, Stegman E. 2019. Actinomycetes: the antibiotics producers. Antibiotics, 8: 105-109

Mohamed S D, Cimermancic P, Christopher J S, et al. 2014. A systematic analysis of biosynthetic gene clusters in the human microbiome reveals a common family of antibiotics. Cell, 158: 1402-1414

Myronovskyi M, Luzhetskyy A. 2013. Genome engineering in actinomycetes using site-specific recombinases. Applied Microbiology and Biotechnology, 97: 4701-4712

Olha S, Nebojsa S, Finn L A, et al. 2018. Genome mining of *Streptomyces* sp. YIM 130001 isolated from lichen affords new thiopeptide antibiotic related to geninthiocin. Frontiers in Microbiology, 9: 1-12

Pan G H, Xu Z R, Guo Z K, et al. 2017. Discovery of the leinamycin family of natural products by mining actinobacterial genomes. Proceedings of the National Academy of Sciences, 114(52): E11131-11140

Parrington J, Coward K. 2007. Comparative genomics and proteomics in drug discovery. Applied Optics, 45: 2077-2088

Polpass A J, Bhavanath J. 2016. New dimensions of research on actinomycetes: quest for next generation antibiotics. Frontiers in Microbiology, 7: 1-4

Raja A, Prabakarana P. 2011. Actinomycetes and drug-an overview. American Journal of Drug Discovery and Development, 1(2): 75-84

Richard H B. 2007. Antimicrobials from actinomycetes: back to the future. Features, 2: 125-137

Sandal I, Bhattacharya A, Saini U, et al. 2011. Chemical modification of L-glutamine to alpha-amino glutarimide on autoclaving facilitates *Agrobacterium* infection of host and non-host plants: a new use of a known compound. BMC Chemical Biology, 11: 1-13

Shen B. 2015. A new golden age of natural products drug discovery. Cell, 163: 1297-1300

Sigmund J M, Clark D C, Rainey F A, et al. 2003. Detection of eubacterial 3-hydroxy-3-methylglutaryl coenzyme a reductase from natural populations of actinomycetes. Microbial Ecology, 46(1): 106-112

Takahashi Y, Nakashima T. 2018. Actinomycetes, an inexhaustible source of naturally occurring antibiotics. Antibiotics, 7: 1-17

Yan X H, Hindra, Ge H M. 2018. Discovery of alternative producers of the enediyne antitumor antibiotic C-1027 with high titers. Journal of Natural Products, 81: 594-599

Zipperer A, Konnert M C, Claudia L, et al. 2016. Human commensals producing a novel antibiotic impair pathogen colonization. Nature, 535: 511-516

第三章　放线菌产生的活性先导化合物

微生物产生的抗生素对人类的健康事业做出了不可磨灭的重大贡献。迄今为止，微生物仍然是发掘天然药物的重要来源，一旦从微生物中获得有用的药物，就可以迅速进行大规模工业化生产，这是其他生物不可比拟的优势。据 2012 年的统计，合成药物的成药率（成功率）是 0.005%，天然产物的成药率是 0.6%，而微生物代谢产物的成药率是 1.6%，微生物来源的次级代谢产物在新药发现中起到重要作用。目前，仅仅 1%左右的微生物获得纯培养，99%的未知微生物（包括放线菌）等待开发利用。

在目前已经发现的数万种微生物来源的生物活性物质中，约有 45%来自于放线菌，临床治疗和农业生产中应用的抗生素有 150 余种，其中 3/4 来源于放线菌。在抗感染和抗肿瘤药物领域，放线菌来源的天然产物具有结构多样、活性作用机制独特等特点，是发现具有抗感染和抗肿瘤活性的药物先导化合物的重要资源（Berdy，2005）。目前放线菌主要是从陆地较易采集的土壤资源中分离培养得到的，由于微生物科研工作者的广泛研究，从普通土壤资源中得到的放线菌，菌株重复性越来越高，发现新菌种和从中得到新颖化合物的可能性越来越低。研究较少的特殊生境（栖息地）中蕴含新微生物资源和结构新颖的次生代谢产物的概率远高于普通生境。

我们本着新来源、新菌种、新基因、新产物、新用途的理念，研究了动物、地衣来源放线菌及姜氏菌目的代谢产物。部分进展分述于下。

第一节　动物粪便放线菌

动物食源广泛，必然有强大的免疫机制，微生物是这种免疫机制的重要组成部分。根据我们的初步研究（第一章），动物在胎儿时期就已建立起具有自身特点的肠道微生物区系的基本骨架；在出生后带着祖先的遗传信息，同时接受食物、空气、水等生存环境的综合影响，与微生物互相选择，互相适应，协同进化；又伴随着年龄的变化，逐步形成时空上不断变化、极为复杂、相对稳定、各具特色的微生物区系。因此，把数量巨大的未培养肠道（粪便）放线菌变成可培养的微生物，从中寻找药物先导化合物和其他产品，是一条微生物资源利用的新路径。

随着对动物粪便放线菌多样性和代谢产物研究的逐渐深入，动物粪便放线菌作为发现药物先导化合物潜在资源的能力逐步引起药学工作者的重视。我们的研究证明，动物粪便放线菌代谢产物结构新颖，且活性广泛，具有抗肿瘤、抗炎、抗菌和抗真菌等多种生物活性（图 3-1）。此外，在其他来源放线菌中几乎不表达的合成基因簇可在动物放线菌中被激活。萜类化合物在高等植物和真菌中广泛存在，而且是目前结构类型最多、活性最为广泛的天然产物之一。然而萜类化合物的合成基因在大部分放线菌中处于沉默状态，或表达量很少，因此源于放线菌的萜类成分很少被关注。在研究中我们发现动物粪便放线菌中很多萜类合成基因处于活化状态（图 3-1A），表明源于动物肠道的放线菌因其特殊生境，一些潜在的功能基因簇被激活。另外，从这些放线菌中获得的活性化合物表现出独特的作用机制。如图 3-1 所示，从大熊猫粪便放线菌 *Streptomyces violascens* 中发现的新型 fusicoccane 型二萜类成分具有抑制肿瘤细胞侵袭和转移的能力。从亚洲象粪便放线菌 *Streptomyces albolongus* 中获得的具有抗真菌活性的新型巴芙洛霉素（bafilomycin）和降倍半萜（norsesquiterpenoid）类化合物表现出了独特的抗真菌活性，其中巴芙洛霉素类成分能够显著下调多组与甾醇合成相关基因的表达，且不同于临床上应用药物的靶基因，并能够显著抑制真菌 *MET6* 基因的表达。*MET6* 基因编码的甲硫氨酸合成酶对于真菌生长是必需的，被认为是最具潜力的新型治疗靶点之一。

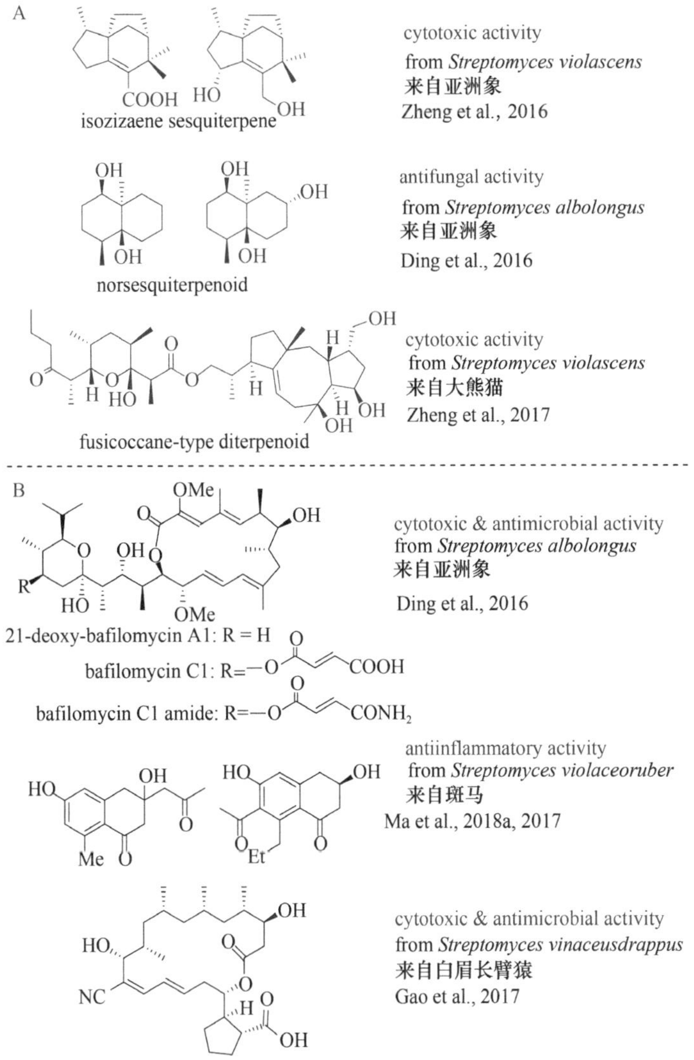

图 3-1　分离自动物粪便放线菌的部分活性化合物

目前尚未发现以 *MET6* 基因为靶点的治疗真菌感染的药物。获得的新型降倍半萜类成分抗白色念珠菌活性与两性霉素 B 相当，且其细胞毒性远小于两性霉素 B。在对动物放线菌活性代谢产物的研究中发现，与其他生境的放线菌相比，源于动物体内的放线菌具有表达抗炎活性天然产物的能力，如从源于斑马粪便的放线菌 *Streptomyces violaceoruber* 中产生的色原酮类成分抗炎活性明显强于阳性对照药，它能够靶向作用于核因子κB（NF-κB）信号转导通路，抑制炎症因子白细胞介素-1β（IL-1β）、肿瘤坏死因子-α（TNF-α）、白细胞介素-6（IL-6）的表达。据此，我们认为动物粪便放线菌是潜力很大、种类丰富、未知菌多的药用资源。

我们从仅仅 15 株动物粪便放线菌中就分离到 180 多个化合物，其中具有生物活性的新化合物就有 66 个。我们从亚洲象的肠道微生物中发现大量合成各种抗生素和其他生物活性物质的基因（第二章）。这些工作揭示，动物粪便放线菌是一个巨大的分子药物库。下面介绍相关工作的部分进展。

一、巴芙洛霉素类成分抗真菌活性和作用机制

近年来，随着人口老龄化增加，器官移植、肿瘤和艾滋病患者增加，免疫功能降低人群增多，深部真菌感染发病率大幅上升，抗真菌药物研究成为热点领域。目前抗真菌药物主要为咪唑类（如酮康唑）和多烯类（如两性霉素 B），它们对人体均有严重的毒副作用。同时，临床上耐药病原菌的不断出现，使

发现新型高效低毒抗真菌药物成为当务之急。念珠菌又称假丝酵母，为条件致病性真菌。在机体免疫功能低下时，可引起皮肤黏膜念珠菌病、阴道念珠菌病等。另外，在深部真菌感染患者中，念珠菌已成为最常见的的致病菌之一。对人类致病的念珠菌中白色念珠菌（*Candida albicans*）的临床分离率较高。

巴芙洛霉素是一类含有十六元内酯环的聚酮途径衍生物，目前天然来源的巴芙洛霉素类成分仅有 20 余种，均来源于链霉菌属微生物。bafilomycin A1 是最早发现的该家族成员，从放线菌 *Streptomyces griseus* 中得到。其因能够抑制动物、植物和微生物细胞 V 型 ATP 酶活性，具有潜在治疗骨质疏松症的能力而备受关注。但在我们的研究中，bafilomycin A1 对实验的病原真菌未显示明显的抑制活性，而 21-deoxy-bafilomycin A1、bafilomycin C1 和 bafilomycin C1 amide 等化合物（图 3-2）显示较强的抗白色念珠菌的活性，提示该类化合物存在其他抗真菌靶点并且其生物活性受取代基影响显著（如 21-deoxy-bafilomycin A1 相比 bafilomycin A1 只是 21 位羟基被还原）。在这些活性化合物中，bafilomycin C1 显示了强的抗真菌活性，其对白色念珠菌的最低抑制浓度（MIC）与两性霉素 B 相当。

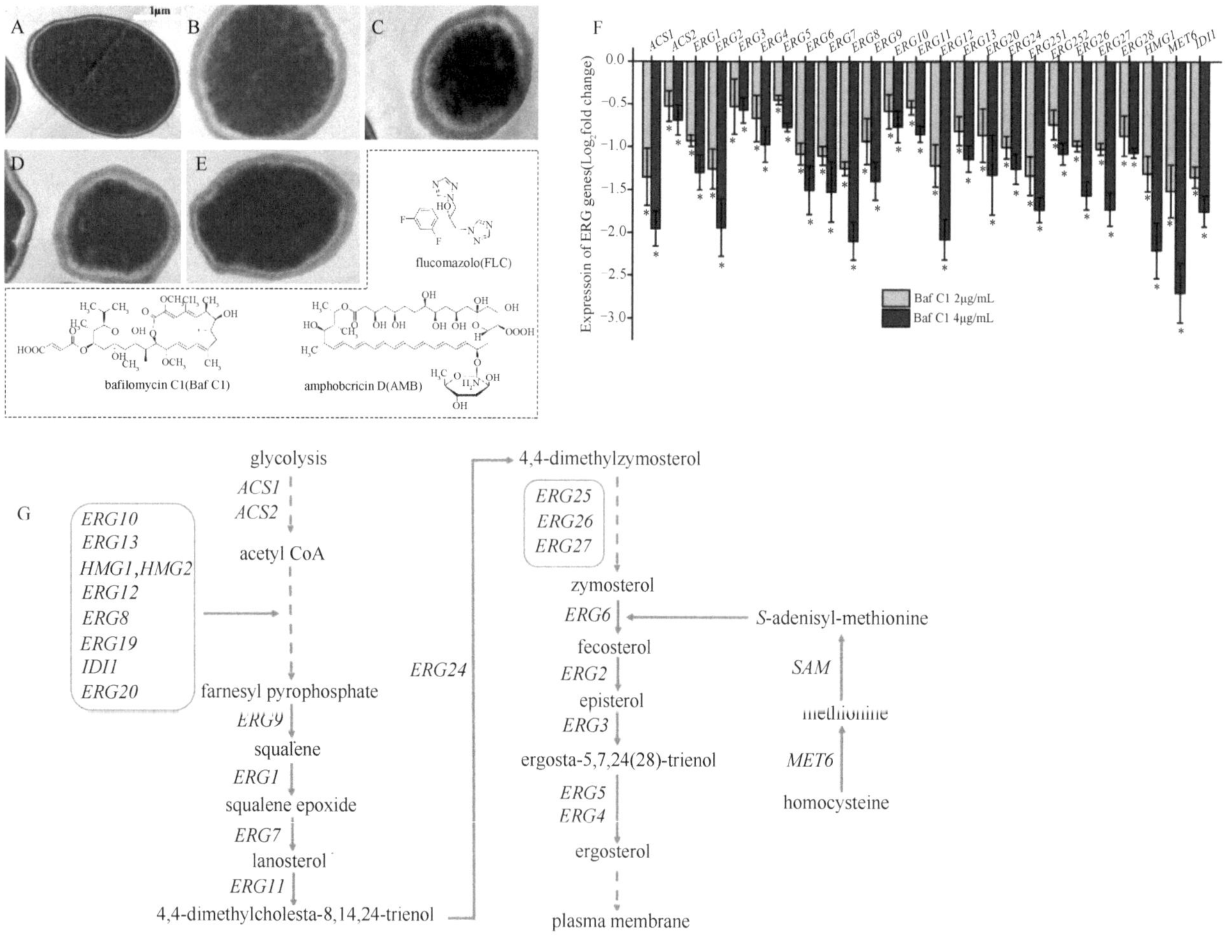

图 3-2　化合物 bafilomycin C1 的作用机制（Su et al.，2018a）

电镜观察白色念珠菌形态，与空白组（A）相比，2μg/mL Baf C1（B）和 4μg/mL Baf C1（C）处理组真菌细胞膜被严重破坏，其活性与 2μg/mL 两性霉素 B（D）相当，优于 2μg/mL 氟康唑（E）；qPCR 测试结果表明 bafilomycin C1 能够明显下调甾醇合成途径中相关基因的表达（F），尤其是能够使 *MET6* 基因下调（尚无针对该靶点的治疗药物），*代表不同处理间差异显著；G 中列举了甾醇合成途径中的相关基因

我们对 bafilomycin C1 抑制白色念珠菌活性的作用机制进行了研究，结果显示 bafilomycin C1 可以干扰甾醇合成途径中多种合成酶基因，包括 *ACS1*、*HMG1*、*IDI1*、*ERG1*、*ERG2*、*ERG6*、*ERG7*、*ERG8*、*ERG9*、*ERG12*、*ERG13*、*ERG20*、*ERG24*、*ERG251*、*ERG252*、*ERG26*、*ERG27* 和 *ERG28* 的表达（图 3-2）。同时，bafilomycin C1 处理后可以引起真菌法尼醇的蓄积，减弱真菌的毒力。尤为重要的是 bafilomycin

C1 可以明显抑制 *MET6* 基因的表达。*MET6* 基因编码的甲硫氨酸合成酶对于真菌生长是必需的，且该基因在真菌和人类中具有很高的选择性，被认为是最具潜力的新型治疗靶点之一。目前尚未发现以 *MET6* 基因为靶点的治疗真菌感染的药物。针对该靶点对 bafilomycin C1 结构进行进一步优化和改造有望获得新型的治疗深部真菌感染疾病的药物。

二、壳梭孢菌素二萜类化合物抗肿瘤作用研究

癌症是危害人类生命健康的重大疾病之一，癌症致死率高的原因在于恶性肿瘤侵袭和远处转移的特性，肿瘤侵袭和转移的相关问题已成为癌症领域的研究热点，寻找有效的抗肿瘤药物至关重要。大熊猫粪便放线菌 *Streptomyces violascens* 具有表达壳梭孢菌素二萜的能力，我们从其发酵液中获得了 3 种新型的 5/8/5 三环壳梭孢菌素，fusicomycin A、fusicomycin B 和 isofusicomycin A。研究发现 fusicomycin 化合物对人肝癌细胞 SMMC-7721 有明显的生长抑制作用，并且可以明显抑制肝癌细胞的侵袭和转移。

构效关系和作用机制研究表明，该类成分 19 位聚酮侧链是其发挥抗肿瘤作用的必需基团，12 位和 14 位羟基取代可降低其细胞毒作用（图 3-3）；采用蛋白质印迹法（Western blot）和实时定量 PCR 技术对其作用机制进行探索，发现这种新型二萜通过抑制基质金属蛋白酶（matrix metalloproteinase）MMP-2 和 MMP-9 的活性及下调其表达来抑制肿瘤细胞的转移。另外，该类型化合物无论是平面结构还是立体结构与紫杉醇都很类似，推测其可能同时具有与紫杉醇相似的抗癌机制，有望开发成多靶点新型抗癌药物。

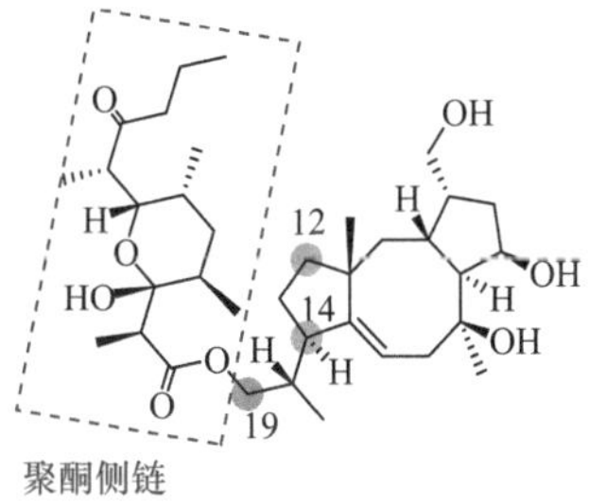

图 3-3　fusicomycin 化合物初步构效关系

三、violacin A 抗炎活性作用机制研究

炎症是具有血管系统的活体组织对损伤因子所发生的防御反应，是人体最重要的基本病理过程，许多疾病的发病过程都有炎症介质的参与。在炎症发生过程中有多种细胞如成纤维细胞、巨噬细胞、白细胞等参与，产生多种细胞因子，特别是白细胞介素-1β（IL-1β）、肿瘤坏死因子-α（TNF-α）、白细胞介素-6（IL-6）等对炎症反应起着重要的调节作用。同时，氧化应激尤其是一氧化氮（NO）的释放与炎症反应密切相关。它们的过多表达和过高活性涉及肥胖、胰岛素抵抗、糖耐量异常、糖尿病、神经退行性疾病等多种疾病的病理过程。因此，新型炎症因子调节剂或抗炎药物发现对于炎症性疾病的治疗具有重要意义。

在对来自于斑马的动物放线菌 *Streptomyces violaceoruber* 的研究过程中，获得了 2 种新型的具有抗炎活性的色原酮类化合物(*R*)-7-acetyl-3,6-dihydroxy-8-propyl-3,4-dihydronaphthalen-1(2H)-one 和 violacin A，其中，化合物 violacin A 显示出优于阳性对照药物的抗炎活性。采用脂多糖（lipopolysaccharide，LPS）诱导巨噬细胞模型考察 violacin A 对炎症因子 NO、TNF-α、IL-6 及 NO 合酶（iNOS）的表达的影响，发现 violacin A 能够明显抑制巨噬细胞 NO 的释放和炎症因子 TNF-α、IL-1β与 IL-6 的表达，其抗炎活性与下调核因子κB（NF-κB）信号通路有关。

violacin A 通过下调脂多糖（LPS）引起 p-p65 和 p-IκB-α 蛋白表达，阻碍 IκB-α 降解，阻止 p65 核移位，从而抑制 NF-κB 信号通路的激活，缓解炎症反应（图 3-4）。目前，NF-κB 信号通路已经被认为是抗炎药物的最佳作用靶点之一，violacin A 经过进一步研究有望开发为新型抗炎药物。

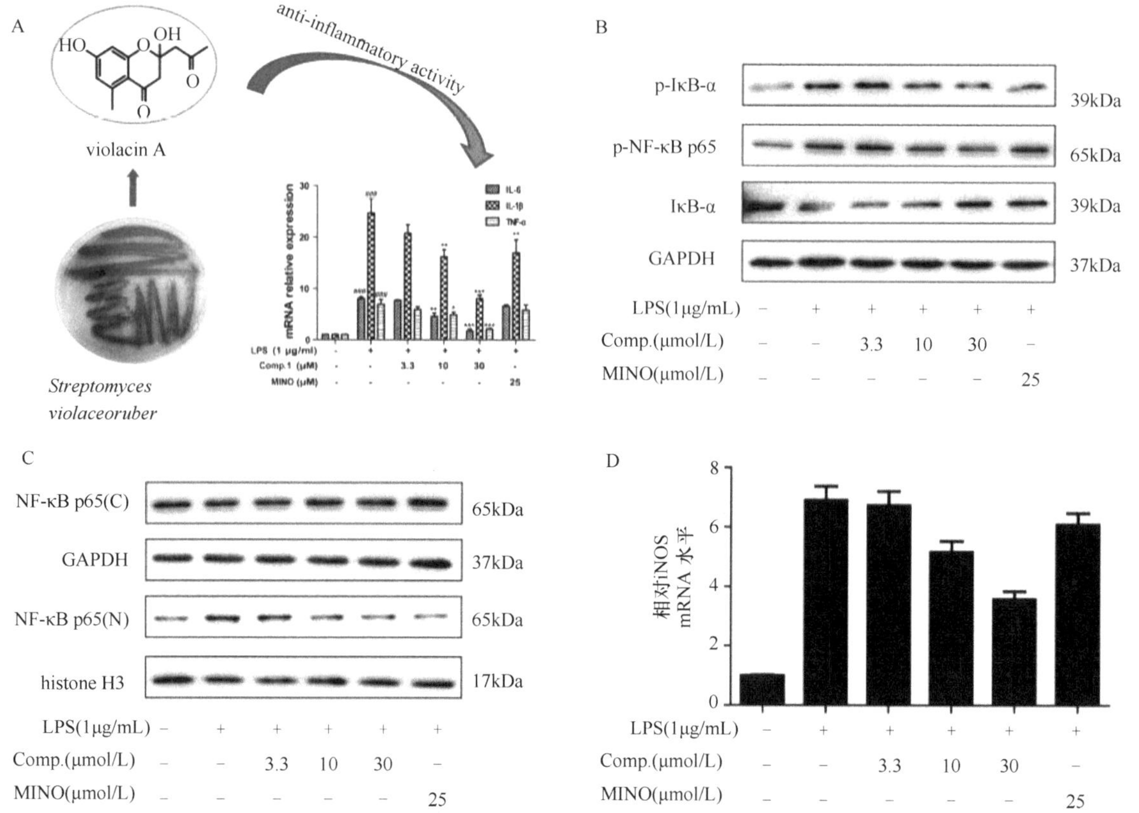

图 3-4 斑马粪便放线菌中抗炎化合物 violacin A 的作用机制（Ma et al.，2018a）

A. violacin A 抑制炎症因子 IL-6、IL-1β和 TNF-α表达；B. 药物处理后，IκB-α和 p-NF-κB 磷酸化水平下调；C. NF-κB 入核被明显抑制；D. iNOS 基因表达下调

四、borrelidin 衍生物抗真菌活性的构效关系和机制研究

borrelidin（BN），又称疏螺旋体素、抗包柔氏螺旋体素，是一个结构独特的十八元大环内酯化合物，含有环戊烷羧酸十八元内酯环和氰基共轭二烯结构，最早由 Berger 等从娄彻氏链霉菌（*Streptomyces rochei*）的次级代谢产物中分离获得。早期研究表明，BN 因特异性地抑制苏氨酰-tRNA 合成酶而具有良好的抗菌和抗疟活性。氨酰 tRNA 合成酶在蛋白质翻译过程中发挥重要作用，它通过催化 tRNA 的氨酰化，加载相对应的氨基酸，为蛋白质的正确合成提供原料。BN 通过抑制苏氨酰-tRNA 合成酶的活性，导致蛋白质合成受阻，致使细胞生长停滞进而死亡。然而，因为 BN 的高毒性，该化合物的应用一直受到限制。对其构效关系的深入研究受到原料限制（合成路线复杂；表达量高的菌株难以获得），罕有报道。在对动物放线菌次级代谢产物的研究过程中，我们发现一株高表达 BN 类化合物的菌株 *Streptomyces vinaceusdrappus*。通过该菌株的发酵，可获得足够生物量的 BN 单体化合物，结合药物化学研究方法开展构效关系研究。

我们通过药物化学原理设计并合成了 47 个 BN 衍生物（图 3-5），通过活性评价优选出了 3 个分别对白色念珠菌（BN 不敏感）、近平滑假丝酵母和烟曲霉菌（BN 不敏感）显示较好活性的先导化合物，且其细胞毒性明显低于 BN。

构效关系研究结果显示—OCH_2CH_2N—片段是 borrelidin 发挥抗真菌活性的必需基团；另外，哌嗪环的引入及哌嗪环上的取代基对其抑制烟曲霉活性影响较大（图 3-6）。采用分子对接技术（docking），比较衍生化获得的活性化合物 3b 和 borrelidin 与酵母 ThrRS 合成酶蛋白的相互作用，发现所合成的衍生物羧基末端取代基能够与 ThrRS 合成酶额外绑定位点相互作用，这可能与其提高和改善抗真菌活性、降低毒性有关（图 3-7）。进一步研究有望为新型抗真菌药物研究提供新的思路。

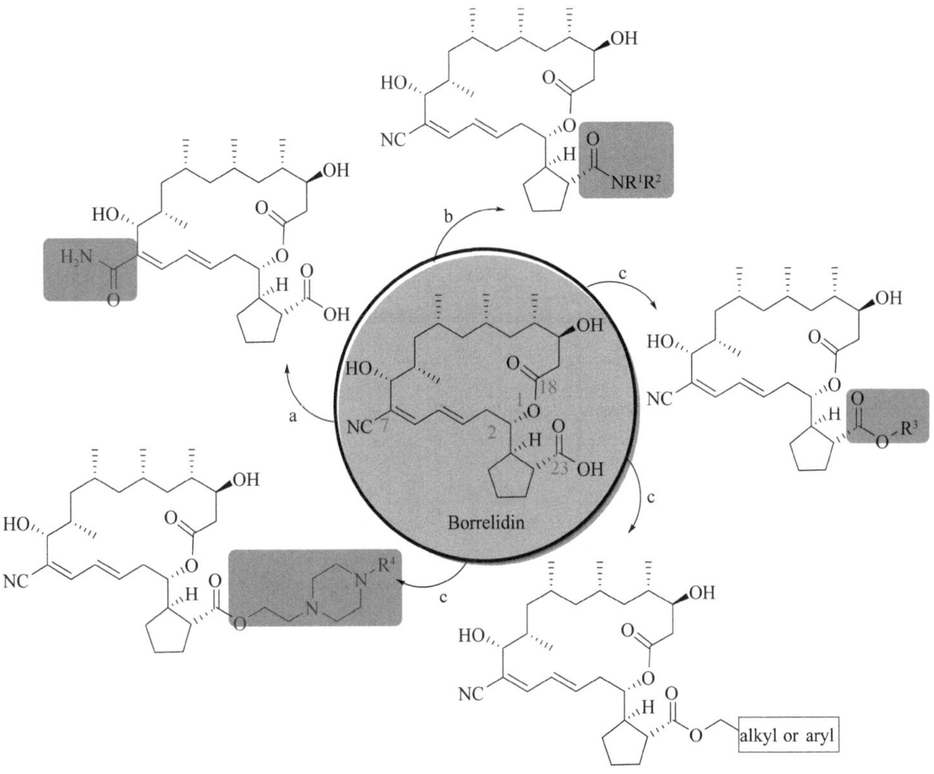

图 3-5 borrelidin 衍生物设计和构效关系研究（Hu et al.，2018）

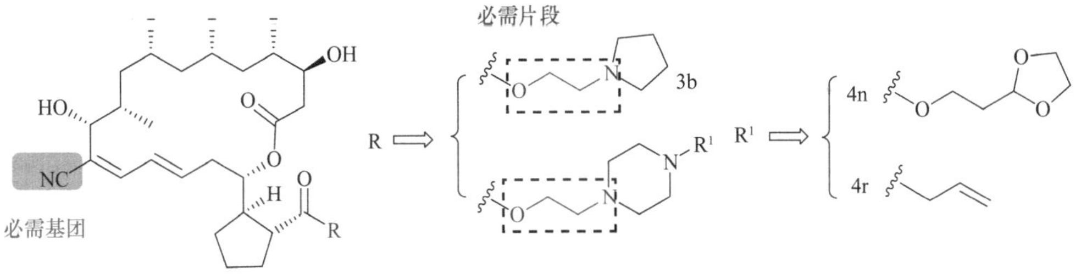

图 3-6 borrelidin 抗真菌构效关系（Hu et al.，2018）

3b. MIC: 50, 12.5μg/mL against *C.albicans* and *C. parapsilosis*, respectively；4n. MIC: 12.5μg/mL against *A. fumigatus*；4r. MIC: 12.5μg/mL against *A. fumigatus*

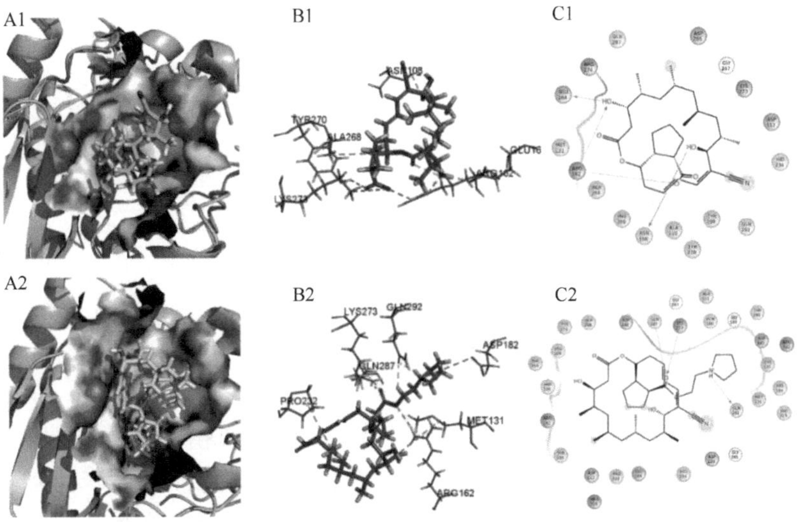

图 3-7 BN（A1）和 3b（A2）进入 ThrRS 活动部位的分子结合模式（Hu et al.，2018）（彩图请扫封底二维码）

体内活性研究表明，BN-3b 能显著延长系统性白色念珠菌感染小鼠的存活时间（图 3-8），并且显著降低肝、肾、脾和肺的真菌负荷。体外活性作用机制研究表明 BN-3b 通过多途径、多靶点发挥抗白色念珠菌作用。BN-3b 作用后，真菌细胞内活性氧（reactive oxygen species，ROS）的过量产生、基质金属蛋白酶（MMP）的下降、三磷酸腺苷（ATP）合成的减少及细胞膜的破坏共同介导白色念珠菌细胞的死亡；此外，BN-3b 能通过抑制白色念珠菌的黏附，菌丝和生物膜的形成，毒力因子（*SAP*、*PLB1*、*PLB2*、*HWP1*、*ALS* 和 *LIP*）的表达，从而削弱白色念珠菌的毒力（图）。

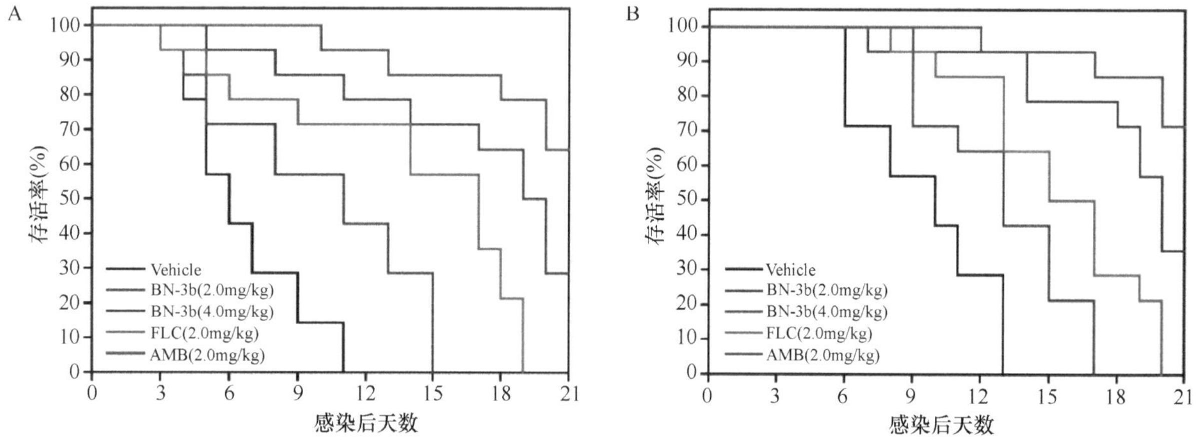

图 3-8　BN-3b 体内抗白色念珠菌活性（Su et al.，2020）（彩图请扫封底二维码）

A. *C. albicans* SC5314 感染小鼠存活率；B. *C. albicans* CGMCC 2.2086 感染小鼠存活率

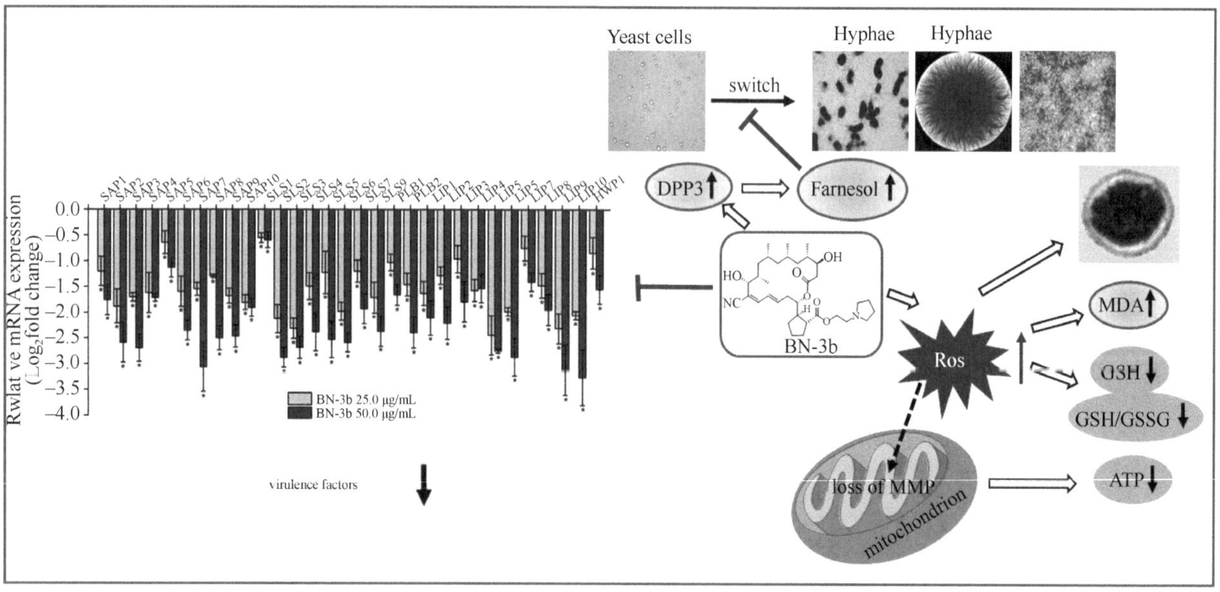

图　BN-3b 多靶点介导白色念珠菌细胞死亡

第二节　地衣放线菌

地衣是地球生物圈中生物多样性的重要组成部分，是由地衣型真菌与绿藻或蓝细菌经过漫长的生物演化，共生联合形成的一类具有特殊结构和稳定形态的复合有机体，并以其共生真菌为本质和命名。地衣型真菌绝大多数隶属于真菌界的子囊菌门，少数属于担子菌门。地衣在全球各地都有分布，目前地球上已知的地衣共有约 3 万种，据估算约占全部地衣总数的 10%。因此，尚有许许多多的地衣类群有待发现。地衣独特稳定的共生结构和极其缓慢的生长速度，使得不同的地衣形成了自身独有的共生环境，为其他微生物的寄居提供了潜在的微生境。在这些种类丰富的地衣“生境”中蕴藏着数量巨大、种类各异的微生物。由于共生的特殊性，地衣中的微生物与地衣共生体间进行着各种相互作用，因此它们具有与土壤、海洋、植物、动物等环境微生物不同的生理生化特征，同时也表现出多种多样的生物学和生态学功能。从这类特殊生境中，寻找具有潜在应用价值的菌种资源，并从其代谢产物中发掘结构新颖的先导化合物是目前新药开发和天然产物研究的重要途径之一。以往人们对地衣微生物的研究多集中在其群落组成及与地衣共生体的关系等方面。随着对地衣认识和了解的不断深入，人们已经从地衣微生物的生物多样性、群落组成、活性代谢产物及种群生态学等方面开展了一系列研究工作。大量研究表明地衣中蕴藏丰富的微生物资源，其与地衣体之间有着密切的联系，包含大量新物种在内的地衣微生物在医药保健、食品加工和农业生产等领域有着无限的开发前景。

一、地衣放线菌合成活性次级代谢产物的潜力

放线菌中主要活性物质包括聚酮类化合物、氨基糖苷类、类异戊二烯类、硫肽类和多烯类化合物等。其相应的生源合成途径被广泛关注，主要关键基因包括非核糖体多肽合成酶（NRPS）基因、Ⅰ型聚酮合成酶（PKS-Ⅰ）基因、Ⅱ型聚酮合成酶（PKS-Ⅱ）基因，以及表达量较低但是与氨基糖苷类、类异戊二烯类和多烯类化合物合成相关的氨基糖苷磷酸转移酶（APH）基因、细胞色素 P450 羟化酶（CYP）基因及 3-羟基-3-甲基戊二酰辅酶 A 还原酶（HMG-CoA）基因。因而基于生物信息学手段分析放线菌产生生物活性代谢物潜力的策略为研究放线菌来源的活性天然产物提供了重要思路。

我们从采自云南省的 35 个地衣样品（22 个地衣属）中分离出 213 个放线菌菌株。16S rRNA 基因序列分析表明，这些菌株之间的差异性较大，分布在放线菌的 38 属 19 科目中。对 213 个菌株的代谢产物的初步活性筛选结果显示，其中有 48 个（22.5%）对指示微生物具有显示抑制活性。使用 PCR 扩增技术对抗生素合成主要功能基因进行筛选，在 213 个样本中，有 60.1%的筛查结果为阳性。其中非核糖体多肽合成酶（NRPS）基因比例最高，占总测试菌株的 40.04%；其次为Ⅰ型聚酮合成酶（PKS-Ⅰ）基因（37.23%）、Ⅱ型聚酮合成酶（PKS-Ⅱ）基因（27.71%）、氨基糖苷磷酸转移酶（APH）基因（7.58%）、细胞色素 P450 羟化酶（CYP）基因（4.11%）和 3-羟基-3-甲基戊二酰辅酶 A 还原酶（HMG- CoA）基因（1.73%）。在这些地衣来源的放线菌中，抗生素合成功能基因筛选阳性比例最高的是链霉菌科的菌株，其中 PKS-Ⅰ、PKS-Ⅱ和 NRPS 的比例是 64.9%、62.9%和 64.9%，与其广泛的抗菌活性基本一致。在其他属中，菌株所含的抗生素合成基因与其抗菌活性之间没有明显的对应关系。通过上述研究结果可以推断，地衣放线菌蕴含丰富的次级代谢产物合成基因，是发现新型药物先导化合物的重要资源。

二、地衣放线菌活性代谢产物的发现

1. 七尾霉素类新化合物

七尾霉素（nanaomycin）对支原体、真菌和革兰氏阳性菌具有广泛的抗性。另外，七尾霉素还具有抗疟疾和潜在的抗癌活性。从采自西双版纳热带雨林的地衣 *Lepidostroma* sp.中分离出的链霉菌 *Streptomyces hebeiensis*（YIM 130410）具有高效表达七尾霉素的能力，从菌株的发酵液中分离获得 4 种新的七尾霉素，4aβ,10aα-dihydroxynanaomycin βA、4aβ,10aβ-dihydroxynanaomycin βA、4aα,10aβ-dihydroxynanaomycin βA 和 10β-hydroxynanaomycin αE（图 3-10）。

放线呋喃酮是相对稀有的带有 2-羟基-2-甲基-2,3-二氢-3(2H)-呋喃酮或 2-羟基-2-(1-羟乙基)-2,3-二氢-3(2H)-呋喃酮骨架的衍生物，呋喃酮骨架在 C-2 处为半缩酮，在 C-5 处具有 13～19 个碳的不饱和烷基

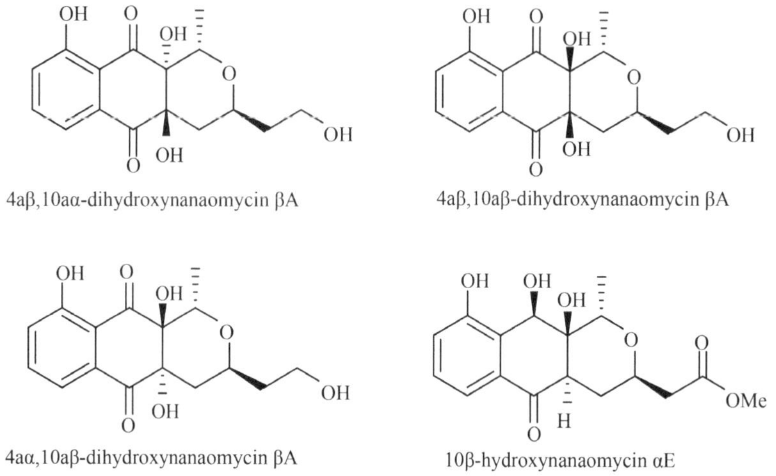

图 3-10　*Streptomyces hebeiensis* 菌株的次级代谢产物——4 种新的七尾霉素

链。该类化合物的生物合成途径与相关基因簇已被研究报道，是通过聚酮途径进行生物合成的，但是该途径中有一个非普遍的 Baeyer-Villiger 单氧酶参与了催化，使得该母核类型为非典型呋喃酮结构。迄今为止，只有 17 个该结构类型的天然产物被发现。我们从采自迪庆（云南）海拔 2500m 的常绿阔叶林的小球藻中分离得到菌株 *Streptomyces gramineus*（编号 YIM 130461），从其发酵液中分离出 6 种新的放线呋喃酮 actinofuranone D-I 和 3 个已知放线呋喃酮 1*S**-JBIR-108、E-975、E-492（均以异构体的形式存在）。放线呋喃酮化合物抗炎活性筛选表明，化合物 actinofuranone D、actinofuranone E、E-975 和 E-492 通过下调脂多糖（LPS）刺激的 RAW264.7 细胞中 iNOS 蛋白的表达来显著抑制 NO 的产生，并能够剂量依赖性地抑制 LPS 诱导的 RAW264.7 细胞中 IL-6 和 TNF-α 的产生（图 3-11）。

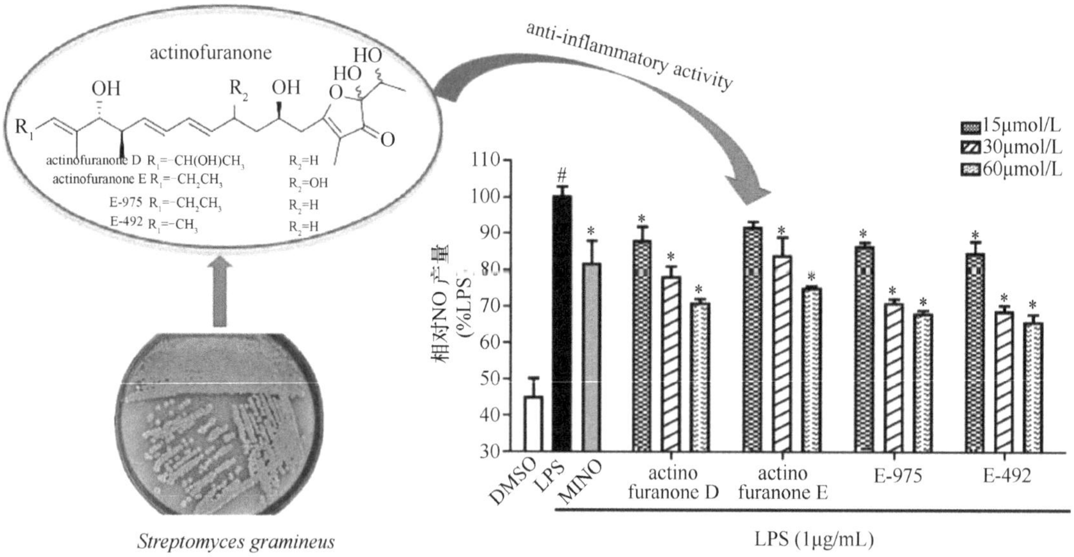

图 3-11　放线呋喃酮的抗炎活性

*代表不同处理间差异显著

2. 硫肽类新化合物

硫肽类抗生素（thiopeptide antibiotic）是一类对革兰氏阳性菌具有很好抗性的药物分子，主要由链霉菌产生。然而，近年来该类抗生素耐药性不断产生，发现新的硫肽类抗生素类似物是解决耐药性问题的重要手段。我们从采自西双版纳热带雨林的地衣 *Lepidostroma yunnana* sp. nov.样品中分离得到链霉菌菌株 *Streptomyces* sp. YIM 130001。利用基因组挖掘（genome mining）技术，我们发现基因组草图仅有 18 个预测的次级代谢产物生物合成基因簇（BGC），与典型的链霉菌相比，这是一个异常低的数量。从 BGC 中失活一个 *Lantibiotydrogenase-encoding* 基因，会导致生物活性的丧失。采用 HPLC 比较分析，在野生型菌株提取物中鉴定出两个色谱峰，在突变体提取物中则缺失。通过生物信息学比较分析，推测基因簇 1 可能合成硫肽类抗生素，利用逆向思维，敲除控制硫肽类抗生素合成的关键基因——羊毛硫氨酸脱氢酶基因（lantibiotic dehydrogenase gene，*genB*），发现突变菌株抗枯草芽孢杆菌（*Bacillus subtilis*）的活性消失，然后利用 HPLC 比较分析野生型菌株与突变菌株的发酵液，发现野生型菌株比突变菌株多出两个峰（图 3-12），证实了我们的推断。通过分离纯化这两个峰进行结构解析，我们获得一个新的硫肽类化合物 geninthiocin B，该化合物的结构与大环硫肽类抗生素 geninthiocin、val-geninthiocin 和 berninamycin A 极其相似（图 3-13），抗菌活性很好。

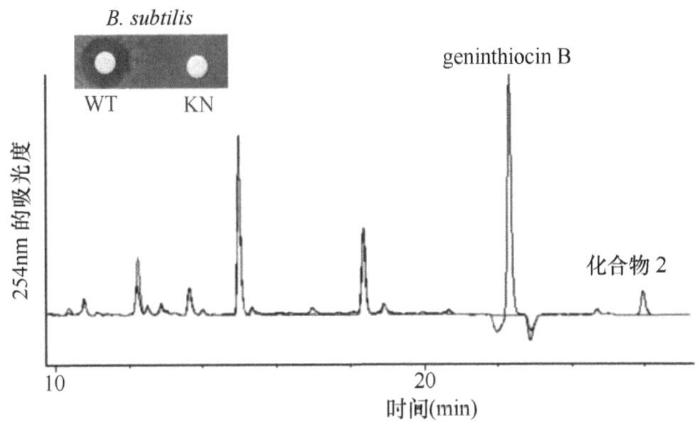

图 3-12　YIM 130001 野生型菌株和 *genB* 突变菌株的比较（彩图请扫封底二维码）
蓝色 WT，野生型菌株；红色 KN，突变菌株

上述研究表明，地衣放线菌具备合成新型活性次级代谢产物的能力，随着对地衣放线菌菌种资源的不断探索和积累，地衣放线菌将成为药物发现的重要资源。

第三节　姜氏菌目放线菌

姜氏菌目是我国微生物学界发现的放线菌分类等级最高的新分类单元，首次发表的菌株 *Jiangella gansuensis*（YIM 002）为云南大学微生物研究所于 2005 年从甘肃沙漠土壤中发现的，当时被鉴定为新属，命名为姜氏菌属。之后，国内外先后发表姜氏菌属另外 3 个新种。2011 年云南大学微生物研究所又从新疆盐湖中发现另一个新属——嗜盐放线多孢菌属（*Haloactinopolyspora*），国际微生物学界将姜氏菌属（*Jiangella*）和嗜盐放线多孢菌属（*Haloactinopolyspora*）合并为新科——姜氏菌科，并将其提升至一个新的亚目（姜氏菌亚目）。2012 年 *Bergey's Manual of Systematic Bacteriology* 将姜氏菌亚目的分类地位提升至姜氏菌目（Jiangellales ord. nov.），为放线菌纲下的一个新目（图 3-14）。

目前，姜氏菌目包括 1 科 3 属，已发现 9 种，分别为 *Jiangella gansuensis*，来源于甘肃沙漠（中国，2005 年）；*J. alkaliphila*，来源于济州岛某洞穴中的泥土（韩国，2008 年）；*J. alba*，来源于西双版纳热带雨林药用植物滇南美登木的茎（中国，2009 年）；*J. muralis*，来源于户内墙壁（德国，2010 年）；*J. mangrove*，来源于红树林土壤（泰国，2015 年）；*Haloactinopolyspora alba*，来源于新疆盐湖（中国，2011 年）；*H. alkaliphila*，来源于新疆盐碱土（中国，2014 年）；*Phytoactinopolyspora endophytica*，来源于乌拉尔甘草根部（中国，2015 年）；*P. alkaliphila*，来源于新疆盐碱土（中国，2016 年）。16S rDNA 序列相似性研

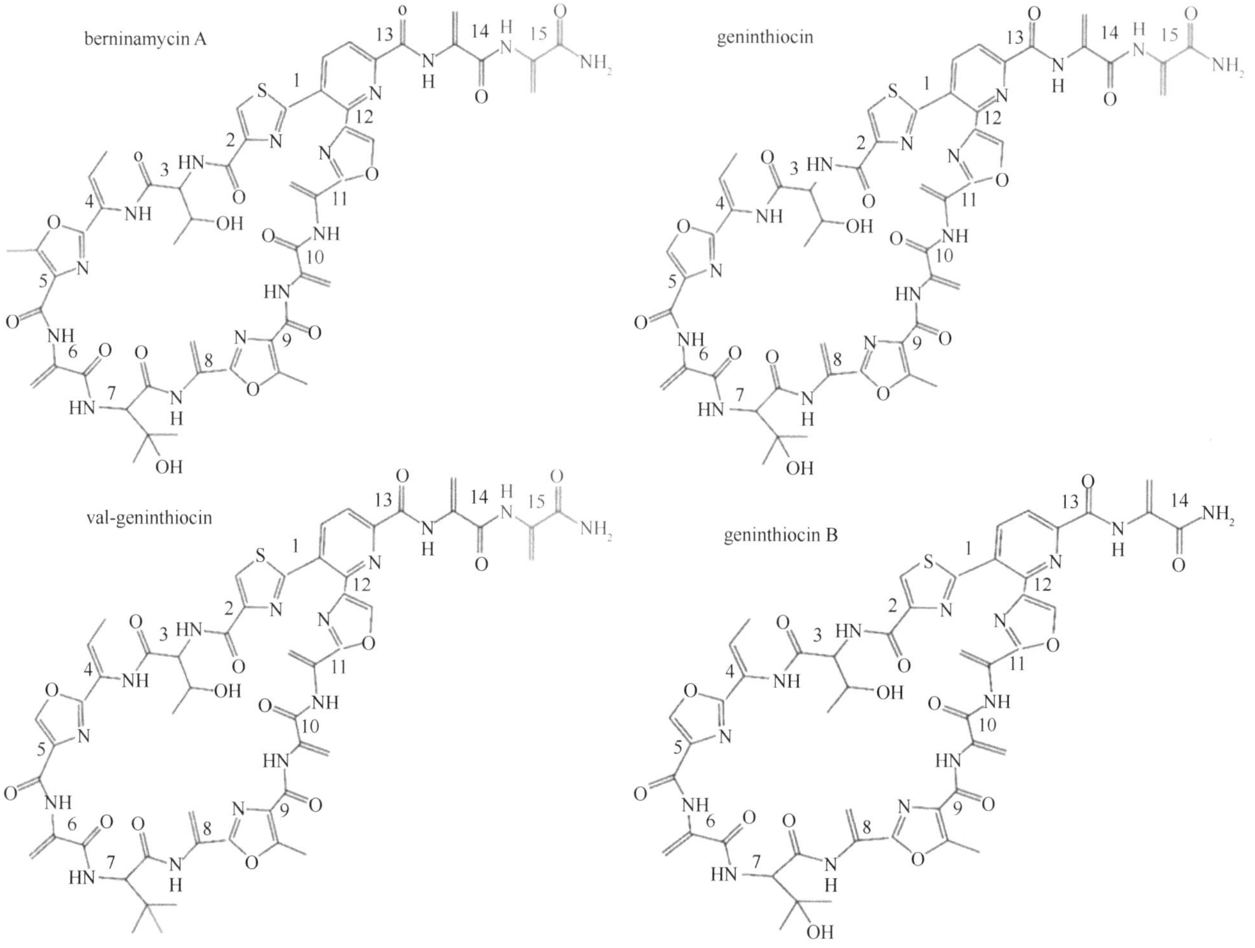

图 3-13 从菌株 YIM 130001 中分离的新化合物 geninthiocin B 与它的结构类似物 berninamycin A、geninthiocin 和 val-geninthiocin 的化学结构（Hu et al.，2018）

究表明，姜氏菌目的 16S rDNA 与现有放线菌的差别至少有 5%，姜氏菌目菌株应该有新的产物，甚至有具备新骨架的天然产物存在。另外，从上述生境来源可见，该目广泛分布于各种环境，营养需求多元化。生境多样性也提示了该目菌株代谢产物的多样性。

一、姜氏菌素的发现

2005 年从甘肃省境内沙漠土壤样本中分离到了一株新的放线菌 *Jiangella gansuensis*（YIM 002），经过 16S rRNA 鉴定为放线菌属的新物种，并以我国放线菌研究领域著名科学家姜成林（Chenglin Jiang）教授的名字命名为姜氏菌属。随后又分别在洞穴、药用植物、户内墙壁等生境样本中分离到了 *Jiangella alkaliphile*、*Jiangella alba* 和 *Jiangella muralis* 等新的姜氏菌属菌株。

姜氏菌素（jiangrine）是姜氏菌属菌株产生的具有良好抗炎活性的次级代谢产物，该类成分母核为吡咯-2-醛（pyrrol-2-aldehyde）骨架。姜氏菌素 jiangrine A-F 和 pyrrolezanthine 最早从 *Jiangella gansuensis*（YIM 002）的发酵液中分离到。姜氏菌素发现后，从 *Jiangella alba*（YIM 61503）的菌株发酵液中分离到了另外一种姜氏菌素化合物 jiangrine G（图 3-15）。此外，从该菌株发酵液中也同时获得了 jiangrine A 和 pyrrolezanthine。体外活性研究表明，姜氏菌素 jiangrine A、jiangrine G 和 pyrrolezanthine 都表现出良好的抗炎活性，具有深入开发的价值。

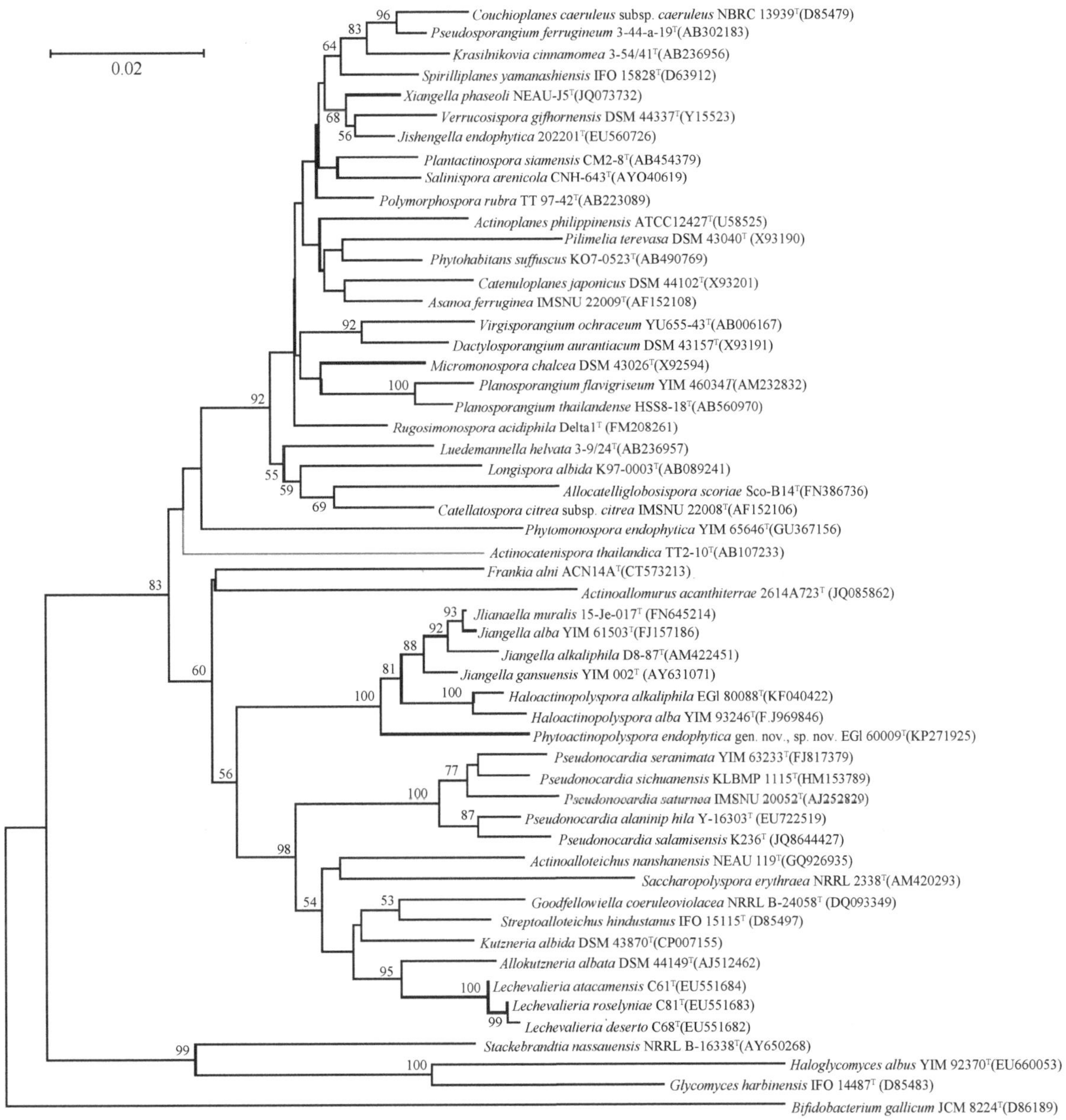

图 3-14　姜氏菌目成员基于 16S rRNA 基因序列构建的系统进化树

二、姜氏菌素抗炎作用机制研究

姜氏菌素的抗炎活性可能与抑制细胞炎症因子的表达有关。研究表明，jiangrine G（JG）和 jiangrine A（JA）抑制了一氧化氮（NO）、白细胞介素-1β（IL-1β）及白细胞介素-6（IL-6）等促炎细胞因子的产生，并以剂量依赖性方式抑制了脂多糖（LPS）诱导的 RAW264.7 细胞一氧化氮合酶（iNOS）的表达。

pyrrolezanthine（PZ）与 JG 和 JA 在结构及抗炎机制方面有所不同，蛋白质印迹法（Western blot）表明，JG、JA 和 PZ 都可以通过丝裂原活化蛋白激酶（mitogen-activated protein kinase，MAPK）p38 和核因子 κB（NF-κB）信号通路调节促炎性细胞因子的表达（图 3-16），但 PZ 参与调节 IL-1β 和 IL-6 合成的信号通路可能比 JG 与 JA 更复杂。高浓度的 PZ 会显著抑制 TNF-α 的蛋白表达，但会刺激 IL-1β 和 IL-6 的释放。

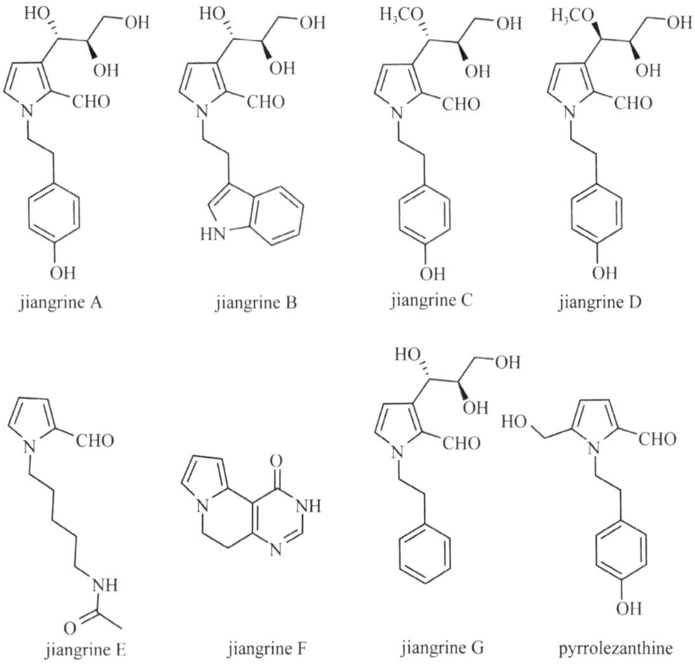

图 3-15　姜氏菌素结构类型

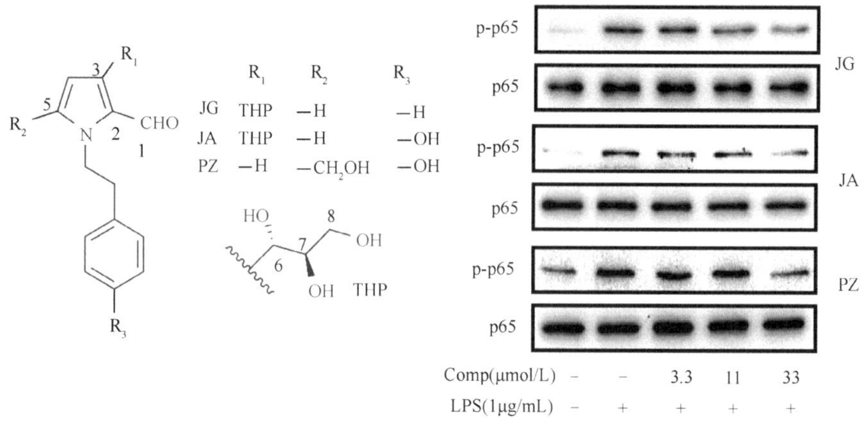

图 3-16　姜氏菌素的抗炎活性（Guan et al., 2020）

我们仅从 53 种动物（S1-2）中就分离到 67 属的放线菌，约占国际描述总属数的 1/4（第一章）。我们仅仅研究了来自动物粪便的 15 株放线菌，从中就发现了 180 多个结构类型多样、具有不同生物活性的化合物，66 个已发表（S3-1），其中几个化合物有开发前景。因此，我们认为动物粪便放线菌是一个有待开发的巨大分子药物库。

（作者：黄学石*，韩　力*，李桂鼎，曹艳茹，陈　秀，柳成宾，姜　怡，杨立芳）

主要参考文献

陈健斌. 1994. 地衣二元性及其概念的双重理解与思考生物多样性, 2(4): 228-230
姜怡, 曹艳茹, 韩力, 等. 2012. 五种动物粪便纯培养放线菌的多样性及生物活性. 微生物学报, 52(10): 1282-1289
王立松. 2012. 中国云南地衣. 上海: 上海科学技术出版社: 1-238

* 通讯作者 Email：huangxs@mail.neu.edu.cn；hanli@mail.neu.edu.cn

魏江春. 1991. 中国地衣综览. 北京: 万国学术出版社: 1-278

Abdollahi-Roodsaz S, Abramson S B, Scher J U. 2016. The metabolic role of the gut microbiota in health and rheumatic disease: mechanisms and interventions. Nat Rev Rheumatol, 12: 446-455

Bachhawat A K, Yadav A K. 2010. Metabolic pathways as drug targets: targeting the sulphur assimilatory pathways of yeast and fungi for novel drug discovery. *In*: Ahmad I. Combating Fungal Infections: Problems and Remedy. New York: Springer: 327-346

Bates S T, Cropsey G W G, Caporaso J G, et al. 2011. Bacterial communities associated with the lichen symbiosis. Appl Environ Microbiol, 77(4): 1309-1314

Berdy J. 2005. Bioactive microbial metabolites—A personal view. J Antibiot, 58(1): 1-26

Berdy J. 2012. Thoughts and facts about antibiotics: where we are now and where we are heading. J Antibiot, 65(8): 385-395

Cao Y R, Jiang Y, Jin R, et al. 2011. *Enteractinococcus coprophilus* gen. nov., sp. nov., of the family Micrococcaceae, isolated from *Panthera tigris* amoyensis faeces, and transfer of *Yaniella fodinae* Dhanjal et al. 2011 to the genus *Enteractinococcus* as *Enteractinococcus fodinae* comb. nov. Int J Syst Evol Microbiol, 62: 2710-2716

Cardinale M, de Castro J V, Müller H. 2008. In situ analysis of the bacterial community associated with the reindeer lichen *Cladonia arbuscula* reveals predominance of Alphaproteobacteria. FEMS Microbiol Ecol, 66(1): 63-71

Cardinale M, Puglia A M, Grube M. 2006. Molecular analysis of lichen-associated bacterial communities. FEMS Microbiol Ecol, 57(3): 484-495

Chen X, Li G, Li Q, et al. 2015. *Enterac-tinococcus lamae* sp. nov. and *Enteractinococcus viverrae* sp. nov., isolated from animal faeces. Antonie van Leeuwenhoek, 108: 1477-1483

Chen X, Li G, Li Q, et al. 2016a. *Coryne-bacterium faecale* sp. nov., isolated from the faeces of *Assamese macaque*. Int J Syst Evol Microbiol, 66: 2478-2483

Chen X, Li G, Li Q, et al. 2016b. *Micro-bacterium faecale* sp. nov., isolated from the faeces of *Columba livia.* Int J Syst Evol Microbiol, 66: 4445-4450

Chen X, Li Q, Li G, et al. 2016c. *Micro-bacterium gilvum* sp. nov., isolated from civet faeces. Antonie van Leeuwenhoek, 109: 1177-1183

Chen X, Li Q Y, Li G D, et al. 2017a. *Enterovirga rhinocerotis* gen. nov., sp. nov., isolated from *Rhinoceros unicor-nis* faeces. Antonie van Leeuwenhoek, 110: 553-562

Chen X, Li Q Y, Li G D, et al. 2017b. *Mobilicoccus caccae* sp. nov., isolated from the faeces of the primate *Rhino-pithecus roxellanae.* Int J Syst Evol Microbiol, 67: 2253-2257

Chen X, Li Q Y, Li G D, et al. 2018. The distal gut bacterial community of some primates and carnivora. Curr Microbiol, 75: 213-222

Cragg G M, Newman D J, Snader K M. 1997. Natural products in drug discovery and development. J Nat Prod, 60(1): 52-60

Cragg G M, Newman D J. 2009. Nature: a vital source of leads for anticancer drug development. Phytochem Rev, 8(2): 313-331

Davies J, Wang H, Taylor T, et al. 2005. Uncialamycin, a new enediyne antibiotic. Org Lett, 7(23): 5233-5236

Ding N, Jiang Y, Han L, et al. 2016. Bafilomycins and odoriferous sesquiterpenoids from *Streptomyces albolongus* isolated from *Elephas maximus* Feces. J Nat Prod, 79(4): 799-805

Gao X X, Jiang Y, Han L, et al. 2017. Effect of borrelidin on hepatocellular carcinoma cells *in vitro* and *in vivo*. Rsc Adv, 7: 44401-44409

Gonzálz I, Ayuso-Sacido A, Anderson A. 2005. Actinomycetes isolated from lichens: evaluation of their diversity and detection of biosynthetic gene sequences. FEMS Microbiol Ecol, 54(3): 401-415

Goodfellow M, Kampfer P, Busse H J, et al. 2012. Bergey's Manual of Systematic Bacteriology. 2nd ed. Volume Five. New York: Springer: 555-561

Grube M, Cardinale M, de Castro J V, et al. 2009. Species-specific structural and functional diversity of bacterial communities in lichen symbioses. ISME J, 3(9): 1105-1115

Guan P, Wang X, Jiang Y, et al. 2020. The anti-inflammatory effects of jiangrines from *Jiangella alba* through inhibition of p38 and NF-kappaB signaling pathways. Bioorg Chem, 95: 103507

Guimaraes D O, Momesso L D, Pupo M T. 2010. Antibiotics: therapeutic importance and perspectives for the discovery and development of new agents. Quim Nova, 33(3): 667-679

Han L, Gao C, Jiang Y, et al. 2014. Jiangrines A-F and jiangolide from an actinobacterium, *Jiangella gansuensis*. J Nat Prod, 77(12): 2605-2610

Hawksworth D L, Hill D J. 1984. Lichen-Forming Fungi. New York: Chapman and Hall: 1-2

Hawksworth D L. 1991. The fungal dimension of biodiversity: magnitude, significance, and conservation. Mycol Res, 95(6): 641-655

Hodkinson B, Lutzoni F. 2009. A microbiotic survey of lichen-associated bacteria reveals a new lineage from the Rhizobiales. Symbiosis, 49(3): 163-180

Hu C, Su H, Luo J, et al. 2018. Design, synthesis and antifungal evaluation of borrelidin derivatives. Bioorg Med Chem, 26(23-24): 6035-6049

Jiang Y, Han L, Huang X S, et al. 2015. Animal fecal actinomycetes: a new source for the discovery of drug leads. *In*: Dhanasekaran D, Thajuddin N, Panneerselvam A. Antimicrobials: Synthetic and Natural Compounds. Boca Raton: CRC Press: 53-89

Kampfer P, Schafer J, Lodders N, et al. 2011. *Jiangella muralis* sp. nov., from an indoor environment. Int J Syst Evol Microbiol, 61: 128-131

Kurtboke D I. 2012. Biodiscovery from rare actinomycetes: an eco-taxonomical perspective. Appl Microbiol Biot, 93(5): 1843-1852

Lam K S. 2007. New aspects of natural products in drug discovery. Trends Microbiol, 15(6): 279-289

Lee S D. 2008. *Jiangella alkaliphila* sp. nov., an actinobacterium isolated from a cave. Int J Syst Evol Microbiol, 58: 1176-1179

Li L, Ma J B, Abdalla M O, et al. 2015a. *Phytoactinopolyspora endophytica* gen. nov., sp. nov., a halotolerant filamentous actinomycete isolated from the roots of *Glycyrrhiza uralensis* F. Int J Syst Evol Microbiol, 65(8): 2671-2677

Li X, Jiang Y, Liu J, et al. 2015b. Two new cyclohexenone derivatives from a novel actinobacterium, *Enteractinococcus coprophilus*. Chem Nat Compd, 51: 1074-1076

Liu C B, Jiang Y, Lei H, et al. 2018. Four new nanaomycins produced by *Streptomyces hebeiensis* derived from lichen. Chem Biodivers, 14(7): e1700057

Liu C, Jiang Y, Wang X, et al. 2017. Diversity, antimicrobial activity, and biosynthetic potential of cultivable actinomycetes associated with lichen symbiosis. Microb Ecol, 74(3): 570-584

Lynch S V, Pedersen O. 2016. The human intestinal microbiome in health and disease. N Engl J Med, 375: 2369-2379

Ma J, Cao B, Chen X, et al. 2018a. Violacin A, a new chromanone produced by *Streptomyces violaceoruber* and its anti-inflammatory activity. Bioorg Med Chem Lett, 28(5): 947-951

Ma J, Cao B, Liu C, et al. 2018b. Actinofuranones D-I from a lichen-associated actinomycetes, *streptomyces gramineus*, and their anti-inflammatory effects. Molecules, 23(9): 2393-2398

Ma J, Lei H, Chen X, et al. 2017. New anti-inflammatory metabolites produced by *Streptomyces violaceoruber* isolated from *Equus burchelli* feces. J Antibiot, 70(10): 991-994

Qin S, Zhao G Z, Li J, et al. 2009. *Jiangella alba* sp. nov., an endophytic actinomycete isolated from the stem of *Maytenus austroyunnanensis*. Int J Syst Evol Microbiol, 59: 2162-2165

Schneider O, Simic N, Aachmann F L, et al. 2018. Genome mining of *Streptomyces* sp. YIM 130001 isolated from lichen affords new thiopeptide antibiotic. Front Microbiol, 9: 3139-3151

Song L, Li W J, Wang Q L, et al. 2005. *Jiangella gansuensis* gen. nov., sp. nov., a novel actinomycete from a desert soil in north-west China. Int J Syst Evol Microbiol, 55: 881-884

Spribille T, Tuovinen V, Resl P. 2016. Basidiomycete yeasts in the cortex of ascomycete macrolichens. Science, 353(6298): 488-492

Su H, Han L, Ding N, et al. 2018a. Bafilomycin C1 exert antifungal effect through disturbing sterol biosynthesis in *Candida albicans*. J Antibiot, 71(4): 467-476

Su H, Han L, Huang X. 2018b. Potential targets for the development of new antifungal drugs. J Antibiot, 71(12): 978-991

Su H, Hu C, Cao B, et al. 2020. A semisynthetic borrelidin analogue BN-3b exerts potent antifungal activity against *Candida albicans* through ROS-mediated oxidative damage. Sci Rep, 10(1): 5081

Suksaard P, Duangmal K, Srivibool R, et al. 2015. *Jiangella mangrovi* sp. nov., isolated from mangrove soil. Int J Syst Evol Microbiol, 65(8): 2569-2573

Tang S K, Zhi X Y, Wang Y, et al. 2011. *Haloactinopolyspora alba* gen. nov., sp. nov., a halophilic filamentous actinomycete isolated from a salt lake, with proposal of Jiangellaceae fam. nov. and Jiangellineae subord. nov. Int J Syst Evol Microbiol, 61: 194-200

Tiwari K, Gupta R K. 2012. Rare actinomycetes: a potential storehouse for novel antibiotics. Crit Rev Biotechnol, 32(2): 108-132

Zhang J Y, Jiang Y, Cao Y, et al. 2013. Violapyrones A-G, alpha-pyrone derivatives from *Streptomyces vio-lascens* isolated from *Hylobates hoolock* feces. J Nat Prod, 76: 2126-2130

Zhang Y G, Liu Q, Wang H F, et al. 2014. *Haloactinopolyspora alkaliphila* sp. nov., and emended description of the genus *Haloactinopolyspora*. Int J Syst Evol Microbiol, 64(Pt6): 1945-1951

Zhang Y G, Lu X H, Ding Y B, et al. 2016. *Phytoactinopolyspora alkaliphila* sp. nov., an alkaliphilic actinomycete isolated from a saline-alkaline soil. Int J Syst Evol Microbiol, 66(5): 2058-2063

Zheng D, Ding N, Jiang Y. 2016. Albaflavenoid, a new tricyclic sesquiterpenoid from *Streptomyces vi-olascens*. J Antibiot, 69: 773-775

Zheng D, Han L, Jiang Y, et al. 2013. Structure elucidation of four prenylindole derivatives from *Streptomyces* sp. iso-lated from *Ailuropoda melanoleuca* feces. Magn Reson Chem, 51: 188-191

Zheng D, Han L, Li Y, et al. 2012. Isostreptazolin and sannaphenol, two new metabolites from *Streptomyces sannanensis*. Molecules, 17: 836-842

Zheng D, Han L, Qu X. 2017. Cytotoxic fusicoccane-type diterpenoids from *Streptomyces violascens* isolated from *Ailuropoda melanoleuca* feces. J Nat Prod, 80(4): 837-844

第四章　放线菌活性物质发现的新方法

传统抗生素发现的“黄金时代”已经过去，从放线菌中发现新的先导化合物越来越难。随着菌株和化合物的大量积累，重复发现老菌株和已知化合物的概率大大提高。菌株和化合物的重复发现，以及耗时耗力且具有较大盲目性的传统发酵流程，让获得新天然产物的难度越来越大，天然产物的传统发现方法已经碰到瓶颈。

近年来，基因组挖掘技术的迅猛发展，给新天然产物发现指明了新的道路。随着基因组学、转录组学、蛋白质组学、代谢组学等组学的迅猛发展，天然产物合成生物学的进展日新月异，新的抗生素大发现时代已经到来。随着数百个放线菌天然产物生物合成基因簇被克隆，部分生物合成途径被初步阐明，天然产物和相关合成基因的内在联系越来越清晰，通过基因阻断、异源表达、关键酶的生化特性及合成途径重构等研究，已经能够较为深入地研究相关产物的合成机制，并获得结构和活性多样的天然产物类似物，为新药研发提供了更多的可能。在对天然产物生物合成机制的理解逐渐加深的基础上，通过基因组挖掘（genome mining）预测并分离得到新天然产物的方法已成为天然产物研究的新方向。通过应用生物合成途径的相关知识，可以从基因组中挖掘出潜在的基因簇，并能将某些基因簇通过多种方法激活，从而发现可能的新天然产物。综合运用高通量筛选和基因组挖掘等方法，有针对性地高效挖掘大自然已经造就于放线菌中的新化合物，从中寻找可能成药的先导化合物，是突破传统放线菌天然产物发现瓶颈的有效方法。

多年来，我们一直坚信在新生境中可能发现新物种，其中可能蕴含新基因簇，并具有产生新结构天然产物的潜力。利用云南省得天独厚的自然环境多样性，我们从热带雨林、干热河谷、高温热泉、盐环境、独特植物、动物等特殊生境中积累了数万株放线菌并构建菌种库，探索了部分菌株的次级代谢产物，发现其蕴含着产生大量新天然产物的潜力。面对庞大的菌种库，将菌株全部测序是不现实的，需要寻找高效且经济可行的方法来解决这个难题。应用基于生物合成途径特异性探针引物高通量筛选的方法，我们对放线菌进行了探索，排除了绝大部分潜力不高的菌株，提高了新天然产物发现的概率。

本章将结合我们的一些工作，介绍发现放线菌药物先导化合物的一些新思想和新技术。

第一节　宏基因组分析

各种环境样品（土壤、海洋、植物、地衣、动物肠道）中蕴藏着种类丰富、数量庞大、功能多样的微生物群落。虽然世界各国微生物资源工作者不断利用纯培养技术获得了大量微生物菌株资源，目前，约 16 000 种原核生物被分类鉴定，但仍有 99.0%的微生物不能通过纯培养方法获得。这些未培养的微生物被称为微生物界的“暗物质”，由于无法脱离其自身所在的特殊环境，因而无法在实验室进行培养等前期实验，很大程度上限制了它们后续的生理生化与组学性质的研究。随着宏基因组学的发现与提出，人们绕过了纯培养技术的障碍，通过免培养技术就能认识、挖掘或利用这些微生物资源。宏基因组（metagenome），也称微生物环境基因组（microbial environmental genome），包含了可培养的和不可培养的微生物的基因，目前主要指环境样品中的细菌、真菌及病毒的基因组总和。它通过直接从环境样品中提取全部微生物的总 DNA，构建宏基因组文库，利用基因组学的研究策略研究环境样品所包含的全部微生物的遗传组成及其群落功能。它是在微生物基因组学的基础上发展起来的一种研究微生物多样性、开发新的生理活性物质、获得新基因的新理念和新方法。宏基因组学研究在很大程度上拓展了人类对生物和它们生活环境的认识，并且创造出许多重要的应用价值。

一、宏基因组测序与分析

宏基因组的测序流程见图 4-1。宏基因组研究首先是直接从土壤、水或粪便等样品中提取总 DNA，采用超声仪对合格的 DNA 样品进行打断。加入 End Repair Mix，置于 20℃ 30min 进行末端修复后，用 QIAquick PCR Purification Kit（QIAGEN）纯化 DNA 片段。再加入 A-Tailing Mix，置于 37℃ 30min，使其 3′端加 A 碱基，然后在 DNA 片段两端连接上测序接头。使用 2%琼脂糖凝胶和 QIAquick Gel Extraction Kit（QIAGEN）进行片段选择，并进行数个循环（cycle）的 PCR 扩增。再次以 2%琼脂糖凝胶纯化 PCR 产物，并用 QIAquick Gel Extraction Kit（QIAGEN）回收目标片段。再使用 Agilent 2100 Bioanalyzer 和 ABI Step One Plus Real-Time PCR System 对样品文库进行质控与定量。合格文库采用 Illumina 平台进行测序。

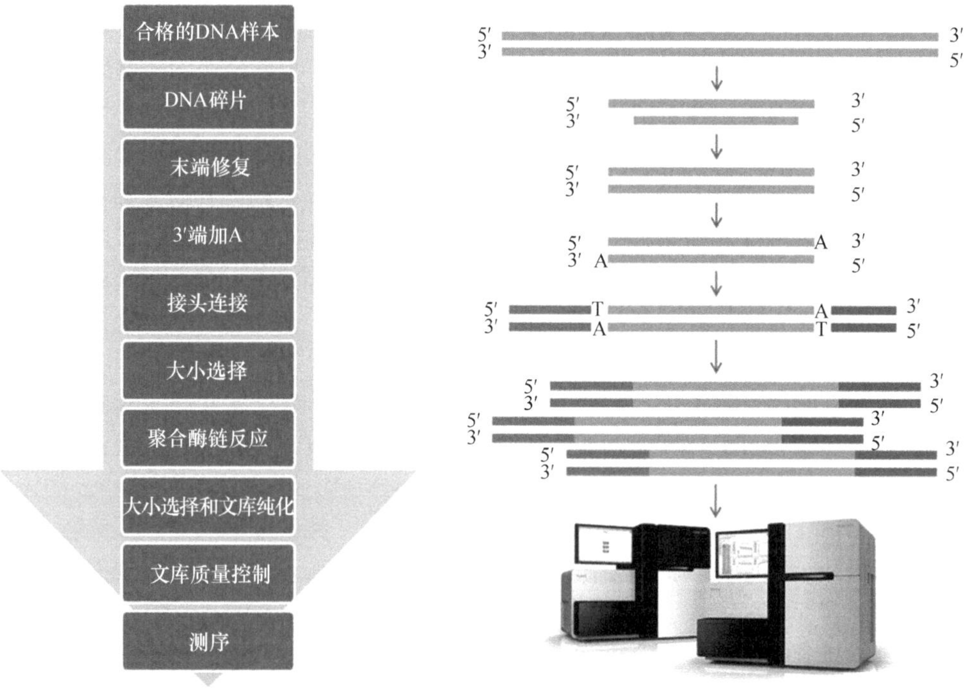

图 4-1 DNA 文库构建与 Illumina 测序

合格的下机数据经过质控、过滤后，首先，使用 SOAPdenovo2 和 Rabbit 进行从头（*de novo*）组装。其次，使用宏基因组标记（meta gene mark）对组装结果进行基因预测。为了获得更加准确可靠的分析结果，需要去掉其中不合格的序列，得到有效数据（clean data）。不合格的序列包括以下情形。

（1）含有 10%不确定碱基（N 碱基）的测序片段（reads）。

（2）含有测序接头序列的测序片段（有 15 个碱基或更长的区域比对到接头序列）。

（3）含有 50%以上的低质量碱基（质控指数 $Q<20$ 的碱基）的测序片段。

对于宿主环境来源的样品，为了降低宿主序列对后续分析的干扰，此处增加一步过滤环节，去除比对上宿主基因组的序列。首先使用 IDBA_UD 组装过滤后的 reads，以得到更长的叠连群（contig）。对每个样品，均使用一系列不同的 k-mer 参数同时进行多个组装，然后使用 SOAP2 将 reads 分别比对回每个组装结果以评估组装效果，最后综合考虑 N50 和比对率情况，选择一个最佳 k-mer 和其对应的组装结果。组装过程中只有大于 300bp 的 contig 会被保留进入后续分析。在组装结果中预测可读框（open reading frame，ORF），然后将不同样品预测出的基因合并在一起使用 CD-Hit 进行聚类（序列相似度在 95%以上且比对区域大于序列长度的 90%)，以去除冗余序列，得到非冗余基因集。通过比对公共数据库（包括 nr、Swiss-Prot、COG、KEGG、GO、CAZy、eggNOG 及 ARDB）对非冗余基因集进行注释，获取基因功能和物种注释信息。然后将 reads 比对回基因集，计算各样品的基因丰度及物种丰度。最后基于丰度数据，可进行物种多样性分析、主成分分析、聚类分析、差异分析、功能富集分析等多项分析（图 4-2）。

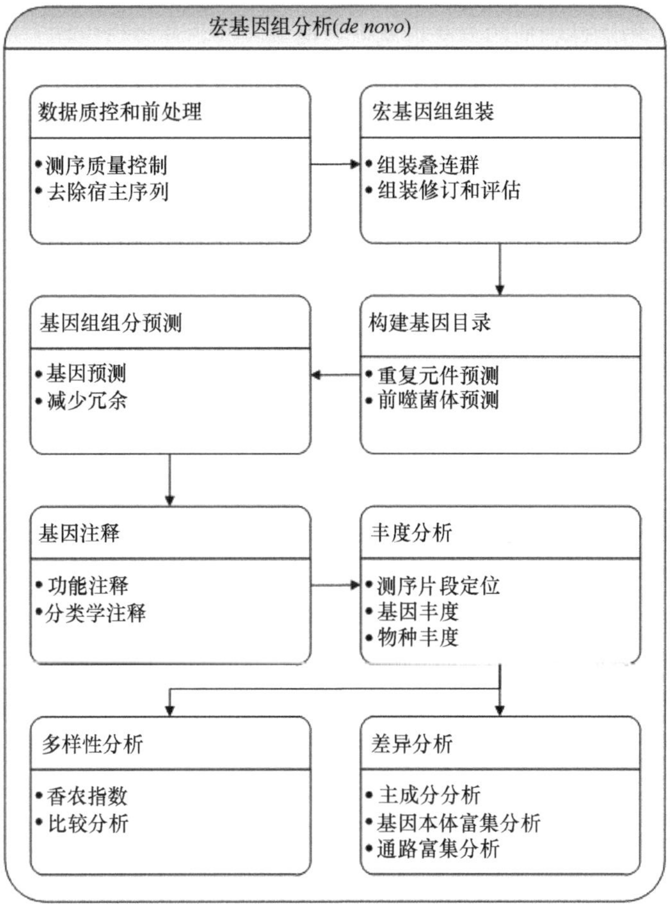

图 4-2　宏基因组信息分析流程图

二、宏基因组的应用

宏基因组的应用前景非常广泛，在医学、生物燃料、微生物资源挖掘、生态环境、基因库挖掘及酶蛋白工程和农业等各个领域都有巨大的应用价值。下面是宏基因组策略在一些研究中应用的具体例子。

1. 在寻找新基因、开发新酶中的应用

通过不同的筛选策略对宏基因组文库进行筛选，进而发现新基因、开发具有新功能的酶。Venter 等（2004）研究人员构建了马尾藻海的微生物群落宏基因组文库，并且从文库中发现了大量的未知基因，数量高达 1.2×10^6 个。Zhao 等（2005）采用宏基因组手段从牛瘤胃中克隆筛选到一个功能活性较好的 β-葡萄糖苷酶基因。Stewart 等（2018）通过宏基因组测序技术从奶牛粪便中发现大量与碳水化合物代谢相关的酶。一些极端环境如高盐、高碱、强酸、高温环境中，由于生活于此的微生物所处环境的特殊性，因此对于它们的培养是极其困难的，这在很大程度上限制了对于它们的开发利用。但是它们是各种碱性酶、蛋白酶、脂肪酶和纤维素酶等酶制剂的主要生产者，这些不同特性酶的生产将在洗涤剂、造纸、食品、医药、环境整治及其他化学工业中发挥极大的应用潜力。例如，Rhee 研究团队于 2005 年利用宏基因组文

库建立的方法，从热泉沉积物中克隆表达了 4 个热稳定酯酶，这些表达的酶在 95℃下依然有较高的热稳定性。

2. 在微生物来源活性物质筛选中的应用

由于环境中可培养的微生物只是微生物总量的冰山一角，其资源开发受到很大限制，采用传统分离培养筛选微生物来源新生物活性物质的方法也就受到很大制约。环境微生物宏基因组技术的应用巧妙地避开了微生物分离、纯培养困难所带来的限制问题，极大地拓展了微生物资源的利用空间，增加了获得新活性物质的机会和途径。应用宏基因组技术进行微生物活性物质筛选时，由于合成该活性物质所需要的全部基因（合成基因簇）被克隆到同一个载体上，因此几乎没有功能丢失的可能。Hover 等（2018）利用宏基因组建库手段，从土壤样品中克隆得到一个次级代谢产物功能基因簇，然后通过异源表达成功地获得了抗革兰氏阳性菌的抗生素 malacidin。来自美国加利福尼亚大学伯克利分校的研究人员在宏基因组学技术的帮助下对土壤进行了宏基因组测序，然后通过基因组分箱（genome binning）手段挖掘合成新药物和其他有用化学物的合成基因簇，发现数百个用于产生复杂的有潜在应用价值的化合物的合成基因簇。Almeida 等（2019）从上千个人类粪便样品中，发现了大量次级代谢产物合成基因簇。各种环境样品中充满着全新种类的可能成为抗生素勘探目标的微生物，这些研究都揭示了宏基因组方法开辟了一片全新的森林。

3. 在不可培养微生物富聚中的应用

“深古菌”（Bathyarchaeota）是海洋沉积物中最丰富和活跃的一大类古菌，是地球上数量最丰富的微生物之一，但由于“深古菌”细胞生长异常缓慢等，至今尚未实现实验室的培养，因此缺少进一步证明其丰富性的直接证据。最近，上海交通大学生命科学技术学院微生物代谢国家重点实验室王风平教授团队利用宏基因组信息分析，通过添加不同类型的有机质，如脂肪酸类（油酸）、蛋白质类（酪蛋白）、芳香族化合物单体（苯酚）、芳香族化合物多聚体（木质素）和结构性碳水化合物（纤维素）对“深古菌”进行了富集培养，获得了丰度达到 98%的“深古菌”门的类群 Bathy-8，并且发现它是海洋沉积物中的重要古菌，在海洋碳循环过程中发挥重要作用。只有添加了木质素的培养环境才能够促进“深古菌”的生长，生长代时为 2～3 个月。同时该团队还发现“深古菌”可将无机碳吸收到细胞膜脂中。该项研究首次实现“深古菌”的实验室富集生长，表明“深古菌”具有有机自养的代谢特征，即“深古菌”可以以木质素为能源、以无机碳为碳源进行代谢生长。该研究还证明 Bathy-8 是一类新的木质素降解菌，这为后续既有特殊生态功能或代谢功能但又无法获得纯培养进行详细研究的特殊类群微生物的研究提供了一个很好的技术策略。这项研究最重要的意义就是利用宏基因组技术，巧妙地避开了只能通过纯培养技术获得基因信息的研究瓶颈，通过宏基因组测序，掌握了基因信息，然后定向、有目的地设计富集培养的方法，它打破了传统培养技术的盲目性，是一种对未培养微生物进行富集培养的有效手段。

4. 在人类微生物组计划中的应用

2005 年，来自中、美、英、法等 13 个国家的 80 余名代表出席了在巴黎法国科学院召开的“人类宏基因组计划圆桌讨论会议”，标志着人类宏基因组计划启动。人类宏基因组计划被称为“人类第二基因组计划”，但其规模和广度远远超过人类基因组计划。人类宏基因组计划是通过构建大插入片段文库，尽可能地将人体内全部微生物全基因组进行克隆，从而对该宏基因组文库做进一步的分析，其测序工作量至少相当于 10 个人类基因组计划。人类宏基因组计划有可能发现超过 100 万个新的基因。2019 年，意大利特伦托大学 Edoardo 等利用来自不同地域、生活方式和年龄人群的 9428 个宏基因组，突破性地重构了 154 723 个人体微生物基因组。其中 45%为高质量基因组，很多代表了此前未发现的新物种。这些基因的发现对于阐明许多疾病的发生机理、研究新的药物、控制药物毒性等都将发挥巨大的作用，重新定义了科学家对人类微生物群的理解，并有助于了解过敏、自身免疫性疾病和其他复杂综合征发病率不断上升的原因。同时，面对文库中丰富的基因资源，如何用最有效的筛选手段发现它们，从而更加深入地研究未培养微生物，更好地开发和利用它们的代谢产物等，是当前研究的热点之一。

三、利用宏基因组测序技术比较分析亚洲象粪便样品中的微生物组

本团队通过宏基因组测序技术，研究了不同性别、年龄（包括乳象第一次粪便）、饮食的亚洲象（*Elephas maximus*）粪便的微生物组成，以及它们的功能。比较分析发现亚洲象粪便中的微生物群落组成复杂，不仅包括 3 个生命领域（古菌、细菌和真核生物），还包括病毒和未分类的有机体。在一个门的水平上，亚洲象粪便的总体群落结构主要由未归类类群（unclassified phyla，约占 28.1%，说明包含大量未知物种）、拟杆菌门（Bacteroidetes，27.0%）、厚壁菌门（Firmicutes，19.5%）和变形菌门（Proteobacteria，12.3%）组成，约占所有测序物种类型的 87%；其次是螺旋体门（Spirochaetes，5.6%）和纤维杆菌门（Fibrobacteres，4.6%）。在亚洲象粪便微生物群落中，拟杆菌目占 23.0%，梭菌目（Clostridiales）、纤维杆菌目（Fibrobacterales）和螺旋体目（Spirochaetales）分别占 11.5%、5.6%和 4.6%，是优势类群。先前的研究表明，拟杆菌目、梭菌目、纤维杆菌目和螺旋体目在大多数食草动物的胃肠道中定植，帮助食物发酵以促进营养吸收。在科和属水平上，除未分类序列外，拟杆菌科（Bacteroidaceae，11.2%）和拟杆菌属（*Bacteroides*，11.2%）是亚洲象粪便微生物群落中最具优势的类群。

Shannon 指数显示，野生成年象粪便微生物多样性最为丰富。对这一结果的合理解释应该是，野生象的食物种类广泛，比半圈养象吃的食物更多样，因而食物塑造的肠道微生物组的多样性更为丰富。除未分类的类群外，拟杆菌、厚壁菌和变形菌是最主要的类群。野生象粪便中变形菌的丰度占 50%以上，高于半圈养象，但野生象的纤维杆菌和螺旋体菌的丰度低于半圈养象。半圈养象拟杆菌目和梭菌目的丰度高于野生象。野生象粪便中假单孢菌、芽孢杆菌、黄杆菌、伯克氏菌和黄色单孢菌的丰度较高。

通过对不同年龄和性别亚洲象肠道菌群进行比较，我们发现随着年龄的增长，微生物群落的多样性呈下降趋势；雌象的多样性略低于雄象。此外，拟杆菌是食草动物后肠和前肠发酵过程中降解植物生物量的主要类群，它们的相对丰度随着大象年龄的增长而增加。

总之，所有大象的主要粪便微生物物种组成相似，但相对丰度存在着个体差异。拟杆菌、厚壁菌和变形菌是主要的微生物类群，其次是纤维杆菌和螺旋体菌，构成优势微生物群落。动物饮食、年龄和性别对肠道微生物群落的多样性与丰度产生影响。有趣的是，在初生乳象第一次粪便中，在每一个分类等级上微生物群落组成仅为其母亲的一半左右，没有与其母象不同的微生物类群，且未分类的微生物丰度较低。初生乳象体内拟杆菌的丰度（78.5%）明显高于其他大象，这也与其他分类单元相似。乳象出生后，随着进食的开始，幼象的主要微生物种群组成与其他大象很快就变得相似，说明食物在肠道微生物组成上具有极强的塑造作用。

综上，我们认为肠道优势菌群组成是由宿主系统发育决定的，个体之间微生物组多样性和丰度的变化受宿主饮食、年龄、性别等因素的影响。虽然初生乳象第一次大便样品的微生物群落多样性低于其他象，但也检测到如此丰富多样的微生物群落，着实令人惊讶。一个多世纪以来，研究人员一直争论新生儿第一次接触微生物发生在出生之前还是之后。一些科学家在胎盘、羊水和胎粪中发现了细菌存在的证据，并推测这些细菌可能在出生前就已经“播种”。但也有人认为胎儿肠道中是不可能有微生物定植的，除非出了什么问题。我们的发现是一个有力的证据，表明哺乳动物的幼崽在出生前就已经有微生物。可能的解释是，胎儿可能通过吞咽含有微生物的羊水而摄入微生物。母象肠道微生物如何进入胎儿肠道？在出生后逐渐独立生活的过程中，小象如何建成完整的肠道微生物组？这些都很值得研究。

先前的研究表明，食草动物粪便中蕴藏着大量与碳水化合物代谢相关的基因，因此，我们分析了 CAZymes 数据库中 6 类与碳水化合物代谢相关的基因在亚洲象粪便中的分布规律。糖苷水解酶（glycoside hydrolase，GH）是一类水解糖苷键的酶。糖基转移酶（glycosyltransferase，GT）催化糖基从活化供体分子转移到特定受体分子形成糖苷键。多糖裂解酶（polysaccharide lyase，PL）能裂解多糖中的糖苷键，产生不饱和己烯酸残基和新的还原端。碳水化合物酯酶（carbohydrate esterase，CE）催化多糖的脱环反应。辅助活性酶（auxiliary activity，AA）是协同碳水化合物活性酶降解底物的氧化还原酶，碳水化合物结合模块（carbohydrate-binding module，CBM）被识别为黏附于碳水化合物上的蛋白质。共有 64 563 个已鉴定的基因，分布在 39 593 个 GH 蛋白、10 944 个 GT 蛋白、1246 个 PL 蛋白、6978 个 CE 蛋白、267 个 AA 蛋白和 8077 个 CBM 蛋白中，这些蛋白被预测在所有样本中至少具有一种碳水化合物活性功能。为了解这些蛋白质与公共数据库中的蛋白质有何不同，我们计算了每一种酶类的最佳命中率的氨基酸识别百分比。总体而言，预测的 GH、GT、PL、CE 和 CBM 蛋白在氨基酸水平上与 NCBI 中现有的公开序列相同，基因蛋白系列同源性在 51.2%～54.7%。AA 类蛋白质相对保守，氨基酸的中位数约为 60.8%。与其他草食动物相比，亚洲象粪便微生物组中这些酶的丰度较高，氨基酸鉴定值较低，如图 4-3 所示。我们进一步分析了参与纤维素水解的上述几种酶的 GH 家族（如 GH1、GH3、GH5、GH8、GH9、GH10、GH11、GH30、GH44、GH45、GH51、GH74 和 GH94）。结果发现，主要的是 GH3（外切葡聚糖酶，2465 个序列）和 GH5（纤维素酶，1113 个序列），其次是 GH10（木聚糖酶，856 个序列）、GH51（内切葡聚糖酶，778 个序列）、GH1（外切 β-葡聚糖酶，614 个序列）、GH9（纤维二糖水解酶，610 个序列）、GH94（纤维二糖磷酸化酶，553 个序列）和 GH30（内切木聚糖酶，374 个序列），如图 4-4 所示。

此外，与纤维素酶活性相关的基因家族大多来源于拟杆菌。进一步研究表明，拟杆菌在亚洲象后肠纤维素物质转化过程中发挥着不可替代的作用。与纤维素酶活性相关的基因家族的相对丰度随大象年龄增加而增加。同时，尽管新生幼象粪便中的类杆菌丰度相对最高，但上述 13 个 GH 家族成员的总体丰度均低于其他样品。对这一结果的解释是新生的幼象没有被喂养，但其他大象每天消耗大量高纤维植物组织。研究还发现，饮食有助于形成肠道微生物群落组成的多样性和遗传进化规律。新生乳象微生物群已经合成了大量碳水化合物活性酶，这表明，在出生前，母象已经将其微生物群的一部分转移到了新生的幼象身上。这可能就是乳象粪便中与碳水化合物代谢相关的酶含量相对较高的原因。

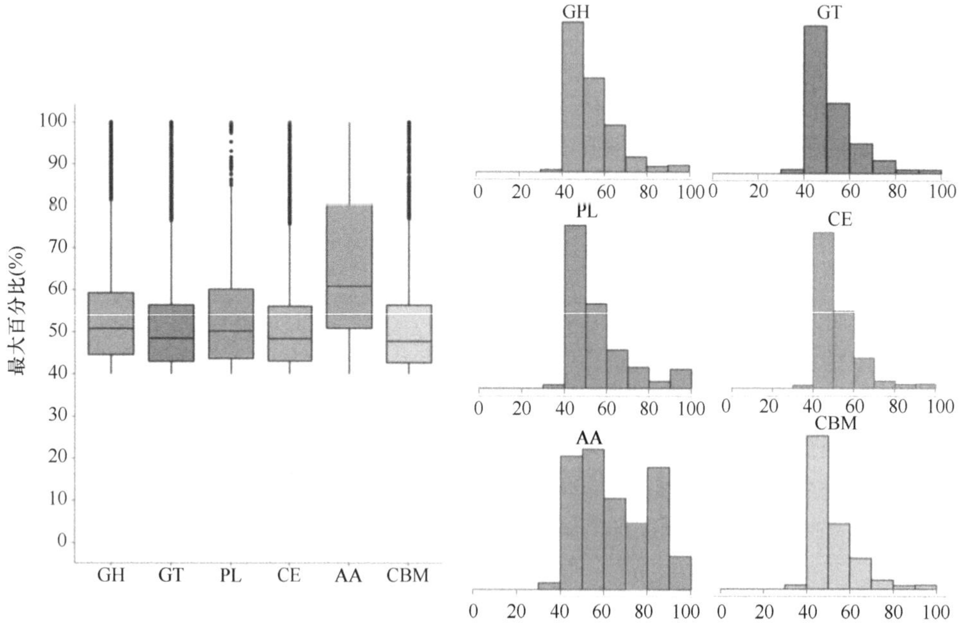

图 4-3　6 类碳水化合物活性酶在公共数据库中最大百分比的分布（彩图请扫封底二维码）

GH，糖苷水解酶；GT，糖基转移酶；CE，碳水化合物酯酶；PL，多糖裂解酶；AA，辅助活性酶；CBM，碳水化合物结合模块

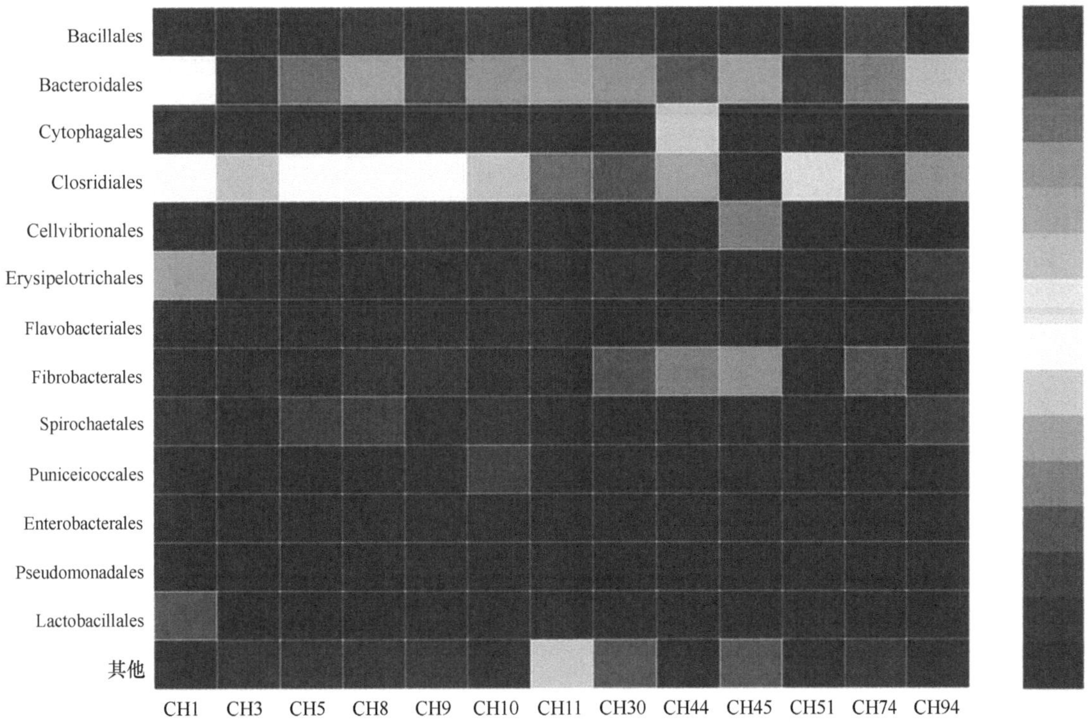

图 4-4　在各样品中与纤维素降解相关的 GH 家族成员的相对丰度（彩图请扫封底二维码）

为了调查多糖利用位点和生物合成基因簇多样性，我们使用 PATRIC web 服务器（https://patricbrc.org/app/MetagenomicBinning）上的宏基因组分箱（binning）工具，恢复了细菌和古菌的潜在基因组。对每个样本分别进行宏基因组分箱组装，并用参考基因组 ID 移除重复的组装基因组，共产生 454 个细菌和古菌基因组草图。根据基因组完整性和污染度，获得 36 个高质量基因组（完整性≥80%，污染度≤10%）、153 个中等质量基因组（完整性≥50%）和 265 个低质量基因组（完整性<50%）。这些基因组分布于 14 门 22 纲 38 目 79 科 140 属。在 454 个门级重组基因组中，厚壁菌（51.8%）、拟杆菌（21.1%）和变形菌（12.6%）是亚洲象粪便样品中较具优势的微生物菌门。拟杆菌目是纤维降解的主要驱动因子，占总基因组的 10.4%。多糖利用位点（polysaccharide utilization loci，PUL）代表一组连锁基因，编码围绕 *susC-susD* 样对组织的 CAZymes。PUL 广泛存在于拟杆菌门中。根据 Stewart 等（2018）的方法，我们重点分析了类杆菌目基因组中 PUL 的多样性。从 47 个细菌基因组中共鉴定出 461 个假定 PUL。47 个基因组中有 39 个含有一个以上的 PUL，而每个基因组的 PUL 数目在 1～78 个。AEUG53 和 AEUG27 中 PUL 的数目较多，分别达到 78 个和 60 个；其次是 AEUG173（35 个 PUL）、AEUG9（33 个 PUL）、AEUG32（31 个 PUL）、AEUG42（28 个 PUL）、AEUG24（27 个 PUL）、AEUG3（26 个 PUL）和 AEUG33（21 个 PUL）。与碳水化合物代谢相关的酶包括葡聚糖酶、纤维素酶、木聚糖酶、纤维二糖磷酸化酶、葡糖苷酶、岩藻糖苷酶、半乳糖苷酶、果胶裂解酶、果胶酯酶、阿拉伯糖酶、半乳糖苷酶和甘露糖苷酶。结果表明，因为具有大量与结构多糖相关的基因，所以拟杆菌是植物细胞壁降解的主要驱动因子。因此，拟杆菌目在亚洲象将植物原料转化为能量方面起着重要作用。

我们进一步研究了不可培养细菌群落中微生物次级代谢产物生物合成基因簇（biosynthetic gene cluster，BGC）的多样性。使用 antiSMASH 5.0 鉴定了 198 个高质量或中等质量基因组的 762 个生物合成基因簇。如图 4-5 所示，非核糖体多肽（NRPS）和芳基多烯（arylpolyene）构成了两类主要的生物合成基因簇（分别占总 BGC 的 35.3%和 31.1%）。此外，还检测到 44 个萜类生物合成基因簇。值得注意的是，在所检测到的总 BGC 中，有 95%代表新的次级代谢产物合成基因簇在有关生物合成基因簇数据库的最小信息中没有阳性匹配。这些结果表明，亚洲象的假定生物合成基因簇的组成与其他类似研究有显著不同。因此，我们认为大象肠道微生物群具有大量未知天然产物合成基因簇，可能产生更多结构新颖、功能特殊的天然药物分子，这是用于开发新药先导化合物的一种很有前途的资源。

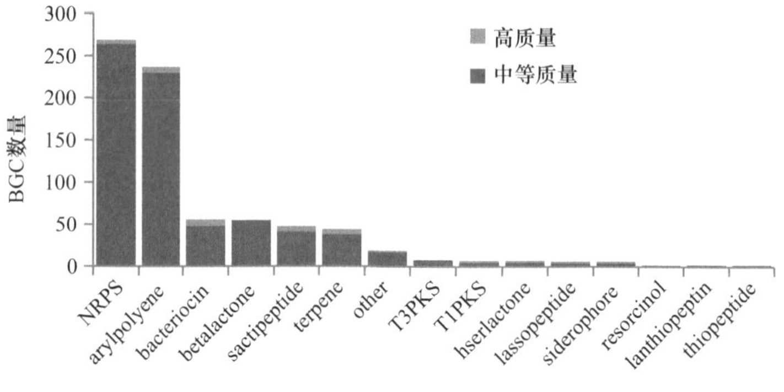

图 4-5　组装基因组次级代谢产物的生物合成基因簇数量（彩图请扫封底二维码）

NRPS，非核糖体多肽；arylpolyene，芳基多烯；bacteriocin，细菌素；betalactone，β-内酯；sactipeptide，塞克肽；terpene，萜；other，其他；T3PKS，三型聚酮类化合物；T1PKS，一型聚酮类化合物；hserlactone，Hser 内酯；lassopeptide，Lasso 多肽；siderophore，铁载体；resorcinol，间苯二酚；lanthiopeptin，羊毛硫肽；thiopeptide，硫肽

四、展望

宏基因组技术是目前为止最有效的开发和利用未培养微生物资源的有效工具。在这个分子生物学技术飞速发展的年代，各种精细的基因测序技术不断拓展和创新，以及大规模 DNA 测序平台的广泛使用，有助于人们以低廉的成本完成高覆盖率的基因测序，从而有效开发未知基因组功能。我国地大物博，气候环境和地质地貌均较为丰富，各种特殊生境样品应有尽有。以前技术落后，明明知道蕴藏着丰富的基因资源，但是由于没有技术支持，无法挖掘与利用，如今，宏基因组技术打开了新的大门，各种环境样品中蕴含的各种微生物菌株资源、基因资源必将为人类在农业、环境工程、医药、工业生产研究方面提供宝贵的研究材料及研究方向。

第二节　全基因组分析及基因组挖掘

基因组挖掘作为一个有效的工具，能够应用于天然产物的发掘和确定最具有潜能的药物生产菌株。利用一些计算生物学工具和模型，可以分析来源于不同基因组的生物合成基因簇并对一些关键基因进行确定和研究，这些成果可以帮助研究人员探索天然产物的生物合成途径。并且，这些工具和模型通过基因组挖掘给我们提供了一些机会，用于研究来源于不可培养微生物的神秘的生物合成基因簇。

一、基于单个基因组的基因组挖掘

基因组挖掘已成为开发天然产物的关键技术，从细菌的基因组出发，通过预测和分析生物合成基因簇发掘新颖天然产物的思路已经诞生多年。基因组挖掘一开始基于单个基因组进行研究，为生物合成途径多样性研究也提供了一些思路。大多数的天然产物是来源于微生物的次级代谢产物。在一个生物体的代谢循环中，次级代谢和初级代谢是密不可分的。在生物信息学分析的帮助和基因组序列的支持下，初级代谢途径和次级代谢途径之间的关系逐渐变得不再神秘。化学合成药物存在诸多严重的缺陷，产物的分子绝对构型和一些特殊键的形成很难通过化学催化反应控制。生物制药在不断地发展和进步，这些问题或许有一天会迎刃而解。

对单个基因组挖掘已经取得了大量研究成果，发现了很多新的次级代谢产物，并揭示了很多隐藏的生物合成机制。通过基因组挖掘，研究者确定了链霉菌 *Streptomyces* sp. KIB-027 的 herbicidin（Hbc）生物合成基因簇，herbicidin 结构多样性的基因奥秘被揭示。Ban 等（2019）通过对 7 个未知的源于棘孢小单孢菌（*Micromonospora echinospora*）的 hitherto 中间产物的研究发现了 3 条 gentamicin B 产生的隐藏途径。通过基因组挖掘，研究者发现了源自斜纹链霉菌（*Streptomyces blastmyceticus*）的 *TleB* 基因和源自印度斯坦链异壁菌（*Streptoalloteichus hindustanus*）的同源 *HinD* 基因所编码的 P450 单加氧酶可以催化 *N*-甲基缬氨酸-色氨酸以不寻常的分子内 C—N 键形式生成 indolactam V。这种分子内的 C—N 键的形成在化学合成上是非常困难的，但是可以将相关的生物酶运用到需要形成这种 C—N 键的药物合成中。另外，研究者发现了在劳伦链霉菌（*Streptomyces laurentii*）中生产的 thiostrepton 的生物合成途径中有一种典型的 α/β 水解蛋白 Tsrl，它依赖 Ser-His-Asp 三联体产生催化作用，使得 C—N 键断裂，形成分子侧环，最终形成成熟的 thiostrepton。大量的生物催化酶模块的储备为未来药物合成生物学打下坚实的基础。通过基因组挖掘，研究者发现在链霉菌 *Streptomyces kaniharaensis* 的基因组中存在着两套 *Pur* 同源基因，编码一些负责嘌呤生物合成的酶。其中一套 Pur-like 家族的基因与 formycin A 生物合成途径相关。嘌呤从头合成途径中的 PurH 蛋白在 formycin A 生物合成途径中扮演着非常重要的角色。PurH 的发现是一个有代表性的例子，阐释了初级代谢和次级代谢之间是有千丝万缕的关系的，有利于发现基因组挖掘的新方法。

研究者利用基因组挖掘还发现了与经典生物合成机制不同的新机制。经典的非核糖体肽合成酶（NRPS）和聚酮合酶（polyketide synthas，PKS）生物合成途径都是模块化、线性化的。然而近期挖掘到一种新奇的 NRPS-PKS 混合装配线，挑战了常规的 NRPS 和 PKS 生物合成装配准则。该装配线可使正在延伸的长链灵活跳转回到之前使用过的模块，并具备进行再次加工的能力。此外还发现了丁香假单孢菌（*Pseudomonas syringae*）里一种新的生物合成途径，将核糖体合成酶模块和翻译后修饰模块重组在一起，在合成过程中核糖体合成小的肽作为骨架，为非核糖体肽链的延伸和后续的化学修饰提供服务。

挖掘到的这些新的生物合成途径打破了一些传统现象，带来了新的启示，预示着还有更多新的机制需要进一步去挖掘，去发现。

二、基于多个基因组的基因组挖掘

由于近年来基因组数据的大幅增长，所需分析的样本也从单一菌株上升到了整个种属，某个菌种资源库，甚至微生物组，所产生的数据量及所带来的计算量越来越大，迫切需要组建一个可以接受大规模数据的、高效的、界面友好的、可视化的数据分析平台。在天然产物的发现过程中基因组挖掘技术是一个非常重要和有用的技术。随着生物信息学和计算生物学的不断成熟与进步，基因组挖掘技术将会变得越来越智能化。之前已经有一些新颖的算法可以帮助科学家系统性地确定生物合成基因簇，还可以做网络在线分析，预测生物合成基因簇。研究者通过这样的方式挖掘出了大量的生物合成基因簇家族，其中有一些在之前都没有得到关注。PRISM 和 antiSMASH 是普遍使用的计算生物学工具。在利用基因组挖掘技术成功地确定一个生物合成基因簇和预测该生物合成基因簇产物的化学结构上，这两个工具起着非常重要的作用。

Jorge 等（2020）开发了一种由“生物合成基因聚类及勘探引擎”（BiG-SCAPE）和“直系同源基因核心分析去优先选择天然产物基因簇”（CORASON）两部分组成的计算学工作流程，建立了一套大数据分析流程。测序数据可以先提交 antiSMASH 进行注释，预测的生物合成基因簇（biosynthetic gene cluster，BGC）文件和来自 MIBiG 的参考 BGC 文件提交给 BiG-SCAPE，生成基因簇水平的相似性网络；同源度较高的基因簇将聚集形成基因簇家族（gene cluster family，GCF）。随后，将感兴趣的 GCF 提交 CORASON 软件，生成基因簇的系统发育树。通过比较分析，寻找具备显著差异的基因簇。进一步通过对代谢产物的分离鉴定来验证该 BGC 或该类 BGC 对应的天然产物。

研究者进一步针对大规模的基因组信息开发了一个高效的、可视化的 BGC 分析平台：BiG-SCAPE/CORASON。应用该平台可以促进天然产物多样性的挖掘，同时，该平台可以有效地聚类一些序列信息不完整的 BGC，弥补常规方法带来的不足。利用 BGC 组建系统发育树也可以为 BGC 的进化起源等研究提供平台。

可以预料到的是综合的计算生物学工作流平台将能够更准确地发现生物合成基因簇和代谢产物之间的对应关系，促使代谢组学的研究不再这么神秘。同一种类型的天然产物或者拥有相同核心骨架的化合物往往从同一属或者生活在类似环境中的微生物体中分离得到，是一个有趣的现象。科学家通过基因组挖掘，分析了海洋放线菌属 *Salinispora* 的 75 个菌株基因组的草图和完成图，特别是针对那些可能生产重要药物的聚酮合酶类和非核糖体肽类的生物合成基因簇进行了仔细分析。对以 10 个持家基因为基础构建的物种进化树的 PKS 和 NRPS 可操作生物合成单元的分布与多样性相关数据的分析，提供了一些关于 PKS 和 NRPS 生物合成基因簇进化的证据，提示相似化合物的生产菌株是有可能具有亲缘关系的。随着基因组数据的飞速增长和多基因组挖掘技术的发展，更多的生物合成机制将被逐步揭开。

三、宏基因组挖掘

对于难以获得全基因组和无法在实验室进行培养保存的微生物物种，进行基因组挖掘和基因工程操作是比较困难的。随着分子生物学技术飞速发展，蕴含在未培养微生物中的基因资源也逐渐可能得到利用。宏基因组挖掘研究为天然产物的发现提供了可靠的新方法。

宏基因组学研究作为一种免培养研究方法，可以直接从环境中克隆 DNA，或者通过逆转录拿到 cDNA，通过这些手段去获取隐藏的生物合成基因簇，再和传统的以实验室培养为基础的技术相结合，从而发现隐藏的新天然产物。之前一直使用的方式是构建克隆文库并对克隆子进行功能性筛选。现在有一些新的策略是从生物合成的角度出发的，通过分析不同生物合成基因的 DNA 序列的相似性去选择性地确定有潜能的生物合成基因簇。

使用短小的 DNA 序列作为标签的复合宏基因组挖掘是另一种基于生物合成途径的筛选方式。与基因标记筛选不同的是，这个方法依赖一些保守的生物合成模块的短小天然产物标签。这些模块的小标签囊括了环境中生物合成的多样性，并可以在信息平台 eSNaPD（environmental surveyor of natural product diversity）上搜寻到。Owen 等（2015）构建的信息平台 eSNaPD 的工作流程是收集全球广泛的样本，去构建一个 cDNA 文库；在此基础上利用 cDNA 作为模板扩增天然产物序列标签（natural product sequence tag，NPST）；然后用 eSNaPD 系统分析 NPST 数据，挑选出有价值和研究者感兴趣的生物合成基因簇；最后选择那些具有生产新化合物潜能的生物合成基因簇，并将它们转化到适合表达的宿主中进行异源表达。

从土壤和海洋环境中可以直接捕获到一些生物合成基因簇，通过宏基因组挖掘，能够发现这些生物合成基因簇中所包含的丰富多样的功能基因，而其产物可能会拥有较为新颖的化学结构。在海洋环境中，海绵是一个非常复杂的生物有机体，它的表面蕴藏着大量的不可培养微生物群落。这些微生物群落具有产生一些活性代谢物的潜能，这使得海绵成为活性天然药物的资源宝库。多溴二苯醚（polybrominated diphenyl ether，PBDE）生物合成基因簇就是依靠标准的宏基因组挖掘方法在海绵微生物组相关的蓝藻共生体中发现并确定的。其确认是以 bmp1、bmp2、bmp3、bmp4、bmp8 这几个基因作为标记基因，在海绵组织所提供的宏基因组数据库中筛选得到的，完全忽略了那些提供基因的组织是否来自于同一个生物有机体。除 PBDE 外，环氧树脂蛋白酶体抑制子生物合成基因簇也是从环境中通过宏基因组挖掘捕获到的。它们分别于异源的蓝藻宿主和链霉菌宿主中表达，生产新的化合物。已有越来越多的神秘并沉默的基因簇在异源宿主中被唤醒。这些事实强调了在宏基因组挖掘中异源表达的重要性。

四、自动化的基因组挖掘

微生物天然产物是大量药物的基础。聚酮合酶（PKS）、非核糖体肽（NRPS）、核糖体合成和翻译后修饰肽（RiPP）等 3 类微生物生物合成途径相关的天然产物是自然界中存在的较为丰富的类型。这 3 类产物的化学结构和核心单体的确定需要丰富的知识与结构注释，其中结构注释必须具有专业的有机化学、代谢组学和核磁光谱数据分析能力，这样才能够将复杂的光谱数据注释清楚，解析出最终的结构。即使现在有的过程已经变得智能化，但是对于使用者而言还是较为复杂。所以现在一些操作方便的预测软件逐渐被研发出来。Johnston 等（2015）构建的基因组-天然产物平台（GNP）是一个高度自动化和使用方便的软件，其应用网址是 http://magarveylab.ca/。这些在基因组指导下能够确定 NRPS 和 PKS 基因簇并能预测结构的天然产物发掘工具，其所推测的假设结构文库是通过 LC-MS/MS 快速自动筛选而得的，一一比对之后找到和基因编码的天然产物最匹配的预测结构。以 RiPP 为例，这是一类特别有趣的天然产物，因其独特的生物合成模式和生物活性而闻名。基因组测序和生物信息学工具的进步已经揭示了数千个该类化合物的生物合成基因簇。但是将基因组挖掘分析出的天然产物与非靶向代谢组学数据中的相应产物联系起来仍是很困难的。对微生物基因组序列的分析揭示了大量编码 RiPP 的生物合成位点，但它们的产物仍然是未知的。并且对细菌代谢产物的分析通常只将化学结构分配给少数检测到的代谢产物。统一这两个不同的数据源可以为天然产物的发现提供全面的策略。

DeepRiPP 平台整合了基因组学和代谢组学数据，可进一步扩展基因组挖掘的能力，优先发现新的基因并精确定位粗提物中的目标基因产物。DeepRiPP 包含 3 个模块。首先由 NLPPrecursor 来识别整个基因组中的前体肽并预测其切割方式。将由 NLPPrecursor 鉴定的切割后的前体肽整合到 RiPP-PRISM 系统中，以实现组合预测完整的化学结构和酶促反应。随后开发的 BARLEY 算法采用化学信息学局部比对方法，将预测的 RiPP 与所有先前已获表征的 RiPP 的化学结构数据库相比对。最后，由 CLAMS 算法对包含数千种提取物的质谱数据库进行比较代谢组学的分析，以精确定位质谱数据揭示的目标产物。DeepRiPP 工作流程是从全基因组的范围里识别 RiPP，而并不要求修饰酶在基因组上的位置是相邻的。DeepRiPP 流程极大地拓展了 RiPP 基因组挖掘的深度和广度，跳出了 RiPP 基因必须成簇的限制。以 DeepRiPP 分析了 *Nocardiopsis*、*Kitatotospora* 和 *Actinomadura* 这 3 属的菌株，发现它们蕴藏着生产大量新颖 RiPP 的潜力。将更全面的代谢组学分析策略引入基因组挖掘分析可以更好地提升 RiPP 预测和鉴定的精准度与效率。随着大量的 RiPP 得到表征，数据库不断完善，将这个方法应用于基因组挖掘，也会给发现新颖的代谢产物带来更大的帮助。

五、分子网络和全基因组分析辅助天然产物发现

分子网络技术蓬勃兴起，在指导新化合物的发现和研究中起到了关键性作用。分子网络技术是指利用化合物的二级质谱数据，通过光谱算法将质谱数据转换为向量，以余弦值 0～1 表示，化合物相似度越大，余弦值越大。利用数学方法对向量进行对比，并通过可视化软件呈现出来，形成直观、形象的分子网络图。分子网络图中每一个节点表示一个化合物，结构相似的化合物产生相似的分子离子峰，表现在分子网络中即为节点之间有连接，即节点与节点间的连线表示化合物质谱之间的相关性，相关性的大小可以用连线的粗细来表示。相互连接的节点组成的聚集簇代表了结构类型相似的一类化合物，较多节点集中的区域，表示代谢产物结构类型丰富。利用微生物的全基因组分析和全球天然产物社会（global natural product social，GNPS）分子网络，初步了解微生物可能产生的化合物，为随后的目标化合物的分离鉴定提供靶标。

在天然产物发现过程中，部分天然产物分子量巨大，单纯使用化学解析，往往因为其结构难以准确地配置，给结构鉴定带来挑战。结合分子网络，可以大致确定分子的类型，加快未知化合物鉴定及已知化合物的识别，大大提高了效率。

Vipin 等（2020）通过分析基因组数据，在他们的菌株中发现了 10 个具有抗癌潜力的次级代谢产物生物合成基因簇。通过分子网络分析，他们发现其中存在四环苯并蒽类化合物，经分离鉴定，得到了化

合物 angucycline。Hou 等（2019）在前期研究中从一株海洋来源的青霉菌中发现了一系列环肽类化合物。为了发掘海洋青霉菌所产生环肽类化合物的多样性，该团队对海洋来源的 270 株青霉菌进行了小规模发酵，将其提取物进行 LC-MS/MS 分析，并将数据上传至分子网络平台 GNPS，发现了 341 类化合物。通过对密集节点进行分析，发现其中可能存在新颖环缩肽类化合物，进而在目标菌株中分离纯化得到了 7 个新的环缩肽化合物和 3 个已知同系物。Zou 等（2019）在之前的研究中发现了 discorhabdin 类生物碱的存在，并揭示了其潜在的成药潜力。为更好地促进这类生物碱的研究，该团队采集了大量的样品，并以分离到的 discorhabdin 类化合物作为标准品，进行 LC-MS/MS 分析。利用 GNPS 网站和 Cytoscape 软件对提取物进行分子离子网络（molecular ion network，MoIN）分析，发现其中一个化合物在网络上单独分支，预示其可能为新的化合物。随后他们对提取物进行纯化，分离得到了化合物 aleutianamine。进一步研究发现该化合物对多种癌细胞具有细胞毒性，表现出对胰腺癌细胞的选择性细胞毒性，可作为重要候选药物进一步开发。Zang 等（2020）也利用 GNPS 分子网络将质谱数据与数据库进行比较，识别已知结构，进而寻找新的结构类似物。他们在真菌中发现了 3 种具有新骨架的聚酮类化合物，有效地提高了新化合物鉴定的效率。

分子网络技术确实给化合物去重复和靶向发现新化合物创造了条件，但是也有其局限性。该方法对肽类化合物的分析比较有优势，因为该类化合物进入质谱后母离子碎裂比较有规律；但对那些质谱碎裂规律不太清楚的化合物则不太适用。如果对目标菌株次级代谢产物类型一无所知，直接采用分子网络进行分析，需要极其深厚的质谱学功底，这无疑也是一种挑战。在获得感兴趣的新化合物后，采用分子网络挖掘该类化合物的类似物，将很有利。该方法虽然有其局限性，但对于繁重的分离工作来说已是一种不错的选择。

六、利用基因组挖掘技术开展部分菌株新化合物分离的实例

链霉菌 *Streptomyces* sp. YIM 130001 是我们从云南西双版纳的热带雨林地衣中分离到的一株新链霉菌菌株。初步活性实验发现其对枯草芽孢杆菌有较好的抗性。我们对该菌株进行了全基因组测序，通过基因组挖掘，发现其蕴含了 18 个可能的生物合成基因簇（图 4-6），其中基因簇 1 可能合成硫肽类抗生素。进一步分析发现该基因簇可能产生伯尔尼霉素（berninamycin）的类似物。已知伯尔尼霉素类化合物具有抗革兰氏阴性菌的活性，由此推测基因簇 1 合成的产物可能与抗枯草芽孢杆菌活性相关。

在此基础上，对基因簇中可能编码脱水酶的基因进行插入突变，使其丧失功能。然后将野生型菌株和突变株分别发酵，对发酵粗提物进行 HPLC 分析，发现在突变株中 22min 和 25min 处消失了两个色谱峰，表明这两个峰可能与基因簇 1 有关。同时活性检测也发现突变株的发酵产物丧失了抗枯草芽孢杆菌的活性（图 3-12）。

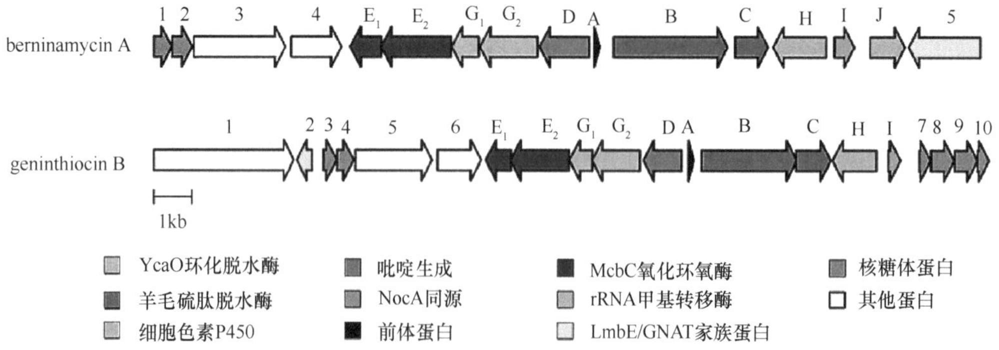

图 4-6 链霉菌属 YIM 130001 中挖掘的基因簇 1（Schneider et al.，2018）（彩图请扫封底二维码）

以此为导向，我们成功分离到了新的硫肽类抗生素 geninthiocin B（图 3-13），并对其生物合成基因簇进行了初步表征。

链霉菌 *Streptomyces albolongus* YIM 101047 是我们从亚洲象（*Elephas maximus*）粪便中分离到的一个链霉菌新种。初步活性实验表明其具有较强的抗肿瘤和抗真菌活性。该菌基因组全长 8 027 788bp，包含 6713 个编码基因。通过基因组挖掘，共发现 46 个可能的次级代谢产物生物合成基因簇（图 4-7），其中有 6 个 PKS 类型基因簇和 3 个萜（terpene）类基因簇。初步推断基因簇 2 可能产生 odoriferous sesquiterpenoid 类化合物。该类化合物因具有独特腥臭味的 geosmin 而闻名，人类嗅觉对该化合物极为敏感，其是饮用水和食品工业中需要去除的不利物质。以此为引导，我们成功分离到了两个萜类化合物，(1β,4β,4aβ,8aα)-4,8a-dimethyloctahydronaphthalene-1,4a(2*H*)-diol（化合物 4）和 (1β,4β,4aβ,7α,8aα)-4,8a-dimethyloctahydronaphthalene-1,4a,7(2*H*)-triol（化合物 5）。其中，化合物 4 对病原真菌 *Candida albicans* 和 *Candida parapsilosis* 具有较强的抑制活性，MIC 分别为 12.5μg/mL 和 3.13μg/mL（图 4-8）。基因簇 41 可能产生大环内酯聚酮类化合物。我们成功分离到了 19-methoxybafilomycin C1 amide（化合物 1）、21-deoxybafilomycin A1（化合物 2）和 21-deoxybafilomycin A2（化合物 3）等 3 个 plecomacrolide 类新化合物，为抗生素 bafilomycin 的结构类似物。该类化合物不仅由于 vacuolar-type ATPase 的抑制活性而闻名，而且具有抗细菌、真菌、肿瘤、寄生虫和免疫抑制剂的活性。活性实验表明，化合物 1 对 4 种人类肿瘤细胞系均有较强的细胞毒性（IC_{50}=1.36～5.02μmol/L），与作为对照的临床用抗肿瘤药物阿霉素（adriamycin）相当（IC_{50}=0.97～2.24μmol/L），其中对于细胞系 SMMC-7721，化合物 1 的细胞毒性明显强于阿霉素。此外，化合物 1 的细胞毒性远强于已被广泛研究的 bafilomycin 类化合物的代表 bafilomycin A1（IC_{50}=2.03～12.41μmol/L）（图 4-8）。化合物 2 对病原真菌 *Candida parapsilosis* 有较强的抑制活性（MIC=3.13μg/mL），与作为对照的临床用药物两性霉素 B 相当（MIC=2.00μg/mL）。对于上述几个活性新化合物，进一步开展生物合成机制的深入研究。

除上述菌株研究之外，我们还针对多株放线菌菌株开展了基于全基因组分析的基因组挖掘工作。通过挖掘，发现了多个可能产生新化合物的潜力菌株，相关工作正在开展。

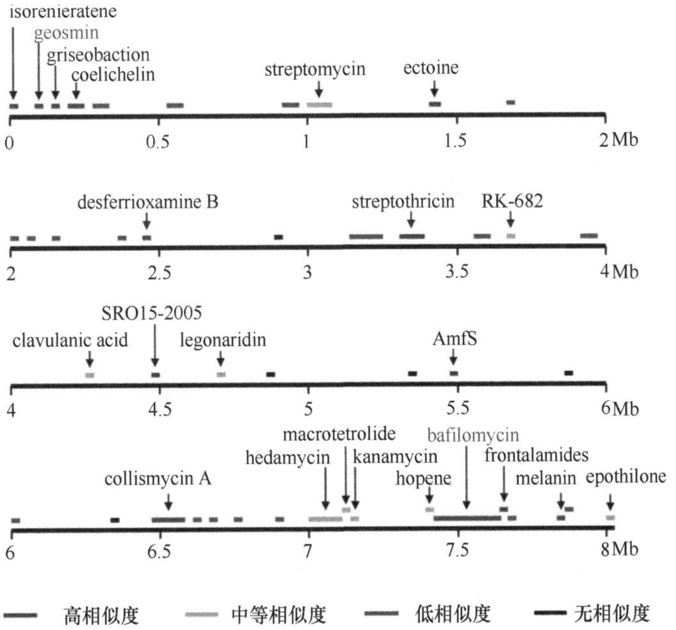

图 4-7 链霉菌 *Streptomyces albolongus* YIM 101047 中蕴含的生物合成基因簇（Yin et al.，2017）

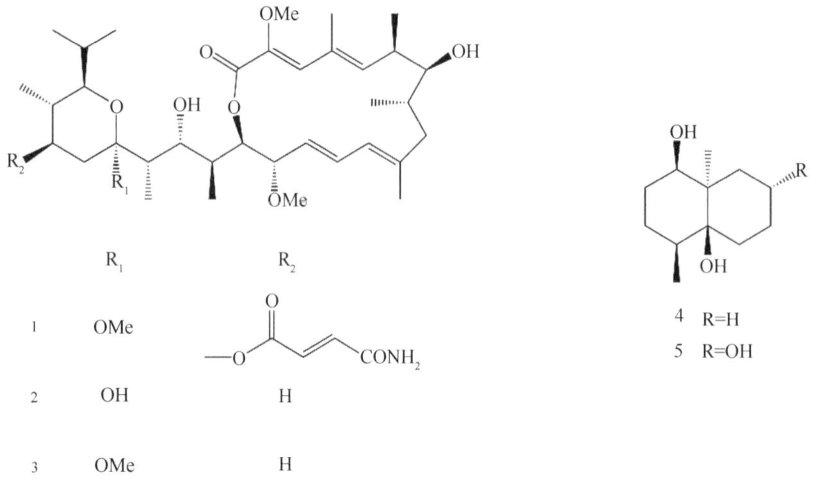

化合物 1～5的细胞毒性(IC_{50})(单位:μmol/L)

化合物	BGC-823	Caco-2	H460	SMMC-7721
1	3.58	2.81	5.02	1.36
2	11.82	46.25	44.1	10.14
3	46.94	>100	>100	13.6
4	34.55	85.5	>100	41.7
5	47.19	42.5	>100	>100

化合物2、4、5的抗菌活性(MIC)(单位:μg/mL)

化合物	*Candida albicans*	*Candida parapsilosis*	*Candida neoformans*
2	100	3.13	25
4	12.5	3.13	>100
5	100	100	>100
Amphotericin B	1.0	2.0	2.0

图 4-8 链霉菌 *Streptomyces albolongus* YIM 101047 中的新化合物及其活性（Ding et al.，2016）

七、展望

随着基因组测序的速度加快和花费降低，以及生物信息工具的不断发展和化学检测工具灵敏性的提高，新天然产物发现的速度正在提高，其中基因组挖掘工作占据着重要的地位。无论是分析单个基因组、多个基因组还是来源于环境的基因组片段，基因组挖掘提供的正确预测可以避免时间的浪费和后续实验设计的错误。同时还可以提供对生物合成基因簇进化和起源的深刻思考。在未来，将会有大批量的计算生物学工具和软件帮助人类持续性地挖掘新奇的生物合成基因簇，从而获得大量新的活性天然产物，并有望使微生物再度成为新药研发的重要源泉。

第三节 基于生物合成途径关键基因的天然产物产生菌高通量筛选

在以 antiSMASH 等为代表的多种规则依赖性工具软件和以 ClusterFinder 等为代表的规则无关性工具软件的帮助下，科学工作者已经从海量原核微生物基因组中预测出了数以万计的新基因簇，暗示大自然在亿万年的进化过程中，已经为人类准备了大量的化合物。以放线菌为例，平均一株菌中含有近 30 个生物合成基因簇，具有产生近 30 个化合物的可能性。但是，目前平均一株菌中只能分离到 3 个左右的不同化合物，说明可能有约 90%的天然产物没有被发现。菌株中蕴含的基因簇和实际发现的产物在数量上形成了巨大的反差，暗示着制约天然产物发现的瓶颈并不在于大自然产生天然产物的能力，而是在于探索自然的方法。

面对数量庞大的放线菌菌种库，将菌株全部测序是不现实的，对预测的基因簇进行实验验证是一项耗时耗力的工作，逐一进行实验研究也是不现实的，急需行之有效的化合物筛选新思路和新方法。我们与美国斯克利普斯研究所（The Scripps Research Institute，TSRI）天然产物库主任 Shen 领导的研究团队开展了深入的合作研究，建立了基于生物合成途径特异性探针筛选和实时荧光定量 PCR 筛选的方法，高效地获得了新天然产物分子。这些方法的深入应用，为高效开发放线菌蕴含的天然活性分子提供了有力的工具。

一、建立放线菌基因组 DNA 库

建立高质量的放线菌基因组 DNA 库是重要基础。我们利用云南省得天独厚的自然环境多样性，从盐环境、高温热泉、热带雨林、干热河谷、独特植物、动物等特殊生境中积累了包含数万株放线菌的菌种库。从庞大的放线菌菌种库中，我们选择长势好、培养条件相对简单的代表性菌株，为运用特异性探针筛选具有产生多种化合物潜力的菌株奠定了坚实的基础。通过实验发现酶裂解法结合吸附柱法比较适合放线菌基因组 DNA 的提取。通过平板固体培养与合适液体培养基摇瓶培养相结合的方法，获得足够量的新鲜菌体；通过酶裂解法结合吸附柱法获得高质量基因组 DNA；通过测定 $OD_{260/280}$、电泳检测，将符合质量标准的DNA样本按编号加入96孔板中，每个孔包含1mL浓度为10mg/mL的基因组DNA，置于−80℃备用。菌种库和基因组 DNA 库的成功建立，为将来进一步深入挖掘放线菌资源提供了有力保障，也为挖掘其他不同类型放线菌资源提供了参考，具有重要科学意义和应用前景。

二、基于生物合成途径特异性探针高通量筛选基因组 DNA 库

针对不同的基因簇类型，根据已有的研究成果选取特定合成途径中的关键基因，从 Genbank 调取相关氨基酸序列，使用 Vector NTI Advance 10 和 Lasergene 6 等相关软件进行序列比对，找出相对保守的氨基酸序列，并结合已经测序的放线菌基因组序列的特点，设计用于探针筛选的引物。

我们分别围绕大的化合物类型[包括 PKS-Ⅰ和 PKS-Ⅱ聚酮类化合物、非核糖体多肽（NRPS）类化合物、二萜（diterpene）类化合物、β-内酰胺（β-lactam）类化合物、铁载体（siderophore）类化合物、羊毛硫肽（lanthiopeptin）和硫肽（thiopeptide）类抗生素]和特定化合物类群[戊二酰亚胺（glutarimide）类、烯二炔（enediyne）类、格尔德霉素（geldanamycin）类、洋橄榄叶素（elaiophylin）类、土臭味素（geosmin）类和巴芙洛霉素（bafilomycin）类]等开展基因簇筛选研究。

以筛选 PKS-Ⅰ型化合物为例。选取来自不同 PKS-Ⅰ型化合物的 *KS* 基因的氨基酸序列，结合放线菌基因组中 *KS* 基因的氨基酸序列，通过比对，找到其中相对保守的片段，并以此设计保守序列的探针 PCR 简并引物；在简并引物上下游各加入富含 AT 的小片段，作为第二轮扩增的引物。接下来进行 PCR 扩增，具体步骤如下。

（1）准备基因组 DNA，96 个样本为一组。并将各个样本定量，标注浓度，编号，记录为 Excel 表格，注意表格与 96 孔板一一对应。

（2）从每个样本取 0.01μg DNA，加到同一个 PCR 管中。

（3）将混合 96 个样本的 DNA 作为模板，使用第一轮引物进行第一轮扩增。反应体系及条件如下：使用 Takara LA Taq 和 High GC Buffer 体系，95℃ 30s，60℃ 1min，72℃ 40s，10 个循环。

（4）扩增产物用 1%琼脂糖凝胶电泳检测并回收所得片段，作为第二轮扩增模板。

（5）用第二轮引物进行第二轮扩增，反应体系及条件如下：使用 Takara LA Taq 和 High GC Buffer 体系，95℃ 30s，48℃ 30s，72℃ 30～60s，35 个循环。

（6）将反应产物克隆到 pGEM-T1 载体上。从每个混合模板所得文库中随机挑选 10 个克隆进行测序，分析多样性。序列分析正确后，使用地高辛标记试剂盒制作探针。

将基因组 DNA 按 96 孔板顺序加样于带正电的尼龙膜（immobilon-Ny membrane）上，进行原位杂交，筛选出可能包含 PKS-Ⅰ型生物合成基因簇的菌株。具体步骤如下。

（1）将每张膜裁剪成与 96 孔板同样大小。

（2）处理基因组 DNA，每个样品取 2μg DNA，置于 96 孔板中，沸水浴 5min。

（3）迅速将 DNA 置于 0℃冰水混合物中，冷却 1min，获得单链 DNA。

（4）将单链 DNA 样品小心点于膜上，注意与 96 孔板样品一一对应。其中，每张膜上需要添加阳性对照和阴性对照各一个，其中阳性对照为已知包含 PKS-Ⅰ型基因簇的基因组 DNA，阴性对照为不加任何基因组 DNA 的空白样品。

（5）取 500ng PCR 反应产物，按照 DIG-High Prime DNA Labeling 和 Detection Starter KitⅠ（Roche）步骤进行探针制作。

（6）按 DIG-High Prime DNA Labeling 和 Detection Starter KitⅠ（Roche）步骤进行杂交实验。

（7）杂交结果照相或扫描后保存，DNA 样品号一一对应。

（8）分析结果，筛选出蕴含 PKS-Ⅰ型天然产物潜力的菌株。

以 glutarimide 类化合物为例，前期研究结果表明，基因簇中的 *acyl carrier protein*、*amidotransferase*、*acyl carrier protein* 和 *AT-less type ⅠPKS* 是合成这类化合物骨架的关键基因。其中，*acyl carrier protein*、*amidotransferase* 参与了戊二酰亚胺基团的合成，而 *acyl carrier protein* 和 *AT-less type Ⅰ PKS* 参与了聚酮骨架的合成。这几个基因在基因簇中还是连锁存在的。因此，选择这些关键基因进行探针引物设计。从 Genbank 等数据库调取上述已知基因的氨基酸序列，使用 Vector NTI Advance 10 和 Lasergene 6 等相关软件进行序列比对，找出相对保守的氨基酸序列，设计用于探针筛选和实时荧光定量 PCR 的引物，并对基因组 DNA 库进行高通量筛选。

我们应用不同特异性探针对基因组 DNA 进行了筛选。例如，应用聚酮类化合物、非核糖体多肽类化合物、萜类化合物、铁载体类化合物的特异性探针引物对基因组 DNA 库进行了初步筛选，引物序列如下。

PKS-Ⅰ-F：5′-ATGTAGTGAGCTGCTTCGGCGATGGACCCGCAGCAGCG-3′

PKS-Ⅰ-R：5′-AATCAGCATCCTTCGACCGCGCCGTCCTGGTTSACSGC-3′

PKS-Ⅱ-F：5′-ATGTAGTGAGCTGCTTCGGGCAGCGGITTCGGCGGITTCCAG-3′

PKS-Ⅱ-R：5′-AATCAGCATCCTTCGACCCGITGTTIACIGCGTAGAACCAGGCG-3′

NRPS-F：5′-ATGTAGTGAGCTGCTTCGACCTCSGGCWCCACCGGC-3′

NRPS-R：5′-AATCAGCATCCTTCGACCGCCGSIGATCTTSACCTG-3′

DTS-F：5′-ATGTAGTGAGCTGCTTCGACGCTCAGTGCGGTSGAG-3′

DTS-R：5′-AATCAGCATCCTTCGACCGGIGAGGCGTGCCACTTGTC-3′

巢式引物序列如下。

SR-F：5′-ATGTAGTGAGCTGCTTCG-3′

SR-R：5′-AATCAGCATCCTTCGACC-3′

其中Ⅰ型 PKS、Ⅱ型 PKS 基因扩增片段的电泳条带大小在 500～600bp，NRPS 基因扩增得到 750～800bp 大小的条带，这 3 种基因的扩增效果都不错，条带明亮，有利于下一步实验；DTS 基因扩增得到大小 1000bp 左右的条带，但是条带亮度稍显微弱。

通过克隆测序，得到部分序列，构建相关基因系统进化树，结果显示放线菌含有丰富的Ⅰ型 PKS 和Ⅱ型 PKS 基因，NRPS 基因也普遍存在，比对后相似度基本集中在 68%～85%和 95%～100%这 2 个大的范围中。放线菌来源的 PKS-Ⅰ、NRPS 序列与已知其他菌株来源序列的同源性较低，只有少量有所重合，这预示着放线菌蕴含着更为特殊和丰富的代谢产物资源。利用特异性探针，对基因组 DNA 基因库进行高通量筛选，多种不同类型的基因在某些菌株中出现重复，这些菌株可能同时含有多种不同基因类型，这意味着它可能具有产生多种类型化合物的能力。

通过筛选，我们发现在某些菌株的基因组中同时蕴含着产生多种类型化合物的潜力，并挑选得到了多株具多种化合物生物合成潜力的菌株。

高通量筛选技术平台的建立，大大提高了对放线菌资源挖掘的速度和准确性，避免了采用传统天然产物发现方法面临的盲目性的困扰，具有重要的实用性。

三、基于生物合成途径特异性引物实时荧光定量 PCR 高通量筛选基因组 DNA 库

针对上述不同类型化合物的基因簇，分别选取特定合成途径中的几个关键基因进行引物设计。从 Genbank 等数据库调取上述已知基因的氨基酸序列，使用 Vector NTI Advance 10 和 Lasergene 6 等相关软件进行序列比对，找出相对保守的氨基酸序列，设计用于实时荧光定量 PCR 的引物，接下来对基因组 DNA 库进行高通量筛选。对 PCR 产物进行克隆测序，筛选出潜力菌株。该方法快速高效，能够获得具有特定类型化合物核心基因的潜力菌株。下面以 PKS-Ⅰ型化合物的筛选为例，介绍基于生物合成途径特异性实时荧光定量 PCR 高通量筛选的实验方案。引物设计原理与前面介绍的途径特异性探针相似。

（1）在 96 孔板中分别加入等量放线菌基因组 DNA 作为模板。其中，每块板中需要添加阳性对照和阴性对照各一个，阳性对照为已知包含 PKS-Ⅰ型基因簇的菌株基因组 DNA，阴性对照为不加任何基因组 DNA 的空白样品。

（2）在反应体系中加入 PKS-Ⅰ型筛选引物、SYBR Green Ⅰ及定量 PCR 体系所需的各个试剂，最后补水至 10μL，进行定量 PCR 反应。计算出各个反应的 Tm 值，并将 Tm 值为（阳性对照 Tm±0.8）℃的菌株确认为阳性，认为该菌株可能具有 PKS-Ⅰ型基因簇。

（3）将实时荧光定量 PCR 筛选出的菌株基因组 DNA 作为模板，使用常规 PCR 进行扩增，通过电泳检测是否的确有相应大小的 PCR 产物出现。

（4）将 PCR 产物进行克隆、测序，最终筛选出蕴含产生 PKS-Ⅰ型天然产物潜力的菌株。

对于其他类型的基因簇，采用相同的实验方案，筛选出具有产生该类化合物潜力的菌株。由于基于生物合成途径特异性探针和实时荧光定量 PCR 的高通量筛选具有不同的灵敏度与准确性，本项目将综合分析两种方法获得的结果，复筛出更有潜力的菌株，进行后续研究。

四、潜力菌株的进一步精选及基因组挖掘研究

根据项目组前期实验获得的经验，经过原位杂交和实时荧光定量 PCR 双重筛选获得的菌株，可能存在假阳性和重复菌株等问题。为了节约后续研究的时间、经费成本，提高准确性，有必要针对可能产生特定化合物的菌株进行进一步分类和去重复。因此，需要针对某一类型化合物中不同亚类的生物合成途径，设计多个途径特异性基因的 PCR 引物，对潜力菌株可能蕴含的关键基因片段进行扩增并部分测序。

以 glutarimide 类化合物为例，通过比较已知不同结构的该类型基因簇的结构，选取不同基因簇来源的 SARP family pathway specific regulatory protein、malonyl-CoA: ACP transacylase、acyl carrier protein、amidotransferase、AT-less type Ⅰ PKS、ketoreductase 和 *O*-methyltransferase 等关键酶的基因，分别设计独立的或联合的特异性或简并性 PCR 引物，对上一步实验筛选到的有产 glutarimide 类化合物潜力的菌株基因组 DNA 进行扩增、测序，将所得序列分别与该类型所有已报道的基因簇进行比对，分析比对结果。根据基因的有无及相同基因的相似性，将可能产生的化合物进行分组，剔除可能产生已知 glutarimide 类化合物的菌株，从可能产生新结构 glutarimide 类化合物的组中，每一组精选出一株菌，构成后续研究的精选菌株。对其他类型化合物，采用同样的研究方案，获得相对应的精选菌株。接下来进行精选菌株的基因组挖掘、异源表达、沉默基因簇激活及新天然产物发现等后续研究工作。分析可能的新化合物的骨架，比较骨架碳原子数和对应聚酮合酶上的模块数，可以得知是否由于模块的增减导致骨架的变化，并寻找是否有新功能域的存在导致新结构的产生，通过分析，建立它们之间可能的关系；如果能够找到比 cycloheximide 等几个小分子更短的骨架，就可能找到了进一步探寻戊二酰亚胺基团生物合成机制的新突破口；比较新化合物出现的新基团与对应新基因簇上出现的新基因，根据已有的知识表征新基因可能的功能，初步建立这些新基因和新结构之间可能的相互关系。这些研究将为今后的功能验证研究提供强有力的指导。

五、对部分放线菌高通量筛选的研究进展

我们建立了适于放线菌菌株的基于生物合成途径关键基因的高通量筛选方法（图 4-9），同时建立了成熟的潜力基因簇克隆和异源表达平台，极大地减少了传统发酵的盲目性，提高了放线菌来源新天然产物发现的概率，部分解决了该类天然产物资源开发面临的难题。

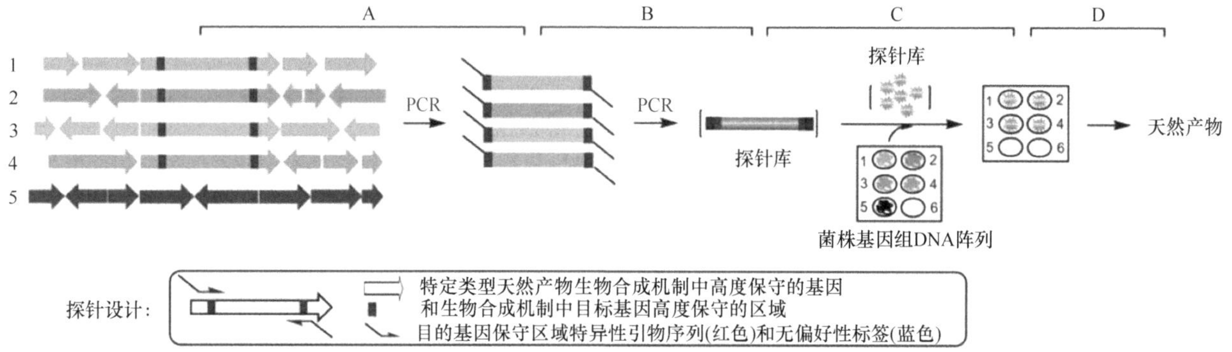

图 4-9 生物合成途径特异性探针高通量筛选（Xie et al.，2014）（彩图请扫封底二维码）

我们建立了基于生物合成途径特异性探针筛选具有特定类型天然产物的高效方法，从 100 株菌株中高通量筛选出一株有产生 DTS、PKS、NRPS 3 种类型化合物潜力的菌株，通过产物分析证明了分离出的 12 个化合物分别属于 DTS、PKS 和 NRPS 等 3 种类型。

我们建立了实时荧光定量 PCR 的方法，特异性地筛选了具有产生 DTS 潜力的菌株（图 4-10）。通过该方法高通量地从包含 1911 株放线菌的菌种库中筛选出最有潜力的 6 株菌株。通过发酵产物分析，发现它们都能产生不同的 DTS，包括 platensimycin 和 platencin 等重要的药物分子。

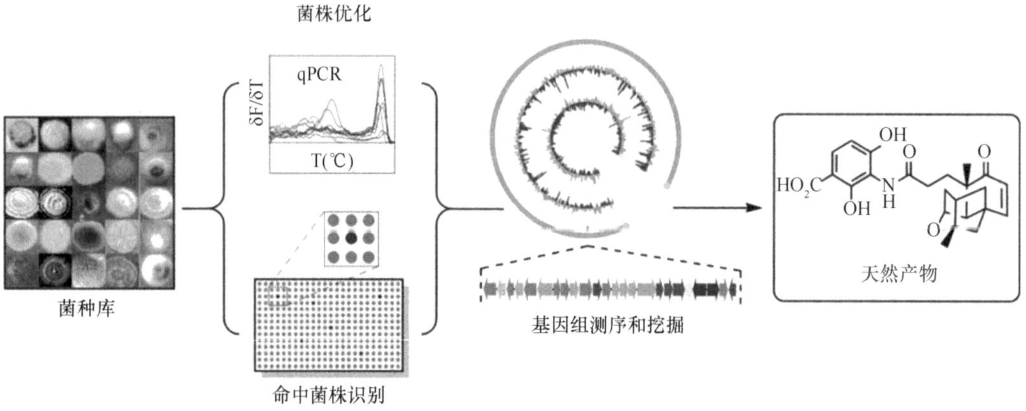

图 4-10 实时荧光定量 PCR 高通量筛选（Hindra et al.，2014）

F：fluorescence，荧光；T：temperature，温度

雷纳霉素（leinamycin）是一种很有前途的抗肿瘤先导化合物。我们对雷纳霉素类化合物进行了高通量挖掘工作（图 4-11），发现了 49 个潜在的产生菌株。这些菌株的雷纳霉素生物合成基因簇可以聚类成 18 个不同类型，我们从中鉴定出了 28 个不同生物合成基因簇。以此为导向，成功分离到了两类雷纳霉素类新化合物 guangnanmycin 和 weishanmycin。

烯二炔（enediyne）类化合物是一类具有极强抗肿瘤活性的天然产物，但是目前发现的种类很少。通过对 3400 个放线菌的基因组高通量筛选（图 4-12），我们发现了 81 个含有可能的 enediyne polyketide 生物合成基因簇的菌株，根据系统发育分析，它们属于 28 个不同的分支。对 31 个有代表性的菌株进行基

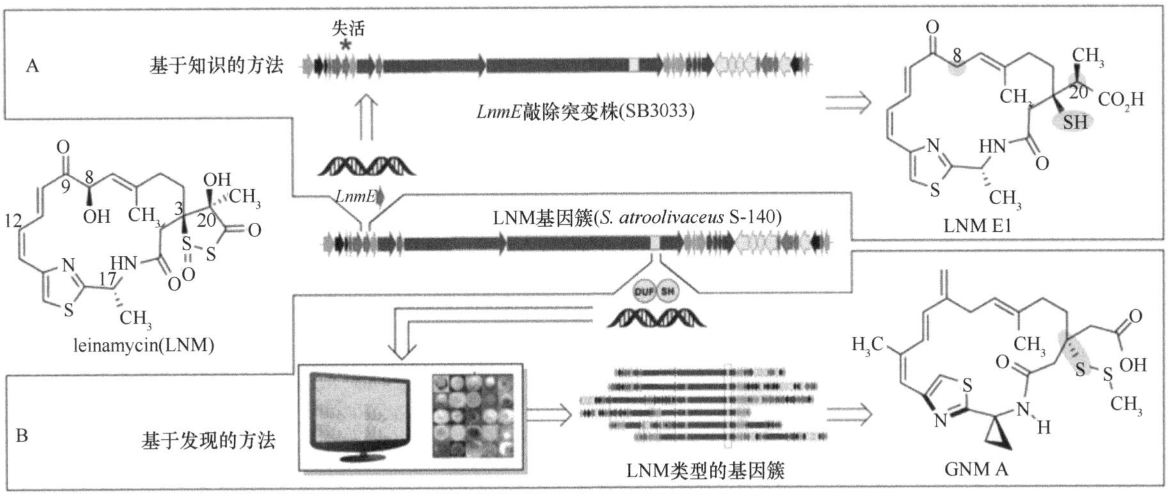

图 4-11　高通量筛选发现雷纳霉素类新化合物（Pan et al.，2017）

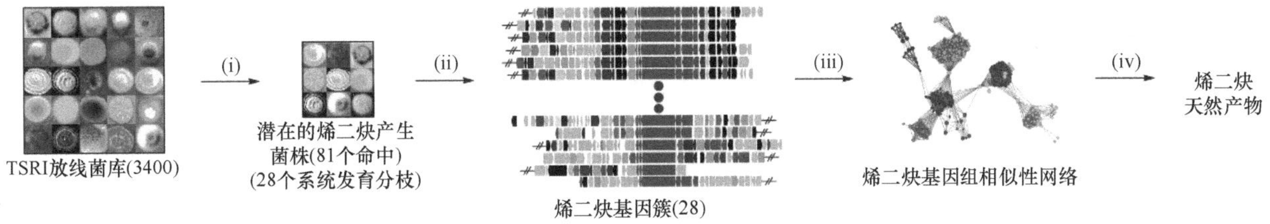

图 4-12　高通量筛选发现烯二炔类新化合物（Yan et al.，2016）

因组测序，证实每个分支都有一个独特的烯二炔生物合成基因簇。从中发现了一个能够大量产生烯二炔类化合物 C-1027 的新菌株，并发现了一个新的烯二炔类化合物 tiancimycin。该化合物对多种癌细胞系展现出了很强的细胞毒性。这些研究结果证明了高通量基因组挖掘的强大力量，将极大地促进药物的发现和开发。

我们还挑选了其他具潜力的菌株，进行了全基因组测序，并开展了基因组挖掘工作。这些菌株蕴含了产生聚酮类化合物、非核糖体多肽类化合物、萜类化合物、β-内酰胺类化合物、铁载体类化合物、抗菌肽和硫肽类抗生素等的潜力。对部分关键菌株的筛选取得了较好的结果，在高通量筛选获得的高潜力菌株中，包含了几百个可能的生物合成基因簇，其中有几十个基因簇很可能产生下列天然产物的类似物：2-methylisoborneol、aculeximycin、albachelin、alkyl-*O*-dihydrogeranyl-methoxyhydroquinone、alkylresorcinol、aureothin、azinomycin B、calicheamicin、carotenoid、coelibactin、cylindrospermopsin、desferrioxamine B、dutomycin、E-837、ECO-02301、ectoine、endophenazine、erdacin、erythreapeptin、erythromycin、esmeraldin、FD-891、fuscachelin、geosmin、gobichelin、halstoctacosanolide、hopene、isorenieratene、kendomycin、kosinostatin、landepoxcin、livipeptin、lomaiviticin、lomofungin、macrotetrolide、malleilactone、michiganin A、mirubactin、nanchangmycin、nocardicin A、novobiocin、nystatin、nystatin-like pseudonocardia polyene、ochronotic pigment、oligomycin、pheganomycin、phenazine、phosphonoglycan、planosporicin、polyketomycin、ralsolamycin、rimocidin、roseoflavin、SapB、sioxanthin、skyllamycin、spore pigment、sporolide、SRO15-3108、stambomycin、streptazone E、streptomonomicin、taromycin、thiolactomycin、TLN-05220、toyocamycin、vicenistatin、WS9326、xiamycin。上述部分基因簇与已知基因簇高度相似，可能产生相同的化合物；部分基因簇部分保守，通过检索 Genbank 已知的基因组数据库，是新基因序列，且其中的一部分在多个菌株里高度保守，推测这一部分基因簇很可能产生新的化合物类型。

我们对多株潜力菌株进行了传统方法的系统发酵分离工作。选择了实验室积累的多个发酵培养基进行培养，并对发酵产物经 TLC 及 HPLC 分析，获得了针对每个菌株的优化培养基，并进行了扩大培养。经对粗提物中特定的点进行分离和结构解析，获得了多个活性化合物，列举如下：4-(2-(2-hydroxy-3,5-dimethylphenyl)-2-oxoethyl)、piperidine-2,6-dione(2*Z*,4*S*,7*S*,8*E*,10*Z*,12*R*,12a*S*,14a*S*,18a*R*,18b*S*)-3-hydroxy-4,7,12,16-tetramethyl-7,12,12a,14a,15,18,18a,18b-octahydro-1H-naphthooxacyclotetradecine-1,5(4H)-dione、nonactin、6-(hexan-2-yl)-4-hydroxy-3-methyl-2H-pyran-2-one、pyrocatechol、2,3-dihydroxybenzoic acid、2-isopropyl-5,6-dihydro-4H-pyrrolo[1,2-b]pyrazole、1H-pyrrole-1-carboxylic acid。

其他化合物的分离纯化和结构解析工作也在进一步推进中。研究成果有力地指导了放线菌资源的挖掘工作，实用性强。在此基础上，我们对多株潜力菌株进行了基因组挖掘，并对多个潜力基因簇进行了异源表达研究。对比以前没有进行高通量筛选的传统发酵工作，可以明显看出筛选出的潜力菌株产生化合物的概率大大提高，并且获得的多数化合物与基因组分析预测相符。

六、展望

基于生物合成途径关键基因的高通量筛选方法能够提高放线菌来源的新天然产物的发现概率，部分解决该类天然产物资源开发面临的难题，为将来系统地理解一类天然产物可能存在的生物合成机制奠定基础，从而为一类化合物的组合生物合成和合成生物学的研究提供指导，为新药研发提供新的思路。

第四节　激活沉默基因簇技术

随着 DNA 高通量测序技术和生物信息学的快速发展，越来越多生物元件被挖掘并开发出来，可提供丰富的合成生物学天然元件或模块，为未来新型微生物次级代谢产物的设计和构建提供丰富的物质基础。然而在实验室常规培养条件下，甚至是微生物的天然生长环境下，微生物中绝大多数次级代谢产物生物合成基因处于沉默状态，并没有产生相应的代谢产物。沉默基因（silent gene)，是指自然条件下存在于微生物中但却不表达或表达水平低于检测水平的 DNA 序列。这些序列只有在特定条件下才可以被激活，得以表达相应的产物。通过对已挖掘的微生物基因组序列数据进行分析，我们发现微生物基因组中存在庞大的生物合成基因簇，其中沉默基因簇数量远远大于已知代谢产物的合成基因簇。挖掘并激活这些“沉默基因簇”，让其在自然条件下表达甚至高表达，有利于挖掘并开发出更多结构多样、功能多样的实用型活性化合物。现已成功开发出了多种激活沉默基因簇的技术。

一、异源表达

基于基因组的结构预测为发现未知化学骨架的天然产物提供了强有力的帮助。基因组测序和生物信息学分析已经确定了许多有潜力产生新的天然产物的隐性基因簇。但在标准实验室培养条件下很多基因簇没有得到充分表达，异源表达沉默的基因簇成为不错的选择。

异源表达的主要策略为：基因簇生物信息学功能预测，目标基因簇克隆、改造和修饰，转移和比较分析代谢产物图谱等。生产这些活性化合物即建立基因簇异源表达体系。基因簇的异源表达，就是将完整或部分沉默基因簇转入质粒或者人工细菌染色体上，再导入与其原始产生菌不同源的适宜的底盘细胞内，使其在异源宿主产生该沉默基因簇完整或部分结构的化合物，然后对导入该克隆质粒的表达宿主及对照宿主进行相同条件的发酵培养，并对发酵液进行分析，最终完成对新代谢产物的分离、纯化与结构鉴定。一般而言，沉默基因簇序列都比较长，提取难度较大，其转入难度也非常大，很难将完整的基因簇克隆到单个质粒上。为此，通常利用多个相互兼容的表达质粒代替单个的黏粒或大肠杆菌人工染色体，通过该方法已生产出了多种新型活性化合物。

异源表达技术有很多优点，目标性强，组建的异源体系也无需原来的调控元素，无特殊的培养条件要求，可克服天然生产菌株低表达、遗传操作难、不易规模培养等缺点。除此之外，该方法还适用于生长缓慢的微生物，如蓝细菌和真菌等。另外，异源表达对底盘细胞也有特殊的要求，需要有良好的适配性、生长要好、遗传背景要清楚、基因要易改造，对人和环境无危害。除此之外，还有其他方面诸多因素的限制，如异原宿主与沉默基因簇应有相近的 GC 含量、相似的基因密码子使用频率，产物反馈抑制、中间产物或终产物对宿主的毒副作用等均影响沉默基因簇的表达。为了进行顺利的异源表达，一些菌株和表达工具开始逐渐被开发，应用较广的异源表达宿主有大肠杆菌、酵母、链霉菌、分枝杆菌、丝状真菌和枯草芽孢杆菌等。*Streptococcus mutans* UA159 是一个可以表达来自厌氧菌的生物合成基因簇的异源表达宿主。该宿主具有一种天生能够将大片段克隆连接的能力，可使 40kb 大小的 DNA 片段直接整合到基因组上，或者是通过三步的逐级整合将 73.3kb 的生物合成基因簇完整地克隆到 *Streptococcus mutans* UA159 的基因组上。另外一种捕获大片段 DNA 的方法是酵母转化偶联重组（transformation-associated recombination，TAR），这一项技术是利用酿酒酵母（*Saccharomyces cerevisiae*）菌株天然具有的体内高效同源重组能力，直接捕获巨大的基因组片段，并将所捕获的长片段在体内和载体重组，这样就可以在酵母体内直接异源表达沉默的基因簇或者是为重构好的质粒重新选择合适的表达宿主，从而能够高产目的天然药物。研究显示，通过 TAR 克隆的片段长度可以达到 300kb。Bilyk 等（2016）通过 PCR 和 TAR 构建了专门用于 TAR 的载体，并且在模式链霉菌白色链霉菌（*Streptomyces albus*）中成功激活 36kb 的 grecocycline 生物合成基因簇。

传统的异源表达依赖于构建基因组 DNA 和目标基因的筛选，过程耗时，寻找目标菌落困难，对大于 40kb 的基因簇尤为困难。线性加线性同源重组（linear plus linear homologous recombination，LLHR）、酵母转化偶联重组和直接途径克隆等技术绕过了基因组 DNA 文库的构建，从而大大提高了截获生物合成基因簇的效率。大肠杆菌中的 LLHR 能从 *Photorhabdus luminescens* 中捕获最大 52kb 的生物合成基因簇，从模式链霉菌 *Streptomyces albus* 的多个片段中克隆 106kb 的 salinomycin 基因簇，并进行下游整体结构组装。但是，LLHR 中使用的载体需要通过 Redα/Redβ 重组修饰，以使其适于异源表达。构建一个可以省略此重组步骤的载体系统，可进一步简化 LLHR，提高效率。pSET152 载体是带有 φC31 整合系统的大肠杆菌-链霉菌穿梭载体，可在大肠杆菌中保留，也可将其通过特异性位点整合到链霉菌基因组中。载体 pSET152 适用于直接克隆来自链霉菌基因组 DNA 的 BGC，在其他链霉菌宿主内进行下游异源表达。Qian 等（2020）从链霉菌属中鉴定了一个隐秘的Ⅱ型 PKS 基因簇（Skt）。应用线性加线性同源重组技术，使用链霉菌位点特异性整合载体 pSET152，直接克隆 Skt 基因簇。研究表明，pSET152 载体可直接用于 LLHR 技术，扩展了 Red/ET 直接克隆工具箱，并为链霉菌基因簇的快速异源表达提供了可能。模式链霉菌 *Streptomyces albus* J1074 菌株生长迅速，遗传系统明确，是用于异源表达生产天然活性化合物最广泛的宿主之一，thaxtomin 合成基因簇在模式链霉菌 *Streptomyces albus* J1074 中实现异源表达后，产量达到了 222mg/L，比其在原始菌株的产量提高了约 10 倍。

二、启动子的引入

直接将一个完整的基因簇转入异源宿主体内时，若没有合适的启动子或启动子无法被识别，将导致异源表达的失败。因此，在天然宿主或异源表达宿主的沉默基因前面引入一个适合的启动子对于沉默基因的激活是十分关键的。引入新的启动子或是置换基因前的启动子是两种常用的策略。建立启动子库，并从中选用研究透彻的启动子或适合于该宿主的强启动子是实现该策略的有效手段，本室也正在开展这方面的研究。

目标启动子的选择与应用通常有以下几个原则。

（1）优先选择表达宿主体内的强启动子。

（2）选择与沉默基因簇表达宿主亲缘关系较近的物种的强启动子。

（3）将启动子插入沉默基因 CDS 区上游。

（4）使用组成型启动子，突破各种调控因子的作用，激活沉默基因簇的表达。

通常说的“组成型启动子”都是以葡萄糖为碳源的强启动子，在不同的培养条件下启动能力稳定。特殊情况下，例如，许多微生物中次级代谢产物生物合成基因簇含有一个或多个能控制整个基因簇转录的转录因子，如代谢终产物或者中间物对表达宿主有毒性时，可选择诱导型启动子，诱导型启动子中含有顺式作用元件，可在一定条件下与转录因子结合，使得诱导型启动子对基因表达有开关的作用。添加外源诱导剂或改变培养条件，可使转录不再受原有的控制，同时新的启动子能使转录因子高水平表达，从而激活整个沉默基因簇的表达。该方法可有效降低异源表达宿主被过量生产的次级代谢产物致死的危险，使表达体系不受微生物原有调控体系的控制，进而活化目标基因簇和提高产量。通过在沉默基因簇前插入诱导型或组成型启动子在多数情况下可以激活沉默基因簇，也可以用于提高其他目标基因的表达量，但对于不包含转录因子基因的沉默基因簇这种方法也不适用。另外，对于一些复杂的基因簇而言，这种方法有时也只能局部激活基因簇，很难得到目标基因簇完整的表达产物。Saleh 等（2012）在唐德链霉菌的基因组中发现吩嗪生物合成基因簇，最终通过在吩嗪生物合成基因序列上游引入一个组成型启动子 *ermE**，并将重构基因簇转入天蓝色链霉菌 M512 中才使其基因簇成功表达。

大多数天然产物的生物合成基因簇由多个操纵子组成，因此生产过程是多个启动子共同激活的结果。天然生物合成基因簇的转录重构需要替换多个启动子，这个过程非常耗时。Brady 团队开发的基于酵母平台的 mCRISTAR 工具，通过将 CRISPR/Cas9 和 TAR 结合在一起，允许在单个转化步骤中同时替换多个启动子位点。尽管已证明该方法可用于激活沉默生物合成基因簇，但使用 CRISPR 阵列技术仍有许多不足。首先，单个 CRISPR 阵列中存在多个直接重复的序列，使 DNA 合成具有挑战性。其次，由于所有间隔子序列都整合到单个 CRISPR 阵列中，修改启动子位点的组合以进行多重重构需要合成一个全新的 CRISPR 阵列，这增加了成本和时间。为此，研究者开发了一个新的方法 mpCRISTAR。该方法与以前的基于 CRISPR 阵列的方法相比，通过采用多重质粒方法弥补了以往的不足，其中每个质粒带有一个或两个独特的指导 RNA 和一个独特的营养缺陷型标记，多个 CRISPR 质粒共转化为酵母可实现 BGC 的多重重组。mpCRISTAR 需合成 52bp 的寡核苷酸或 439bp 无重复序列的 DNA 片段，因此速度更快且更具成本效益。使用放线菌素（actinomycin，ACT）BGC 作为模型集群，来演示 mpCRISTAR 在多路复用重构中的作用。结果显示，具有 4 种不同营养缺陷型标记的 CRISPR 质粒可以在酵母细胞中稳定共存。通过从每个质粒表达一个 gRNA，4 个启动子位点被同时替换，效率接近 100%。通过从一个质粒表达两个 gRNA，多路复用能力分别以 68%和 32%的效率扩展到 6 个和 8 个启动子位点。此 mpCRISTAR 平台将成为启动沉默生物合成基因簇的转录，发现新天然产物的有用工具，可以提高效率。此外，通过在调节基因上游引入启动子 *sav2794*，化合物 quinolidomicin 在变铅青链霉菌（*Streptomyces lividans*）中成功表达，利用相同的方法，telomestatin 合成基因簇在阿维链霉菌（*Streptomyces avermitilis*）中也成功表达。

三、调控基因改造

在细菌中，天然产物的生产受到复杂的转录调控网络的严格控制。由于其极大的复杂性，优化天然产物的生物合成是一个非常困难和耗时的过程，需要控制培养条件、进行大量筛选、转录激活因子过表达或转录抑制因子的敲除。用性能良好的合成启动子取代天然启动子，重构天然转录调控系统，可绕过天然调控系统，在正常的实验室培养条件下使生物合成基因增强表达，这是一个很有吸引力的选择。这种重构方法不仅可以激活沉默的、隐秘的生物合成基因簇，而且可以最大限度地提高微生物天然产物的产量。

次级代谢产物的生物合成途径通常是复杂且烦琐的，由大量的中间步骤对化合物骨架进行组装、修饰，生成最终的代谢产物，合成途径存在庞大而复杂的调控系统。因此除合成基因之外，生物合成基因簇中还包括其他的调控基因。关键调控基因的过表达、敲除或阻断均可以影响次级代谢产物的表达或者表达量。因此，阻断沉默基因簇内的负调控基因、过表达正调控基因、抑制或阻断负调控基因的表达都可能激活沉默基因簇，使其表达产生新型次级代谢产物。

正调控基因过表达是指一段有效的 DNA 片段，其经转录、翻译，产生的调控蛋白与操纵基因结合后启动或增强结构基因的表达。正调控基因是控制次级代谢产物生物合成的开关。组成型表达或过表达同源正调控基因，诱导沉默基因簇的激活，是产生新的次级代谢产物的重要途径之一。Bok 等（2006）通过过表达构巢曲霉中多效性转录调控因子 LaeA，使菌株产生了一种全新的天然产物 terrequinone A，该物质具有良好的抗肿瘤、抗病毒及抗糖尿病活性。他们通过组成型过表达基因簇中 LuxR 家族调控因子 Nam1，全面激活了链霉菌 LZ35 中 nam 基因簇的表达，得到基因簇的编码产物 neoansamycin。

沉默基因簇的表达还受到负调控基因的调控，因此阻断负调控基因也可实现沉默基因簇的激活。*NsdA* 基因是天蓝色链霉菌中放线紫红素合成的负调控基因，变铅青链霉菌也含有相同的 *NsdA* 序列，但变铅青链霉菌通常不合成放线紫红素。阻断变铅青链霉菌中的 *NsdA*，获得突变株 WQ2，即可获得合成放线紫红素的能力；在 WQ2 中重新引入野生型 *NsdA*，却不能合成相应的抗生素。因此，*NsdA* 阻断可激活变铅青链霉菌中沉默的放线紫红素生物合成基因簇的表达。

转录调控因子的过表达或敲除方法适用于基因簇不表达或者产量极低的情况。该方法仅适用于已建立遗传操作体系且生物合成基因簇调节基因明确的菌株。嵌合型 LuxR 转录因子可重新调控天然产物的表达。在实验室条件下，微生物通常仅表达一部分生物合成基因簇，因此激活沉默基因簇可极大地增加挖掘新型天然产物的可能。LuxR 型转录激活因子是构成群体感应（quorum sensing，QS）系统的一部分，可作为响应调节剂，在结合其同源 LuxI 合酶产生的信号分子后充当转录因子，激活沉默基因簇的表达，如铁载体、肽抗生素、聚酮化合物、吩嗪、色素等化合物的生成。LuxR 蛋白由两个主要域组成：N 端信号结合域（signal binding domain，SBD）和 C 端 DNA 结合域（DNA binding domain，DBD）。当与同源信号分子结合时，蛋白质的 C 端部分会进行同源二聚化，从而与启动子上游的回文序列结合，诱导下游基因簇表达。构建一种嵌合 LuxR（LuxR^{c}s）系统，可应用于异源或其天然宿主，来激活信号未知的沉默基因簇，从而产生新代谢产物。通过更改 LuxR 的 SBD，重新构建 QS 传感系统，研究者成功合成了一种新型甲萜类天然产物。这个研究提供了一个激活标准实验室条件下沉默基因簇的有效方法，促进了新型次级代谢产物的发现。这对重新组装 QS 介导的调控系统并创建特定控制信号，激活 BGC 的人工系统具有重要价值。

四、高通量激发子筛选与成像质谱偶联

次级代谢产物并不直接参与微生物在其原生生境中的自然生长，但在种间相互作用和交流中起着重要的生态作用。自然环境存在各种生物胁迫（如营养竞争和物理相互作用）和非生物胁迫（压力、温度和盐度）。这些复杂的调控网络影响着每个次级代谢产物的生物合成。然而，在实验室无菌培养条件下，这些环境刺激被移除，因此，放线菌中的大多数次级代谢产物生物合成基因簇无法被激活。研究引发次级代谢产物生物合成的信号，有助于了解次级代谢产物在微生物群落中的生态作用，促进次级代谢产物的生产。多种方法如培养基优化、诱变和基因工程等，可突破常规的实验室培养条件，唤醒沉默的放线菌生物合成基因簇。建立高通量的激活沉默基因簇的新方法可以极大地促进新颖天然产物的发现。

Xu 等（2019）针对微生物构建了一种高通量激发子筛选与成像质谱偶联的方法（high-throughput elicitor screening-imaging mass spectrometry，HiTES-IMS）和技术平台，用多种激发子诱导特定菌株，然后用成像质谱技术来检测产生的代谢物。这种方法的优势在于其并不依赖目的菌株的遗传信息。首先用产 orfamide 的 *Pseudomonas protegens* 菌株进行测试，在经过筛选后成功捕捉到了 orfamide 及其衍生物，验证了该方法的可行性。随后选取链霉菌 *Streptomyces canus* NRRL B3980 和稀有放线菌 *Amycolatopsis keratiniphila* NRRL B24117 进行实验，挖掘其中潜在的代谢产物。在实验诱导下，链霉菌 *S. canus* NRRLB3980 产生了两个具有套索肽结构的新化合物；放线菌 *A. keratiniphila* NRRL B24117 产生了两类糖肽类的新化合物 keratinimicin 和 keratinicyclin，均体现出良好的抗菌活性。此外，在激发子存在与缺少的情况下，Xu 等（2017）鉴定了 *S. albus* 和 *sur* 缺陷型的 *S. albus* 的次级代谢产物，结果表明这些代谢物中含有 14 个新化合物。

虽然模拟其原始生境具有挑战性，但细菌种群与群落中共同生长的两种或多种不同的微生物共培养也是一个有效地激活沉默生物合成基因簇的办法，还可以借此探索放线菌中多样的化学物质的生态作用。例如，链霉菌在与黏球菌共培养时，黏球菌可产生一种铁载体，消耗环境中的铁，这使得链霉菌出现了限铁条件。而铁竞争可有效引发链霉菌抗生素的生物合成。不仅如此，在这种化学竞争条件下，放线菌在激活放线菌红素 actinorhodin 的生物合成基因簇时，还可激活支链氨基酸降解途径，使得其有产生前体的可能，并同时激活一个新的 actinorhodin 输出系统，使得所合成的 actinorhodin 释放到细胞外环境，限制其他生物的生长。研究表明，铁限制条件可触发多达 8 种链霉菌中的 21 种次级代谢产物生物合成基因簇的表达，是一个相对普遍的共培养激活沉默基因调控手段。

在资源充足的条件下，通过共培养改变微生物周边的环境，有助于刺激沉默基因簇的表达，并探索其潜在的调控机制。但由于共培养过程中的化学复杂性，潜在的机制在很大程度上是未知的，需要更加深入的基础研究才能揭示。

五、表观遗传学调控

表观遗传学是指在染色体 DNA 序列不发生改变的情况下，通过 DNA 甲基化、组蛋白修饰和非编码 RNA 调控等方式使基因的表达水平与功能发生改变，产生可遗传的表型。染色质的构型和基因表达与否紧密相关。紧缩构型染色质使许多生物合成基因簇处于沉默状态。因此，通过表观遗传调控改变染色质的构型是激活沉默基因簇的一种有效手段。DNA 甲基化、乙酰化或泛素化等现象均可导致染色质构象发生改变，是导致基因簇被隐藏的主要原因。因此向遗传体系中加入表观遗传修饰酶抑制剂类小分子，如 DNA 甲基化转移酶抑制剂、组蛋白去乙酰化酶抑制剂等均可能激活沉默基因。除此之外，在分子水平对表观遗传修饰酶类的表达进行操纵也是激活沉默基因的重要方法。例如，*HdaA* 基因可编码组蛋白脱乙酰酶，如将其从曲霉菌基因组中敲除，可提高杂色曲霉素和青霉素的产量。Henrikson 等（2009）使用组蛋白去乙酰化酶抑制剂干扰枝孢芽枝菌的正常生长，使其代谢产物发生根本性改变，得到了 2 个全新的化合物 cladochromes F 和 cladochromes G。

六、核糖体工程

核糖体工程通过对基因表达的重要元件 RNA 聚合酶和核糖体进行改造或修饰，如引入特定的点突变或缺失突变，使核糖体相关基因发生突变，导致核糖体结构改变，从而引起翻译蛋白能力的改变，影响微生物次级代谢产物的合成能力。核糖体工程是一种提高次级代谢产物合成能力的育种新方法，不仅操作简易，对操作菌株的遗传背景也没有特别的要求，主要通过向核糖体或 RNA 聚合酶引入特定的抗生素抗性突变以激活沉默基因簇。链霉素的正突变率较高，是目前主要用来选育工程菌株的抗生素，在核糖体工程中应用比较广。Tanaka 等（2013）利用利福平对灰色链霉菌进行抗药性筛选，成功激活了 SGR3267 沉默基因簇的转录，产生了相应的化合物。通过核糖体工程对灰色链霉菌、天蓝色链霉菌等进行抗药性筛选，不仅成功激活了其抗生素产生潜能，而且激活了 SGR3267、SGR4413 和 SGR5295 等沉默生物合成基因簇的转录，产生了野生型未表达的次级代谢产物。Wu 等（2015）用新霉素对海洋真菌产紫青霉 G59 进行了抗性筛选，在发酵产物中检测到了弯孢霉菌素和 Penicitrinone A 等 5 种新型活性化合物。

七、展望

随着 DNA 高通量测序技术和生物信息学的不断发展，越来越多的沉默基因簇被开发和挖掘，成为新型化合物开发、挖掘、利用的巨大资源宝库。激活沉默基因簇，挖掘新型天然产物已进入了一个新时代。通过改造天然宿主，改变调控基因，引入强启动子，或发展新的异源表达宿主，并利用新兴基因编辑技术修饰改造天然宿主或异源宿主，甚或通过表观遗传调控和核糖体工程等技术手段，已成功激活大量沉默基因簇，获得了一系列新的次级代谢产生的多样的化合物。通过基因组挖掘并激活沉默基因簇来获得新的活性天然产物，将为人类医疗健康、环境保护、新能源开发等多个方面带来更多的可能和希望。

第五节　组合生物合成技术的应用

作为化学合成的有力补充，组合生物合成（combinatorial biosynthesis）是近年发展起来的一种扩展天然产物结构多样性，以满足药物发现和开发的新方法。在我们不断搞清楚各基因元件的功能和各类天然产物生物合成机制后，组合生物合成以微生物作为“细胞工厂”，通过对天然产物代谢途径的遗传控制来生物合成新型复杂化合物，并采用微生物发酵的方式达到批量生产的目的。其中，一种途径是特异性地遗传修饰天然产物的生物合成途径，以此获得基因重组菌株，生产所需要的天然产物及其结构类似物；另一种途径是将不同来源的天然产物生物合成基因进行重组，在微生物体内建立组合的新型代谢途径，产生新型天然产物构成的类似物库，有利于从中发现和发展更具有应用价值的药物（图 4-13）。

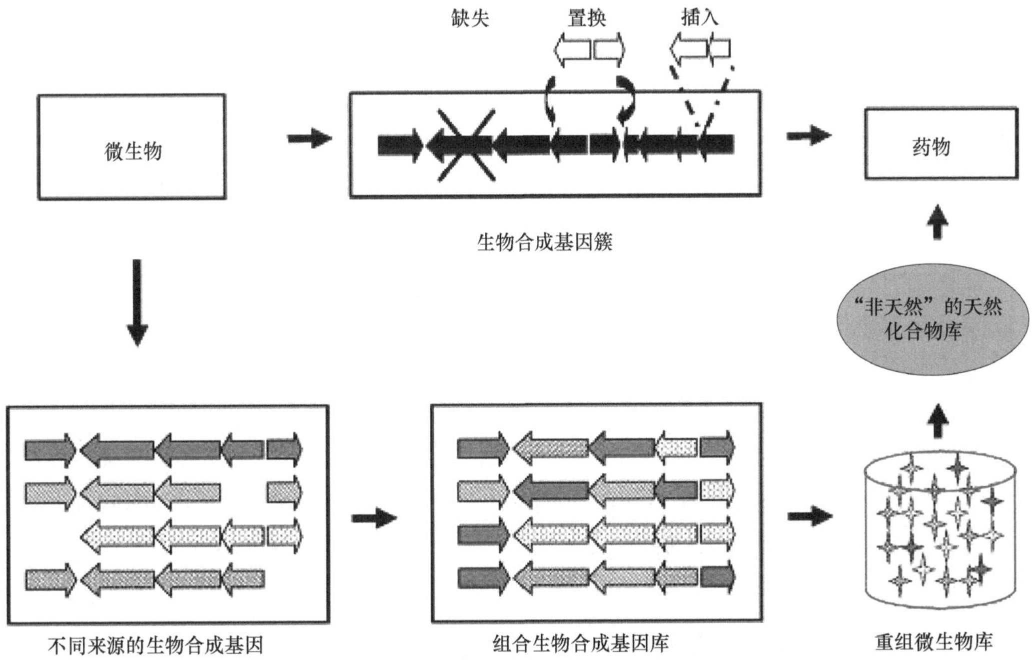

图 4-13　组合生物合成的原理和方法

一、组合生物合成在药物结构多样性及功能上的应用

与化学合成相比，利用组合生物合成技术，目的代谢产物可以由获得的重组菌株发酵大量生产，不仅可以降低生产成本，还可以减少环境污染。国际上针对一些传统的抗生素代谢途径进行了组合生物合

成方面的研究，显著提高了一些重要传统抗生素的产量，大量复杂药物的结构类似物也作为新型的微生物代谢产物被成功研制。例如，Hutchinson 和 Colombo（1999）在抗肿瘤聚酮类药物柔红霉素（daunorubicin）的产生菌波赛链霉菌（*Streptomyces peucetius*）中，将糖基上催化 4 位羟基形成的酮基还原酶基因 *DnmV* 置换为催化构型相反的酶基因 *AvrE*，由此构建的重组菌株可以直接产生毒副作用更低的肿瘤化疗药物表柔红霉素（epirubicin），改善了此前从柔红霉素出发、通过化学半合成获得表柔红霉素的复杂而且低效的传统化学工艺。Baltz（2006）采用结构类似物生物合成基因重组的方法对脂肽类抗生素达托霉素（daptomycin）进行结构衍生，获得了一系列活性与原化合物相当的新型抗生素。其中一个化合物由于增加了细胞膜的通透性，因而具有更高的生物活性。Donia 等（2006）在基因水平对抗肿瘤抗生素小盘酰胺（patellamide）前体肽氨基酸的组成进行了改变，利用原修饰酶体系成功地合成了一种新型环肽类抗生素，其结构与临床上使用的抗凝血剂依替巴肽（eptifibatide）十分相似。这些复杂的结构类似物采用化学合成的方法都是很难获得的，这充分体现了组合生物合成在新药发现和发展方面的巨大潜力。

二、组合生物合成在传统药物生产工艺上的应用

维生素 E 是饲料和营养品的主要成分，具有不可替代性，是维生素家族中需求量最大的品种，全世界每年需要 10 万 t 左右的维生素 E 原料。欧洲两大化学公司德国巴斯夫集团和荷兰皇家帝斯曼集团以柠檬醛作为中间体合成异植物醇，并与三甲基氢醌结合，全化学合成生产维生素 E。异植物醇的化学合成工艺成熟，成本较低，这两家公司也一直是该产品全球最大的原料生产企业，已经垄断行业几十年。基于在法尼烯研究上的长期积累，邓子新院士团队综合利用组合生物合成方法，全球首创了采用微生物发酵合成法尼烯中间体，进一步合成了异植物醇，相较于传统的化学全合成维生素 E 技术具有巨大的成本优势，颠覆了国外长期垄断的化学全合成维生素 E 技术，并且减少了 60%的碳排放，生产过程也更加绿色环保，具有巨大的潜力（马田等，2020）。

三、利用组合生物合成方法设计和生产新药

利用来自不同生物合成途径的基因集，创造性地设计并合成出包含两个独立生物合成途径的结构基团的组合生物合成途径，可以定向地合成一些结构更为复杂、多样的化合物。结合代谢工程，通过对天然产物的代谢途径进行改造可以合成“非天然”的天然产物：一方面通过引入外源基因，对原有的代谢途径进行延伸或者改造，进而产生新的末端代谢产物；另一方面，将不同来源的天然产物生物合成基因进行重组，在微生物体内建立新型代谢途径，从而可以获得杂合的代谢产物，有目的、有创新性地合成一些人们需要的药物分子。邓子新团队 Zhai 等（2012）从多氧菌素（polyoxin）和尼可霉素（nikkomycin）化学结构特点出发，对它们的生物合成模块进行了重新组合，重构了新型杂合的生物合成途径，实现了目标抗生素的定向产生，成功合成了 4 个杂合的肽核苷类抗生素（polyoxin N、nikkoxin B、nikkoxin C 和 nikkoxin D）。其工作流程如图 4-14 所示。

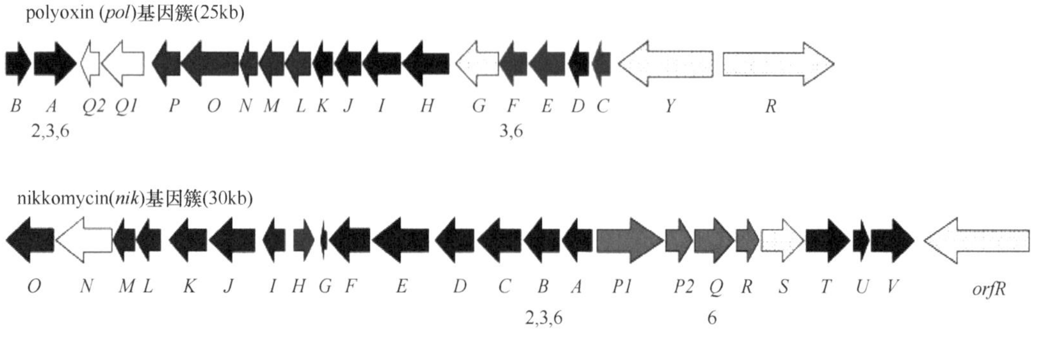

合成模块的拼接与重组：

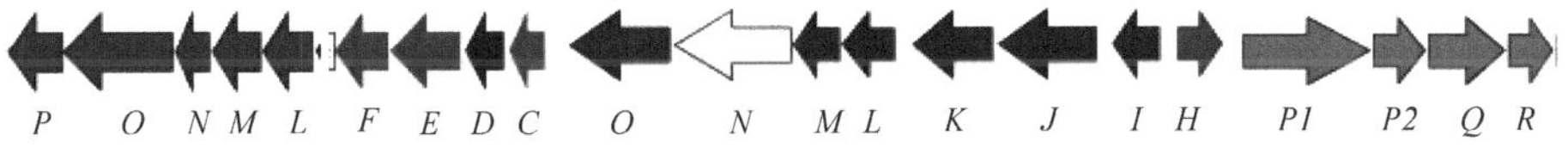

杂合产物的获得：

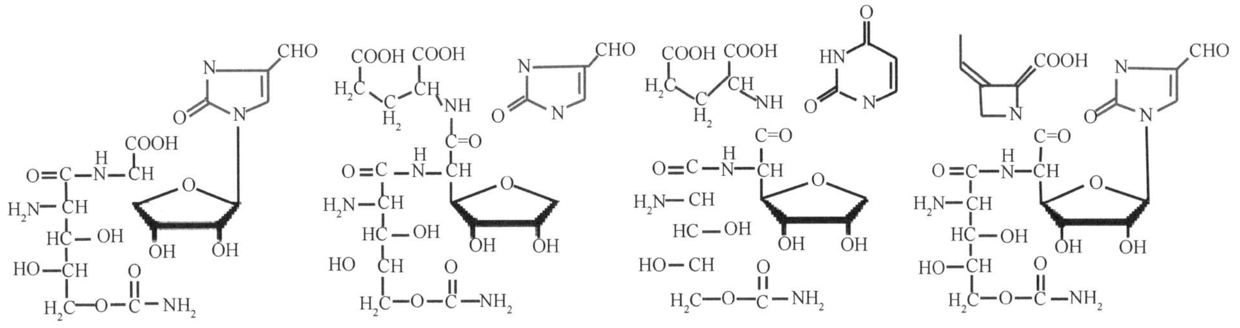

ZLP2,3
polyoxin N

ZLP2,3
nikkoxin B

ZLP6
nikkoxin C

ZLP2
nikkoxin D

图 4-14　多氧菌素和尼可霉素的生物合成重组（Zhai et al.，2012）（彩图请扫封底二维码）

四、展望

随着分子技术、测序技术的发展，我们对自然界蕴藏的基因及它们功能的了解会越来越多，对更多药物分子的合成途径也会不断加深认识，这就为组合生物合成的发展夯实了基础。我们可以在掌握这些知识的基础上，发挥想象，设计组合生物合成途径，产生结构更为新颖、活性更强、毒性更低、生产成本更低、环境污染更小的药物分子，为人类战胜疾病提供更多、更好的药物分子前体物质。通过次级代谢产物合成基因簇重组，人工设计改造抗生素生物合成通路，以得到产量高、组分单一的新型生产工艺，还可以形成一条天然产物改造的有效途径。

（作者：尹　敏，李桂鼎，张周天乐，刘　涛，郎　磊，姜　怡，姜明国，鲁　涛*，徐　平*）

主要参考文献

马田，邓子新，刘天罡. 2020. 维生素 E 的“前世”和“今生”. 合成生物学, 1(2): 174-186

Almeida A, Mitchell A L, Boland M, et al. 2019. A new genomic blueprint of the human gut microbiota. Nature, 568: 499-504

Amagai K, Ikeda H, Hashimoto J, et al. 2017. Identification of a gene cluster for telomestatin biosynthesis and heterologous expression using a specific promoter in a clean host. Scientific Reports, 7(1): 3382

Baltz R H. 2006. Molecular engineering approaches to peptide, polyketide and other antibiotics. Nature Biotechnology, 24(12): 1533-1540

Ban Y H, Song M C, Hwang J, et al. 2019. Complete reconstitution of the diverse pathways of gentamicin B biosynthesis. Nature Chemical Biology, 15: 295-303

Bilyk O, Sekurova O N, Zotchev S B, et al. 2016. Cloning and heterologousexpression of the grecocycline biosynthetic gene cluster. PLoS One, 11(7): e0158682

Bok J W, Hoffmeister D, Maggio-Hall L A, et al. 2006. Genomic mining for aspergillus natural products. Chemistry and Biology, 13(1): 31-37

Butler M S. 2004. The role of natural product chemistry in drug discovery. Journal of Natural Products, 67: 2141-2153

Ding N, Jiang Y, Han L, et al. 2016. Bafilomycins and odoriferous sesquiterpenoids from *Streptomyces albolongus* isolated from *Elephas maximus* feces. Journal of Natural Products, 79: 799-805

* 通讯作者 Email：xuping_bprc@126.com；taolu2000@yahoo.com

Donia M S, Hathaway B J, Sudek S, et al. 2006. Natural combinatorial peptide libraries in cyanobacterial symbionts of marine ascidians. Nature Chemical Biology, 2: 729-735

Edoardo P, Francesco A, Serena M, et al. 2019. Extensive unexplored human microbiome diversity revealed by over 150, 000 genomes from metagenomes spanning age, geography, and lifestyle. Cell, 176: 649-662

Floss H G. 2006. Combinatorial biosynthesis: potential and problems. Journal of Biotechnology, 124: 242-257

Henrikson J C, Hoover A R, Joyner P M, et al. 2009. A chemical epigenetics approach for engineering the *in situ* biosynthesis of a cryptic natural product from *Aspergillus niger*. Organic & Biomolecular Chemistry, 7(3): 435-438

Hindra, Huang T T, Yang D, et al. 2014. Strain prioritization for natural product discovery by a high-throughput real-time PCR method. Journal of Natural Products, 77: 2296-2303

Hou X M, Li Y Y, Shi W, et al. 2019. Integrating molecular networking and ^{1}H NMR to target the isolation of chrysogeamides from a library of marine-derived *Penicillium* fungi. The Journal of Organic Chemistry, 84(3): 1228-1237

Hover B M, Kim S H, Katz M, et al. 2018. Culture-independent discovery of the malacidins as calcium-dependent antibiotics with activity against multidrug-resistant gram-positive pathogens. Nature Microbiology, 3: 415-422

Hutchinson C R, Colombo A L. 1999. Genetic engineering of doxorubicin production in *Streptomyces peucetius*: a review. Journal of Industrial Microbiology & Biotechnology, 23(1): 647-652

Johnston C W, Skinnider M A, Wyatt M A, et al. 2015. An automated genomes-to-natural products platform(GNP)for the discovery of modular natural products. Nature Communications, 6: 8421

Jorge C N, Nelly S M, Michael W M, et al. 2020. A computational framework to explore large-scale biosynthetic diversity. Nature Chemical Biology, 16(suppl_2): 60-68

Kang H S, Powers Z C, Brady S F. 2016. Multiplexed CRISPR/Cas9- and TAR-mediated promoter engineering of natural product biosynthetic gene clusters in yeast. ACS Synthetic Biology, 9: 1002-1010

Khosla C, Keasling J D. 2003. Metabolic engineering for drug discovery and development. Nature Reviews, 2: 1019-1025

Navarro-Muoz J C, Selem-Mojica N, Jorge M W M, et al. 2020. A computational framework to explore large-scale biosynthetic diversity. Nature Chemical Biology, 16: 60-68

Newsman D J, Cragg G M, Snader K M. 2003. Natural products as sources of new drugs over the period 1981-2002. Journal of Natural Products, 66: 1022-1037

Owen J G, Powers Z C, Smith A G, et al. 2015. Multiplexed metagenome mining using short DNA sequence tags facilitates targeted discovery of epoxyketone proteasome inhibitors. Proceedings of the National Academy of Sciences of the United States of America, 112(14): 4221-4226

Pan G H, Xu Z R, Guo Z K, et al. 2017. Discovery of the leinamycin family of natural products by mining actinobacterial genomes. Proceedings of the National Academy of Sciences of the United States of America, 114: E11131-E11140

Qian Z Y, Bruhn T, D'Agostino P M, et al. 2020. Discovery of the streptoketides by direct cloning and rapid heterologous expression of a cryptic PKS Ⅱ gene cluster from *Streptomyces* sp. Tü 6314. The Journal of Organic Chemistry, 85(2): 664-673

Rhee J K, Ahn D G, Kim Y G, et al. 2005. New thermophilic and thermostable esterase with sequence similarity to the hormone-sensitive lipase family, cloned from a metagenomic library. Applied and Environmental Microbiology, 71: 817-825

Saleh O, Bonitz T, Katrin A, et al. 2012. Activation of a silent phenazine biosynthetic gene cluster reveals a novel natural product and a new resistance mechanism against phenazines. Medicinal Chemistry Communication, 3(8): 1009-1019

Schneider O, Simic N, Aachmann F L, et al. 2018. Genome mining of *Streptomyces* sp. YIM 130001 isolated from lichen affords new thiopeptide antibiotic. Frontiers in Microbiology, 9: 3139

Stewart R D, Auffret M D, Warr A, et al. 2018. Assembly of 913 microbial genomes from metagenomic sequencing of the cow rumen. Nature Communications, 9: 1-11

Tanaka Y, Kasahara K, Hirose Y, et al. 2013. Activation and products of the cryptic secondary metabolite biosynthetic gene clusters by rifampin resistance(rpoB)mutations in actinomycetes. Journal of Bacteriology, 195(13): 2959-2970

Venter J C, Remington K, Heidelberg J F, et al. 2004. Environmental genome shotgun sequencing of the Sargasso Sea. Science, 304(5667): 66-74

Vipin M D, Vinodh J S, Sandesh C J, et al. 2020. Molecular networking and whole-genome analysis aid discovery of an angucycline that inactivates mTORC1/C2 and induces programmed cell death. ACS Chemical Biology, 15(3): 780-788

Wang W, Yang T, Li Y, et al. 2016. Development of a synthetic oxytetracycline-inducible expression system for *Streptomycetes* using *de novo* characterized genetic parts. ACS Synthetic Biology, 5(7): 765-773

Willyard B C. 2018. Could baby's first bacteria take root before birth. Nature, 553: 264-265

Wu C J, Yi L, Cui C B, et al. 2015. Activation of the silent secondary metabolite production by introducing neomycin-resistance in a marine-derived. Drugs, 13(4): 2465-2487

Xie P F, Ma M, Rateb M E, et al. 2014. Biosynthetic potential-based strain prioritization for natural product discovery: a showcase for diterpenoid-producing actinomycetes. Journal of Natural Products, 77: 377-387

Xu F, Nazari B, Moon K, et al. 2017. Discovery of a cryptic antifungal compound from *Streptomyces albus* J1074 using high-throughput elicitor screens. Journal of the American Chemical Society, 139(27): 9203

Xu F, Wu Y H, Zhang C, et al. 2019. A genetics-free method for high-throughput discovery of cryptic microbial metabolites. Nature Chemical Biology, 15(2): 161-168

Yan X H, Ge H M, Huang T T, et al. 2016. Strain prioritization and genome mining for enediyne. natural products. mBio, 7: e02104-16

Yin M, Li G D, Jiang Y, et al. 2017. The complete genome sequence of *Streptomyces albolongus* YIM 101047, the producer of novel bafilomycins and odoriferous sesquiterpenoids. Journal of Biotechnology, 262: 89-93

Yu T, Wu W, Liang W, et al. 2018. Growth of sedimentary Bathyarchaeota on lignin as an energy source. Proceedings of the National Academy of Sciences of the United States of America, 115: 6022-6027

Zang Y, Gong Y H, Gong J J, et al. 2020. Fungal polyketides with three distinctive ring skeletons from the fungus penicillium canescens uncovered by OSMAC and molecular networking strategies. The Journal of Organic Chemistry, 85(7): 4973-4980

Zhai L P, Lin S J, Qu D J, et al. 2012. Engineering of an industrial polyoxin producer for the rational production of hybrid peptidyl nucleoside antibiotics. Metabolic Engineering, 14: 388-393

Zhao G C, Duan C G, Pang H, et al. 2005. Cloning and identification a β-glucosidase gene umbgl3A of uncultured bacteria from bovine rumen in Southwest China. Journal of Agricultural Sciences, 18: 472-476

Zou Y K, Wang X J, Sims J, et al. 2019. Computationally assisted discovery and assignment of a highly strained and PANC-1 selective alkaloid from Alaska's deep ocean. Journal of the American Chemical Society, 141(10): 4338-4344

第五章　放线菌生物活性物质的生物合成

第一节　合成生物学的新进展

合成生物学（synthetic biology）是 21 世纪新兴的一门以工程学思想为指导的关于设计和重新合成生命的交叉融合性学科。旨在利用基因组学、生物信息学、物理学和化学等知识及技术手段，以工程学为理念，通过对生命的设计、改造和创造，开创全新的科学研究模式，在生命科学、能源、农业、医药与环境等多领域形成突破性的技术。合成生物学主要包括两个研究内容：一是自下而上设计并构建目前自然界尚未存在或未发现的生物元件或生命系统，以得到新的生物产物；二是自上而下对目前已有的生物元件或生命系统进行改造，最终达到合成人类所需目标产品的目的。

2000 年，Collins 团队在大肠杆菌中成功构建了拨动开关和振荡器，标志着合成生物学领域的兴起。2004 年，美国麻省理工学院出版的《技术评论》把合成生物学选为将改变世界的十大技术之一；2010 年，合成生物学位列《科学》杂志评出的十大科学突破第 2 名和《自然》杂志盘点的 12 件重大科学事件第 4 名。2014 年，经济合作与发展组织发布《合成生物学政策新议题》报告，认为合成生物学领域前景广阔，建议各国政府把握机遇，引入资金，以创新方式推动代表未来生物技术革命的合成生物学的发展。我国《“十三五”国家科技创新规划》和《“十三五”生物技术创新专项规划》都将合成生物技术列为“构建具有国际竞争力的现代产业技术体系”所需的“发展引领产业变革的颠覆性技术”之一。

合成生物学以工程化思维为指导，带动了生物科学和其他相关的学科，由传统的“发现”走向“改造”甚至“创造”的强大转化，使生物科学正在经历重大的变革。近年来，基因编辑技术不断发展和更新，如近年兴起的 CRISPR 基因编辑技术，为合成生物学的发展研究提供了有力技术支持，合成生物学已进入一个新的快速发展阶段，以前对单一生物元（器）件进行设计的研究主流，已经拓展为对多种基本生物元（器）件和系统进行操纵。在 DNA 层面，利用基因合成、编辑及网络调控等新技术来“创造”新的生命体已成为现实。

一、CRISPR 基因编辑技术

在工程学思维的指导下，合成生物学对复杂的生物系统进行分解，在不同的尺度上（如元件、代谢途径等）进行设计、改造、重组，并对整体进行测试，其中，每一个环节都有新的技术被不断地开发出来。合成生物学的发展促进了相关技术手段的研究开发，同时，这些技术手段的开发和利用也进一步促进了合成生物学的发展，其中尤其突出的就是基因编辑技术。合成生物学在延续 DNA 重组技术的同时，又加入了新的要求和思想。基因组最早是利用同源重组进行编辑，但在不同系统中效率不一。近年，基因编辑工具发展迅猛，目前已经有不少能够靶向编辑基因组特定位点的工具。随着位点特异性重组酶系统的开发利用，基因编辑效率得到大大提高。近几年位点特异性切割蛋白得到了迅速发展，归巢核酸内切酶（meganuclease）、锌指核酸酶（zinc finger nuclease，ZFN）、转录激活因子样效应物核酸酶（transcription activator-like effector nuclease，TALEN）和簇状规则间隔短回文重复（clustered regularly int-erspaced short palindromic repeat，CRISPR）等基因编辑工具迅速崛起并得到快速应用。特别是近年兴起的新型基因编辑工具 CRISPR 系统，与其他几种基因编辑技术相比，其具有设计简单、操作快速便捷、特异性强、高效等特点，目前已占各种基因编辑技术的主导地位，被广泛应用于基因敲除、基因激活、基因抑制等各个方面，极大地扩充了基因编辑技术的应用范围，其发展应用极大地促进了合成生物学研究的进一步发展。

CRISPR/Cas9 系统是最早被开发为基因编辑工具的 CRISPR 系统，该系统包含 3 个功能组分：CRISPR 衍生的 RNA（CRISPR-derived RNA，crRNA）、反式激活 crRNA（trans-activating crRNA，tracrRNA）及 Cas9 蛋白，三者形成复合物，识别特定的 NGG 序列，即原间隔序列邻近基序（protospacer adjacent motif，PAM）区，并引导 crRNA 与附近的间隔序列互补配对，最后在 Cas9 蛋白的参与下，对特定靶标 DNA 进行切割。CRISPR 系统工作过程分为 3 个阶段。第一个阶段，获取外源 DNA 片段，即宿主将入侵的质粒或者噬菌体的 DNA 片段进行捕捉，并将其插入 CRISPR 基因座的重复序列中，该阶段也被称为获取阶段。第二个阶段，Cas 蛋白表达，含有间隔序列的 CRISPR 转录成前体 crRNA（pre-crRNA），接着在核酸酶 Cas 蛋白的辅助作用下前体 crRNA 被加工成成熟的 crRNA。除此之外，在Ⅱ型 CRISPR 系统中同时也形成 tracrRNA，tracrRNA 以发卡结构与 crRNA 结合，共同行使功能。第三个阶段，识别切割，Cas 蛋白在 crRNA 的引导下，识别目标靶标序列并对其进行切割，从而达到对外源 DNA 片段特异性识别切割的目的。需要注意的是，许多 CRISPR 系统需要在目标序列附近具有短的 PAM 序列，以供识别结合。Cas 蛋白有 4 个重要作用，包括外源间隔序列的获取、crRNA 的加工、目标靶点的剪切及其他辅助功能，这些功能可由一个或多个 Cas 蛋白完成。

2014 年，有人已经利用 Cas9 来进行链霉菌中的基因编辑，并成功在多种链霉菌中实现了 20～30kb 片段的敲除，成功率在 70%～100%。研究者通过 CRISPR 基因编辑技术在 *Streptomyces venezuelae* 和 *Streptomyces* sp. XZQH13 中过表达转录激活基因 *vemR* 与 *astG1*，成功获得新的万古霉素类似物和安三烯菌素 A/B。Cobb 等（2014）利用 CRISPR/Cas9 技术在模式链霉菌白色链霉菌（*Streptomyces albus*）的放线紫红素和变铅青链霉菌（*Streptomyces lividans*）的十一烷基灵菌红素（undecylprodicosin）的色素基因簇前插入组成型启动子，成功地激活了对应色素的产生（图 5-1）。Zhang 等（2017）也利用 CRISPR/Cas9 技术在玫瑰孢链霉菌（*Streptomyces roseosporus*）中确定了两个与已知色素分子同源的未知生物合成基因簇。我们利用含 Cas9 的敲除载体 pCRISPomyces-2 对菌株 YIM 101047 的基因进行了敲除，从 500bp 至 14kb 不同的基因片段来看，它们的基因敲除效率为 70%～100%，这一结果与传统的依赖于同源臂重组的基因敲除方法（不到 10%的重组效率）相比，效率得到了很大的提高，并且不引入筛选基因，可以方便的构建多基因改造的突变株，整个实验过程变得简单易操作。

二、宿主细胞遗传改造

天然产物传统的生产方法主要是先对微生物进行大规模发酵，然后对发酵液进行分离提取。然而，野生型菌株通常生长较慢，不易培养，副产物多且目标产物产量低。此外，至今仅有 1%的可培养微生物，绝大多数的微生物资源并未得到开发利用。虽然在已测序注释的基因组中检测到大量有功能的次级代谢产物基因簇，但很多基因簇在原始菌株中是沉默的，并未产生相应的产物，表明自然界还存在着巨大的生物资源宝藏尚待开发。

异源表达作为合成生物学重要的一部分，是开发激活沉默生物合成基因簇的有效方法，也是提高特定化合物已有表达量的关键技术。底盘细胞作为生物合成途径表达的载体，为天然产物的合成提供了初始零件，即底盘细胞决定了生物合成底物与代谢通量，底物与代谢通量决定了天然产物合成的性质及产量。底盘细胞往往是异源表达效率的决定因素之一，根据实际生物合成途径选择合适的底盘细胞，并对其代谢过程的酶与调控因子加以优化十分重要。底盘细胞改造主要涉及基因组的精简与优化、代谢流的控制优化和调控因子的改造等。采用最小基因组作为底盘微生物进行异源表达，能够减少不必要的路径消耗。Komatsu 等（2010）敲除了阿维链霉菌（*Streptomyces avermitilis*）全基因组中的非必需基因，获得了阿维链霉菌的“最小基因组”，在该宿主体内成功异源表达了链霉素、头孢霉素 C 等外源基因簇，提高

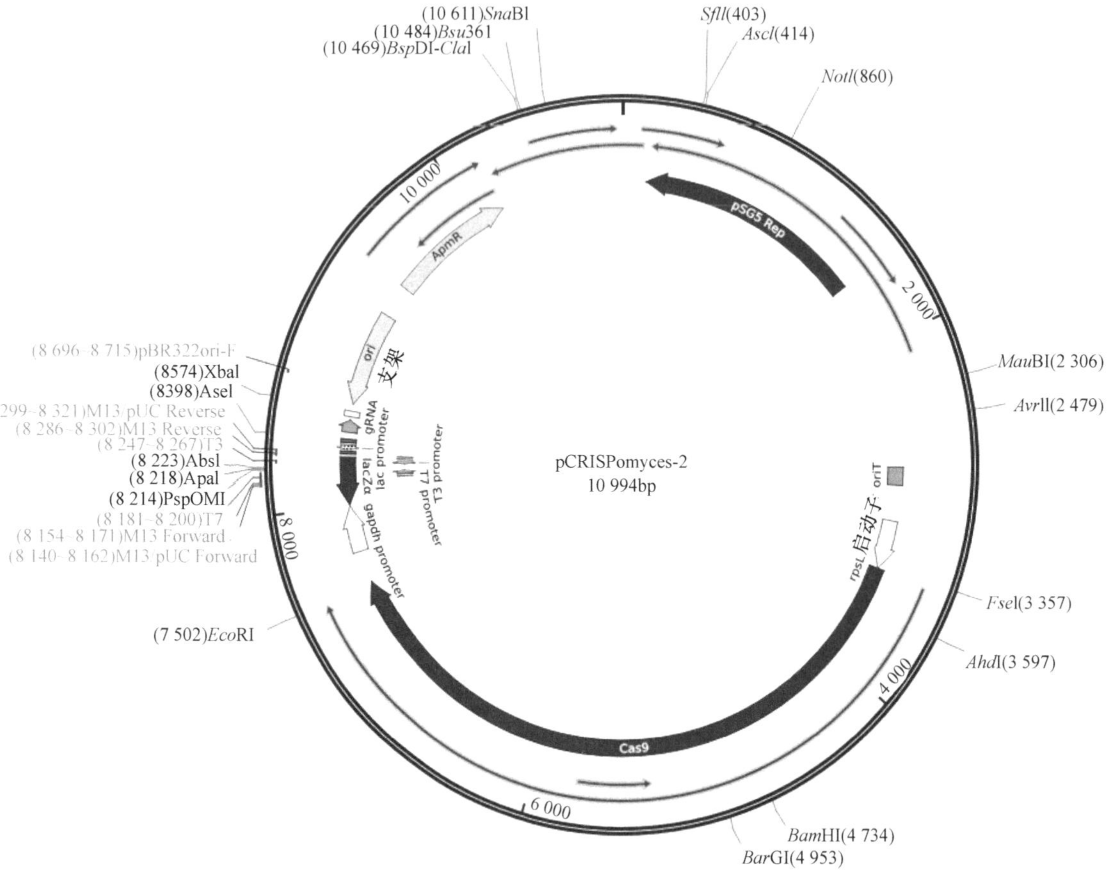

图 5-1 pCRISPomyces-2 的质粒图谱（Cobb et al.，2014）（单位：bp）

了产量。Gomez-Escribano 和 Bibb（2011）敲除了天蓝色链霉菌内 4 个次级代谢基因簇，成功使氯霉素和纺锤菌素实现了异源表达，提高了产量。

对于代谢流的控制和调控因子的改造多通过对原始基因进行编辑或引入新的基因元件实现。其主要思路有：①引入启动元件或高表达正调控因子。Bai 等（2015）通过定量法鉴别了一系列可通用的合成模块调控元件（核糖体结合位点+启动子），并成功将其应用于阿维链霉菌中番茄红素表达基因簇的激活与过表达。②负调控因子的沉默或敲除。*SdrA* 和 *avaR2* 是阿维链霉菌生物合成的负调控基因，通过敲除 *SdrA* 和 *avaR2*，可以实现产物产量的提高，向已改造的底盘细胞阿维链霉菌 SUKA17 引入 *ptlB*，可以提高紫穗槐-1,4-二烯的异源表达产量。

除了以上两种策略，增加前体供应也是优化底盘细胞的有效方法。底物对于天然产物生物合成有着至关重要的作用，异源表达失败或产量较低可能是由于宿主内缺乏所需底物的合成途径。要想提高产量，可以通过组合生物合成的方法改变宿主的代谢途径以适应异源表达的需求。但这种方法需要对宿主细胞的整个代谢网络有比较深入的了解，才能够进行合理的改造。

随着 DNA 组装技术的快速发展与成熟，在充分认识某些天然产物合成途径的前提下，基于合成生物学的原理，可以将优势微生物菌株设计和改造成为异源高产的合成生物学底盘细胞，用于生产更多的活性化合物。根据此思路，现已开发出多种微生物底盘细胞。链霉菌是一种高 GC 含量的革兰氏阳性菌，本身就具有生产多种次级代谢产物的能力，在已知的多聚酮化合物中，大约有 2/3 来自于放线菌。因此，推测该细菌家族不但具有合成天然化合物所需要的各种前体，而且具备一套完整的抗性机制来保护细菌本身免受活性化合物的毒害作用，这些都体现了链霉菌作为异源表达宿主的巨大潜力。作为底盘细胞，链霉菌有明显的优势，它是抗生素、抗肿瘤活性物质、免疫抑制剂等次级代谢产物的主要产生菌，决定了其在异源表达系统中无可替代的地位，除此之外，链霉菌有其独特的转录后修饰系统。至今，多种链霉菌已被开发成常用的底盘细胞。阿维链霉菌全基因组已被测序，其中含有丰富的次级代谢产物生物合成基因簇。枯草芽孢杆菌是一种革兰氏阳性菌，没有太大的密码子偏爱性，且具有强大的外分泌功能。同时，该菌株是公认的安全菌株，科研工作者已经拥有完善的分子生物学工具进行相应的基因工程和代谢工程操作。而且该菌株生长速率快，允许外源 DNA 的引入和染色体整合。由于其所在属的大多数菌株都能生产具有生物活性的天然化合物，通常认为该菌株已经具备了异源生产多种天然化合物所必备的各种元件，是一种常用的异源表达宿主。大肠杆菌作为一种非致病性的革兰氏阴性菌，长期以来一直被用作基因工程和代谢工程的模式菌株。该菌株生长速率快，且具备完善的分子生物学操作技术，是异源表达的理想宿主。大肠杆菌具有优良的生长性能和完善的基因操作工具，一直是异源表达宿主菌株中的研究热点。

三、展望

在合成生物学为人类带来无限憧憬和可能的同时，伴随而来的也是空前的伦理和风险问题。首先，对原有生命进行改造或创造新的生命是合成生物学的核心思想，但同时也是争议最大的伦理问题，焦点主要集中在人造生命方面。其次，合成生物学还具有不确定性，对天然细菌遗传体系进行改造或导入外源片段都可能会导致细胞内的遗传成分发生难以预料的变化，进而形成“超级细菌”，或者泄漏到自然环境中去造成更严重的后果。最后，合成生物学的数据、材料、方法更具有开放性和共享性，其兼容度高的元件模块与共享的数据材料可能会带来一定的社会风险。随着各种生物技术及其他各学科的不断发展，加之全世界对合成生物学的重视与资金支持，我们有理由相信，不久的将来合成生物学将取得一大批令人振奋的可实际应用的成果，在人类医疗、农业、能源、材料和环境保护等方面发挥重要的作用。

第二节　自溶霉素的生物合成

一、自溶霉素和格尔德霉素类化合物的结构及活性

自溶霉素（autolytimycin，即 17-demethoxy-reblastatin）是我们在前期工作中发现的一个格尔德霉素（geldanamycin，GDM）的类似物（图 5-2），该化合物对Ⅰ型和Ⅱ型单纯疱疹病毒、水疱性口炎病毒及柯萨奇病毒等具有抗性，并且有较强的抗肿瘤活性，在科研及相关药物的开发利用中具有潜在的研究和应用价值。

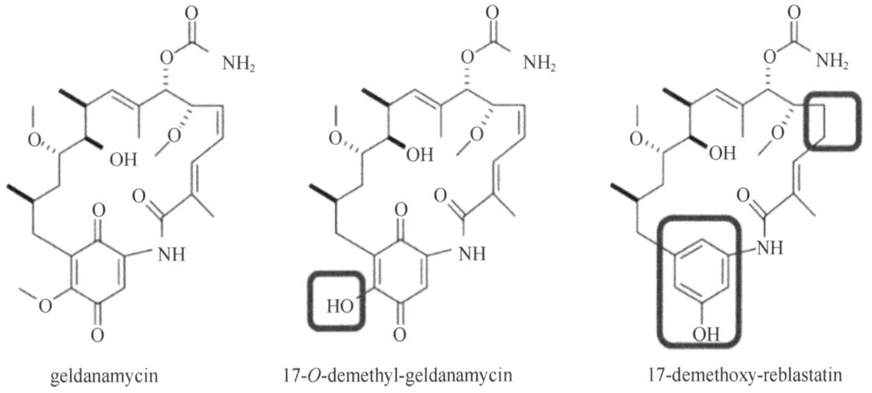

图 5-2　自溶霉素和格尔德霉素类化合物结构

格尔德霉素和其他结构相近的化合物，属于苯醌安莎霉素类抗生素，最早于 1970 年被 Deboer 等在吸水链霉菌（*Streptomyces hygroscopicus*）的发酵液中发现。这类抗生素具有抗细菌、抗原虫、抗肿瘤、抗病毒、免疫调节、调节上皮氮氧合酶活性及抗炎等多种生物活性，其中，最引人注目的就是其具有极强的抗肿瘤活性，这种活性引起了科学家的广泛关注。格尔德霉素可以和 ATP 竞争，特异地结合到热激蛋白 90（heat shock protein 90，Hsp90）的 ATP 结合位点上，从而导致热激蛋白 90 不能正常行使功能（图 5-3）。热激蛋白 90 是一种广泛和大量存在于哺乳动物细胞中的蛋白质分子伴侣，对细胞周期、细胞生长、细胞生存、细胞凋亡和癌症发生都具有重要影响。格尔德霉素对热激蛋白 90 功能的抑制直接导致肿瘤细胞内许多需要其维持功能的重要蛋白质迅速降解，从而抑制肿瘤细胞的生长或引发肿瘤细胞凋亡。研究表明，在肿瘤细胞中，热激蛋白 90 的表达量远远高于正常细胞，而且，格尔德霉素和肿瘤细胞中热激蛋白 90 的结合能力是正常细胞中的 100 倍以上，这就大大提高了格尔德霉素针对肿瘤细胞的特异性。但是，格尔德霉素本身存在溶解度低、肝脏毒性大的缺点，大大限制了其在临床中的应用。所以，对格尔德霉素进行结构改造以提高溶解度、降低毒副作用、提高药理学活性就成为广大科学家的研究目标。

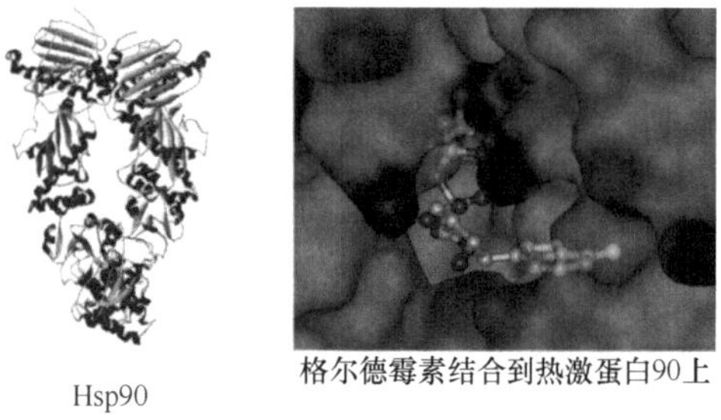

图 5-3　格尔德霉素与热激蛋白 90 的结合机理（Gooljarsingh et al.，2006）（彩图请扫封底二维码）

目前，已经有很多研究者对格尔德霉素及其衍生物开展了大量研究工作，开发出来的衍生物更是超过了 500 种，其中有几个具有较佳药理学特性的格尔德霉素衍生物在美国已经进入了临床研究，例如，17-去甲氧基-17-丙烯氨基-格尔德霉素（17-AAG）进入Ⅲ期临床研究；17-二甲基氨基乙基氨基-17-去甲氧基格尔德霉素（17-DMAG）进入Ⅲ期临床研究；而 17-氨基-17-去甲氧基格尔德霉素（17-AG），作为最高效、低毒、高溶解度的衍生物，正在进行Ⅰ期临床研究。这几个化合物的主要特征是在 C-17 位进行了不同程度的修饰，引入了不同的基团，结果导致化合物具有了不同的药理学特性（图 5-4）。

二、自溶霉素类化合物的生物合成机制研究

作为一类重要的抗生素，格尔德霉素的生物合成是目前科学家的研究热点。研究格尔德霉素的生物合成途径，可以阐明一系列基因和酶的功能，从而获得更多具有更佳药理学特性的新活性化合物，开发出更好的药物。安莎类抗生素的结构特点是具有 3-氨基-5-羟基苯甲酸（3-amino-5-hydroxybenzoic acid，AHBA）结构域，对 rifamycin、ansatrienin A、naphthomycin、ansamitocin 等的生物合成研究表明，安莎类抗生素均以 AHBA 作为起始单元。AHBA 的生物合成途径已经研究清楚，它是由 DHQ 合酶、DHQ 脱水酶、AHBA 合酶、氧化还原酶、磷酸酶、葡糖激酶等共同催化合成的（图 5-5）。

目前，来源于不同链霉菌菌株的格尔德霉素基因簇已经被克隆并测序，部分基因功能已经得到初步阐明，通过基因工程改造格尔德霉素的合成途径以获得新结构类似物的工作已经取得了一些成果。自从 2003 年 Rascher 等首次报道了来自吸水链霉菌 *Streptomyces hygroscopicus* 3602 的大部分格尔德霉素基因簇以来，先后又由 Hong 等（2004）在 *Streptomyces hygroscopicus* JCM 4427 中克隆了格尔德霉素的部分基因，He 和 Wang（2006）在 *Streptomyces hygroscopicus* 17997 中克隆了格尔德霉素的部分基因。通过众多研究小组的努力，很多基因的功能已经得到了初步阐明。格尔德霉素的生物合成以 AHBA 为起始合成单元，在格尔德霉素聚酮合酶（gdmAⅠ、gdmAⅡ、gdmAⅢ）的催化下，将 malonyl-CoA、2-methoxymalonate

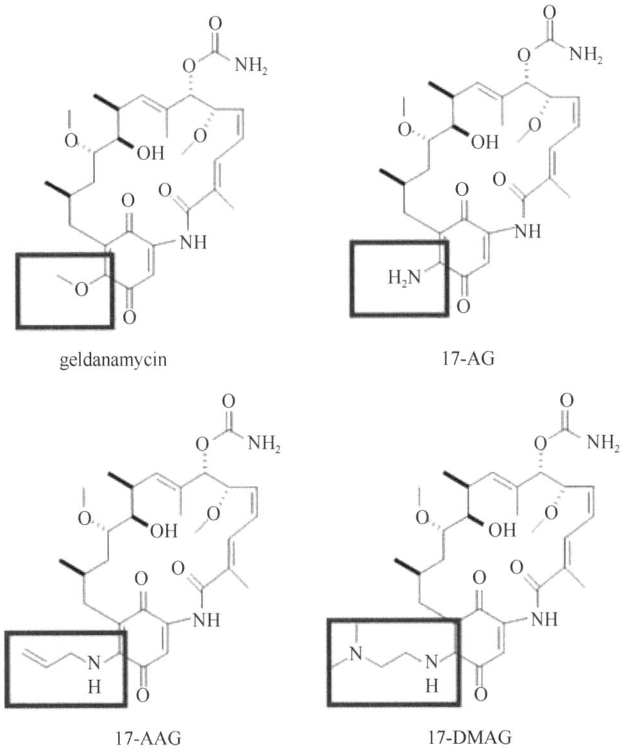

图 5-4　格尔德霉素及目前进入临床研究的衍生物

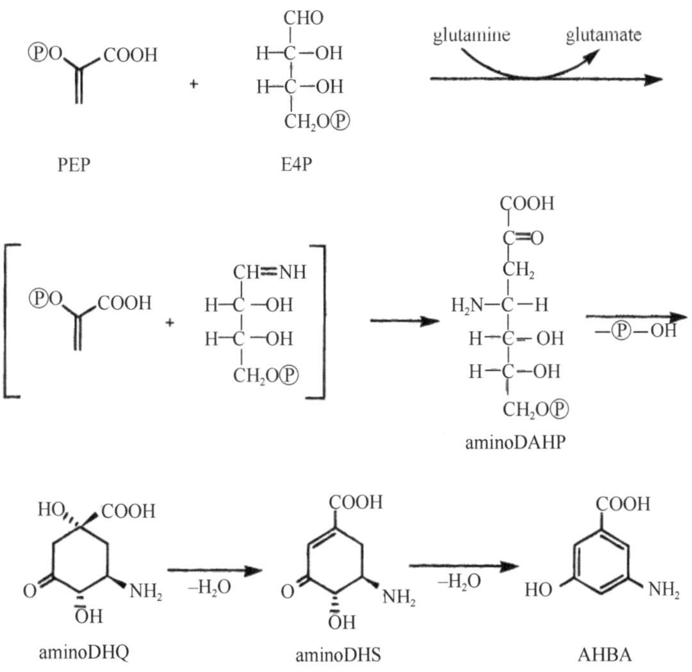

图 5-5　AHBA 生物合成机理（He and Wang，2006）

PEP，磷酸烯醇丙酮酸；E4P，赤藓糖-4-磷酸；glutamine，谷氨酰胺；glutamate，谷氨酸；aminoDAHP，4-氨基-3-脱氧-阿拉伯庚酮糖-7-磷酸；aminoDHQ，4-氨基-3-脱氢奎尼酸；aminoDHS，5-脱氧-5-氨基-3-脱氢莽草酸

和 2-methylmalonyl-CoA 作为延伸单元连接到一起，形成线状的 PKS 产物。其中模块 1、2、6 具有 KS、KR、DH、ER，所以在相应位置酮基被完全还原；模块 3、5 具有 KS、KR，所以相应位置形成了羟基；模块 4、7 具有 KS、KR、DH，所以相应位置形成了双键（图 5-6）。

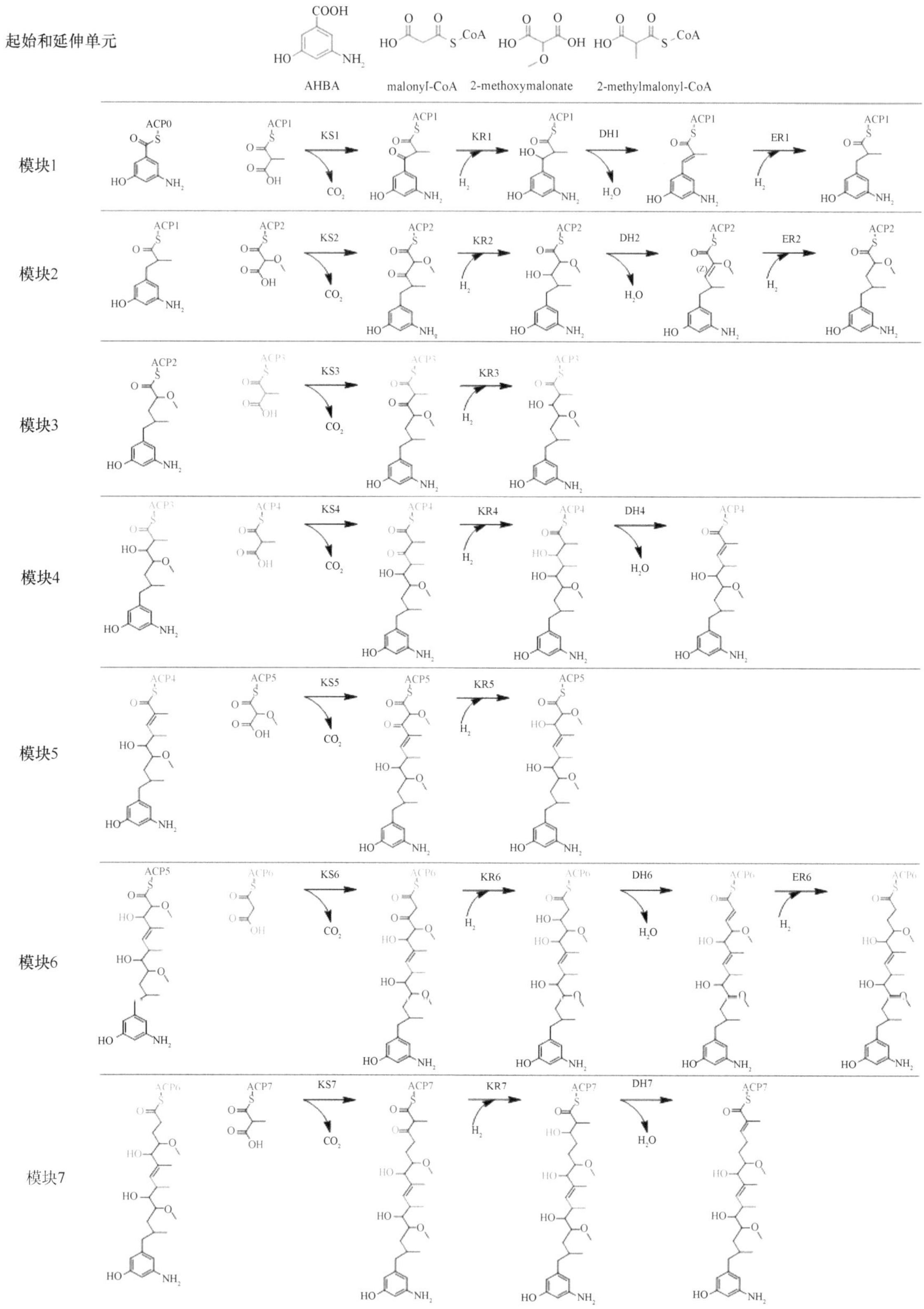

图 5-6 格尔德霉素生物合成的聚酮合酶催化的反应

PKS 催化完成后，在一系列的后修饰酶（环化酶、氧化还原酶、单加氧酶、甲基转移酶等）的催化下，最终形成格尔德霉素。目前研究揭示了以下几个酶的功能：gdmF 催化了链状 PKS 产物的解离和环化（根据对其他 PKS 基因簇研究的推断，没有实验证据），gdmM 参与了苯环氧化成醌环的反应（只有基因敲除实验，且并不能完全说明整个机理)，gdmN 参与了 C-7 位的氨基甲酰基（carbamoyl）的形成（有基因敲除和生物转化证据），gdmP 参与了 C-4,5 位双键的形成（有基因敲除和互补证据）（图 5-7）。由此可见，还有一些步骤并不明了，特别是对格尔德霉素药理学特性有直接影响的 C-17 位的甲基化并不清楚，甚至在已经发表的来源于 3 个不同菌株的格尔德霉素基因簇中都没有找到甲基转移酶，这就大大限制了在对格尔德霉素生物合成充分了解的基础上对其进行组合生物合成改造工作的开展。

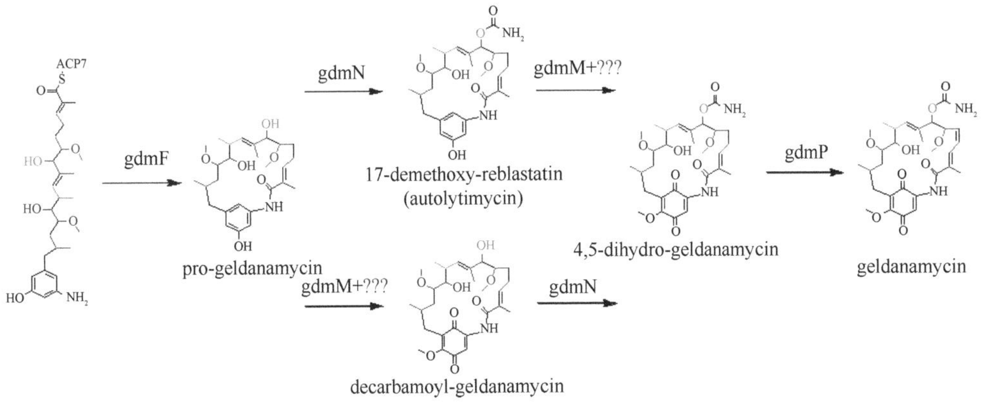

图 5-7　格尔德霉素生物合成后修饰酶催化的反应

三、对自溶霉素生物合成机制的进一步研究

在前人研究基础上，我们选取了自溶链霉菌（*Streptomyces autolyticus*）CGMCC0516 为出发菌株，该菌株是本实验室在前期工作中发现的高产格尔德霉素的专利菌株。对其大量发酵后产物的分离纯化研究发现，其还可以产生少量 C-17 位去甲基的格尔德霉素及微量的自溶霉素。自溶霉素在多个位点上与格尔德霉素不一致，初步推测其为格尔德霉素衍生物或中间体。我们通过设计合适探针，找到了更加完整的格尔德霉素基因簇，并进一步完善了格尔德霉素类化合物生物合成机制和调控机制，获得了新的活性衍生物，提高了化合物产量。

1. 表征隐藏的甲基转移酶，完善了后修饰通路

在格尔德霉素生物合成的研究中，甲基转移酶的缺失一直困惑着研究者。通过对近年来生物合成基因簇的研究报告进行分析，我们发现有极少数参与同一化合物生物合成的基因在基因组中是被分散开的，这与传统的基因簇的概念不符。传统观念认为，负责生物合成某一次级代谢产物的基因往往是成簇存在于基因组的同一个位置上，这也为基因簇的研究提供了便利。但是，目前发现 ansamitocin、clavam、moenomycin A、meilingmycin 等的基因簇中却有某一部分基因被分离开来。仔细分析已经发表的格尔德霉素基因簇，我们发现前人工作只测定了其核心基因簇及一小段上下游序列，如在吸水链霉菌（*Streptomyces hygroscopicus*）17997 中没有上下游序列，在 *Streptomyces hygroscopicus* JCM 44278 中只有约 15kb 的上游序列，在 *Streptomyces hygroscopicus* NRRL 3602 中只有约 20kb 的上游序列。比较所测定的上游序列可以发现它们各不相同，说明格尔德霉素的核心基因簇很可能是通过水平基因转移在不同菌株间传播的。因此，我们大胆设想，隐藏的甲基转移酶可能就属于分离的基因簇中被分隔开的部分。于是，我们对自溶链霉菌格尔德霉素基因簇上下游进行了大范围测序，并在上游约 17kb 处找到了一个编码甲基转移酶的基因。通过基因敲除、互补和酶的生物化学反应充分证实了该基因就是大家苦苦寻找的、在格尔德霉素及其类似物生物合成中参与 C-17 位修饰的氧甲基转移酶。本研究进一步完善了格尔德霉素的生物合成机制。结合他人的研究，我们认为格尔德霉素生物合成途径的后修饰机制如下（图 5-8）：首先，长链 PKS 产物由 gdmF 催化从 PKS 上解离下来并环化为原格尔德霉素（pro-geldanamycin），接下来

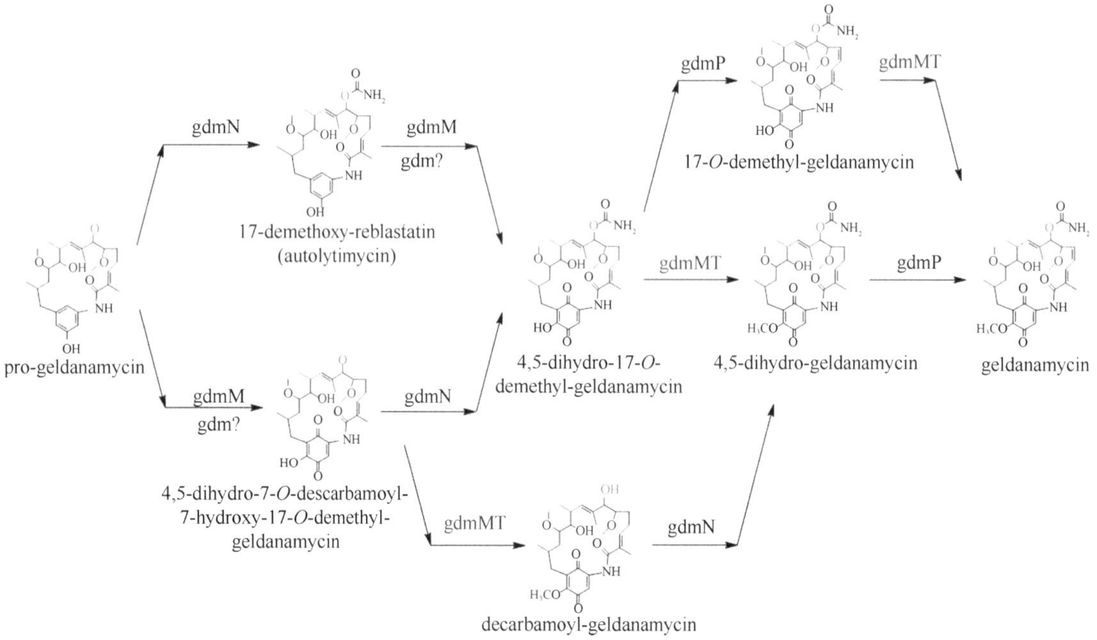

图 5-8 格尔德霉素后修饰步骤

通过 gdmM 和 gdmN 的催化分别形成氧化的醌环和加入胺甲酰基，形成醌环后，gdmP 和 gdmMT 就可以进行催化而分别在 C-4,5 位引入双键和在 C-17 位引入甲基，而自溶霉素应该就是在 gdmM、gdmP 和 gdmMT 催化之前形成的中间体。这些酶参与生物合成的时间顺序的细节目前还不是很清楚，有待于进一步研究。

在对 gdmMT 进行体外研究时，幸运的是，该蛋白是可溶性蛋白，不需要经过复杂的变性复性处理。不幸的是，该蛋白非常不稳定，难以对其进行酶促反应动力学的研究。我们首先使用粗提液进行研究，发现粗提液可以将 17-*O*-去甲基格尔德霉素转化为格尔德霉素，但是蛋白纯化后活性却很弱，甚至完全丧失活性。我们在纯化蛋白的过程中添加了二硫苏糖醇（dithiothreitol，DTT）、10%甘油，并且所有操作都严格在 4℃进行，结果成功获得了有活性的纯化 gdmMT，能够对其功能进行一些初步的探索。但是，纯化的 gdmMT 依然不稳定，其在 20%甘油中保存于 4℃或−20℃几个小时内活性就会完全丧失，所以没有对其进行深入研究。

2. 构建了产重要抗肿瘤药物 Retaspimycin 的突变株

在对格尔德霉素类药物的药理学研究中，我们发现格尔德霉素对动物肝脏毒性较大，其中一个主要的作用基团就是 C-17 位的甲基，该基团能够与常见的生物分子发生亲核基团反应。通过对格尔德霉素和 Hsp90 复合体的研究发现，C-17 位不处于这两个化合物结合的部位，而是直接暴露在溶液中，这就是改变该基团后的衍生物仍能保持活性的原因。所以将该基团替换为含氨基的基团可以减少其与亲核试剂反应的活性并保持抗肿瘤活性，从而降低对肝脏的毒害。根据这个特性，研究者已经尝试了在 C-17 位将甲氧基替换为含氨基的各种取代基，并从中筛选出了几种高活性、低毒性的衍生物。研究最多的是 17-去甲氧基-17-丙烯氨基-格尔德霉素，商品名为 Tanespimycin，相关研究论文多达 500 篇以上。该药物已经进入了美国食品药品监督管理局（Food and Drug Administration，FDA）Ⅲ期临床试验，但是最近开发该药物的百时美施贵宝公司（Bristol-myers Squibb Company）却暂停了对其进一步开发，原因暂时未知。另一个重要的衍生物 17-二甲基氨基乙基氨基-17-去甲氧基格尔德霉素，商品名为 Alvespimycin，相关研究论文达 100 篇以上。Alvespimycin 同样进入了 FDA Ⅲ期临床试验。该药物的水溶性好于 Tanespimycin，但是由于其具有不可接受的毒副作用，研究者便终止了进一步开发。目前最有潜力的格尔德霉素类药物就是

本研究通过敲除 *gdmMT* 获得的 17-氨基-17-去甲氧基格尔德霉素，商品名为 Retaspimycin，正在美国由 Infinity Pharmaceuticals 公司进行临床试验。该药物可以有选择性地结合肿瘤细胞中的 Hsp90，从而保护普通细胞。同时，其抗肿瘤活性很强，水溶性也很好，具有很好的应用前景，目前进入了 FDA Ⅱ期临床试验。目前所报道的 17-氨基-17-去甲氧基格尔德霉素来源自化学合成，并没有任何通过生物合成途径获取的报道。在本研究中，17-氨基-17-去甲氧基格尔德霉素在野生型菌株的大量发酵中没有检测到，只有突变株能够稳定地产生（图 5-9）。这是首次通过发酵获得 17-氨基-17-去甲氧基格尔德霉素的报道，具有重大应用价值，通过优化发酵条件，可望经济环保地制备该药物。目前，该方法已经获得国家发明专利授权。关于 17-氨基-17-去甲氧基格尔德霉素的形成机制，还有待于进一步研究。

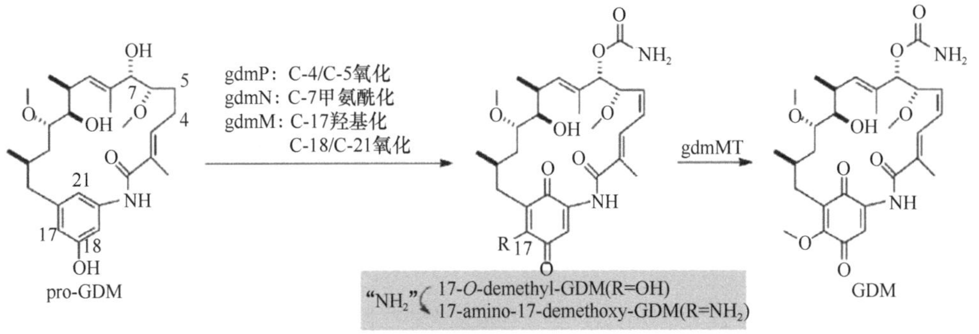

图 5-9　17-氨基-17-去甲氧基格尔德霉素的形成（Yin et al.，2011）

3. 发现了新的调控机制

我们在格尔德霉素生物合成基因簇中发现了 3 个调控基因。实验结果表明，其中 LuxR 家族的 *gdmRⅠ* 和 *gdmRⅡ*基因是格尔德霉素生物合成的正调控基因，与其他研究组的研究结果相符。通过构建 *gdmRⅠ*和 *gdmRⅡ*过表达突变株，我们成功将自溶霉素的产量提高了 2～4 倍。*GdmRⅢ*属于 TetR 家族，前期实验发现其为正调控基因。我们的实验发现，自溶链霉菌（*Streptomyces autolyticus*）CGMCC0516 菌株中敲除 S*gdmRⅢ*后并没有导致格尔德霉素完全消失，只是大大降低其产量，与其他研究者的报道并不吻合。进一步实验发现，*gdmRⅢ*正调控了 *gdmAⅠ*、*gdmF*、*gdmM*、*gdmN*、*gdmH*、*gdmK*、*gdmP* 的表达，同时还正调控了另外两个调控基因 *gdmRⅠ*和 *gdmRⅡ*的表达，展现了格尔德霉素生物合成调控机制的复杂性。令人惊奇的是，我们在敲除了 *gdmRⅢ*的突变株里发现另一个同属 PKS 类型的化合物 elaiophylin 的产量大大增加，进一步实验证明了 *gdmRⅢ*还是 elaiophylin 的负调控基因，它正调控了 *elaI*，负调控了 *elaE*、*elaF*、*elaG* 和 *elaO*（图 5-10）。*gdmRⅢ*在 *Streptomyces autolyticus* CGMCC0516 的聚酮类化合物生物合成中起到了中心调控作用，控制着简单底物流向不同的次级代谢途径，产生具有不同生物学功能的次级代谢产物。

四、小结

格尔德霉素由于其强烈的抗肿瘤活性，得到了科学家的持续研究。自溶霉素是格尔德霉素类中一个重要的化合物，我们以自溶霉素产生菌株为出发点，仔细研究了格尔德霉素的生物合成机制和调控机制，对该类化合物的生物合成研究做出了有益补充。作为一类重要的抗肿瘤化合物，继续深入研究并利用合成生物化学的手段对其进行改造十分必要。随着研究的深入，必然会有一系列具有更佳药理学特性的新药被开发出来，从而应用于对多种肿瘤的治疗。

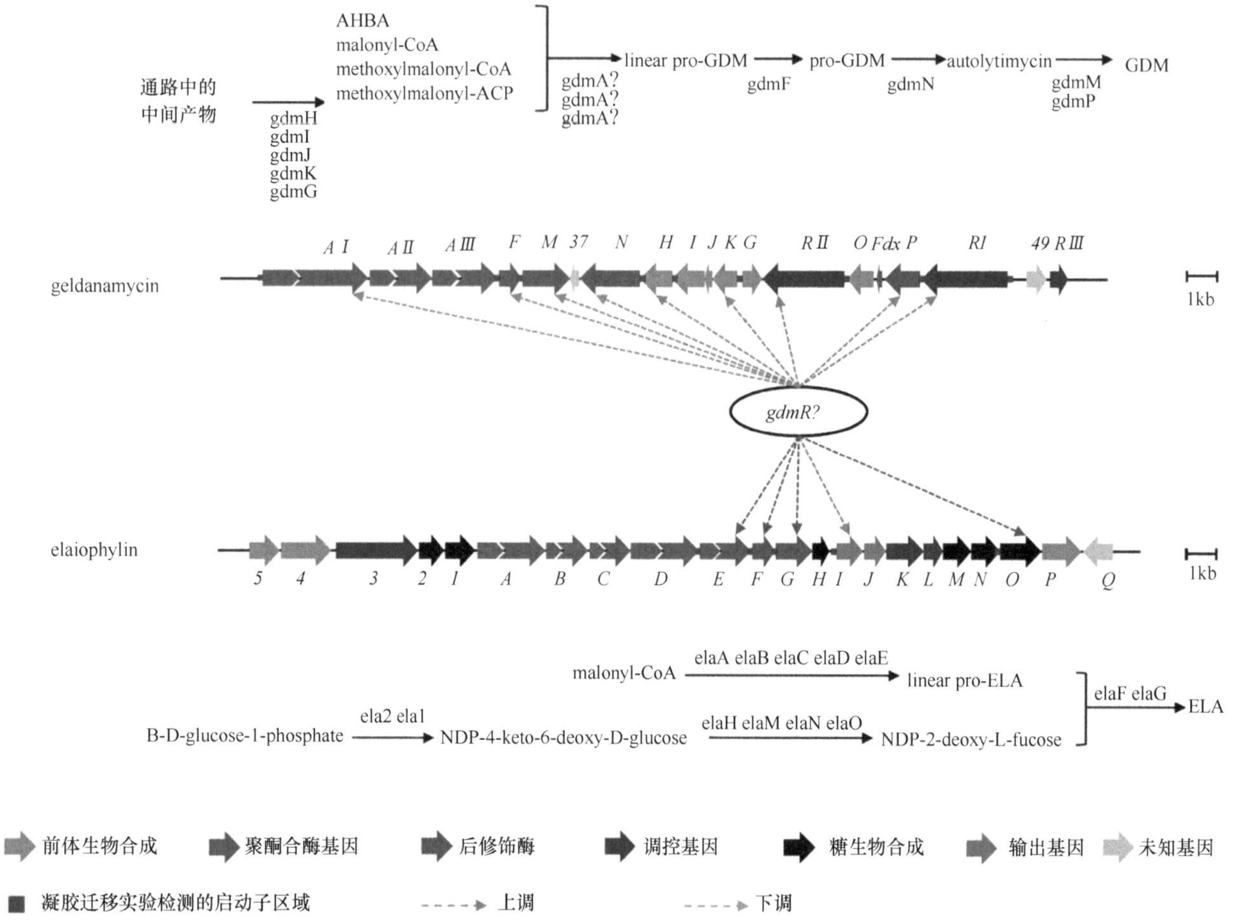

图 5-10 格尔德霉素调控基因 *gdmRIII*的调控机制（Jiang et al.，2017）（彩图请扫封底二维码）

第三节 烯二炔类化合物的生物合成

一、烯二炔类化合物的结构及活性

烯二炔（enediyne）类化合物是一类具有独特的烯二炔环分子结构的抗生素，由放线菌中特殊的聚酮合酶（PKSE）负责其骨架的生物合成，由核心烯二炔、糖基和芳香基构成，目前发现的这类化合物很少。烯二炔类化合物因其独特的化学结构和高效的抗肿瘤活性不断受到化学、生物学及医药领域工作者的重视。烯二炔天然产物是一个微生物次级代谢产物成员，它含有一个共轭的炔-烯-炔核心结构，嵌入在一个十元或九元碳骨架中。过去的 30 年里，烯二炔类天然产物因其前所未有的分子结构和强大的 DNA 损伤生物活性备受关注。自 1965 年第一个烯二炔类化合物家族中的成员——新制癌菌素（neocarzinostatin，NCS）首次被分离出来并作为一种抗肿瘤抗生素以来，目前已发现的烯二炔类天然化合物仅有 12 个小类型。根据核心结构的大小不同，这类化合物通常可以分为两种类型：九元烯二炔，如 neocarzinostatin（1）、kedarcidin（2）、lidamycin（C-1027）（3）、maduropeptin（4）和 N1999A2（5）等；十元烯二炔，如 calicheamicin（8）、esperamicin（9）、shishijimicin（10）、namenamicin（11）、dynemicin（12）和 uncialamycin（13）等。九元烯二炔化合物属于色蛋白（chromoprotein），由脱辅基蛋白（apoprotein）和以双环[7,3,0]十二碳烯二炔（bicyclo dodecadiynene）核心为特征的发色团（chromophore）组成。相比于九元化合物，十元烯二炔类抗生素以双环[7,3,1]十三碳烯二炔（bicyclo tridecadiynene）核心为特征，结构稳定性相对较高，都能够以小分子化合物的形式单独存在（图 5-11）。

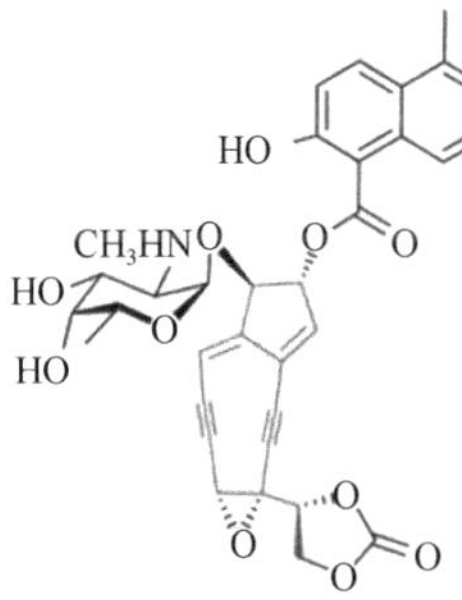
neocarzinostatin(1)

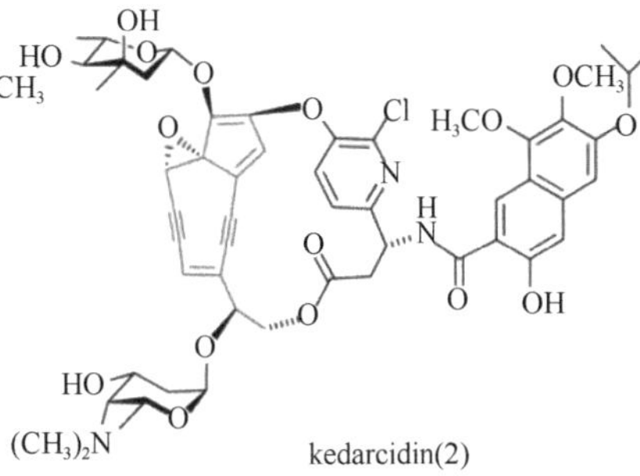
kedarcidin(2)

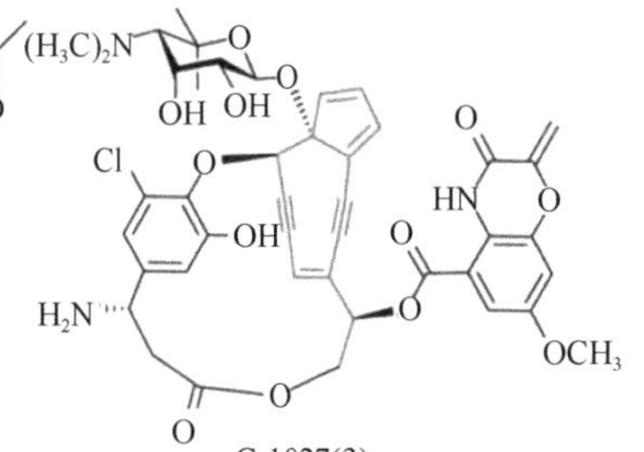
C-1027(3)

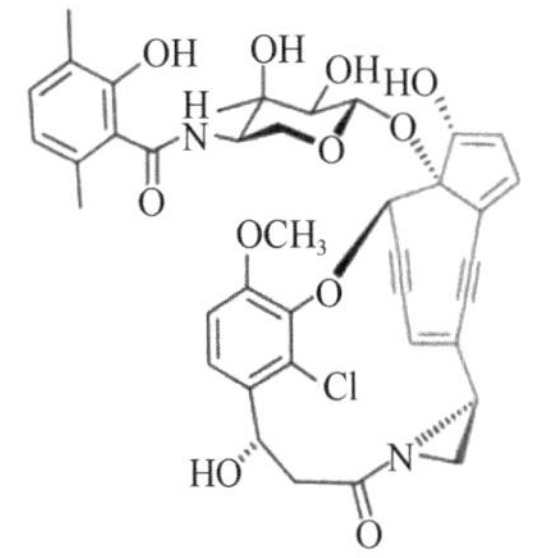
maduropeptin(4)

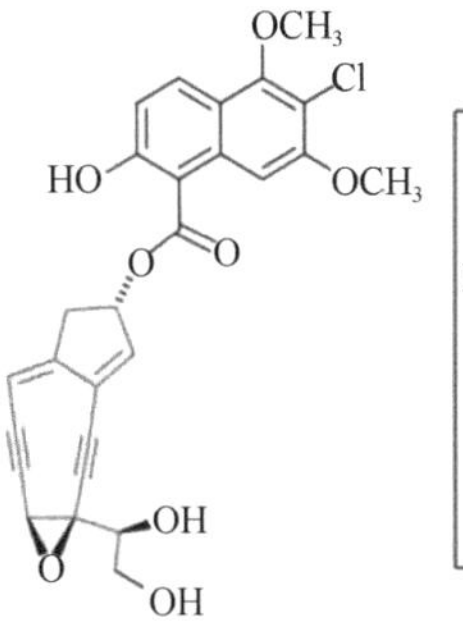
N1999A2(5)

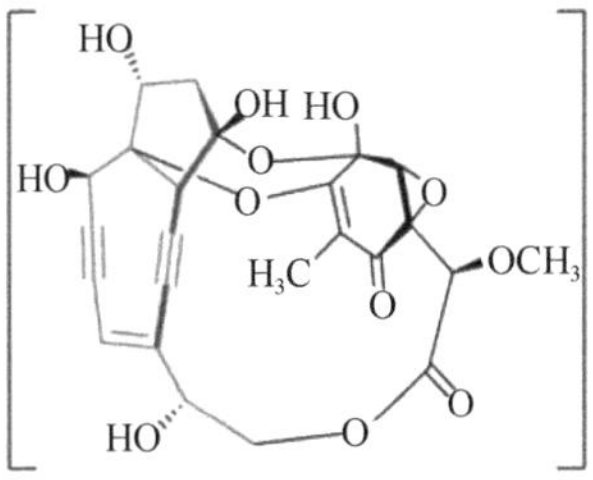
presumed precursor of sporolides(6)

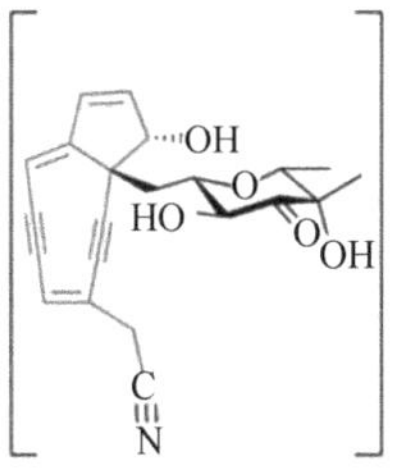
presumed precursor of cyanosporasides(7)

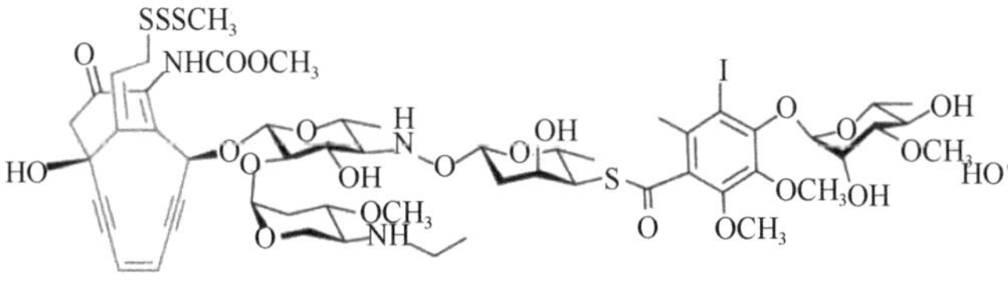
calicheamicin r_1^1 (8)

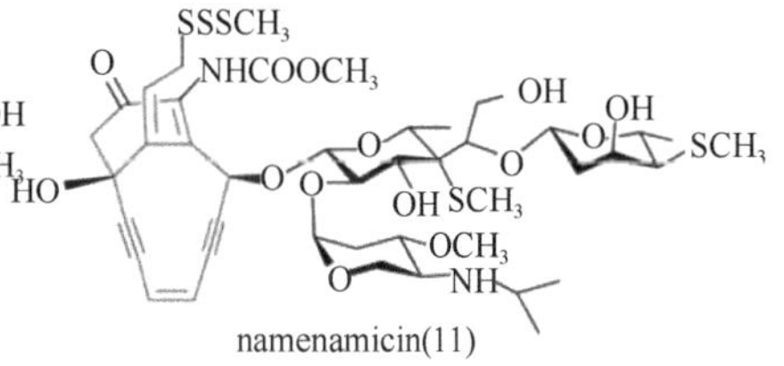
namenamicin(11)

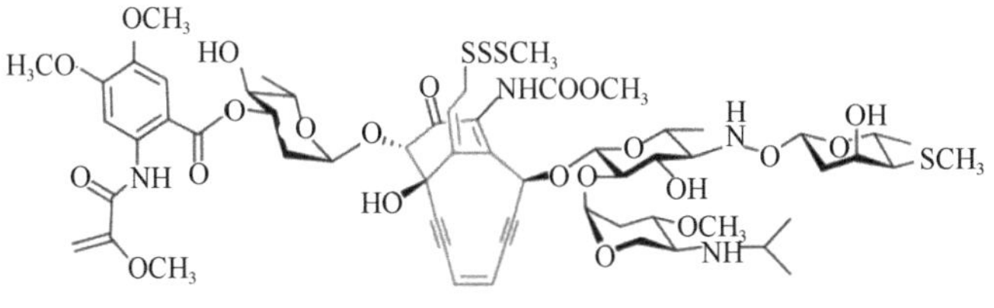
esperamicinA$_1$(9)

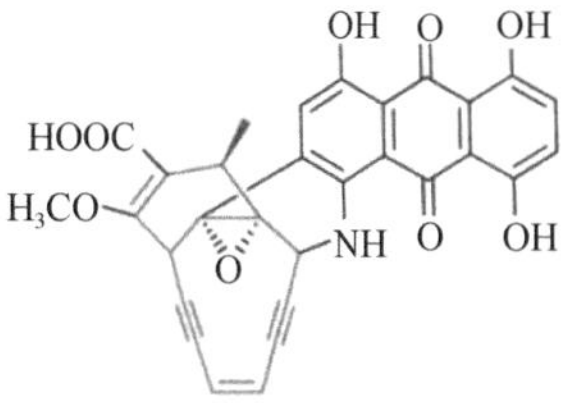
dynemicinA(12)

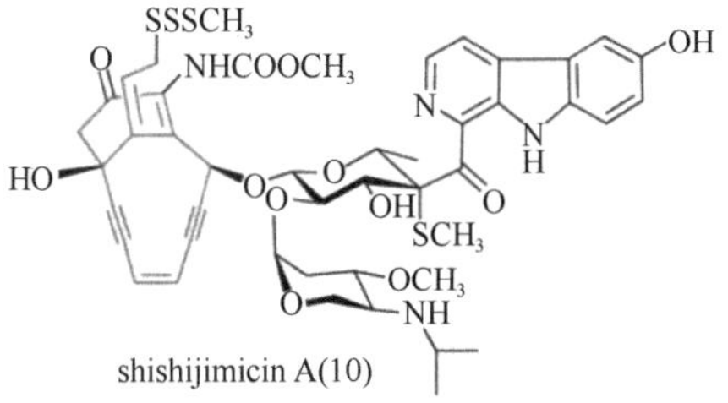
shishijimicin A(10)

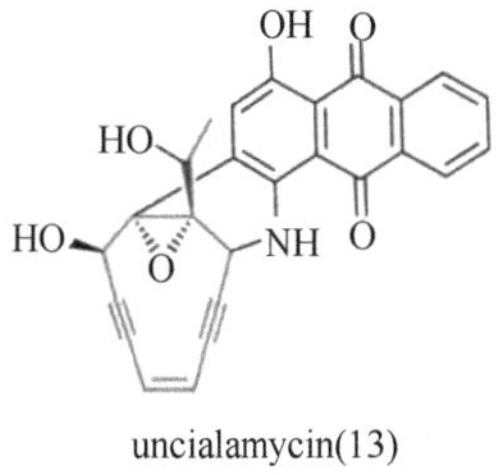
uncialamycin(13)

图 5-11　烯二炔类化合物的结构（Liang，2010）

大多数烯二炔类抗生素能够损伤 DNA，是目前发现的抗肿瘤活性较强的一类抗生素，其中多个抗生素已经成药或进入临床试验阶段。例如，由放线菌 *Micromonospora echinospora* subsp. *calichensis* 产生的卡利奇霉素（calicheamicin）具有极强的抗肿瘤活性，约为临床上应用的抗肿瘤药物阿霉素（adriamycin）的 5000 倍，该抗生素的单抗偶联物吉妥单抗已在美国上市；由球孢链霉菌（*Streptomyces globisporus*）

C-1027 产生的力达霉素（lidamycin，C-1027）在体外对不同类型肿瘤细胞的 IC_{50} 达到 10～16mol/L，现已进入Ⅱ期临床研究；由链霉菌 *Streptomyces carzinostaticus* 产生的新制癌菌素（neocarzinostatin）已用于临床肿瘤的治疗。烯二炔类抗生素毒性大，通过连接单抗分子、改造辅基蛋白能够提高其肿瘤靶向性，此外，对这类分子进行结构改造也是非常重要的。

二、烯二炔类化合物的生物合成机制

1. 烯二炔生物合成核心基因——Ⅰ型聚酮合酶 PKSE 基因

研究烯二炔类化合物的生物合成，使用组合生物合成的方法产生具有更高的抗肿瘤活性和更好的癌细胞靶向特异性的新化合物是该类化合物得以实际应用的关键。即使大多数烯二炔类化合物的全合成已经可以实现，但其在生物体内的合成机制，尤其是在烯二炔核心生物合成方面的关键步骤，对我们来说仍然是个谜。

在发现烯二炔生物合成的核心基因之前，烯二炔天然产物来源主要通过同位素标记进行探索。例如，将 ^{13}C 标记的乙酸盐喂食给相应的烯二炔寄主，产生 ^{13}C 富集的新制癌菌素等。^{13}C NMR 分析表明，这类化合物的烯二炔核心是由一个线性前驱体和 8 个乙酸酯单元以从头到尾的方式组装而成的。尽管已经鉴定出几种产生烯二炔的基因可以编码与烯二炔生物合成相关的蛋白质，直到 2002 年 *Science* 杂志上发表了两篇开创性的文章后，烯二炔生物合成框架才变得清晰。两篇文章分别报道了九元烯二炔 C-1027 和十元烯二炔 calichaemicin 生物合成的基因簇的测序及部分注释。两个基因簇约 80kb。生物信息学分析发现，在这两个基因簇中有 5 个基因是较为保守的。由于烯二炔核心是 C-1027 和 calichaemicin 之间唯一共享的部分，这 5 个基因被预测参与了烯二炔核心的生物合成，因此被命名为“烯二炔核心”，包含一个迭代型Ⅰ型 *PKSE* 基因、一个硫酯酶基因（*TEBC*）和 3 个编码未知功能蛋白的基因（*UNBL*、*UNBV* 和 *UNBU*）。在接下来的几年中，对 neocarzinostatin、maduropeptin、kedarcidin 和 dynemcin 基因簇的测序证实了在烯二炔基因簇中烯二炔核心保守存在（图 5-12）。任何一种 PKSE 基因的中断都会导致相应的烯二炔代谢物的产生，而基因互补则恢复了突变株的生物合成。这些结果为烯二炔核心的聚酮起源奠定了坚实的基础。

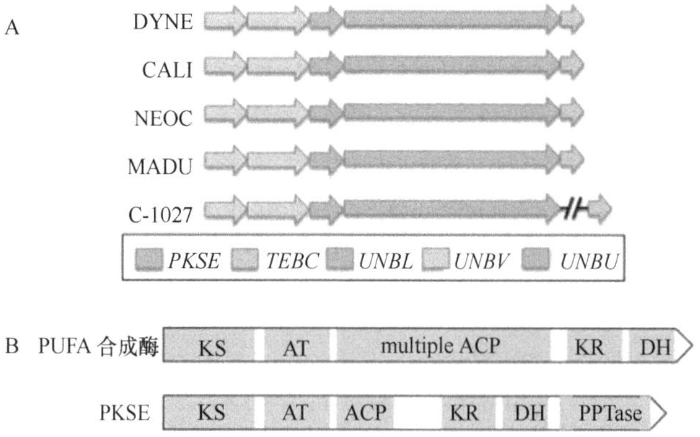

图 5-12　烯二炔类化合物生物合成核心基因和酶（Chen et al.，2014）

烯二炔类的生物合成基因簇编码了一种新的迭代型Ⅰ型聚酮合酶（PKSE），通常认为 PKSE 启动了烯二炔核心的生物合成过程。PKSE 的序列分析确定了 4 个区域：酮合酶（keto synthase，KS）、酰基转移酶（acyltransferase，AT）、酮还原酶（keto reductase，KR）和脱水酶（dehydratase，DH）。在结构域和序列同源性方面，PKSE 与参与海洋细菌中二十二碳五烯酸生物合成的多不饱和脂肪酸（polyunsaturated fatty acid，PUFA）合成酶的相关性最强，与海带中二十二碳五烯酸的生物合成有关。然而，在 PKSE 的 AT 和 KR 区域之间没有发现与已知蛋白同源的区域。基于 PUFA 合成酶的结构域，该区域被认为是酰基载体蛋白质（acyl carrier protein，ACP）的结构域。说明 PKSE 具有独特的 ACP 结构域。此外，PKSE 的 C 端被预测为磷酸戊二烯基转移酶（phosphopentadienyltransferase，PPTase），通过将一个磷酸泛酰巯基乙胺基（p-pant）基团从辅酶 A（coenzyme A，CoA）加载到 ACP 区域，从而导致 PKSE 的自催化。ACP 上的 p-pant 基团是一个柔性的手臂，支撑着细长的聚酮链。整合 PPTase 结构域的自激活在酵母 I 型脂肪酸合酶 FAS 中已经被发现，在 PKS 中非常罕见，只有一个先例：其在红霉素生物合成中与 PPTase 结构域（SePptI）相关。虽然在 PKSE 的 AT 和 KR 区域与 C 端区域之间没有发现同源的已知蛋白，但是 AT 和 KR 之间的区域被认为可能与 PUFA 的 ACP 功能类似，而 C 端的结构域与 *Bacillus subtillis* 中表面活性素（surfactin）生物合成基因簇的 PPTase Sfp 有高度相似性。因此，C 端区域被指定为 ACP 磷酸化的 PPTase 整合域。

在对 C-1027 生物合成中九元 PKSE SgcE 的研究中，Ala 取代了保守的残基，包括 KS 的 C^{211}、AT 的 S^{659}、ACP 的 S^{974}、PPTase 的 D^{1827} 和 E^{1829} 的取代，都使 C-1027 的产生停止。此外，SgcE 的 ACP 结构域在大肠杆菌中以独立蛋白的形式表达，并在与 CoA 和 Svp（博来霉素中生产链霉菌的混杂 PPTase）的体外培养后被成功磷酸化。这些结果无疑将 PKSE 的 AT 域和 KR 域之间的区域确立为一个新的 ACP 域。Lim 等（2011）对十元 PKSE CalE8 的 ACP 与 PPTase 结构域进行了表征。CalE8 的 ACP 结构域以独立蛋白的形式表达，表明其可被 Sfp 磷酸化，进一步证实了 ACP 结构域的身份。ACP 域的晶体结构显示了常规 ACP 广泛采用的螺旋束结构，只是螺旋束仅由 3 个螺旋组成，而在其他 ACP 中为 4 个。此外，在 CalE8 ACP 中，缺乏保守性的 GX（H/D）S（L/I）序列被 $H^{968}MSS^{971}I$ 序列取代，而 His^{968} 和 Ser^{971} 取代了规范的 Gly 和 Asp/His 残基。S^{971}（对应于九元 PKSE SgcE 的 S^{974}）被证实附在 p-pant 基团上，Ala 取代了 S^{971}，导致了 CalE8 失活。

PKSE 的 PPTase 结构域被认为是类似于 Sfp 的Ⅱ型 PPTase，这是基于结构建模的结果和Ⅱ型 PPTase 保守残基而认定的。在大肠杆菌中表达的 CalE8 PPTase 的独立蛋白被发现采用伪三聚体结构，与Ⅱ型 PPTases 的伪二聚体结构不同。体外活性测定表明，纯化 PPTase 域作为一个独立的蛋白质能够磷酸化大肠杆菌脂肪酸合成酶的 ACP 结构域及短芽孢杆菌（*Bacillus brevis*）非核糖体肽合成酶的 PCP 结构域。进一步的序列分析发现，PKSE 的 PPTase 域与 PcpS 具有更高的序列同源性。结合 PKSE PPTase 域的序列分析结果和底物偏好，Liang（2010）提出 PKS 可能在进化过程中通过初级脂肪酸代谢途径获得 PPTase 域。Chen 等（2014）证明 SgcE D1827A 突变体之所以失去 PKS 活性是由于 PPTase 域的失活，与 SgcE 分离的 PPTase 域孵育后，PKS 活性中度恢复，表明该突变体 ACP 结构域的反式磷酸化作用。这一发现提示 PKSE PPTase 能够将 ACP 整合在 PKSE 上作为一个域进行修饰。

在 PKSE 独特的 ACP 和 PPTase 结构域建立并表征后，研究者致力于对 AT 结构域的研究。PKSE 潜在周转产物的结构建议 PKSE 的 AT 域以乙酰辅酶 A 为起始单位，以丙二酰辅酶 A 为扩展单位。然而，CalE8 的体外活性测定表明乙酰辅酶 A 对 CalE8 的活性是不必要的。此外，PKSE 不能将丙二酰 CoA 转化为乙酰 CoA。这一发现表明，AT 域可以同时使用丙二酰 CoA 作为起始单元和扩展单元，这激发了研究者对 AT 域底物特异性的兴趣。DynE8 的 AT 结构域，即十元烯二炔生物合成中的 PKSE，与 I 型模式 PKS 丙二酰 CoA 的 AT 结构域具有高度相似性，为 PKSE AT 结构域的底物选择提供了分子基础。有趣的是，虽然 PKSE AT 结构域没有将乙酰辅酶 A 的乙酸单位合并到聚酮产物中，但分离出的 AT 可以水解乙酰辅酶 A，并与释放的乙酰基形成非共价复合物。相反，AT 结构域通过水解丙二酰辅酶 A 与丙二酰基团形成丙二酰-酶共价复合体。此外，乙酰 CoA 被发现可以抑制 DynE8 的活性，进一步支持乙酰 CoA 可以与 AT 结构域的底物竞争结合位点。综上所述，有证据表明 PKSE 并不使用乙酰辅酶 A 作为启动单元，而是将乙酰基加载到其活性位点，然后通过水解过程将其卸载。丙二酰-酶复合体的存在提示 AT 域不能使丙二酸脱羧生成乙酰启动基；相反，脱羧作用是由 KS 域催化的，这在参与放线菌素、四环素和阿霉素生物合成的芳香 PKS 中得到了证明。

2. 烯二炔核心生物合成中的硫酯酶

在聚酮肽和非核糖体肽天然产物生物合成中，所有底物和中间体都通过硫酯与 PKS 的 ACP 域或 NRPS 的 PCP 域的 p-pant 基团共价结合在酶上。硫酯酶（thioesterase，TE）能够打破硫酯键，释放成熟的产物或去除负载错误的底物和异常的中间体。释放成熟产物的硫酯酶被归为Ⅰ型硫酯酶，通常与 PKS 或 NRPS 最下游的 C 端融合在一起。在某些情况下，TEⅠ也被发现具有去酰化活性，从而释放一个截断的产物，如与真菌黑色素生物合成相关的硫酯酶。离散型 TEⅡ通常负责去除误载的底物和异常的中间体，并且在结构和进化上与一个 a/b 水解酶家族相关。但也有几个 TEⅡ参与了产物的释放，如南昌霉素生物合成中的 NanE 和聚醚离子载体莫能菌素中的 MonCⅡ。对烯二炔硫酯酶的序列分析表明，它们既不属于Ⅰ型，也不属于Ⅱ型，也不属于 a/b 水解酶家族。相反，烯二炔硫酯酶与巧妙折叠硫酯酶家族具有中等的序列同源性，其特征是一个长中心 a 螺旋与一个五链反平行的 b 链相结合。Liang（2010）解析了十元烯二炔、CalE7、DynE7、硫酯酶的晶体结构。CalE7 和 DynE7 的热狗折叠硫酯酶结构中都具有寡聚物排列和弯曲的底物结合通道，表明烯二炔硫酯酶与热狗折叠硫酯酶家族具有同源性。由于大多数已知的热狗折叠硫酯酶以酰基辅酶 A 为底物，因此作用于 PKSE 中间体复合物的烯二炔硫酯酶可能代表一种新的热狗折叠硫酯酶家族。此外，最著名的热狗折叠硫酯酶催化水解硫酯键时使用 Glu/Asp 残基作为亲核试剂或进行碱催化。烯二炔硫酯酶 CalE7 或 DynE7 在活性部位不含酸性残基。基于结构和生化数据，研究者提出了一种 R37（CalE7）或 R35（DynE7）起关键催化作用的替代催化机制。硫酯酶首先识别并与多烯中间体结合，这可能是 PKSE 的正确产物，也可能是一种异常的中间体，这取决于硫酯酶的功能。水或氢氧根离子在 R37（CalE7）或 R35（DynE7）作用下作为氧阴离子来稳定过渡态，促进了硫代酯羰基的亲核攻击。随后过渡态的改变打破硫酯键并释放产物。在存在烯二炔硫酯酶的情况下，PKSE 产生一种庚烯和其他可能不是烯二炔核心合成前体的代谢物，表明分离的烯二炔硫酯酶可能对 PKSE 起编辑作用。然而，在对 PKSE 中间体进行下游精加工后，仍然需要硫酯酶催化成熟烯二炔核心的释放。由于在烯二炔基因簇中只发现了一个硫酯酶基因，因此烯二炔硫酯酶可能同时具有上述功能。

3. 聚酮合酶在 dynemicin 烯二炔和蒽醌生物合成中的双重作用

dynemicin A 是烯二炔抗肿瘤抗生素亚家族的成员之一，其特征是一个十元碳环融合到一个蒽醌上，两者都来源于聚酮。切尔西纳小单孢菌中抗线虫素生物合成基因簇的测序发现了一种烯二炔聚酮合酶（PKS），但没有发现蒽醌类 PKS，表明后者的生物合成基因距离核心的抗线虫素基因簇较远。为了鉴定这些基因，Cohen 和 Townsend（2017）对基因组进行了测序和分析。测序产生了一个假定的候选 PKS 的短列表。随后，dynemicin 簇中两个细胞色素 P450 的缺失表明，dynemicin 烯二炔 PKS（DynE8）可能生物合成了蒽醌。联合 ^{18}O 标记研究，结果表明 DynE8 产生了烯二炔和蒽醌的核心支架，并提供了一个工作模型来解释它们是由烯二炔 PKS 八肽链的程序化形成的（图 5-13）。烯二炔类化合物除了烯二炔核心结构外，还具有由 PKS 和辅助蛋白合成的聚酮衍生物基因。dynemicin A 由小单孢菌 *M. chersina* 产生，于 1989 年首次被发现，其特征是一个十元的烯二炔与一个高度氧化的蒽醌结合。对用 ^{13}C 标记的乙酸盐进行的研究表明，烯二炔和蒽醌部分分别以七肽的形式被生物合成，然后结合形成最终的天然产物。令人惊讶的是，dynemicin BGC 的测序只显示了一个 PKS，即 enediyne PKS（DynE8）。通过 dynemicin BGC 的一系列基因缺失和 dynemicin A 的氧标记实验可知，dynemicin 烯二炔 PKS（DynE8）在烯二炔和蒽醌的生物合成中起着双重作用。迭代型Ⅰ型 PKSE 及硫酯酶的相互作用初步揭示了烯二炔核心的生物合成。聚酮合酶在烯二炔和蒽醌生物合成中的双重作用为烯二炔类化合物的生物合成机制研究提供了新的视角。下游酶的鉴定和表征将是今后研究的重点。

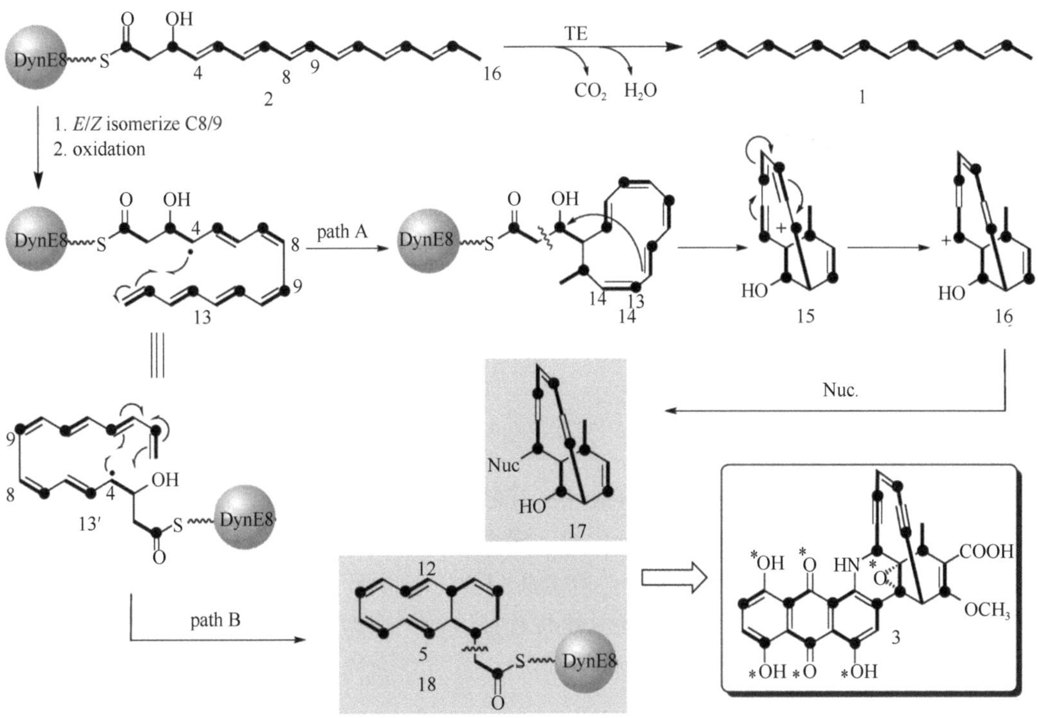

图 5-13　dynemicin 烯二炔和蒽醌的生物合成（Cohen and Townsend，2017）

TE，硫酯酶；Nuc，亲核试剂；*代表氧原子的同位素标记信号

三、对烯二炔类化合物生物合成的研究

强抗肿瘤活性化合物 C-1027 是由 *Streptomyces globisporus* 产生的。我们通过操纵 C-1027 生物合成基因簇内的 3 个调控基因 *SgcR1*、*SgcR2* 和 *SgcR3*，成功地提高了烯二炔类化合物代谢途径中的早期代谢物庚烯的产量。我们发现除正调控基因 *SgcR3* 外，*SgcR1* 和 *SgcR2* 也是正调控基因，它们能够上调庚烯和 C-1027 产量。通过过表达 SgcR1，C-1027 的产量提高了 2～3 倍。而 SgcR 能够负调控 C-1027 的产量，我们通过敲除 *SgcR* 基因并过表达 *SgcR1* 基因构建了新的突变株，使其 C-1027 的产量提高了 7 倍(图 5-14)。

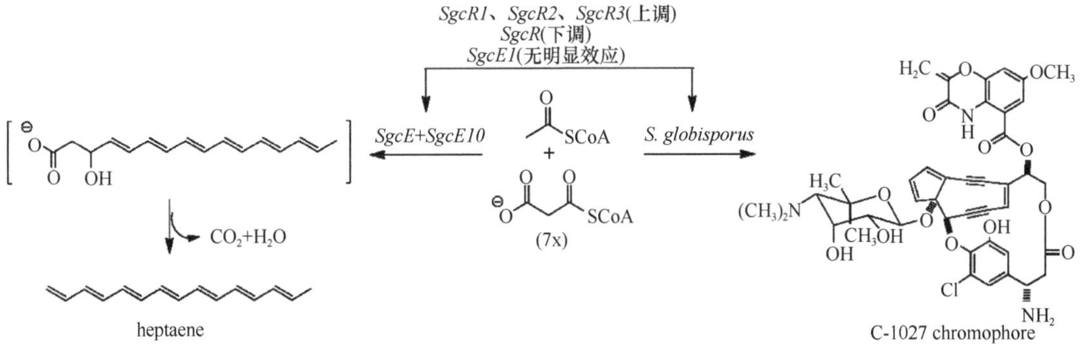

图 5-14　*SgcR*、*SgcR1*、*SgcR2* 和 *SgcR3* 对 C-1027 生物合成的调控（Chen et al.，2011）

此外，应用基因组挖掘技术，我们从 3400 个放线菌的基因组中发现了 31 个具有代表性的烯二炔类化合物生物合成基因簇，并成功发现了一个新的烯二炔类化合物家族 tiancimycin（图 5-15），该类新化合物对广泛的癌细胞系具有极强的细胞毒性。

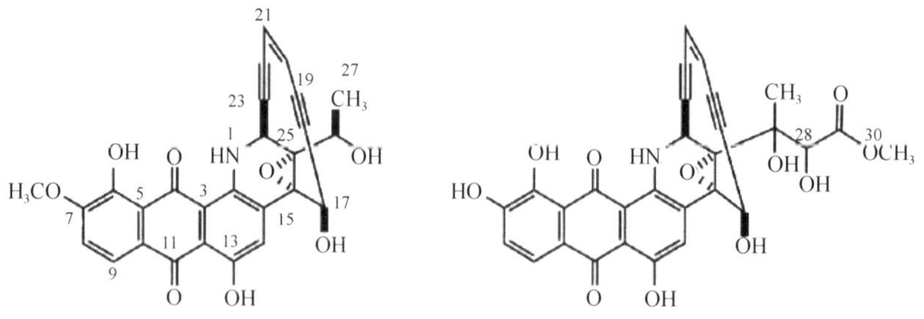

图 5-15 新的烯二炔类化合物家族 tiancimycin（Yan et al.，2016）

四、小结

由于该类分子结构复杂，采用化学全合成法进行制备和改造困难重重，而通过对其生物合成机制的研究进行组合生物合成改造并提高产量极具优势。国内外科研工作者已经对这类分子的生物合成机制进行了大量研究，克隆了多个基因簇，对多个生物合成酶的功能进行了深入研究，对调控机制进行了探索，提高了化合物产量，获得了多个新产物。烯二炔核心是这类化合物具有极强活性的关键，其精确催化机制仍不清楚，不同元件的合成及调控机制仍有待阐明。具有新结构的烯二炔分子有待于进一步发现，其蕴含的新的酶学机制有待探索。

第四节 AT-less type Ⅰ PKS 化合物雷纳霉素和放线酮的生物合成

AT-less type Ⅰ PKS 是一类新型的Ⅰ型 PKS，其最大的结构特点是在聚酮合酶里没有 AT。最早发现的该类聚酮合酶是雷纳霉素（leinamycin，LNM）生物合成中的 LnmI 和 LnmJ，如上所述，AT 负责选择合适的起始或延伸单元，并催化其转移到 ACP 上，是聚酮类化合物生物合成中必不可少的功能酶/功能域。研究者发现在此类 PKS 外有游离的 AT，并通过生化研究证明了游离的 AT 就是此类 PKS 所必需的 AT。AT-less type Ⅰ PKS 同时具有Ⅰ型和Ⅱ型 PKS 的特点，极具研究价值。该类 AT 一般特异性地选择丙二酰辅酶 A 作为延伸单元。从进化上来看，该类 AT 能单独汇聚成簇，说明它们可能源于共同的祖先。AT-less type Ⅰ PKS 部分模块具有 KR、DH、MT 功能域，但是几乎都没有 ER，所以其产物还原度不高。目前发现的该类型的天然产物很少，代表有雷纳霉素、放线酮、*iso*-migrastatin 等。

一、雷纳霉素

1. 雷纳霉素的结构及活性

雷纳霉素（LNM）是一种由链霉菌 *Streptomyces atroolivaceus* S140 生产的新型抗肿瘤抗生素，其为由一个含噻唑的十八元内酰胺环和一个二硫环戊烷形成的螺环化合物，这种特殊结构在天然产物中极其罕见（图 5-16）。LNM 对于革兰氏阳性菌和革兰氏阴性菌都展现出很强的抗性，在小鼠肿瘤模型中也展现出很好的抗肿瘤活性，特别是对于耐临床一线药物的一些癌症种类展现出良好的药物活性。LNM 是一种 DNA 合成抑制剂，同时也是硫依赖性 DNA 切割剂。它可以直接作用于 DNA，切割其单键，使 DNA 分子单键断裂，从而达到抑制 DNA 合成的作用。与常见的硫依赖性 DNA 切割剂如 1,3-二氧-1,2-二硫醇不同的是，LNM 对于 DNA 的切割方式是发生由阴离子介导的烷基化反应。LNM 的这一反应机制不同于此前研究过的任何硫依赖性 DNA 切割剂反应机制，这种特殊性增加了实现 LNM 生物合成的难度。

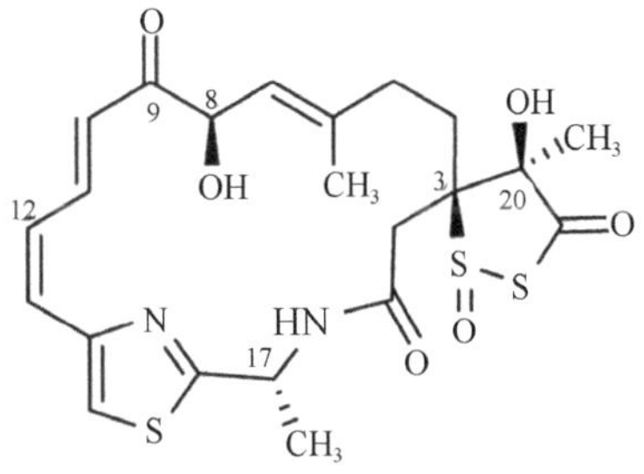

leinamycin(LNM)

图 5-16　雷纳霉素的结构（Pan et al.，2017）

正是因为 LNM 独特的化学结构、强大的生物活性及新颖的反应机制，人们对于将 LNM 开发成临床抗癌药物产生了浓厚的兴趣。目前，科学家通过挖掘并分析 LNM 生物合成基因簇及发现和表征可用于生物合成的新机制等生物合成途径基因工程方法，已经成功完成了对于 LNM 的全合成。并对天然 LNM 进行了化学改性，制备了 LNM 的诸多天然产物类似物，这些类似物中有很多同 LNM 一样具有抗肿瘤活性。值得一提的是，近年来迅速发展的组合生物合成技术在 LNM 的生物合成中起到了十分关键的作用，组合生物合成为微生物活性代谢产物的结构修饰提供了新的方法。通过基因水平合理的代谢途径改造工程，亦可获得结构新颖的类似化合物。

2. 雷纳霉素的生物合成

LNM 的生物合成基因簇共有 27 个基因，其中包括聚酮合酶基因、非核糖体肽合成酶基因、调节基因、后修饰酶基因、抗性基因及伴随基因簇。LNM 的生物合成由基因 LnmP 和 LnmQ 翻译的 PKS/NRPS 杂合酶的装载模块开始，由 LnmP 选择并活化 L-丙氨酸为 D-丙氨酸，从而启动整个生物合成。然后，*LnmI* 基因产物，杂合酶的 NRPS 模块选择并活化 L-半胱氨酸并将其连接到 PCP 催化位点，串联的 Cy 催化位点催化 D-丙氨酸-*S*-PCP 和 L-半胱氨酸-*S*-PCP 之间的缩合。随后，缩合反应所得产物接连发生环化和氧化，生成噻唑基-*S*-PCP 中间肽。此时，处于延长状态下的中间肽从 NRPS 模块被传递到 PKS 模块继续完成组装。而后离散的 *LnmG* 基因产物协助将中间肽沿生产线加载到正确的 PKS 模块。中间肽沿生产线延长完成后，由杂合酶的 TE 催化位点释放并环化，形成大环内酰胺中间肽。LnmM 催化 CoA 与大环内酰胺中间肽在后者的 β-酮基处发生缩合反应。最后，中间肽经 P450 酶、铁氧还原蛋白酶和 AT/DC 双功能酶等后修饰酶的加工修饰后，得到终产物 LNM（图 5-17）。

LnmG、LnmJ 和 LnmI 之间的交互作用是从未被发现过的。在其他 I 型 PKS 途径中，每个 PKS 模块至少包含 KS、AT 和 ACP 催化位点，而在 LNM 的生物合成中，则是由离散的 LnmG 上的 AT 催化位点来替代 LnmJ 和 LnmI 上所没有的 AT 催化位点，这一机制十分罕见。同时，这一发现对于基因工程方面的相关研究有着重要的意义。LnmK 是 LNM 合成途径中的一种后修饰酶，也是一种 AT/DC 双功能酶，既有酰基转移酶活性也有脱羧酶活性。它以甲基丙二酰 CoA 为底物进行第一次自酰化，而后将其产物转移到 LnmL 酰基载体蛋白质上。且尚未发现 LnmK 同源物，它代表着 AT/DC 双功能酶的一个新家族。它是首个利用酪氨酸作为活性位点残基的 AT 酶，也是首个具有 AT 活性的双热狗型的（double-hot-dog）折叠酶家族成员。

由 LNM 基因簇编码的 PKS/NRPS 杂合酶由 *lnmQ*、*lnmP*、*lnmI* 与 *lnmJ* 共同编码，共分为一个装载模块、一个 NRPS 模块及 6 个 PKS 模块。LnmQ 与 LnmP 翻译耦合，共同翻译 PKS/NRPS 合成酶最前面的装载模块。该模块负责识别并活化 L-丙氨酸，当 L-丙氨酸与加载模块上的 PCP 催化位点结合形成中间体后，L-丙氨酸便被转化为 D-丙氨酸，为后续链的延伸做准备。生物合成反应被 D-丙氨酸启动后，NRPS 模块识别 L-半胱氨酸，并将其连接到 NRPS 模块的 PCP 催化位点上。NRPS 模块是一个由

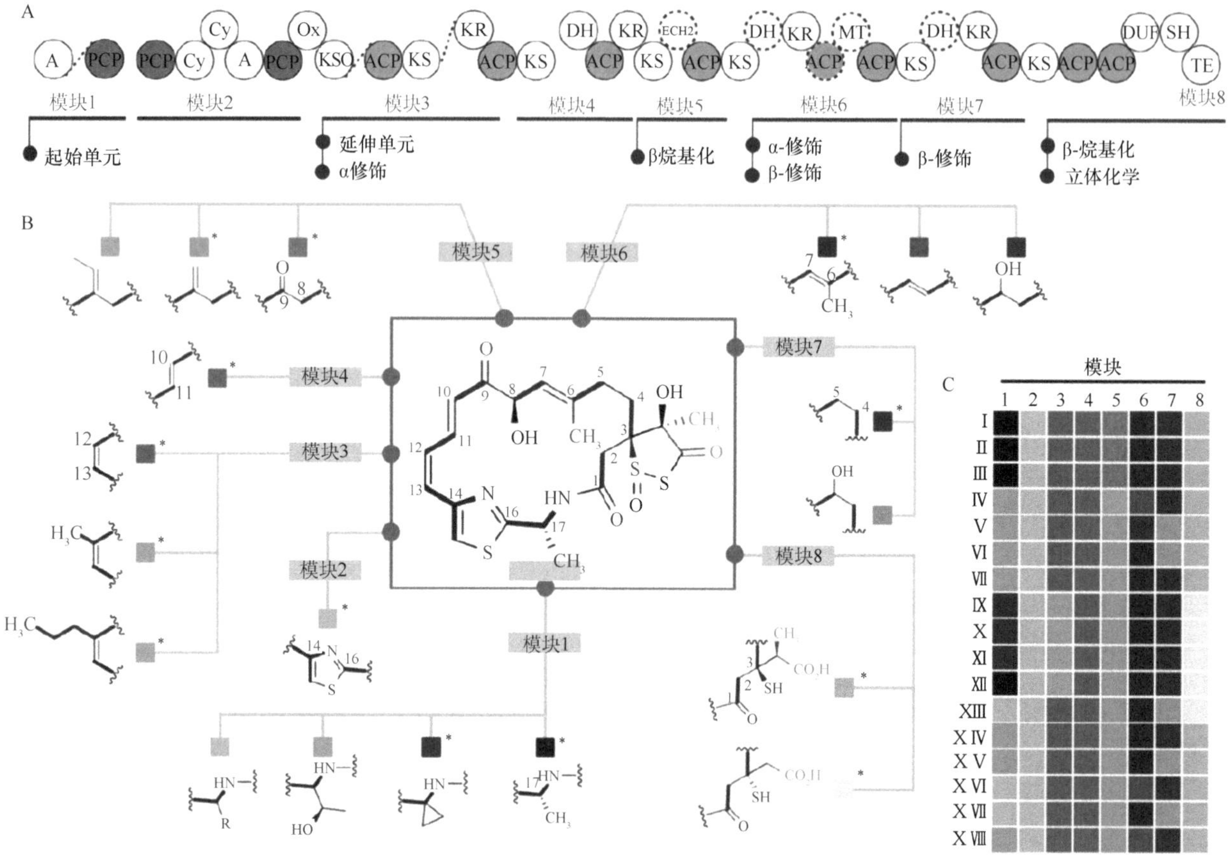

图 5-17　雷纳霉素的生物合成途径（Pan et al.，2017）（彩图请扫封底二维码）

*表示雷纳霉素及几个类似物中包含这样的结构基序

Cy-Cy-A-PCP-Ox 串联的结构，L-半胱氨酸在其作用下与装载模块的 D-丙氨酸发生缩合反应。这种 Cy 串联的结构十分罕见，目前只在霍乱弧菌中发现过。据推测，起到催化缩合作用的可能是第二个 Cy 结构。随后中间肽沿着 PKS/NRPS 合成酶的反应模块进入 PKS 模块进行装配，同时 LnmG AT-less 聚酮合酶加入反应，为反应所必需，它的功能是将丙二酰 CoA 链延伸因子加载到 6 个 PKS 模块上，以确保链的延伸顺利进行。值得一提的是，雷纳霉素独特的抗肿瘤机制为，其 C-3 位硫原子在细胞内硫醇分子的进攻下发生分了内重排反应，生成一个环硫鎓中间体，这个环硫鎓中间体可以烷基化 DNA 而造成 DNA 裂解，最终导致肿瘤细胞死亡。而这个关键的 C-3 位硫原子便由合成酶上的 PKS 模块中 LnmJ-SH 催化 L-半胱氨酸碳硫键断裂产生一个游离的巯基引入。经鉴定，LnmJ-SH 与来源于不同细菌、功能未知的一大类聚酮合酶功能域形成了一个独立的分支，这一催化机制的发现为向天然产物中人工引入硫原子提供了更多可能。而这个 PKS/NRPS 合成酶也以其前所未有的复杂结构，成为 LNM 生物合成基因簇中非常有价值的发现。

3. 我们的研究工作

在对雷纳霉素的研究中，我们通过基因组挖掘，定位未知功能区域和半胱氨酸裂解酶区域（DUF SH）二域发现了 49 个潜在的 LNM 生产者，从中确定了 28 个类型的生物合成基因簇，并最终发现了两个新雷纳霉素类天然产物，guangnanmycin 和 weishanmycin（图 5-18）。对 Lnm 型生物合成机制的比较分析为剖析天然产物的生物合成策略提供了机会，将这些发现应用于组合生物合成可以发现天然产物及其结构多样性。

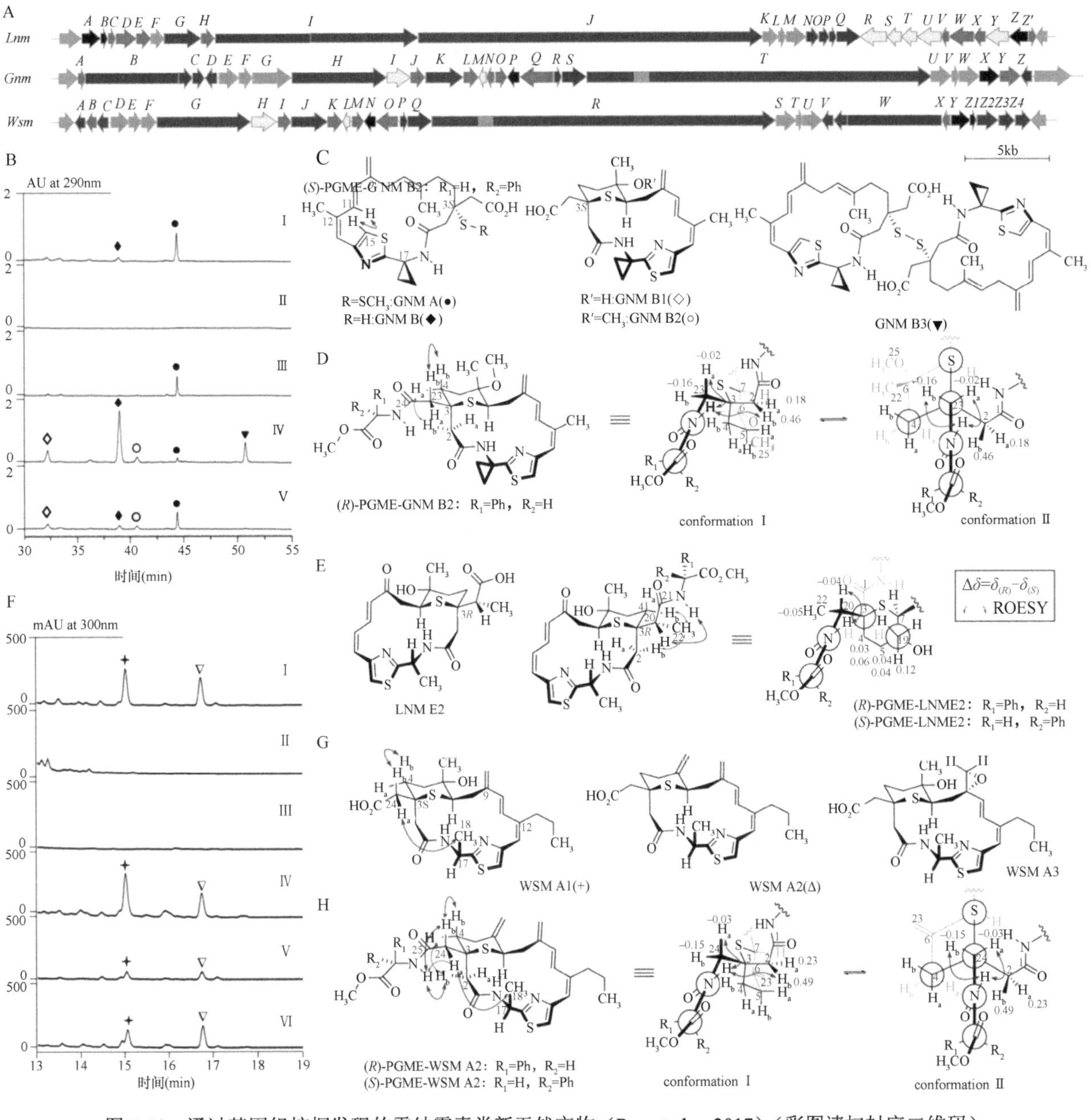

图 5-18　通过基因组挖掘发现的雷纳霉素类新天然产物（Pan et al.，2017）（彩图请扫封底二维码）

二、放线酮

1. 放线酮的结构及活性

放线酮（cycloheximide）是一种广泛用于抑制真核生物蛋白质合成的化合物，于 20 世纪 40 年代在 *Streptomyces griseus* 的发酵产物中被发现。cycloheximide 可以特异地结合在真核生物核糖体的 60S 亚基上，从而终止蛋白质翻译链的延伸。这样的抑制可以通过除去 cycloheximide 而迅速解除。由于这一特性，cycloheximide 被广泛地应用于生物医药研究中，如在分子生物学中，其被用于确定蛋白质的半衰期。cycloheximide 有非常强烈的毒性，特别是可以损伤 DNA，在生殖方面具有强烈的致畸作用，所以不能作为在体内使用的抗生素。在农业中，其可作为杀真菌剂使用。目前发现的 cycloheximide 类抗生素已有 20 种以上，这类抗生素在结构上的共同特点是具有一个戊二酰亚胺（glutarimide）的六元环，环的 C-4 位上有侧链，侧链多成环，少数为直链。该类化合物可以细分为以下几类：环己酰亚胺类、链亚胺酮类、大环内酯戊二酰亚胺类、戊二酰亚胺酚类等。近来研究较多的为抗肿瘤药物 migrastatin 类，包含 lactimidomycin、*iso*-migrastatin、dorrigocin B 等（图 5-19）。该类药物属于大环内酯戊二酰亚胺类，能够特异地抑制肿瘤细胞的转移，具有很高的活性。除具有抗真菌活性外，该类化合物还有抗细菌、抗病毒、抗原虫、抗肿瘤等多种活性。

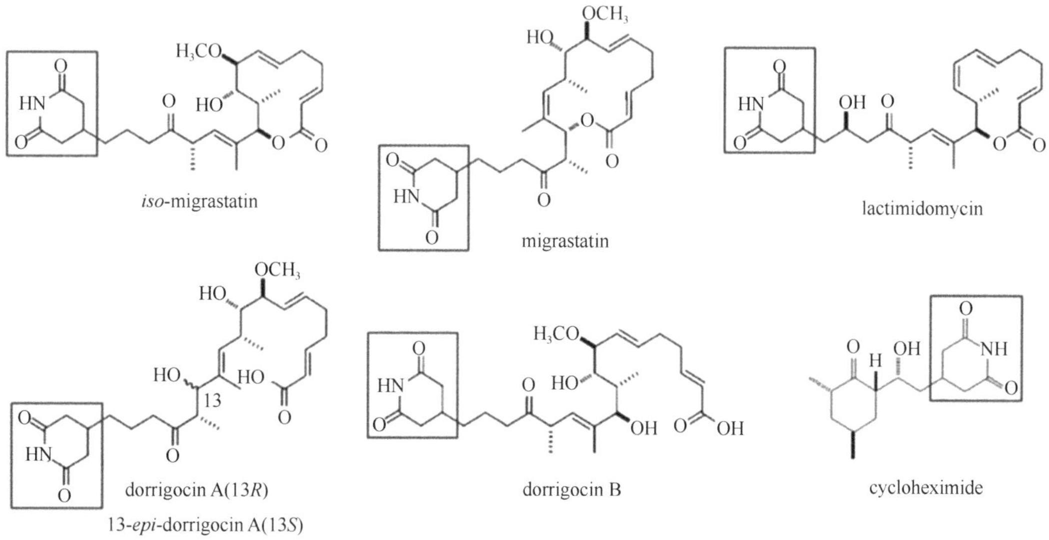

图 5-19　放线酮及其他具有戊二酰亚胺结构的化合物

2. 放线酮的生物合成

虽然放线酮已经被发现了半个多世纪，但是科学家对于放线酮的生物合成却仍然一无所知。目前，微生物次级代谢产物生物合成的研究已经日渐成熟，已有 400 多个链霉菌来源的次级代谢产物的生物合成基因簇被描述，唯一被揭示的放线酮类的基因簇是 *iso*-migrastatin 的基因簇，属于罕见的 AT-less type Ⅰ PKS 类，其具体生物合成机理尚不明了。放线酮作为一类重要的抗生素，深入研究其生物合成机理具有重大的科学意义和应用价值：首先可以揭示该类化合物骨架的合成机理；其次，其最重要的活性基团——戊二酰亚胺六元环的生物合成一直是科学家关注的焦点；最后，通过组合生物合成的方法对该类化合物的改造将为人类提供更多具有应用潜力的新活性化合物。

自从 20 世纪 40 年代被发现以来，放线酮作为真核生物蛋白质合成抑制剂被广泛应用。近年来，随着放线酮类似物 *iso*-migrastatin 等被发现有很强的抗肿瘤活性，该类化合物逐渐成为研究热点。*iso*-migrastatin 的基因簇已经被成功克隆，部分基因功能也有了一些初步研究。然而，放线酮的生物合成研究却是一片空白，这就极大地阻碍了通过组合生物合成对该类化合物进行进一步改造和利用。因此，应加大该方面的研究力度。

3. 我们的研究工作

我们选取了本实验室前期工作中发现的一株放线酮高产菌株 *Streptomyces* sp. YIM 56141 作为出发菌株。该菌株同时还能产生放线酮的一个结构类似物 actiphenol 及这两个化合物的一系列结构类似物（图 5-20），我们推测这些化合物可能通过相似的生物合成途径产生。我们克隆并测序了放线酮和 actiphenol 的生物合成基因簇，对其生物合成途径进行了初步研究，并且获得新的活性化合物。

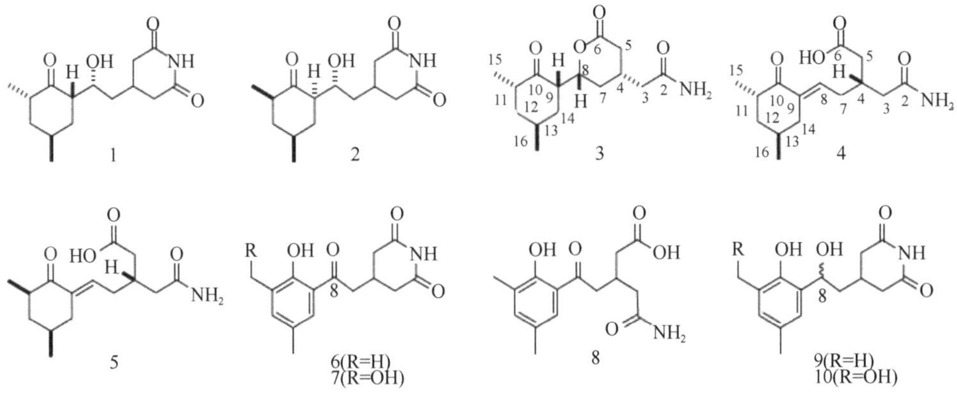

图 5-20　菌株 *Streptomyces* sp. YIM 56141 产生的放线酮及其类似物（Huang et al.，2011）

我们首次克隆了放线酮生物合成基因簇，发现放线酮和 actiphenol 由一个合成途径控制，初步阐明了几个关键基因的功能，为该类药物的开发和应用打下了基础（图 5-21）。该研究被英国皇家化学会 *Natural Product Reports* 专栏"Hot off the press"（Hill and Sutherland，2014）选中，该专栏指出，虽然研究的两个化合物并非新骨架，但却能揭示出新的生物合成机制，该研究发现了这两个化合物由一个途径控制，并证实了 actiphenol 的苯环能被催化为 cycloheximide 的环己烷，具有重要研究价值。

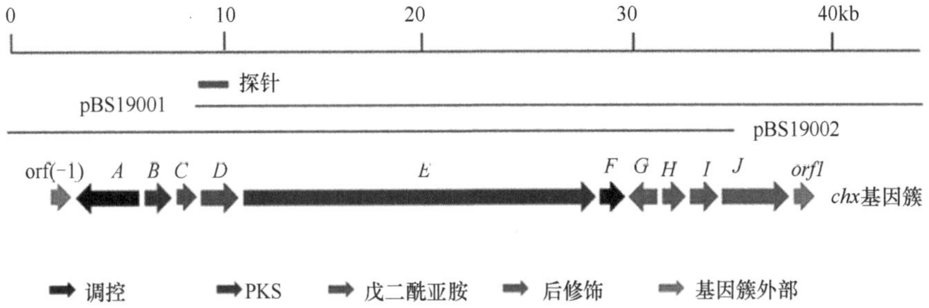

图 5-21　放线酮生物合成基因簇（彩图请扫封底二维码）

我们通过基因敲除、回补及关键酶功能的研究，初步揭示了放线酮生物合成过程中的几个关键步骤，并推测了其生物合成途径（图 5-22）。放线酮生物合成基因簇中的 ChxE 通过一系列克莱森缩合反应形成了核心骨架。首先，丙二酰辅酶 A 被游离的 AT（ChxB）选择为起始单元并加载到模块 1 中的 ACP 上，通过 AMT 的催化在末端导入氨基；在模块 2 中缩合第 2 个丙二酰辅酶 A，并在 KR 和 DH 的催化下形成双键；在模块 3 中缩合第 3 个丙二酰辅酶 A，在并不清楚的机理下环化为戊二酰亚胺基团；在模块 4 中缩合第 4 个丙二酰辅酶 A，并在 KR 的催化下形成羟基；在模块 5 中缩合第 5 个丙二酰辅酶 A，保留了羰基；在模块 6 中缩合第 6 个丙二酰辅酶 A，并在 KR 和 DH 的催化下形成双键，并由甲基转移酶功能域导入了甲基；最后在 TE 的催化下从 PKS 上解离下来，并环化形成原放线酮（pro-CHX）。ChxE 具有 AT-less type Ⅰ PKS 的基本特点。首先，其缺失了 AT 功能域，但仍然具有推测的 AT docking 模块，即游离的 AT 与 PKS 相互作用的模块，这个假说还有待于证明；其次，ChxE 及 ChxB 选择丙二酰辅酶 A 作为延伸单元，这样大多数 AT-less type Ⅰ PKS 的底物选择特异性相同；最后，ChxE 不具有 ER 功能域，这也与目前发现的 AT-less type Ⅰ PKS 所催化的产物还原度不高这样的普遍现象相符合。

ChxG 属于具有老黄酶（old yellow enzyme，OYE）相关 FMN 结合域的 NADH 依赖型氧化还原酶。ChxG 与来自于 *Thermoanaerobacter brockii* 的 NADH 氧化酶——NADO 有 30%的一致度；与来自于 *Arabidopsis thaliana* 的 OPR3 有 27%的一致度；与来自于 *Oryza sativa* subsp. *japonica* 的 OPR7 有 29%的一致度。这些蛋白都被证明为 NADH 依赖型还原酶。在本研究中，我们成功敲除了 ChxG 的基因，发现突

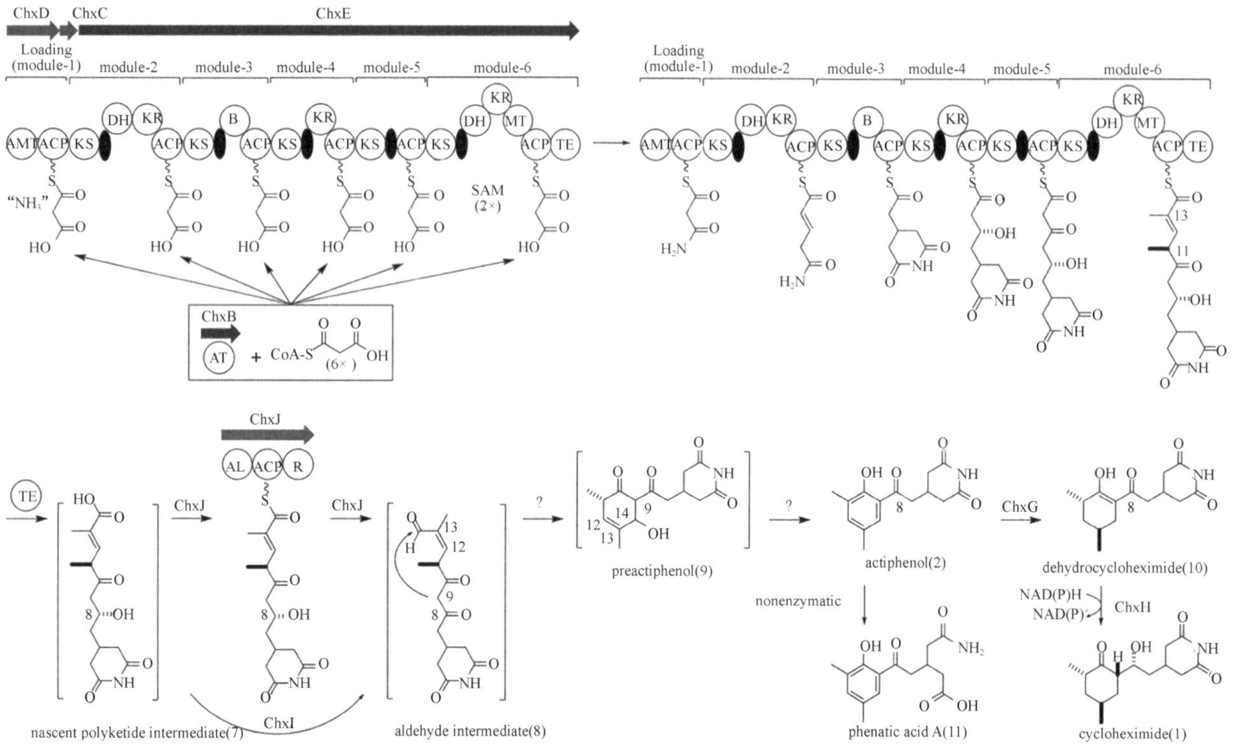

图 5-22 放线酮生物合成机制

变株不能产生放线酮，但能产生 actiphenol，同时产生 actiphenol 的新类似物。这说明 ChxG 参与了放线酮的合成途径，并且放线酮与 actiphenol 的合成途径是在生成原放线酮后的某一步分离的。ChxH 与一系列推测的短链脱氢酶/还原酶（short chain dehydrogenase/reductase，SDR）家族的蛋白具有很高的一致度（SGR_6788，98%；SACT1_7145，98%；SACTE_2153，54%；SSOG_08770，53%），但是这些蛋白的功能并没有通过实验确证。ChxH 与来自于大肠杆菌 K12 的 FabG 有 31%的一致度。FabG 是大肠杆菌中合成Ⅱ型脂肪酸必需的酶，其催化了 3-ketoacyl-ACP 还原为(R)-3-hydroxyacyl isomer，该反应需要烟酰胺腺嘌呤二核苷酸磷酸（nicotinamide adenine dinucleotide phosphate，NADPH）的参与。通过分析 ChxH 的蛋白质序列发现其具有保守的 Rossmann-fold NAD(P)H/NAD(P)(+)binding（NADB）域，同时具有保守的 GxxxGxG 和 NNAG 序列及 SDR 家族催化中心的重要氨基酸残基（Ser、Tyr、Lys）。目前已知的 SDR 家族包含了超过 2000 个具有较低同一度（一般在 10%～30%）的蛋白。*chxH* 基因敲除突变株不能产生放线酮，但能产生 actiphenol，同时还产生了一个新的放线酮的类似物 8,9-脱氢放线酮（8,9-dehydro-cycloheximide）。对 ChxH 进行的初步生化实验，更加确凿地证明了其催化 8,9-dehydro-cycloheximide 还原为放线酮的活性。这些实验显示 ChxH 参与了放线酮生物合成的最后一步，并且放线酮与 actiphenol 的合成途径是在生成原放线酮后的某一步分离的。ChxI 属于细胞色素 P450 超家族，其与来自于 *Streptomyces carbophilus* 的 CYP 105A3 有 37%的一致度，与来自于 *Pseudonocardia autotrophica* 的 Vdh 有 40%的一致度。CYP 105A3 参与了普伐他汀（pravastatin）生物合成途径中的羟基化反应，Vdh 催化了维生素 D_3 的 C-25 位的羟基化而生成了 25-羟基维生素 D_3，然后催化其 C-1-alpha 位置的羟基化，最后形成了 1-alpha,25-dihydroxy vitamin D_3。ChxI 与 MgsK 有 39%的一致度，MgsK 被推测为参与了 Iso-MGS C-8 位的羟基化。为了确证 ChxI 的功能，我们敲除了 *chxI* 基因，发现突变株不能产生放线酮和 actiphenol，说明该酶参与了放线酮和 actiphenol 生物合成途径分离前某一步的反应，可能在某个位置添加了羟基。ChxJ 属于还原酶，其结构包含了 3 个功能域，ATP 依赖型的羧酸辅酶 A 连接酶功能域、烯醇还原酶功能域及 ACP 功能域。*chxJ* 基因敲除突变株不能产生放线酮和 actiphenol，但是产生了一个新产物，目前还没有鉴定出结构，说明该酶参与了放线酮和 actiphenol 生物合成途径分离前某一步的反应，可能在某个位置对双键进行了还原。ChxA 属于 SARP 家族的通路特异性调控蛋白，具有 helix-turn-helix 的 DNA 结合模块，我们同时在其 N 端发现了 DNRI/REDD/AFSR 家族调控蛋白所特有的转录激活功能域。ChxA 与 MgsA 有 49%的一致度，与 ScnRI 有 48%的一致度，与 SanG 有 34%的一致度，这些蛋白分别正调控了 iso-migrastatin、matamycin 和 nikkomycin 的生物合成。这些结果都说明 ChxA 有可能参与了放线酮和 actiphenol 生物合成的正调控，然而其确切的功能有待于进一步研究。ChxB 是游离的酰基转移酶，具有高度保守的 AT 激活位点（GHSxG）和底物结合位点（GAAFH）。底物特异性研究表明其具有 QQGHSLGRFHAQV 模块，该模块与已知的其他特异性选择丙二酰辅酶 A 作为底物的 AT 中的 QQGHS[LVIFAM]GR[FP]H[ANTGEDS][NHQ]V 模块高度相似，说明其以丙二酰辅酶 A 作为底物，这个结构与放线酮和 actiphenol 的结构相符。ChxB 与 MgsB 和 MgsH 分别有 49%和 45%的一致度。MgsB 是一个由 AT 和 TE 双功能域构成的蛋白，其 AT 不起作用，推测 TE 起到对聚酮链矫正的作用。MgsH 是一个由 AT 和 Ox（氧化）功能域构成的蛋白，其中的 AT 功能域起到了游离 AT 的作用。在目前已知的 AT-less type Ⅰ PKS 中，AT 的拷贝数及其组织形式是多样化的，多数具有两个及以上的 AT，AT 常常与其他功能域共存于一个蛋白。然而，在 CHX 基因簇中，只发现了一个单独存在于一个蛋白的 AT，这是比较罕见的，仅在另外两个基因簇中被发现过。ChxC 属于Ⅱ型 ACP，其与 ChxE 中的 ACP 有较低的同一度（5%～22%），与其他 AT-less type Ⅰ PKS 中 ACP 的同一度也较低，例如，与 MGS 中的 ACP 只有 5%～18%的同一度。ChxC 与 MGS 生物合成中的Ⅱ型 ACP——MgsC 具有 39%的同一度。ChxD 属于氨基转移酶类，其与 MgsD 有高达 55%的同一度，被推测为参与了戊二酰亚胺基团的生物合成。敲除 *mgsD* 直接导致突变株完全丧失了产生 MGS 类化合物的能力，证明了其在生物合成中的关键作用。因为 ChxC、ChxD 与 MgsC、MgsD 具有很高的一致度，所以我们推测这两个酶是放线酮和 actiphenol 类化合物中戊二酰亚胺基团生物合成的关键因子，具体催化机理还有待于进一步深入研究。ChxF 的 N 端具有 winged helix-turn-helix（WHTH）DNA 结合区域，C 端具有 LysR 类型调控蛋白的底物结合位点。LysR 类型调控蛋白是一类通过自身调控的转录调控蛋白，可以激活一系列不同的基因。ChxF 与功能已知的几个 LysR 类型调控蛋白具有一定的相似性（AmpR，21%；CysB，21%；LysR，21%；IlvY，19%；MetR，18%；NodD，15%），这些蛋白都在相应的生物合成过程中起到了正调控作用，所以我们推测 ChxF 在放线酮和 actiphenol 的生物合成中也起到了正调控作用，具体调控机理还有待于深入研究。

三、小结

多个 AT-less type Ⅰ PKS 类抗生素的生物合成基因簇已经被克隆，它们的生物合成机制得到了不同程度的研究，这些研究阐明了该类化合物的骨架由 AT-less type Ⅰ PKS 负责合成，基因簇中的部分后修饰酶、调控基因的功能也得到了表征。新结构化合物有待于进一步发现，其蕴含的新的酶学机制有待探索。

第五节　新型萜类化合物的生物合成

萜类化合物是一大类小分子天然产物，其种类、结构多样性极其丰富，其基本结构骨架是由异戊二烯（C5）单元组成的，所以又称类异戊二烯（isoprenoid），根据所含 C5 数目的不同，可分为单萜（monoterpene，C10）、倍半萜（sesquiterpene，C15）、二萜（diterpene，C20）、三萜（triterpene，C30）和四萜（tetraterpene，C40）。目前已在动物、植物和微生物体内发现 50 000 余种萜类化合物，其中很多化合物都具有药用价值，如具有抗癌作用的紫杉醇、人参皂苷 RH2，具有抗疟疾作用的青蒿素等。萜类主要从植物、真菌中提取获得，普遍存在产率与纯度低、成本高及易污染环境等许多问题；而萜类的立体选择性合成难度大，导致萜类尚未实现大规模工业生产及应用。

在生物体内，萜类化合物的合成主要分为 4 个阶段：第一阶段是异戊二烯单元——二甲丙烯焦磷酸（dimethylallyl pyrophosphate，DMAPP）和异戊烯焦磷酸（isopentenyl pyrophosphate，IPP）的合成。这两种最基本的结构单元有两条来源途径：一是甲羟戊酸（mevalonate，MVA）途径，主要存在于真核生物，如酵母细胞中；二是甲基赤藓糖 4 磷酸（methylerythritol phosphate，MEP）途径，主要存在于原核生物和光合生物的质体中。第二阶段是不同数量的 DMAPP 和 IPP 在聚异戊二烯二磷酸合酶（polyisoprenyl diphpsphate synthase）作用下，首尾聚合形成不同长度的聚异戊二烯焦磷酸链，如单萜底物香叶基焦磷酸（geranyl pyrophosphate，GPP）、倍半萜底物法尼基焦磷酸（farnesyl pyrophosphate，FPP）和二萜底物香叶基香叶基焦磷酸（geranylgeranyl pyrophosphate，GGPP）等。第三阶段是聚异戊二烯焦磷酸链在不同萜环化酶（terpene cyclase）的催化下，进行不同次数的环化及重排形成萜母环骨架（图 5-23）。第四阶段是后修饰酶参与的骨架修饰（如羟基化、甲基化、糖基化等），形成结构和功能多样的萜类化合物。

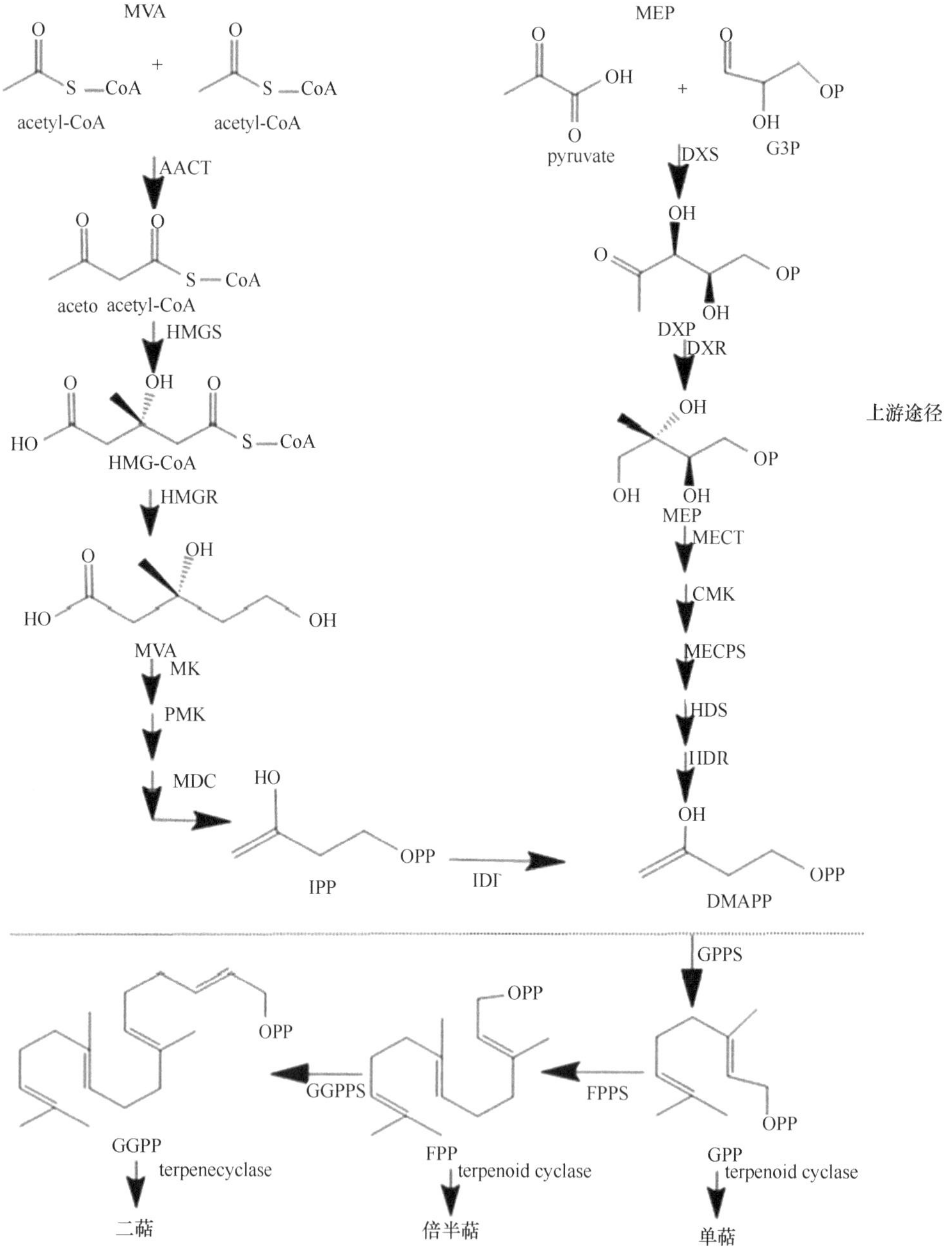

图 5-23 萜类化合物生物合成途径概览

植物和真菌一直是萜类化合物的主要来源，然而研究人员也相继从放线菌中分离到了一系列结构新颖的萜类化合物，如戊丙酯菌素（pentalenolactone）、类萜菌素（terpentecin）、cyclooctatin、napyradiomycin、longestin（KS-505a）、furaquinocin A、BE-40644、brasilicardin A、germacradien-4-ol、albaflavenone、epicubenol、fusicomycin 等，并对这些萜类化合物的生物合成途径及关键酶的分子作用机制进行了一系列详细的研究。

一、放线菌萜类化合物的生物合成基因簇

对于萜类化合物的研究传统方法是，首先分离化合物，解析结构和生物活性；然后从总蛋白中分离纯化得到负责该化合物合成的酶，分析其生化特性、测定蛋白质的氨基酸序列；再设计引物获得探针，以此构建基因组文库或者 cDNA 文库后进行目标基因筛选，最后得到完整的基因和蛋白序列。用传统方法获得的放线菌倍半萜合酶中最典型的例子是 Cane 等（1994）确定的 pentalenene 合酶基因 *penA*。近年来，随着基因组测序技术的发展，通过直接克隆或基因组挖掘（genome mining）等方法，一些来源于放线菌菌株的结构新颖、活性多样的萜类化合物的生物合成基因簇相继被得到并且被揭示，从而促进了放线菌中萜类化合物生物合成分子机制的研究。一般情况下，萜类化合物的生物合成基因簇编码三类酶：一是 IPP 单体合成相关酶；二是催化 IPP 单体缩合所需的聚异戊二烯合酶和催化聚异戊二烯中间体环化所需的环化酶；三是负责官能团转移、氧化等反应的后修饰酶。以异戊烯焦磷酸（IPP）为分界线，萜类化合物的生物合成过程可以人为地分为两个部分：上游途径和下游途径。根据 IPP 前体的合成途径及其相关基因与萜类化合物生物合成基因簇的关系，放线菌萜类化合物生物合成基因簇可归纳总结如下。

1. 含有 MVA 途径合成基因的萜类化合物基因簇

大多数细菌，如大肠杆菌（*Escherichia coli*）和变铅青链霉菌（*Streptomyces lividans*）只包含 MEP 途径，然而 Dairi 等（2001）研究发现，一般同时具备 MEP 途径和 MVA 途径的链霉菌往往具备产生萜类化合物的能力，而且负责合成这些化合物的基因往往邻近与 MVA 途径相关的基因。在 2001 年，研究人员首先从浅灰孢链霉菌（*Streptomyces griseolosporeus*） MF730-N6（重分类命名为 *Kitasatospora griseola*）和游动放线菌 *Actinoplanes* sp. A40644 中分别克隆得到 MVA 途径相关基因，然后通过分析它们的上下游 DNA 序列，发现了二萜类化合物类萜菌素（terpentecin）和倍半萜类化合物 BE-40644 的生物合成基因簇。其中，类萜菌素的基因簇包含 2 个二萜环化酶基因，相应的编码序列中分别富含天冬氨酸的 DDXXD 和 DXDD 结构域（motif），以不同的方式催化环化反应，这是首例放线菌二萜环化酶的报道。有趣的是，当采用相同策略从链霉菌 *Streptomyces* sp. KO-3988 中克隆聚酮-类异戊二烯（polyketide-isoprenoid）杂合化合物 furaquinocin A 的生物合成基因簇时，研究者得到了两个独立的 MVA 途径基因簇，并且在相邻的 DNA 区域内分别发现 furaquinocin A 和二萜 viguiepinol 的生物合成基因簇。在 2007 年，Moore 研究组以四羟基萘合酶（THN synthase）和异戊二烯基转移酶基因片段为探针从链霉菌 *Streptomyces* sp. CNQ-525 中克隆得到了聚酮-类异戊二烯杂合化合物 napyradiomycin 的生物合成基因簇，他们还利用基因组挖掘的方法从另一株针孢链霉菌（*Streptomyces aculeolatus*）NRRL18422 基因组中鉴定了化合物 napyradiomycin 的生物合成基因簇，这两个基因簇在 DNA 水平上的一致性为 97%。其中都包含了 1 个 GGPP 合酶基因、2 个异戊二烯转移酶基因和 MVA 途径合成 IPP 的所有相关基因。将完整的生物合成基因簇在底盘细胞白色链霉菌（*Streptomyces albus*）中进行异源表达，得到了 7 个 napyradiomycin 化合物。然而，Bringmann 等（2007）在对肉桂链霉菌（*Streptomyces cinnamonensis*）DSM 1042 中的聚酮-类异戊二烯杂合化合物 furanonaphthoquinone I 和 endophenazine A 进行研究时，发现负责合成它们的基因簇中只包含 MVA 途径中的一个生物合成基因——甲羟戊酸激酶（mevalonate kinase，MK）基因。他们进一步利用同位素标记方法证明，80%来自 MVA 和 20%来自 MEP 的 IPP 为 furanonaphthoquinone I 和 endophenazine A 的合成提

供了基本结构单元。

2. 含有 MEP 途径合成基因的萜类化合物基因簇

众所周知，大多数原核生物采用 MEP 途径为萜类化合物的合成提供前体物质 IPP。Dürr 等（2006）以 NDP-D-葡萄糖-4,6-脱水酶（NDP-D-glucose-4,6-dehydratase）基因为探针从链霉菌 *Streptomyces* sp. Tü6071 菌株中克隆到二萜化合物 phenalinolactone 的生物合成基因簇，该基因簇包含了 1 个 GGPP 合酶基因（*plaT4*）、1 个萜环化酶基因（*plaT2*）、1 个异戊二烯转移酶基因（*plaT3*）和 2 个 MEP 途径中相关的生物合成基因——*plaT5*（1-hydroxy-2-methyl-2-(*E*)-butenyl-4-diphosphate synthase gene，HMBDP 合酶基因）、*plaT6*（1-deoxy-D-xylulose-5-phosphate synthase gene，DXPS 含酶基因），这是首次克隆到含有 MEP 途径相关生物合成基因的萜类化合物生物合成基因簇的报道。Dairi 等（2001）以聚异戊二烯二磷酸合酶基因作为探针从银色链霉菌（*Streptomyces argenteolus*）和诺卡氏菌 *Nocardia brasiliensis* IFM 0406 中，分别克隆到了四萜 longestin（KS-505a）和二萜 brasilicardin A 的生物合成基因簇，并在两个基因簇中都发现了两个与 phenalinolactone 合成基因簇中 *plaT5* 和 *plaT6* 同源的基因，这或许表明这两个基因在萜类化合物合成过程中是极其重要的。phenalinolactone 和 brasilicardin A 的结构类似，都具有一个三环二萜母环骨架，且 C-3 位与氧连接。通过比对分析，在二者的基因簇中均发现了 1 个鲨烯环氧化酶基因（*plaT1/bra5*）和一个萜环化酶基因（*plaT2/bra4*），并且萜环化酶 plaT2/bra4 都缺乏天冬氨酸的 motif。因此，研究人员推测 phenalinolactone 和 brasilicardin A 的二萜骨架是通过相同途径合成的，过程为首先线性聚异戊二烯链被环氧化，然后再环化形成三环二萜骨架结构。

最近，Shen 和 Smanski（2009）研究组从平板链霉菌（*Streptomyces platensis*）MA 7327 中克隆到了平板霉素（platensimycin）和平板素（platencin）的生物合成基因簇，其中包含 HMBDP 还原酶（1-hydroxy-2-methyl-2-(*E*)-butenyl-4-diphosphate reductase）基因（*orf24*）、HMBDP 合酶基因（*orf25*）和 DXP 合酶基因（*orf26*）3 个 MEP 途径中的基因，该研究通过对菌株目的基因簇中编码 GntR 家族负调控蛋白的 *ptnR1* 基因进行敲除，使菌株 *Streptomyces platensis* MA 7327 中产生 platensimycin 和 platencin 的量提高了 100 倍。

3. 不含合成 IPP 相关基因的萜类化合物基因簇

随着基因组测序技术的发展及测序成本的大幅度降低，越来越多的放线菌基因组被测序完成，这些基因组中蕴藏着大量萜类化合物的生物合成基因簇，但是其中许多菌株都不包含合成 IPP 的相关基因。例如，阿维链霉菌（*Streptomyces avermitilis*）和天蓝色链霉菌（*Streptomyces coelicolor*）的基因组都编码了倍半萜土臭味素（geosmin）和 albaflavenone：土臭味素的合成只涉及 1 个 germacradienol/geosmin 合酶基因（*SCO6073/SAV2163*），该酶作用机制被 Jiang 和 Cane（2008）揭示，他们发现 germacradienol/geosmin 合酶是一个由 N 端和 C 端构成的扁担形双功能酶，该酶首先催化 FPP 生成中间体 *E,E*-germacradienyl cation，然后失去质子形成双环中间产物 isolepidozene，再在一分子水的参与下形成大根香叶二烯醇（germacradienol），大根香叶二烯醇随即从 N 端功能域中被释放出来，进入 C 端功能域中，脱掉一分子丙酮形成 octalin，在一分子水的参与下，1,2-氢负离子发生迁移，最终形成土臭味素。在 2009 年，Lin 和 Cane 从天蓝色链霉菌和阿维链霉菌中分别发现了 albaflavenone 环化酶（SCO5222/SAV3032）及下游的修饰酶——细胞色素 P450 氧化酶（SCO5223/SAV3032）。其大体的催化过程是 FPP 经过 3 次环化反应、一次 Wagner-Meerwein 重排和 1,2-甲基迁移，然后脱掉质子生成(+)-*epi*-isozizaene。环化酶基因（*SCO5222*）紧邻的修饰酶基因 *SCO5223* 编码 P450 单加氧酶，可以进一步催化 *epi*-isozizaene 的 C-4 位发生羟基化反应，生成 albaflavenol，然后进一步氧化生成终产物 albaflavenone。有意思的是 P450 单加氧酶 SCO5223 是双功能酶，除了 P450 单加氧酶的氧化功能，还具有 FPP 合酶的功能，这是目前为止唯一一例放线菌中的法尼烯合酶。

阿维链霉菌基因组还负责了三环倍半萜化合物——戊丙酯菌素（pentalenolactone，PL）和 avermitilol 的生物合成。其中有一簇基因（*SAV_2989-SAV_3002*）负责合成 pentalenolactone，该基因簇（ptl）是由 13 个转录方向一致的可读框组成的，其中包含 1 个环化酶基因 *SAV_2998*（*ptlA*）、一个 FPP 合酶基因、一个 PL 抗性蛋白基因 *SAV_2990*（*GAPL*）和 8 个氧化还原酶（包含单加氧酶、双加氧酶）基因。但是当研究人员将上述完整基因簇导入意愿表达宿主菌变铅青链霉菌 1326 中进行异源表达时，在产物中只检测到 pentalenic acid。研究人员进一步采用同位素跟踪实验发现 pentalenolactone 是通过 MEP 途径合成的，但是其基因簇中又不存在任何与 MVA 途径相关的合成基因。此外，在实验室条件下发酵阿维链霉菌并没有发现 avermitilol 的产生，在链霉菌宿主中对 *SAV_76*（负责 avermitilol 合成的关键基因）进行异源表达后，检测到的主产物并不是 avermitilol，而是 avermitilone，即 avermitilol 的羟基被氧化生成酮，推测可能是宿主中的某种氧化还原酶参与其中造成的。

在发酵野生型阿维链霉菌时，albaflavenone 和 avermitilol 都没有被检测到，证明在野生型菌株中它们的生物合成基因簇都处于沉默状态。研究人员将负责合成它们的关键合成基因导入工程菌株阿维链霉菌 SUKA17 中，并且在前端引入启动子（*rpsJp*），发现都检测到了目标化合物 albaflavenone 和 avermitilol 的产生。采用基因组挖掘和序列比对策略，越来越多的放线菌萜类化合物合成关键基因及基因簇被发现，通过不同的基因工程手段，得到了许多结构新颖、活性好的化合物，这些研究结果说明放线菌合成萜类化合物的能力实际上超出了人们的预想。

研究人员通过比较分析合成 IPP 的两条途径（MVA 途径与 MEP 途径），发现它们是两条完全不同的代谢途径，它们在存在的种属、合成的起始物、化学计量数、能量消耗及氧化还原平衡等方面都存在显著差别。如果以葡萄糖作为这两条合成途径的唯一碳源，经理论分析可以发现：与 MVA 途径相比，同一目标产物经 MEP 途径催化合成能够得到更高的理论产率，说明 MEP 途径可能具有比 MVA 途径更大的合成萜类化合物的潜力。但是，由于 MEP 代谢途径研究比较晚，研究背景较 MVA 相对不清楚，对于构建整体合成途径的工作还处于比较困难的阶段，一般仅通过过量表达其中的几个酶（DXPS、DXR、IDI）来进行研究。因此从目前发表的文献来看，利用 MVA 途径生产类异戊二烯化合物比利用 MEP 途径更为有效。当然，随着对 MEP 途径各个酶的功能及调控的深入研究，相信 MEP 途径在今后萜类物质的生物合成中将会受到越来越多研究者的关注。

二、放线菌萜类化合物生物合成策略

通过放线菌基因组数据挖掘，研究人员发现了越来越多的萜类化合物合成基因簇。但是我们发现，这些负责萜类化合物合成的基因簇或者合成基因大多处于沉默状态或者表达量极低，给后续的进一步研究带来障碍，为此应该开发出新的研究思路，采用异源表达技术发现和确定新的萜类合成基因簇是行之有效的。如果我们以 IPP 合成途径为分类依据，可选择两种特别有代表性的异源表达宿主——大肠杆菌（MEP 途径的代表）和酵母（MVA 途径的代表）进行异源表达研究。

（一）大肠杆菌表达体系

大肠杆菌遗传背景清楚、遗传操作方法简单多样、生长周期短、对应的表达载体丰富多样，最主要的是它是包含 MEP 途径的主要代表，因此大肠杆菌是目前合成生物学研究中应用最多的原核底盘细胞。由于大肠杆菌本身存在 MEP 途径，可以合成 IPP 和 DMAPP，因此能够为下游的萜类合成提供结构单元。目前，研究者主要对大肠杆菌 MEP 途径中的 1-脱氧-D-木酮糖-5-磷酸合酶（1-deoxy-D-xylulose- 5-phosphate synthase，DXPS）、1-脱氧-D-木酮糖-5-磷酸还原异构酶（1-deoxy-D-xylulose-5-phosphate reductoisomerase，DXR）、异戊烯二磷酸异构酶（isopentenyl diphosphate isomerase，IDI）进行过表达，再将萜类合成基因整合到大肠杆菌中并过表达，以此达到构建目标萜类化合物工程菌株的目的，具体的基因工程改造如下。

1. 上游途径中关键酶的过表达

在 MEP 途径中，DXPS、DXR 和 IDI 是影响底物 IPP 合成的关键酶，对途径末端 IPP 和 DMAPP 的产量有决定性的影响。将大肠杆菌内源性的*DXPS*基因和*IDI*基因进行过表达也许可以提高 IPP 与 DMAPP 的产量，进而影响萜类化合物的产量。可以通过同时将 MEP 途径中的 3 个关键酶——DXPS、DXR、IDI 的基因和萜类合酶基因插入表达载体上，导入大肠杆菌中，经过诱导后分析萜类物质的产量，但是值得注意的是，这些基因的排列顺序可能对最终萜类化合物的产量有很大的影响，因此构建不同排列组合的重组载体是必要的实验步骤。

对此，Peralta-Yahya 等（2011）在大肠杆菌中构建了一个合成的 amorpha-4,11-二烯合酶基因和酿酒酵母的甲羟戊酸异戊二烯途径，成功获得青蒿素倍半萜烯-烯烃前体阿莫菲。由于异戊烯基和二甲基烯丙基焦磷酸盐是大多数异戊烯类化合物的普遍前体，因此它们研究开发的菌株可作为平台宿主，用于生产任何萜类化合物。此外，Redding-Johanson 等（2011）采用组合生物合成的思路，将来自酵母细胞 MVA 途径的一些关键酶——HMG-CoA 合酶（HMG-CoA synthase，HMGS）、HMG-CoA 还原酶（HMG-CoA reductase，HMGR）、甲羟戊酸激酶（mevalonate kinase，MK）、磷酸甲羟戊酸激酶（phosphomevalonate kinase，PMK）、磷酸甲羟戊酸脱羧酶（phosphomevalonate decarboxylase，PMD）和来自大肠杆菌的乙酰辅酶 A 合成酶（acetyl-CoA synthase，ACS）、IPP 异构酶（IPP isomerase，IDI）、法尼基焦磷酸合酶（farnesyl pyrophosphate sythase，FPPS）组合在同一个载体上，构建了能够产生大量 FPP 的表达载体，为倍半萜类化合物的生物合成提供了重要的宿主细胞。

2. 游离酶蛋白溶解性的提高

在克隆表达萜类合酶时，经常会遇到表达的目标蛋白含有信号肽的情况，这些信号肽的存在会影响萜类合酶的溶解性，继而影响酶活性的发挥。为了提高这些蛋白的溶解性，可以在非细胞体系中使用去除了“假熟体”的萜类合酶（即不含信号肽），使之成为几乎完全可溶的蛋白。另外，可以通过基因融合手段，从而增加蛋白可溶性。当目的蛋白出现包涵体时，可以选择依靠“分子伴侣”来提高蛋白溶解度的表达载体（如 pCold TF 表达载体），该载体是一种融合表达可溶性标签——“触发因子”（trigger factor，TF）伴侣的冷休克载体。“触发因子”（48kDa）是与原核生物核糖体相关的分子伴侣蛋白，有利于新表达多肽的共翻译折叠。它来源于大肠杆菌，保证了触发因子能够在大肠杆菌表达系统中高表达。这一类型的蛋白表达载体提供冷休克诱导的方法高水平表达目的蛋白，再加上触发因子（伴侣）的表达来提高蛋白折叠的正确率，从而实现高效可溶性表达其他系统中难以正确表达的蛋白。

3.“多元模块通路工程”的建立

一般的实验思路认为只要设计一条线性的“代谢流”——从 MEP 途径合成 IPP 或 DMAPP，到 GPP、FPP 和 GGPP，再到萜类合酶，在大肠杆菌内依次过表达这一线性过程中的各基因就可以增强这一条线上的代谢流，从而提高目标化合物的产量。然而，这种提高作用是有限的，原因是人们忽视了一些其他因素，如中间代谢产物对细胞是否有毒（如 FPP 和 GGPP 本身就具有一点细胞毒性），用于表达的载体对细胞是否有不利影响，以及是否在对细胞改造之后出现隐藏代谢通路，从而作为主要代谢通路的补充。对此，一些研究者提出了“多元模块通路工程”，即将上下游途径作为两个相对独立的模块，利用代谢工程的方法来平衡上下游模块中碳元素的代谢平衡化。同时，这种方法还需考虑启动子（*T7*、*T5* 和 *trc*）的强度及匹配度。

4. 后修饰过程中氧化酶和还原酶的成对引入

后修饰酶特别是氧化还原酶所参与的后修饰、代谢调控对萜类化合物生物合成中的产量、溶解度、结构多样性及生物活性尤其重要，在这些酶中细胞色素 P450 酶系是一类重要的、普遍使用的酶系，但是这类酶往往锚定在细胞内质网膜上，而大肠杆菌没有细胞内膜系统，这就使得在大肠杆菌中成功表达这种酶的难度增加了很多。另外，P450 氧化酶通常需要特定的 P450 还原酶与之配对来传递电子才能完成氧化还原反应，而大肠杆菌中同样没有 P450 还原酶系。对此，成对引入氧化酶和还原酶是解决这一问题的重要手段。

（二）酵母表达体系

大肠杆菌是应用最为广泛的原核表达载体，但由于大肠杆菌在组合表达较多基因时存在能量代谢障碍、筛选标记少、质粒缺乏足够的兼容性、没有完整的细胞内膜系统等问题，因此其应用受到局限。而酵母作为宿主具有独特的优点：①酵母中有类异戊二烯途径——甲羟戊酸途径，可提供萜类化合物合成的基本结构物质；②能提供充足的 NADPH，参与代谢反应；③酵母细胞本身具有很强的重组能力，并且遗传操作方法多样、简单稳定；④在发酵条件下容易生长，生长周期相对较短，适应力强；⑤酿酒酵母细胞没有致病性，生产的化合物安全；⑥可以产生有功能的Ⅱ型 P450 单加氧酶；⑦具有完整的细胞内膜系统，能确保与萜类化合物生物合成相关的羟基化酶基因的共表达；⑧有多个营养缺陷型供选择，并有多个选择标记可供使用。利用酵母进行萜类化合物组合生物合成的研究主要集中在对上游途径的关键酶 HMGR 和下游途径的 GPPS、FPPS、GGPPS、萜类合酶及后修饰酶的改造方面。

1. 启动子的优化

酿酒酵母内源性的 GPP、FPP 和 GGPP 表达水平较低，其合成途径中的 HMGR 将 HMG 催化还原成 MVA 是酿酒酵母内源性的类异戊二烯/固醇途径中的重要限速反应。为了消除这一限速反应，增强 MVA 途径的代谢流，使得萜类化合物合成的底物产量得以提高，可以插入一些优化过的启动子。

2. 密码子的优化

提高表达量常用的一个策略就是改变目的基因的稀有密码子，使之更接近于宿主细胞的密码子用法，而不改变其所编码蛋白的氨基酸序列。因此如果我们想要在酵母细胞中表达来自原核放线菌的萜类合酶基因以此获得目标化合物时，可以对这些异源基因进行密码子优化，使之变得更容易在酵母中进行转录和翻译。

3. 生物合成基因簇的构建

酿酒酵母等外源表达体系有限的选择标记及染色体的插入会阻碍重建途径的后续修饰，因此体外同源重组的方法可以在酵母细胞中建立各种萜类化合物生物合成基因簇，可以通过插入最适启动子将一些关键基因如 *GGPPS*、酵母的 *HMGR* 及优化了密码子的目的萜类化合物合酶基因协同表达，以构建工程菌株，高产出有用的萜类物质。

三、关于萜类化合物生物合成工作的策略

本课题组已经从不同生境来源的放线菌菌株中分离纯化得到大量有很好生物活性和应用价值的萜类化合物。例如，我们对从亚洲象粪便样品中分离的菌株白长链霉菌（*Streptomyces albolongus*）YIM 101047 的发酵产物进行了分离纯化，发现该菌株能够产生 7 种倍半萜类化合物，包含 2 个新的倍半萜，(1β,4β,4aβ,8aα-4,8a)-dimethyloctahydronaphthalene-1,4a(2*H*)-diol（化合物 10）和(1β,4β,4*a*β,7α,8aα)-4,8a-dimethyloctahydronaphthalene-1,4a,7(2*H*)-triol（化合物 11）（图 5-24），其中化合物 10 表现出很强的抗真菌 *Candida parapsilosis* 活性，MIC 值为 3.13μg/mL，并且其毒性小，可作为替代两性霉素的潜力前体药物分子。为了构建此化合物的高产工程菌株，我们利用下列策略。

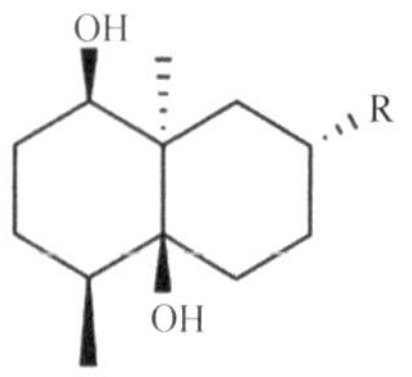

化合物10 R=H
化合物11 R=OH

图 5-24 化合物 10 和 11 的结构

（1）首先，我们对菌株 *Streptomyces albolongus* YIM 101047 进行了全基因组完成图测序，通过antiSMASH分析，一共推测出46个次级代谢产物合成基因簇（图5-25）。我们推测位于菌株染色体98 435～120 648bp 处的基因簇为目标化合物生物合成基因簇，其与土臭味素生物合成基因簇的相似性为 78%，后续我们采取多种手段进行了生物合成的研究，具体如下。

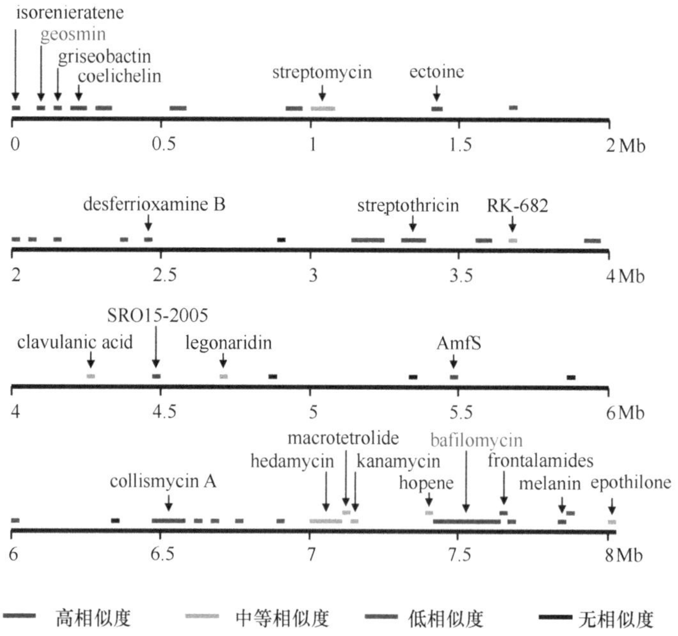

图 5-25 *Streptomyces albolongus* YIM 101047 次级代谢产物合成基因簇分布情况（彩图请扫封底二维码）

（2）然后，我们过表达了化合物 10 合成基因簇上的一些相关基因——*pB7C62_00490*、*pB7C62_00500*、*pB7C62_00505*、*pB7C62_00480*、*pB7C62_00485*、*pB7C62_00495* 和 *pB7C62_00510*（图 5-26）。实验采用链霉菌穿梭质粒 pUWL201apr 构建各基因过表达载体，该质粒携带强启动子 *ermE**，以阿普拉霉素作为筛选标记。采用双酶切（*Hin*dⅢ+*Eco*RⅠ和 *Bam*HⅠ+*Pst*Ⅰ）将目的片段连接到质粒上构建过表达载体，从而构建过表达突变株。

（3）萜类化合物的核心骨架是在不同萜类环化酶催化下，由聚异戊二烯焦磷酸链发生多次重排与环化形成的，为此，我们对该基因簇上的萜环化酶基因——*pB7C62_00490* 进行了克隆表达，以 FPP 为底物进行生化反应的研究。

（4）生物合成途径的组合构建。萜类化合物母环结构无非是以 GPP、FPP 和 GGPP 为底物，在不同萜环化酶的作用下催化合成，因此需要构建产生底物的代谢途径及 MVA 和 MEP 途径。酵母是遗传背景比较清楚的真核生物，其本身就存在 MVA 途径，是许多萜类化合物生物合成的适合底盘细胞，然而我们

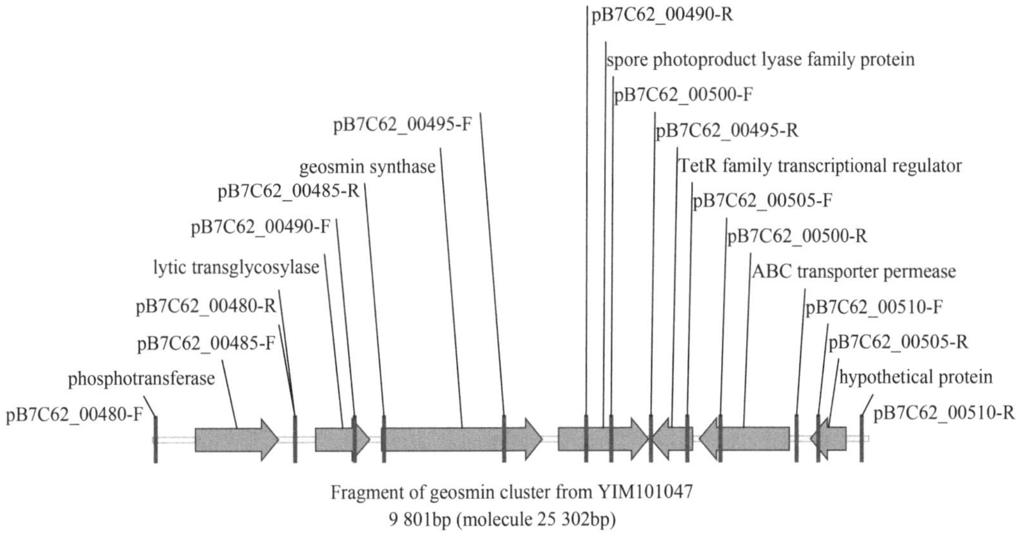

图 5-26　过表达基因

的目标化合物本身产自放线菌，加之对酵母本身就有抑制作用，所以我们没有选择酵母作为底盘细胞来构建代谢途径。大肠杆菌遗传背景清楚，可用的商业载体丰富，因此大肠杆菌是目前合成生物学研究中应用最多的底盘细胞。并且大肠杆菌本身就存在 MEP 途径，其自身可以合成 IPP 和 DMAPP，能够为下游途径提供原料，所以我们只需要对大肠杆菌的 DXPS、DXR、IDI，以及下游途径中的 FFPS 和目标化合物的萜环化酶进行组装连接（通过分析该化合物应该没有后修饰过程），就可以构建目的化合物的整个生物合成途径。

我们使用了 Peralta-Yahya 等（2011）构建的 FPP 高产载体 pBbA5c-MevT(CO)-MBIS(CO,ispA)（图 5-27），与我们构建的表达载体 *pET28a-pB7C62_00490* 在大肠杆菌 BL21 中进行共表达，为了获得更高产量的目标化合物，我们对基因 *pB7C62_00490* 进行了适合大肠杆菌表达的密码子优化，将启动子 *UV5 promoter* 和终止子 *T1 terminator* 连接到上述载体上构建得到工程菌株。

（5）为了研究目标化合物 10 合成基因簇在一些底盘细胞中的表达情况，我们对菌株进行了 Cosmid DNA 文库建立，一共保藏了 3000 个克隆子，通过随机测序和酶切图谱验证，我们的 DNA 文库建立是成功的。通过特定基因的 PCR 扩增，我们筛选到包含推测的负责合成目标化合物的完整基因簇的重组载体 pHAQ34-23-60，我们将载体导入底盘细胞白色链霉菌（*Streptomyces albus*）J1074、天蓝色链霉菌（*Streptomyces coelicolor*）M1154、变铅青链霉菌（*Streptomyces lividans*）TSB18 和变铅青链霉菌（*Streptomyces lividans*）TK24 进行异源表达的研究。

四、总结与展望

近年来，越来越多的放线菌萜类化合物的生物合成基因簇被分离和鉴定，为研究 IPP 单元的起源，复杂的萜环化过程、后修饰反应等分子组装机理提供了宝贵的遗传信息，也为新型酶与新颖酶学机理的发现提供了可能。对于放线菌萜类化合物的生物合成，研究人员将继续探索和发现与萜类化合物结构多样性相关的分子基础，以及对关键酶酶学机理的理解，其中涉及反应中间体的高度立体选择性及对蛋白晶体的剖析。一些萜类合酶的产物并非仅有一种，除了主要产物，其还能够合成一种或者多种少量的其他化合物。这些其他化合物可能是没有被完全催化而产生的中间物，或者是合成机制与主产物不同的其他化合物。这为通过蛋白质工程手段（如定向进化）对其进行改造以获得能够合成新产物的酶提供了便利。

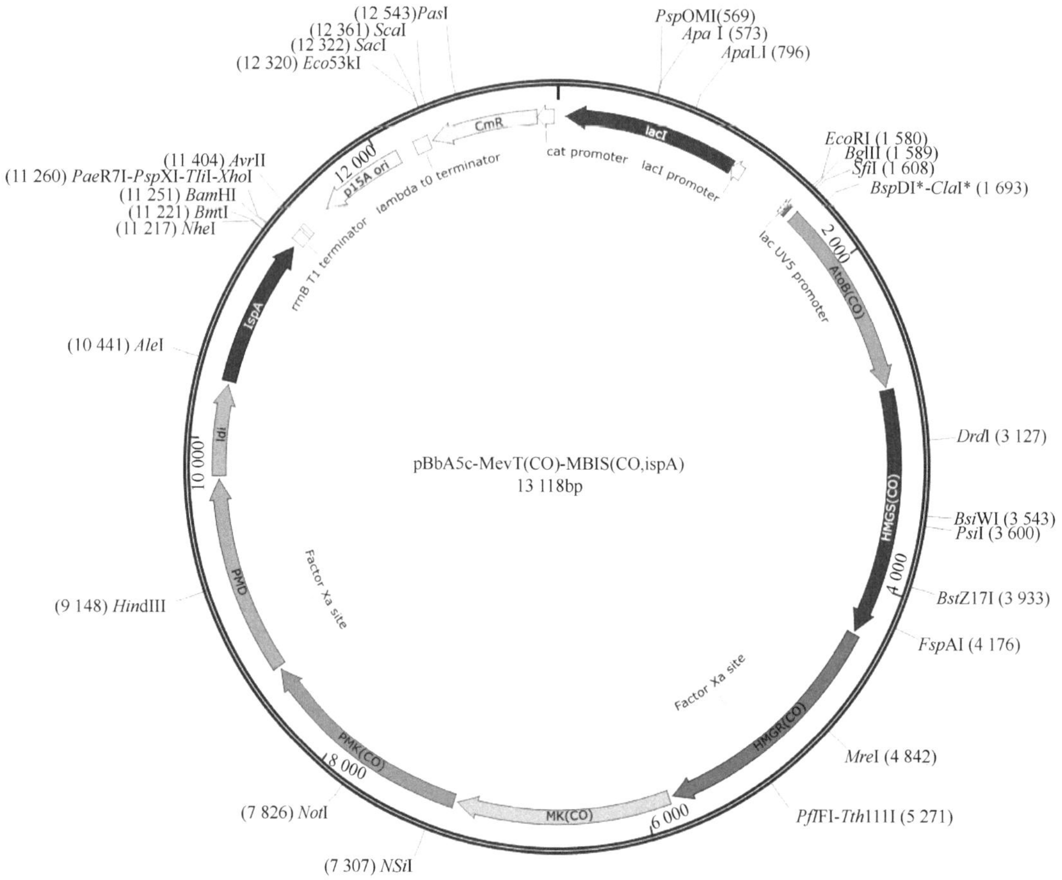

图 5-27　载体 pBbA5c-MevT(CO)-MBIS(CO,ispA)图谱（Peralta-Yahya et al.，2011）

*代表该位点已经失活

研究发现放线菌中合成的萜类化合物绝大多数都可以在植物或真菌中找到，相对于真核生物而言，放线菌的遗传背景清楚，遗传操作简单且实验周期更短。因此当我们希望从植物中提取一些有价值的或者生产所需的萜类化合物时，可以尝试去选择一些能够产生相同化合物的放线菌作为生产的来源。对放线菌中萜类化合物合成机理和相关合酶的研究可为真核生物中同类化合物的相关研究提供参考。放线菌基因组中还有大量可能的倍半萜合酶的功能尚未确定；放线菌（特别是链霉菌）因其丰富的次级代谢产物而被作为细菌萜类化合物的研究重点，相对来说对其他种类细菌的研究明显不足。这些都是可以继续深入研究的方向。针对这些问题，需要继续加强对已知的和推测的倍半萜合酶的生物信息学分析，总结规律，提出合理的推测，为具体实验提出指导性意见。通过常规的体外试验表征一个新的倍半萜合酶，仍然是最直接有效的方法。如果希望通过异源表达的方法确定一个基因是否是倍半萜合酶基因、产物结构是什么，宿主的选择是最重要的。最适合的宿主应该具有遗传操作系统成熟、发酵条件和技术成熟、背景干净（基因组测序完成，并且本身的次级代谢产物尽可能少，无关的次级代谢基因和基因簇尽可能被敲除干净）、底物供应充足等特性。我们在这里强调传统遗传操作的重要性。与体外生化反应和在遗传操作系统已经成熟的模式菌株中进行的异源表达相比，对大量遗传操作系统不完善的非模式菌株进行基因敲除等尝试是一件耗时费力的事情，但这种研究是具有重要意义和价值的，生化反应和异源表达并不能解决所有科学问题，很多问题还是需要回到原始菌株中通过基因敲除和回补、对不同条件下发酵产物的比较来解答。

（**作者**：尹　敏*，李桂鼎，郎　磊，杨　莉，苏羽佳，韩秀林，姜　怡，鲁　涛*）

* 通讯作者 Email：yinmin@ynu.edu.cn；taolu2000@yahoo.com

主要参考文献

Bai C, Zhang Y, Zhao X, et al. 2015. Exploiting a precise design of universal synthetic modular regulatory elements to unlock the microbial natural products in *Streptomyces*. Proceedings of the National Academy of Sciences of the United States of America, 112: 12181-12186

Bringmann G, Haagen Y, Gulder T A M, et al. 2007. Biosynthesis of the isoprenoid moieties of furanonaphthoquinone I and endophenazine A in *Streptomyces cinnamonensis* DSM 1042. Journal of Organic Chemistry, 72(11): 4198-4204

Cane D E, Sohng J K, Lamberson C R, et al. 1994. Pentalenene synthasepurification, molecular cloning, sequencing, and high-level expression in *Escherichia coli* of a terpenoid cyclase from Streptomyces UC5319. Biochemistry, 33: 5846-5857

Chen X L, Ji R, Jiang X, et al. 2014. Iterative type I polyketide synthases involved in enediyne natural product biosynthesis. Iubmb Life, 66(9): 587-595

Chen Y H, Yin M, Horsman G P, et al. 2011. Improvement of the enediyne antitumor antibiotic C-1027 production by manipulating its biosynthetic pathway regulation in *Streptomyces globisporus*. Journal of Natural Products, 74(3): 420-424

Cobb R E, Wang Y, Zhao H. 2014. High-efficiency multiplex genome editing of *Streptomyces* species using an engineered CRISPR/Cas system. ACS Synthetic Biology, 4(6): 723-728

Cohen D R, Townsend C A. 2017. A dual role for a polyketide synthase in dynemicin enediyne and anthraquinone biosynthesis. Nature Chemistry, 10(2): 231-236

Dairi T, Hamano Y, Kuzuyama T, et al. 2001. Eubacterial diterpene cyclase genes essential for production of the isoprenoid antibiotic terpentecin. Journal of Bacteriology, 183: 6085-6094

Deboer C, Meulman P A, Wnuk R J, et al. 1970. Geldanamycin, a new antibiotic. The Journal of Antibiotics, 23(9): 442-447

Ding N, Jiang Y, Han L, et al. 2016. Bafilomycins and odoriferous sesquiterpenoids from streptomyces albolongus isolated from elephas maximus feces. Journal of Natural Products, 79: 799-805

Dürr C, Schnell H J, Luzhetskyy A, et al. 2006. Biosynthesis of the terpene phenalinolactone in *Streptomyces* sp. Tü6071: analysis of the gene cluster and generation of derivatives. Chemistry & Biology, 13(4): 365-377

Fang H, Li D, Kang J, et al. 2018. Metabolic engineering of *Escherichia coli* for *de novo* biosynthesis of vitamin B_{12}. Nature Communications, 9: 4917

Gardner T S, Cantor C R, Collins J J. 2000. Construction of a genetic toggle switch in *Escherichia coli*. Nature, 403(6767): 339-342

Gomez-Escribano J P, Bibb M J. 2011. Engineering *Streptomyces coelicolor* for heterologous expression of secondary metabolite gene clusters. Microbial Biotechnology, 4(2): 207-215

Gooljarsingh L T, Fernandes C K, Yan H, et al. 2006. A biochemical rationale for the anticancer effects of Hsp90 inhibitors: slow, tight binding inhibition by geldanamycin and its analogues. Proceedings of the National Academy of Sciences of the United States of America, 103: 7625-7630

He W Q, Wang Y G. 2006. Cloning and analysis of geldanamycin partial biosynthetic gene cluster of *Streptomyces hygroscopicus* 17997. Chinese Journal of Biotechnology, 22: 902-905

Hill R A, Sutherland A. 2014. Hot off the press. Natural Product Reports, 31: 1242-1246

Hong Y S, Lee D, Kim W. 2004. Inactivation of the carbamoyltransferase gene refines post-polyketide synthase modification steps in the biosynthesis of the antitumor agent geldanamycin. Journal of the American Chemical Society, 126: 11142-11143

Huang S X, Yu Z, Robert F, et al. 2011. Cycloheximide and congeners as inhibitors of eukaryotic protein synthesis from endophytic actinomycetes *Streptomyces* sps. YIM 56132 and YIM 56141. The Journal of Antibiotics, 64: 163-166

Jiang J Y, Cane D E. 2008. Geosmin biosynthesis mechanism of the fragmentation-rearrangement in the conversion of germacradienol to geosmin. Journal of the American Chemical Society, 130(2): 428-429

Jiang M X, Yin M, Wu S H, et al. 2017. GdmRIII, a TetR family transcriptional regulator, controls geldanamycin and elaiophylin biosynthesis in *Streptomyces autolyticus* CGMCC0516. Scientific Reports, 7: 4803-4814

Komatsu M, Uchiyama T, Ōmura S, et al. 2010. Genome-minimized Streptomyces host for the heterologous expression of secondary metabolism. Proceedings of the National Academy of Sciences of the United States of America, 107(6): 2646-2651

Liang Z X. 2010. Complexity and simplicity in the biosynthesis of enediyne natural products. Natural Product Reports, 27(4): 499-528

Lim J, Kong R, Murugan E, et al. 2011. Solution structures of the acyl carrier protein domain from the highly reducing type I iterative polyketide synthase CalE8. PLoS One, 6(6): e20549

Lin X, Cane D E. 2009. Biosynthesis of the sesquiterpene antibiotic albaflavenone in *Streptomyces coelicolor* mechanism and stereochemistry of the enzymatic formation of epiisozizaene. Journal of the American Chemical Society, 131(18): 6332-6333

Pan G H, Xu Z R, Guo Z K, et al. 2017. Discovery of the leinamycin family of natural products by mining actinobacterial genomes. Proceedings of the National Academy of Sciences of the United States of America, 114: E11131-E11140

Peralta-Yahya P P, Ouellet M, Chan R, et al. 2011. Identification and microbial production of a terpene-based advanced biofuel. Nature Communications, 2: 483

Rascher, A, Hu Z, Viswanathan N, et al. 2003. Cloning and characterization of a gene cluster for geldanamycin production in *Streptomyces hygroscopicus* NRRL 3602. FEMS Microbiology Letters, 218: 223-230

Redding-Johanson A M, Batth T S, Chan R, et al. 2011. Targeted proteomics for metabolic pathway optimization: application to terpene production. Metabolic Engineering, 13(2): 194-203

Shao Y, Lu N, Wu Z, et al. 2018. Creating a functional single-chromosome yeast. Nature, 560: 331-335

Shen B, Smanski M J. 2009. Sequence of *Streptomyces platensis* platensimycin biosynthetic gene cluster and methods of producing platensimycin, platencin antibiotics and their analogs and antibacterial screening. U S Pat Appl Publ, US2009081673

Xie P F, Ma M, Rateb M E, et al. 2014. Biosynthetic potential-based strain prioritization for natural product discovery: a showcase for diterpenoid-producing actinomycetes. Journal of Natural Products, 77: 377-387

Yan X H, Ge H M, Huang T T, et al. 2016. Strain prioritization and genome mining for enediyne natural products. mBio, 7: e02104-2016

Yin M, Li G D, Jiang Y, et al. 2017. The complete genome sequence of *Streptomyces albolongus* YIM 101047, the producer of novel bafilomycins and odoriferous sesquiterpenoids. Journal of Biotechnology, 262: 89-93

Yin M, Lu T, Zhao L X, et al. 2011. The missing C-17 O-methyltransferase in geldanamycin biosynthesis. Organic Letters, 13: 3726-3729

Yin M, Yan Y J, Lohman R J, et al. 2014. Cycloheximide and actiphenol production in *Stretomyces* sp. YIM 56141 is governed by a single biosynthetic machinery featuring an acyltransferase-less type I polyketide synthase. Organic Letters, 16: 3072-3075

Zhang M M, Wong F T, Wang Y, et al. 2017. CRISPR-Cas9 strategy for activation of silent *Streptomyces biosynthetic* gene clusters. Nature Chemical Biology, 13: 607-609

Zheng D, Han L, Qu X D, et al. 2017. Cytotoxic fusicoccane-type diterpenoids from *Streptomyces violascens* isolated from *Ailuropoda melanoleuca* feces. Journal of Natural Products, 80: 837-844

第六章　防治三七土传病害的复合放线菌肥

三七是我国特有的名贵中药材，是云南省文山独具特色的一大生物资源。文山是全国三七的主产区，种植面积约 6 万亩[①]，年产量约 150 万 kg，占全国产量的 90%以上。全球医药行业三七使用量的 97%来自文山，当地政府高度重视三七产业的发展，计划把三七打造成百亿元产业。

人们把土传病害称作作物的癌症，是当今的世界性难题，也是三七种植的严重问题之一。由于三七是在大棚种植，病原微生物容易富集，病害（尤其是各种土传病害）极易发生。为了防治土传病害，可以进行轮作或开荒，这与退耕还林还草背道而驰；或换地，但会造成成本增加，与其他作物争地，以致无地可换。

目前防治三七病害的化学农药有几十种，如多菌灵、粉锈灵、甲基托布津、代森锰锌、福嘧霉等，但防治效果不佳，而且易造成农药残留，大大降低三七的品质，甚至造成严重后果。也可以进行土壤消毒，但种植成本会增加，而且消毒不彻底，也会造成农药残留。国内外也有一些科研单位进行化学农药、微生物农药、消毒剂等防治三七病害的试验，但至今收效也不大。

三七种植成本高（每亩约 10 万元），效益好（每亩有 16 万～18 万元的收入），但风险很大，一旦作物发病，会减产 20%～30%，甚至血本无归。开发高效、安全的农药是三七生产的关键之一，也是三七产业发展的迫切需要。使用微生物复合菌肥防治三七病害是一个可行的途径。

近几年我们从云南等地采集 600 多份土样，从云南野生动物园采集 22 种健康动物粪便样品，分离 10 300 多株放线菌，从中选出 970 多株好培养的放线菌，用 11 种农作物致病菌进行初筛，获得 64 株抗菌活性高的菌株，再复筛缩减至 34 株，用各种培养方法进行发酵，最后确定 5 株生产菌（T004、T004、T011、T019、T025），分别发酵，等比例混合。取 1kg、2kg、3kg 混合发酵液分别与 15kg 褐煤拌匀，制成复合放线菌肥（或称复合菌肥）。

一、有效成分分析

我们分析了其中 3 个菌株（T005、T009、T019）的有效成分，共获得 97 个化合物，包括 geldanamycin、autolymycin、bafilomycin、herbimycin A、hexopyranoside，turnagainolide C、phencomycin、triethanolamine、actinomycein 等，另有 19 个新化合物。

二、毒性

委托云南省药物研究所，用复合菌肥中两株链霉菌（T005 和 T019）的活体菌液饲喂小白鼠，结果证明两菌株均无毒。

三、提高保苗率

在文山苗乡三七科技园进行小区试验。设置 3 个处理，每亩分别施用由 1kg、2kg、3kg 混合发酵液制成的复合菌肥（以下同）；阳性对照为杀毒钒 15g/亩+福镁双 50%可湿性粉剂 300g/亩。重复 6 个小区，每个重复 $33m^2$。年底统计存苗数，结果如表 6-1 所示。

---

① 1 亩≈$666.7m^2$

表 6-1　不同用量复合菌肥对三七存苗数的试验效果

处理	不同重复的存苗数（株/6m²）						平均存苗数（株/6m²）	与阳性对照的比（%）	显著水平	
	Ⅰ	Ⅱ	Ⅲ	Ⅳ	Ⅴ	Ⅵ			5%水平	1%水平
1kg/亩	233	363	215	356	246	311	287	111	ab	A
2kg/亩	283	271	389	291	283	363	313	121	ab	A
3kg/亩	281	411	297	333	349	343	336	130	a	A
阳性对照	332	314	247	236	213	204	258	100	a	A

注：数据分析采用 DPS 统计软件的新复极差法进行；同一列不同大、小写字母代表差异达极显著、显著水平

试验结果显示，施用复合菌肥能增加三七的存苗数，减轻三七病害发生程度，具有较好的防治作用。另外，存苗数随着每亩复合菌肥使用量的增加而增加，每亩使用 3kg 复合菌肥处理的存苗数比阳性对照多 30%，差异达到显著水平。

四、与 19 个单位的药剂做的同田对比试验

在文山苗乡三七科技园 PK 试验场（严重发病区），将菌复合菌肥与其他地区的 19 个单位提供的药剂（包括菌剂、农药）及栽培措施，做同田对比试验。所有试验区均施 200kg/亩上海富镁生物有机肥作基肥。每亩施用复合菌肥 2kg，5 月、8 月各追施 2kg/亩，试验区面积 600m²（3 个小区）。结果示于表 6-2。施用复合菌肥的田块取 5 点计数，平均有 45.5 株/m²（564%）健苗，阳性对照（从百里外运来的客土）仅存 7.7 株（100%），阴性对照三七苗则全部死光，复合菌肥的保苗效果非常显著（表 6-2）。越是重病区，复合菌肥的效果越显著。同时在两个重病区做的试验，结果很相似。

表 6-2　复合菌肥与 19 个其他单位提供的药剂在文山苗乡三七科技园 PK 试验场做同田对比试验的结果

序号	处理	每平方米三七株数				每平方米平均株数	保菌效果（%）
1	复合菌肥	39	48		50	44.5	578
		48		38	48		
		45		43	73		
2	阳性对照	11	4	7	9	7.7	100
3	阴性对照			0			0

复合菌肥与其他单位药剂同田对比试验的目测结果示于表 6-3。结果表明，山东两公司和中国农业科学院 XX 所的药剂比复合菌肥效果略差，其他的效果更差（表 6-3，图 6-1）。

表 6-3　复合菌肥与 19 个其他单位提供的药剂在文山苗乡三七科技园 PK 试验场做同田对比试验的结果（按存苗多少分等级）

序号	单位	等级	序号	单位	等级
1	云南土肥及修复实验室	1	11	天津 XX 公司	2
2	云南 XX 大学	1	12	武汉 XX 公司	2
3	云南 XX 公司	3	13	浙江 XX 大学	1
4	福建 XX 大学	0	14	中国 XX	2
5	河北 XX 公司	1	15	中国科学院 XX 所	2
6	河南 XX 公司	3	16	中国农业科学院 XX 所	3.5
7	吉林 XX 研究院	4	17	台湾 XX 公司	0
8	宁夏 XX 公司	2	18	台湾 XX 大学	0
9	山东两公司	3.5	19	香港 XX 公司	0
10	沈阳 XX 大学	1	20	复合菌肥（本课题）	4

注：目测效果评级为 5 级=优，三七苗整齐健壮；4 级=良；3 级=中；2 级=差；1 级=所剩无几；0 级=几乎死光，负效果；其他单位的照片未显示

2kg复合菌肥/亩　　阳性对照(客土)　　阴性对照

图 6-1　复合菌肥及阳性、阴性对照图

同时，在文山田坝乡“文山三七连作技术显效示范基地”做 3 亩扩大试验，每亩施用复合菌肥 2kg、富镁生物有机肥 200kg，分别于 5 月、8 月各追施菌肥 2kg/亩。年底结果显示，整个施用菌肥的试验地，三七苗生长整齐、健壮（图 6-2）。

图 6-2　3 亩扩大试验

五、复合菌肥对产量的影响

1. 第一次试验

在文山苗乡三七科技园二年生苗的试验中，分别施用 1kg/亩、2kg/亩、3kg/亩 3 个梯度的复合菌肥作基肥，重复 6 次，每个重复 $33m^2$，阳性对照为杀毒钒 15g/亩+福镁双 50%可湿性粉剂 300g/亩。当年 5 月、8 月分别追肥 2kg/亩，均匀撒于土表，然后喷水一次。次年测产量（鲜重）。结果示于表 6-4。每亩施用 1kg、2kg、3kg 复合菌肥的小区，分别比阳性对照增产 11%、21%和 30%。多重比较结果显示，每亩施用 3kg 复合菌肥的小区产量与阳性对照小区的产量具有显著性差异。

表 6-4　不同复合菌肥施用量对产量的影响

处理	不同重复的产量（$kg/6m^2$）						平均产量（$kg/6m^2$）	与阳性对照的比（%）	显著水平	
	Ⅰ	Ⅱ	Ⅲ	Ⅳ	Ⅴ	Ⅵ			5%水平	1%水平
1kg/亩	3.5	5.4	3.2	5.3	3.7	4.7	4.3000	111	ab	A
2kg/亩	4.2	4.1	5.8	4.4	4.2	5.4	4.6833	121	ab	A
3kg/亩	4.2	6.2	4.5	5.0	5.2	5.1	5.0333	130	a	A
阳性对照	5.0	4.7	3.7	3.5	3.2	3.1	3.8667	100	b	A

注：数据分析采用 DPS 统计软件的新复极差法进行；同一列不同大、小写字母代表差异达极显著、显著水平

2. 第二次试验

每亩施用 2kg 复合菌肥，在文山苗乡三七科技园 PK 试验场（重病区）做同田对比试验。采挖小区的产量数据（表 6-5）表明，施用复合菌肥小区的产量都比阳性对照显著增加，每亩施用 2kg 复合菌肥的 3 个小区平均产量为 $357g/m^2$（鲜重），阳性对照为 $64.2/m^2$，增产 4.56 倍，阴性对照产量为 0。

表 6-5　复合菌肥对三七产量的影响（试验地点：文山苗乡三七科技园 PK 试验场）

处理	鲜重（$g/6.4m^2$）	平均鲜重（$g/6.4m^2$）	与阳性对照的比（%）
本项目菌肥	1222.0；1054.0；2705.7；3190.0；2547.0；3274.8；3358.0；2845.5；1324.0；1315.5	2283.7	556
阳性对照	480.0；267.0；485.0	410.7	100
阴性对照	0	0	

连续 3 年在不同种植地做的田间试验结果说明，复合菌肥可以显著减轻三七病害。与阳性对照相比，保苗率在 111%～578%，三七产量（鲜重）在 111%～556%。特别值得指出的是，越是重病区，保苗效果、增产效果越佳。我们认为，复合菌肥完全有可能应用于三七种植。

六、其他试验

表 6-6 试验结果表明，复合菌肥不但可应用于防治三七病害，也可以用于其他作物，防治病害发生，达到增产的目的。因为这些放线菌来自动物和土壤，抗菌谱广，其中两株经急性毒性试验（直接饲喂小白鼠），均没有表现出毒性，所以该复合放线菌还可以用作饲料添加剂（用麦麸 70kg、米糠 30kg、混合发酵液 2kg 制成添加剂，1kg 添加剂可与 100kg 饲料混合），用于养殖，尤其能够减少鸡拉稀的情况，效果明显。这些菌种防病、治病的物质基础是不断产生多种多样的抗菌物质，但所产生抗生素的量很少，足以抗菌，而又不会污染环境，也不会使致病菌产生抗药性。这是复合菌剂的优势所在。

表 6-6　复合菌肥在其他作物中及作为饲料添加剂养鸡的效果简表

试验作物及动物	试验规模	结果		效果及评价
		复合菌肥	对照	
葡萄	100 亩	0.88%发病	11.51%发病	裂果率降低 95%；病害率从 100%降低到 12%
烟草	10 亩	142kg/亩	124kg/亩	增产 14.5%；质量显著提高
小麦	2 亩	662kg/亩	615kg/亩	液面喷施两次，增产 7.6%
山药	90 亩	1366kg/亩	1213kg/亩	根际线虫量下降 91%；商品化率提高 10%；增产 12.4%
鸡	7300 只	6453g/100 个鸡蛋	5675g/100 个鸡蛋	100 个鸡蛋平均增重 13.7%；鸡蛋壳硬；鸡粪便成形，不稀，效果显著

农作物的病害往往多病因，多症状。因此，我们认为，用复合菌群或复合菌剂防治作物病害将可能成为一个新的发展方向。

（作者：姜　怡*，王　勇，姜成林，张敖罗）

主要参考文献

Dhanasekaran D, Thajuddin N, Panneerselvam A. 2015. Antimicrobials: Synthetic and Natural Compounds. Boca Raton: CRC Press

* 通讯作者 Email: jiangyi@ynu.edu.cn

Dhansekaran D, Jiang Y. 2016. Actinobacteria Basics and Biotechnological Applications. Rijeka: InTech

Jiang Y, Wang Y, Li Y, et al. 2016. The effect of composite actinomycete fertilizer for disease prevention and control of panax notoginseng. Int J Adv Res Biol Sci, 3: 80-85

Ling L L, Schneider T, Peoples A J, et al. 2015. A new antibiotic kills pathogens without detectable resistance. Nature, 517: 455-459

Shen B. 2015. A new golden age of natural products drug discovery. Cell, 163: 1217-1220

Xu L H, Li W J, Liu Z H, et al. 2007. Actinomycete Systematic Principle Practice and Methods. Beijing: Academic Press

第七章 微生物药物研发新思维

药物开发难度大、周期长、耗资巨、风险高。许多疑难病症至今仍然不能有效治愈。一些已经治愈的疾病在特定情况下可能会死灰复燃。新的或病因不明的疾病不断发生。抗药性的不断产生，成了医药界的重大难题。整体上，药物开发在全世界都面临严峻的局面，更是我国亟待解决的重大短板问题之一。为了摆脱上述困境，全世界的科研人员都费尽心力，建立了许多新技术，开辟了许多新领域（如靶向治疗、精准医疗、免疫治疗、基因修复等）。以下是我们提出的新的解决办法。

一、中药是中华文明的基石之一

（1）在中华民族上万年文明史中，中药（植物、动物、矿物药）的作用不朽。可以说中药养育了中华民族，是中华文明的基石之一。在没有西药以前，全世界的人类都是用植物、动物、矿物的单方或复方治疗疾病的，其本质上与中药并没有区别。中药配方是在上万年中华民族发展过程中不断改进，不断完善，甚至是用生命代价换来的——神农尝百草是老幼皆知的传说。

（2）中医药的理论基础之一是把人作为一个整体，强调治、养结合，治、补结合，药、食同源，综合施策。中药大多是复方，动物、植物、矿物配搭使用；即使是单方也是混合物，其成分多种多样；因其使用、煎制、炮制的方法不同，同一种药的功效也不同，如有生消熟补之说。中药能治愈很多疑难杂症，有的民间接骨药方效果神奇，这是不争的但科学难以解释的事实。虽然“治好了”是毫无疑问的事实，但用现代西医的一些理论，并不能解释清楚中药药效的道理（药理及作用机制）。从物质基础上说，由于中药是混合物，其成分复杂，有的成分可能有治疗作用，有的有所谓的“调理”“滋补”作用，有的可能就没有什么作用，有的甚至有副作用；中药的药效实际上是各种作用（正反作用、加乘作用、互补作用、拮抗作用、副作用）相互影响的最终结果；这给研究作用机制带来极大麻烦。

（3）中药的优点之一是能够治愈许多疑难杂症，而又不会导致抗药性的产生。

（4）当然，中药可能有不够科学的成分，也不像西药那样靶点明确，也有因说不清楚“道理”而编造的神话。

（5）与西药相比，中药具有药效不够确切，作用机制（药理）不明确，甚至不清楚，见效较慢等明显弱点。而中药典又主要是根据野生药材制定的。中药的最主要短板是药材质量标准难以控制。且不说复方，即使单方，或单一中药制备的药丸，即使是真正的道地药材，质量标准也难以控制，更难以精准控制。即使种植户完全按照现有道地药材的栽培规范、在道地药材的原产地种植，如三七在文山种植，人参在吉林种植，天麻在昭通种植，但每年的气候，降水，地块的肥力、微生物活力、耕作性能，光、气、温、水等自然条件都不可能相同，致使药材有用成分的含量、配比不同。换言之，药材的药效难以有效（且不说精准）控制。

（6）继承和发扬中医药的优秀传统，建立中国自己的现代中医药理论体系、知识体系、技术体系、工业体系、标准体系，使之科学化、现代化，更好地造福人类，是中医药界的重大使命，是中国人义不容辞的神圣使命。我们相信，中国人已经完全有条件、有能力完成这一伟大的科学工程。

二、西药的长处和短处

西药大都是单一成分，化学结构清楚，针对某一疾病，效果直接而清楚，作用机制清楚，副作用清楚，生产工艺确定，质量标准可控。

以青霉素、链霉素、阿维菌素、磺胺类药物等为代表的西药为全人类的健康事业和农牧业做出了不可磨灭的贡献。

西药（尤其是抗生素）的最大问题是容易产生抗药性，对一些综合病症、疑难杂症也难以见效。按照西药的开发思路，从中药材中分离有效单体成分的药物化学家经常会发现，尽管原植物药材治疗某种疾病的效果很不错，但成分越纯，每种单体成分的效果反而越差。为何？因为 1+1 不等于 2。这就是中药的奥秘所在。

三、微生物药物开发新思维

最近，美国人 Brochado 等（2018）用已有药物（纯化合物）复配，发现有些组合效果奇佳，甚至可以战胜超级细菌。若干年来不少中医药已进入西方诊所，西方接受中医药（用复合物）治疗的人越来越多。我们花了 5 年时间，从不同来源的 10 300 株放线菌中筛选出 5 种制成的复合菌肥，它们的生物活性物质有 97 种（有一些是抗生素）。与其他 19 个单位的药剂做同田对比，复合菌肥用于防治三七病害的效果很好，增产效果为 11%～456%；而且越是重病区，防病效果越佳（第六章）。我们用单一菌种的发酵液和它们中的 3～5 种发酵液的复配混合物，研究它们的杀线虫效果，结果发现，其中 3 个复配混合物的效果特别好，远远超过单一菌种发酵液的效果（表 7-1）。

表 7-1　3 条药物开发途径的比较

药物开发途径	药物本质特征	优越性	弱点
1	复合物	能治疗疑难杂症；不产生耐药性；治、调（补、养）结合	药效较慢，药材质量标准难控制，药标难控制
2	纯化合物	针对性强，见效快，机制清楚，副作用清楚	易产生耐药性，难治疑难杂症
3	复合物	可能治疗疑难杂症，见效会快；不会产生耐药性；可研究清楚作用机制；药标可控；可大规模工业化生产；可缩短研发周期，减少成本	研究作用机制难度较大

注：1=中药；2=西药（天然药）；3=开发微生物药物新思想

总体思路是：将微生物的发酵物用标准化的程序制备成标准化制剂（复合物），用各种模型初筛，复筛，进行综合评估，确认对某类疾病有较好疗效的单株或菌株组合。对这个单株或组合菌株发酵物的标准化制剂（复合物），完全按照现有药物开发规程，做药效、作用机制、副作用、毒性、安全性评价，药代试验，动物实验，临床试验等。同时分析其有用成分，制定标准化生产工艺，制定药标。

我们将有效的复合菌称为复合微生物菌群，将由复合微生物菌群生产的制剂称为复合微生物菌剂。

核心要求：药效好，确切；无毒副作用或毒副作用可接受；质量标准可严格控制。

一段时间以来，我们将上述思想与国内外一些从事药物开发的同行进行交流。大家共同的意见是：第一，这是微生物，不是中药。中药有药典为证，而且经过长期验证和考验。第二，这也不是西药，西药是纯化合物，针对性明确，作用机制清楚。所以，这既不同于中药，也不同于西药，而是药物开发的新路。有不少同行认为“这是重要进展，可能开辟一条微生物药物开发的原创性新路，有重要推广意义，也有助于建立新的医药理论体系”。

我们认为：第一，疾病发生多为多病因、多症状，用复合微生物菌剂治病的效果应该更好、更全面，可能治疗综合病症及疑难杂症，也不会产生抗药性，其质量标准完全可以精准控制。这完全符合药物的核心要求。

第二，自然界存在的微生物资源无穷，是开发药物的不竭来源；目前临床使用的抗生素有2/3是利用放线菌生产的；迄今为止，放线菌仍然是发现新抗生素等微生物药物最多的一类微生物，一株菌产生多种活性物质的现象很普遍；人类及其他高等动物的肠道微生物与宿主长期共进化，互相选择，共存下来，其对宿主无毒，成为人类及动物免疫机制的重要组成部分，其中的一部分（特别是放线菌）可能最具开发潜力；我们已经从来自大熊猫的一株放线菌中获得了具有开发前景的抗真菌倍半萜新化合物（第三章）。

第三，开发复合药物的难点在于研究清楚其作用机制。当今，完全可以用超高压液相色谱-高分辨质谱（UHPLC-HRMS）等分析复合药物的组成及其在菌株发酵过程中的动态变化；用基因操作去除菌株中有毒物质的基因；用高分辨代谢组学（HR-Metabolomics）研究复合药物的作用机制及药代动力学等。

第四，因为试验样品易于标准化生产，所以开发周期可以缩短，投资可以减少，风险可以降低。

第五，微生物药物一旦开发成功，可以精准控制药标，进行大规模生产。这是植物药、动物药无法比拟的。

第六，我们预见，这个新思想容易在开发兽药、农药中首先实现。

第七，由此可以开启一条药物开发的全新道路。

总之，药物开发人员应遵循中医药复合物治病的思想精髓，严格遵守药物开发三原则，按照现有药物开发规程，使用现代药物开发新技术，开辟一条微生物药物开发新路，从无穷的微生物资源中开发新药物，为人类健康事业做贡献。

回顾人类万年医药文明史，我们认为，其大体可以分为3个阶段。

1900年以前为第一阶段，可以叫天然药物阶段，是以天然混合物药物（植物、动物、矿物）治病的时代，核心是混合物，本质特征是用经验、教训，甚至以生命为代价换来天然药物单方、复方。

19世纪末20世纪初，由于化学、生物学、医学及相关技术的全面进步，1898年德国Bayer公司生产的阿司匹林（aspirin）上市，1899年应用于临床。研究者于1908年合成了百浪多息（prontosil red），1932年发现这种红色染料具有消毒作用。1937年磺胺吡唑、1939年磺胺噻唑、1941年磺胺吡啶相继用于抗感染，1939年杜马克（Gerhard Domagk）因发明磺胺药物获诺贝尔奖。1928年弗莱明（Alexander Fleming）发现青霉素，1945年获诺贝尔奖。1945年赛尔曼·A.瓦克斯曼（Selman Abraham Waksman）发现链霉素，1952年获诺贝尔奖。20世纪六七十年代，抗生素开发进入黄金期。大村智（Satoshi Ōmura）和屠呦呦分别发现阿维菌素与青蒿素，于2015年获诺贝尔奖。2014年，Donia等从肠道细菌中发现新抗生素lactocillin。2015年Ling等从未培养的微生物（*Eleftheria terrae*）中找到了teixobactin，该抗生素对所有试验的菌株都没有抗药性，被认为是30年来找到的第一个有应用前景的新抗生素，被美国媒体评为2015年十大科技发现之一。2016年，Zipperer等从鼻孔葡萄球菌中发现thiazolidin。2018年，Hover等用基因分析技术从土壤未培养微生物中发现能抗多重耐药菌的malacidin。这是近几年从微生物中发现的、有临床应用前景的新化合物。开发单纯化合物药物尽管仍大有潜力可挖，仍有发展空间，但是我们也要看到，按照西医药开发思路开发新药是越来越困难了，周期长、耗资巨、风险大，得另寻出路，另施良策。

整个20世纪至今，西药以施用单一化合物且机理明晰为特点，为整个世界的疾病控制预防做出了突出贡献。这个阶段可谓药物开发的第二阶段。西医药的发展大大带动了医药工业的全面进步及医药法规的建立，并大大提高了人类的健康水平。在这个阶段，中药的药理研究进展不顺，尤其是加入世界贸易组织以后，强调“跟国际接轨”，本来可以建立现代中医药理论体系及推进中药的科学化，现代化，却没有实现，痛失良机。

新冠病毒等的全球蔓延呼唤加紧研发预防性疫苗。另外，新冠病毒感染带来一系列连锁反应，引起一系列症状，仅就治疗而言，在没有有效药物问世以前，中国人民抗疫的主要经验就是中西医结合，综合施策。许许多多的疾病都是多症状、多病因的，也都需要多种药物综合治疗。这为复合药物的开发提出了客观需要，药物开发进入第三阶段。

复合药物研发最困难的问题是搞清复合物的作用机制——药理、毒理及药代动力学等。随着现代UHPLC-HRMS技术、及时在线分析技术、HR-Metabolomics等技术的全面进步，我们完全可以研究清楚复合物的药理及毒理。

由于微生物（特别是放线菌）资源无穷，一旦微生物药物开发成功，便可以实现大规模生产，其药标完全可以控制，甚至精准控制。

现在，药物开发进入第三阶段。在这个阶段，中国医药学家和工程技术人员面临难得的机遇，有三项任务：第一，中医药的科学化（核心是研究清楚单方、复方的作用机制及药理）、现代化、理论体系化；第二，如上所述，从微生物中开发复合菌剂药物；第三，针对不同的疾病，将已有单一药物进行复配，寻找“最佳”配方。

我们认为，在第三阶段，中国医药学家和工程技术人员有可能大显身手，并引领这个新阶段！

致谢：龙江、徐平、姜明国、黄学石、罗晓东、陈曦对本章提出宝贵意见，特致谢忱。

（**作者：**姜　怡*，杜冠华，姜成林）

主要参考文献

Brochado A R, Telzerow A, Bobonis J, et al. 2018. Species-specific activity of antibacterial drug combinations. Nature, 559: 259-263

Clardy J, Fischbach M A, Currie C R. 2009. The natural history of antibiotics. Current Biology, 19: 437-441

Cyranoski D. 2018. Why Chinese medicine is heading for clinics around the world. Nature, 561: 448-450

Ding N, Jiang Y, Li H, et al. 2016. Bafilomycins and odoriferous sesquiterpenoids from *Streptomyces albolongus* isolated from *Elephas maximus* feces. Journal of Natural Products, 79: 799-805

Donia S D, Cimermancic P, Christopher J, et al. 2014. A systematic analysis of biosynthetic gene clusters in the human microbiome reveals a common family of antibiotics. Cell, 158(6): 1402-1414

Hover B M, Kim S H, Micah K, et al. 2018. Culture-independent discovery of the malacidins as calcium-dependent antibiotics with activity against multidrug-resistant Gram-positive pathogens. Nature Microbiology, 3: 415-422

Ibtissem D, Andrea D, Mouloud K, et al. 2019. Actinobacteria derived from algerian ecosystems as a prominent source of antimicrobial molecules. Antibiotics, 8: 172-195

Jiang Y, Han L, Huang X S, et al. 2015. Animal fecal actinomycetes: a new source for the discovery of drugs. *In*: Dhanasekaran D, Thajuddin N, Panneerselvam A. Antimicrobials: Synthetic and Natural Compounds. Boca Raton: CRC Press

Jiang Y, Wang Y, Li Y, et al. 2016. The effect of composite actinomycete fertilizer for disease prevention and control of *Panax notoginseng*. International Journal of Advanced Research in Biological Sciences, 3: 80-85

Joachim J H, Chantal D B, Maja R, et al. 2018. Concepts and methods to access novel antibiotics from actinomycetes. Antibiotics, 7: 44-47

Ling L L, Tanja S, Aaron J P, et al. 2015. A new antibiotic kills pathogens without detectable resistance. Nature, 517: 455-460

Mast Y, Stegman E. 2019. Actinomycetes: the antibiotics producers. Antibiotics, 8: 105-109

Polpass A J, Bhavanath J. 2016. New dimensions of research on actinomycetes: quest for next generation antibiotics. Frontiers in Microbiology, 7: 1-4

Roberto K, Gilles P V W. 2016. Goodbye to brute force in antibiotic discovery? Nature Microbiology, 1: 1-2

Takahashi Y, Nakashima T. 2018. Actinomycetes, an inexhaustible source of naturally occurring antibiotics. Antibiotics, 7: 1-17

Zipperer A, Martin C K, Claudia L, et al. 2016. Human commensals producing a novel antibiotic impair pathogen colonization. Nature, 535: 511-516

* 通讯作者 Email：jiangyi@ynu.edu.cn

支 撑 材 料

S1-1　土壤放线菌的组成

110 属名录： *Actinokineospora*，*Actinomadura*，*Actinoplanes*，***Actinomycetospora***，*Actinopolymorpha*，***Actinorectispora****，*Aeromicrobium*，*Agrococcus*，*Agromyces*，*Allokutzneria*（10），***Allostreptomyces***，*Amycolatopsis*，***Amycolicicoccus***，*Anticoccus*，*Arthrobacter*，***Bailinhaonella***，*Brachybacterium*，*Brevibacterium*，*Catellatospora*，*Cellulomonas*（20），*Cellulosimicrobium*，*Citricoccus*，*Corynebacterium*，*Curtobacterium*，*Dactylosporangium*，*Dietzia*，***Egibacter***，***Egicoccus***，*Embleya*，*Friedmanniella*（30），***Fodinibacter***，*Glutamicibacter*，*Glycomyces*，*Gordonia*，*Intrasporangium*，***Haloactinomyces***，***Haloactinobacterium***，***Haloactinospora***，***Haloechinothrix***，***Haloglycomyces***（40），***Haloactinopolyspora***，***Halopolyspora***，*Isoptericola*，*Janibacter*，***Jiangella***，***Kallotenue***，*Kibdlosporangium*，*Kineococcus*，*Kitasatospora*，*Kocuria*（50），*Krasilinikoviella*，*Kribbella*，*Lapillicoccus*，*Lechevalieria*，*Leifsonia*，*Lentzea*，*Leucobacter*，*Marinococcus*，*Marmoricola*，*Microbacterium*（60），*Micrococcus*，*Micromonospora*，*Microterricola*，*Mobilicoccus*，*Monashia*，***Myceligererans***，*Mycetocola*，*Mycobacterium*，*Mycolicibacterium*，*Nesterenkonia*（70），*Nocardia*，*Nocardioides*，*Nocardiopsis*，*Nonomuraea*，*Oerskovia*，*Paenarthrobacter*，*Paeniglutamicibacter*，***Planosporangium***，*Polymorphospora*，*Prauserella*（80），*Promicromonospora*，*Pseudarthrobacter*，*Pseudoclavibacter*，*Pseudonocardia*，*Quadrisprera*，***Ruania***，*Rhodococcus*，*Saacharomonospora*，*Saccharopolyspora*，*Saccharothrix*（90），*Sinomonas*，***Sinosprogangium***，*Sphaerisporangium*，*Sphingopyxis*，*Streptomyces*，*Streptomonospora*，*Streptosporangium*，*Terrabacter*，*Terracoccus*，*Tetrasphaera*（100），***Thermocatellispora***，***Thermoactinospora***，***Thermoflexus***，*Tsukamurella*，*Verrucosispora*，*Williamsia*，***Yaniella***，***Yimella***，*Yonghaparkia*，***Zhihengliuella***（110）

分地区名录

属名	西双版纳	怒江峡谷	高黎贡山	3 种特殊地貌	武陵山	黄荆老林	峨眉山和青城山	大香格里拉	新疆、青海盐碱地区
Actinokineospora			+	+					
Actinomadura	+			+	+	+		+	
Actinoplanes	+		+	+					
Actinomycetospora	+								
Actinopolymorpha	+					+			
Actinorectispora*									+
Aeromicrobium		+	+						
Agrococcus	+	+	+	+					
Agromyces	+	+	+	+				+	
Allokutzneria 10		+							
Allostreptomyces									+
Amycolatopsis				+					
Amycolicicoccus									+
Anticoccus				+					
Arthrobacter	+	+	+	+	+			+	
Bailinhaonella									+
Brachybacterium				+					
Brevibacterium		+		+					
Catellatospora					+				

续表

属名	西双版纳	怒江峡谷	高黎贡山	3 种特殊地貌	武陵山	黄荆老林	峨眉山和青城山	大香格里拉	新疆、青海盐碱地区
Cellulomonas 20	+	+		+					
Cellulosimicrobium	+	+	+	+					
Citricoccus	+								+
Corynebacterium				+					+
Curtobacterium	+		+	+					
Dactylosporangium	+			+	+		+		
Dietzia				+					
Egibacter									+
Egicoccus									+
Embleya			+						
Friedmanniella 30	+								
Fodinibacter									+
Glutamicibacter				+					
Glycomyces				+					
Gordonia		+	+	+					
Haloactinomyces									+
Haloactinobacterium									+
Haloactinospora									+
Haloechinothrix									+
Haloglycomyces									+
Haloactinopolyspora 40									+
Halopolyspora									+
Intrasporangium				+					
Isoptericola	+		+						+
Janibacter			+						
Jiangella	+								+
Kallotenue									+
Kibdlosporangium				+					
Kineococcus	+	+		+					+
Kitasatospora	+	+	+	+					+
Kocuria 50			+	+				+	
Krasilinikoviella			+						
Kribbella	+	+	+	+					
Lapillicoccus				+					
Lechevalieria				+					
Leifsonia			+	+					
Lentzea	+			+				+	
Leucobacter				+					
Marinococcus									+
Marmoricola				+					
Microbacterium 60	+	+	+	+	+				
Micrococcus			+	+					
Micromonospora	+	+	+	+	+	+			
Microterricola		+							
Mobilicoccus				+					
Monashia				+					
Myceligererans									+
Mycetocola				+				+	
Mycobacterium	+	+	+	+		+	+		
Mycolicibacterium				+					

续表

属名	西双版纳	怒江峡谷	高黎贡山	3种特殊地貌	武陵山	黄荆老林	峨眉山和青城山	大香格里拉	新疆、青海盐碱地区
Nesterenkonia 70									+
Nocardia	+	+	+	+	+	+	+	+	
Nocardioides	+	+	+	+		+		+	
Nocardiopsis			+	+					+
Nonomuraea	+	+		+	+	+			
Oerskovia	+			+				+	
Paenarthrobacter		+	+	+					
Paeniglutamicibacter			+						
Planosporangium	+								
Polymorphospora	+								
Prauserella 80				+					+
Promicromonospora	+	+	+	+		+	+	+	
Pseudarthrobacter			+	+					
Pseudoclavibacter				+					
Pseudonocardia	+	+		+	+	+		+	
Quadrisprera				+					
Ruania					+				
Rhodococcus	+	+	+	+	+	+		+	+
Saacharomonospora	+					+			+
Saccharopolyspora	+			+					
Saccharothrix 90				+					
Sinomonas				+					
Sinosprogangium									+
Sphaerisporangium	+				+				
Sphingopyxis		+							
Streptomyces	+	+	+	+	+	+	+	+	+
Streptomonospora									+
Streptosporangium	+		+	+	+			+	
Terrabacter		+		+					
Terracoccus			+						
Tetrasphaera **100**				+					
Thermocatellispora									+
Thermoactinospora									+
Thermoflexus									+
Tsukamurella								+	
Verrucosispora						+			
Williamsia		+		+					
Yaniella									+
Yimella									+
Yonghaparkia				+					
Zhihengliuella **110**									+
合计 110	36	27	32	62	13	13	5	15	37
特有属 58	4	2	5	17	2	1	0	1	26

注：黑体字为本所发表的新属（27属）

S1-2 研究的53种动物名录

灵长类

1. 白眉长臂猿 *Hylobates hoolock*
2. 白颊长臂猿 *Nomascus leucogenys*
3. 川金丝猴 *Rhinopithecus roxellanae*
4. 滇金丝猴 *Rhinopithecus bieti*
5. 环尾狐猴 *Lemur catta*
6. 熊猴 *Macaca assamensis*
7. 食蟹猴 *Macaca fascicularis*
8. 猕猴 *Macaca mulatta*
9. 灰叶猴 *Presbytis phayrei*
10. 黑叶猴 *Trachypithecus francoisi*
11. 黑猩猩 *Pan troglodytes*

其他哺乳动物

12. 东北虎 *Panthera tigris altaica*
13. 华南虎 *Panthera tigris amoyensis*
14. 孟加拉虎 *Panthera tigris tigris*
15. 大熊猫 *Ailuropoda melanoleuca*
16. 小熊猫 *Ailurus fulgens*
17. 大灵猫（麝香猫）*Viverra zibetha*
18. 非洲狮 *Panthera leo*
19. 黑熊 *Ursus thibetanus*
20. 马来熊 *Helarctos malayanus*
21. 东北马鹿 *Cervus elaphus*
22. 梅花鹿 *Cervus nippon*
23. 麋鹿 *Elaphurus davidianus*
24. 长颈鹿 *Giraffa camelopardalis*
25. 水鹿 *Rusa unicolor*
26. 大羊驼 *Vicugna pacos*
27. 小羊驼 *Vicugna vicugna*
28. 大羚羊 *Oryx leucoryx*
29. 山地羚 *Tragelaphus buxtoni*
30. 羊（饲养）*Ovis ammon*
31. 爪哇犀牛 *Rhinoceros sondaicus*
32. 白犀牛 *Ceratotherium simum*
33. 斑马 *Equus burchelli*
34. 普通角马 *Connochaetes taurinus*
35. 马（饲养）*Equus caballus*
36. 亚洲象 *Elephas maximus*
37. 中华竹鼠 *Rhizomys sinensis*
38. 北海狮 *Eumetopias jubatus*
39. 髯海豹 *Erignathus barbatus*

鸟类

40. 绿孔雀 *Pavo muticus*
41. 花冠皱盔犀鸟 *Rhyticeros undulatus*（*Aceros undulatus*）
42. 红嘴鸥 *Larus ridibundus*
43. 丹顶鹤 *Grus japonensis*
44. 鸵鸟 *Sttruthio camelus*
45. 天鹅 *Anas cygnus*
46. 灰雁 *Anser anser*
47. 家鸽 *Aplopelia bonaparte*
48. 虎皮鹦鹉 *Melopsittacus undulatus*

两栖爬行类

49. 蟒蛇 *Python reticulates*
50. 象龟 *Indotestudo elongata*

鱼类

51. 罗非鱼 *Oreochromis mossambicus*

昆虫

52. 竹虫 *Xylocopa dissimillis*
53. 云南土白蚁 *Odontotermes yunnanensis*

S1-3 53种动物粪便纯培养放线菌的组成

纯培养放线菌67属名录： *Actinocorallia*，*Actinotalea*，*Aeromicrobium*，*Agreia*，*Agrococcus*，*Agromyces*，*Arsenicicoccus*，*Arthrobacter*，*Blastococcus*，*Brachybacterium*（10），*Brevibacterium*，*Cellulomonas*，*Cellulosimicrobium*，*Citricoccus*，*Clavibacter*，*Corynebacterium*，*Curtobacterium*，*Dietzia*，***Enteractinococcus*（新属）**，*Glaciihabitans*（20），*Glutamicibacter*，*Gordonia*，*Gulosibacter*，*Isoptericola*，*Janibacter*，*Jiangella*，*Kineococcus*，*Kitasatospora*，*Kocuria*，*Krasilnikoviella*（30），*Labedella*，*Leucobacter*，*Luteimicrobium*，*Luteococcus*，*Microbacterium*，*Micrococcus*，*Microlunatus*，*Micromonospora*，*Mobilicoccus*，*Mycobacterium*（40），*Nakamurella*，*Nocardia*，*Nocardiopsis*，*Oceanitalea*，*Oerskovia*，*Patulibacter*，*Planococcus*，*Plantibacter*，

Promicromonospora，*Pseudoclavibacter*（50），*Pseudonocardia*，*Rhodococcus*，*Rothia*，*Saccharomonospora*，*Saccharopolyspora*，*Salinibacterium*，*Sanguibacter*，*Sphaerobacter*，*Streptomyces*，*Terrabacter*（60），*Tessaracoccus*，*Tomitella*，*Tsukamurella*，*Verrucosispora*，*Williamsia*，*Yaniella*，*Zimmermannella*

代表性动物纯培养粪便放线菌及细菌的组成

动物	放线菌	其他细菌
灵长类 猕猴 ***Macaca mulatta***	*Agrococcus*，*Arsenicicoccus*，*Arthrobacter*，*Brachybacterium*，*Brevibacterium*，*Cellulosimicrobium*，*Corynebacterium*，*Dietzia*，*Kocuria*，*Leucobacter*，*Microbacterium*，*Micrococcus*，*Nocardia*，*Nocardiopsis*，*Oerskovia*，*Planococcus*，*Plantibacter*，*Pseudoclavibacter*，*Rhodococcus*，*Rothia*，*Streptomyces*，*Tessaracoccus*，*Zimmermannella* **23**	*Achromobacter*，*Acidovorax*，*Acinetobacter*，*Aeromonas*，*Alcaligenes*，*Ancylobacter*，*Bacillus*，*Bordetella*，*Brevundimonas*，*Carnobacterium*，*Cedecea*，*Cellvibrio*，*Chryseobacterium*，*Chryseomicrobium*，*Citrobacter*，*Comamonas*，*Deinococcus*，*Devosia*，*Dyadobacter*，*Empedobacter*，*Enterobacter*，*Enterococcus*，*Enterovirga*，*Erwinia*，*Escherichia*，*Flavimonas*，*Flavobacterium*，*Gemmobacter*，*Hafnia*，*Klebsiella*，*Kluyvera*，*Kurthia*，*Lelliottia*，*Leuconostoc*，*Luteimonas*，*Lysinibacillus*，*Massilia*，*Methylobacterium*，*Myroides*，*Pantoea*，*Paracoccus*，*Planococcus*，*Prolinoborus*，*Proteus*，*Pseudochrobactrum*，*Pseudomonas*，*Psychrobacillus*，*Psychrobacter*，*Raoultella*，*Rhizobium*，*Salinicoccus*，*Serratia*，*Shewanella*，*Shigella*，*Sphingobacterium*，*Staphylococcus*，*Stenotrophomonas*，*Streptococcus*，*Yersinia*
食肉类 大灵猫 ***Viverra zibetha***	*Arthrobacter*，*Cellulomonas*，*Cellulosimicrobium*，*Corynebacterium*，*Curtobacterium*，*Enteroactinococcus*，*Isoptericola*，*Kocuria*，*Leucobacter*，*Microbacterium*，*Micrococcus*，*Rhodococcus*，*Saccharopolyspora*，*Sanguibacter*，*Streptomyce* **15**	*Bacillus*，*Enterococcus*，*Flavobacterium*，*Hansschlegelia*，*Methylobacterium*，*Ochrobactrum*，*Pseudomonas*，*Sporosarcina*，*Stenotrophomonas*
偶蹄目 大羊驼 ***Vicugna pacos***	*Arthrobacter*，*Cellulosimicrobium*，*Corynebacterium*，*Dietzia*，*Enteractinococcus*，*Gordonia*，*Isoptericola*，*Kocuria*，*Microbacterium*，*Micrococcus*，*Nocardiopsis*，*Oerskovia*，*Rhodococcus*，*Saccharomonospora*，*Streptomyces*，*Williamsia* **16**	*Achromobacter*，*Advenella*，*Ancylobacter*，*Jeotgalicoccus*，*Kurthia*，*Lysobacter*，*Methylobacterium*，*Ornithinibacillus*，*Psychrobacillus*，*Shigella and Solibacillus*，*Bacillus*，*Stenotrophomonas*
奇蹄目 白犀牛 ***Ceratotherium simum***	*Aeromicrobium*，*Arthrobacter*，*Corynebacterium*，*Dietzia*，*Gulosibacter*，*Kocuria*，*Luecobacter*，*Microbacterium*，*Micromonospora*，*Nocardiopsis*，*Oceanitalea*，*Oerskovia*，*Promicromonospora*，*Pseudoclavibacter*，*Rhodococcus*，*Streptomyces*，*Tessaracoccus*，*Williamsia* **18**	*Rhizobium*，*Ancylobacter*，*Bordetella*，*Ochrobactrum*，*Psychrobacillus*
长鼻目 亚洲象 ***Elephas maximus***	*Aeromicrobium*，*Agrococcu*，*Arthrobacter*，*Cellulomonas*，*Cellulosimicrobium*，*Citricoccus*，*Corynebacterium*，*Dietzia*，*Glutamicibacter*，*Gordonia*，*Janibacter*，*Kitasatospora*，*Kocuria*，*Krasilnikoviella*，*Leucobacter*，*Microbacterium*，*Micrococcus*，*Oerskovia*，*Micromonospora*，*Nakamurella*，*Oerskovia*，*Promicromonospora*，*Rhodococcus*，*Sphaerobacter*，*Streptomyces*，*Terrabacter*，*Tomitella*，*Tsukamurella*，*Verrucosispora*，*Williamsia* **30**	*Bacillus*，*Devosia*，*Planococcus*，*Bacillus*，*Devosia*，*Sphaerobacter*，*Bosea*，*Stenotrophomonas*，*Bordetella*，*Xanthobacter*
鸟类 绿孔雀 ***Pavo muticus***	*Arthrobacter*，*Brevibacterium*，*Cellulosimicrobium*，*Curtobacterium*，*Dietzia*，*Gordonia*，*Isoptericola*，*Janibacter*，*Kineococcus*，*Kocuria*，*Leucobacter*，*Microbacterium*，*Nocardiopsis*，*Oerskovia*，*Rhodococcus*，*Pseudonocardia*，*Sanguibacter*，*Streptomyces* **18**	*Bacillus*，*Devosia*，*Lysinibacillus*，*Methylobacterium*，*Planococcus*，*Planomicrobium*，*Shigella and Staphylococcus*
啮齿目 中华竹鼠 ***Rhizomys sinensis***	*Agrococcus*，*Arthrobacter*，*Brachybacterium*，*Corynebacterium*，*Dietzia*，*Gordonia*，*Labedella*，*Microbacterium*，*Oerskovia*，*Rhodococcus*，*Sanguibacter*，*Streptomyces*，*Williamsia* **13**	*Comamonas*，*Flavobacterium*，*Psychrobacter*
海洋动物 罗非鱼 ***Oreochromis mossambicus***	*Arthrobacter*，*Brevibacterium*，*Corynebacterium*，*Dietzia*，*Glutamicibacter*，*Isoptericola*，*Janibacter*，*Kocuria*，*Microbacterium*，*Nocardia*，*Rhodococcus*，*Streptomyces* **12**	*Aquabacterium*，*Bacillus*，*Enterococcus*，*Exiguobacterium*，*Ochrobactrum*，*Psychrobacter*，*Salinicoccus*，*Shewanella*，*Staphylococcus*，*Thalassobacillus*，*Vagococcus*
昆虫 云南土白蚁 ***Odontotermes yunnanensis***	*Aeromicrobium*，*Arthrobacter*，*Brevibacterium*，*Cellulomonas*，*Cellulosimicrobium*，*Citricoccus*，*Corynebacterium*，*Curtobacterium*，*Isoptericola*，*Kocuria*，*Luteimicrobium*，*Microbacterium*，*Micrococcus*，*Micromonospora*，*Oerskavia*，*Promicromonospora*，*Pseudoclavibacter*，*Rhodoccus*，*Streptomyces* **19**	*Methylobacterium*，*Bacillus*，*Brevundimonas*，*Serratia*，*Sphiongobium*，*Kosakonia*，*Trabulsiella*，*Escherichia*，*Enterococcus*，*Pseudomonas*，*Citrobacter*，*Weissella*，*Leuconostoc*，*Lactococcus*，*Lysinibacillus*，*Acinetobacter*，*Flavobacrerium*

S1-4　地衣内生放线菌的组成

74 属名录： *Actinomadura*，*Actinomycetospora*，*Actinoplanes*，*Aeromicrobium*，*Actinophytocola*，*Agrococcus*，*Agromyces*，*Amnibacterium*，*Amycolatopsis*，*Angustibacter*（10），*Arthrobacter*，*Blastococcus*，*Brevibacterium*，*Cellulomonas*，*Cellulosimicrobium*，*Clavibacter*，*Corynebacterium*，*Curtobacterium*，*Dactylosporangium*，*Flexivirga*（20），*Friedmanniella*，*Glaciibacter*，*Gordonia*，*Herbiconiux*，*Isoptericola*，*Janibacter*，*Kibdelosporangium*，*Kineococcus*，*Kineosporia*，*Kitasatospora*（30），*Klenkia*，*Kocuria*，*Kribbella*，*Labedella*，*Lechevalieria*，*Leifsonia*，*Lentzea*，*Leucobacter*，*Luteimonas*，*Lysinimonas*（40），*Marmoricola*，*Microbacterium*，*Micrococcus*，*Microlunatus*，*Micromonospora*，*Motilibacter*，*Mumia*，*Mycobacterium*，*Mycolicibacterium*，*Naasia*（50），*Nakamurella*，*Nocardia*，*Nocardioides*，*Nocardiopsis*，*Nonomuraea*，*Paenarthrobacter*，*Pinimeliia*，*Plantibacter*，*Promicromonospora*，*Pseudarthrobacter*（60），*Pseudonocardia*，*Quadrisphaera*，*Rhodococcus*，*Saccharothrix*，*Saccharopolyspora*，*Schumannella*，*Sanguibacte*，*Streptomyces*，*Streptosporangium*，*Subtercola*（70），*Terracoccus*，*Tessaracoccus*，*Umezawaea*，*Williamsia*

不同来源地衣放线菌的组成

放线菌属	金沙江中段	滇西南地区	普洱地区	西双版纳地区	白茫雪山	波罗的海南岸	? /6
Actinomadura	+			+			**2**
Actinomycetospora		+	+				**2**
Actinoplanes	+			+			**2**
Aeromicrobium		+	+	+		+	**4**
Actinophytocola	+						**1**
Agrococcus		+	+	+			**3**
Agromyces	+	+	+				**3**
Amnibacterium	+						**1**
Amycolatopsis	+	+	+	+	+		**5**
Angustibacter **10**	+						**1**
Arthrobacter	+	+	+	+		+	**5**
Blastococcus	+						**1**
Brevibacterium	+			+		+	**3**
Cellulomonas	+	+	+	+		+	**5**
Cellulosimicrobium	+			+			**2**
Clavibacter						+	**1**
Corynebacterium				+			**1**
Curtobacterium	+	+	+			+	**4**
Dactylosporangium		+	+				**2**
Flexivirga **20**	+	+	+		+		**4**
Friedmanniella	+			+			**2**
Glaciibacter						+	**1**
Gordonia	+	+		+		+	**4**
Herbiconiux	+	+	+	+			**4**
Isoptericola		+	+	+			**3**
Janibacter	+						**1**
Kibdelosporangium	+			+			**2**
Kineococcus	+						**1**
Kineosporia	+						**1**
Kitasatospora **30**	+	+	+	+		+	**5**

续表

放线菌属	金沙江中段	滇西南地区	普洱地区	西双版纳地区	白茫雪山	波罗的海南岸	? /6
Klenkia		+	+				**2**
Kocuria	+	+	+	+	+		**5**
Kribbella	+						**1**
Labedella	+					+	**2**
Lechevalieria	+						**1**
Leifsonia	+	+	+				**3**
Lentzea	+						**1**
Leucobacter	+			+			**2**
Luteimonas						+	**1**
Lysinimonas **40**		+	+				**2**
Marmoricola		+	+				**2**
Microbacterium	+	+	+	+	+	+	**6**
Micrococcus	+	+	+	+			**4**
Microlunatus	+	+	+				**3**
Micromonospora	+	+	+	+			**4**
Motilibacter	+						**1**
Mumia		+	+				**2**
Mycobacterium	+						**1**
Mycolicibacterium		+	+				**2**
Naasia **50**						+	**1**
Nakamurella	+	+	+				**3**
Nocardia	+	+	+	+			**4**
Nocardioides	+	+	+			+	**4**
Nocardiopsis	+	+		+			**3**
Nonomuraea	+						**1**
Paenarthrobacter		+	+	+			**3**
Pilimelia	+						**1**
Plantibacter	+	+	+	+	+		**5**
Promicromonospora		+	+				**2**
Pseudarthrobacter **60**		+	+	+		+	**4**
Pseudonocardia	+	+	+	+			**4**
Quadrisphaera		+	+				**2**
Rhodococcus	+	+	+	+	+	+	**6**
Saccharothrix		+					**1**
Saccharopolyspora				+			**1**
Schumannella	+						**1**
Sanguibacter						+	**1**
Streptomyces	+	+	+	+	+	+	**6**
Streptosporangium	+	+	+	+	+		**5**
Subtercola **70**		+	+				**2**
Terracoccus		+	+				**2**
Tessaracoccus				+			**1**
Umezawaea	+						**1**
Williamsia	+	+	+	+	+	+	**6**
总属数 **74**	**49**	**42**	**39**	**33**	**9**	**19**	
特有属 **26**	**16**	**1**	**0**	**4**	**0**	**5**	

金沙江中段 49 属： *Actinomadura*，*Actinoplanes*，*Agromyces*，*Amycolatopsis*，*Arthrobacter*，*Brevibacterium*，*Cellulosimicrobium*，*Cellulomonas*，*Curtobacterium*，*Flexivirga*，*Friedmanniella*，*Gordonia*，*Herbiconiux*，*Kibdelosporangium*，*Kitasatospora*，*Kocuria*，*Labedella*，*Leifsonia*，*Leucobacter*，*Leucobacter*，*Microbacterium*，*Micrococcus*，*Microlunatus*，*Micromonospora*，*Nakamurella*，*Nocardia*，*Nocardiopsis*，*Nonomurae*，*Plantibacter*，*Pseudonocardia*，*Rhodococcus*，*Streptomyces*，*Streptosporangium* **及特有 16 属：** *Actinophytocola*，*Angustibacter*，*Amnibacterium*，*Blastococcus*，*Janibacter*，*Kineococcus*，*Kineosporia*，*Kribbella*，*Lechevalieria*，*Lentzea*，*Motilibacter*，*Mycobacterium*，*Nonomuraea*，*Pilimelia*，*Schumannella*，*Umezawaea*

滇西南 42 属： *Actinomycetospora*，*Aeromicrobium*，*Agrococcus*，*Agromyces*，*Amycolatopsis*，*Arthrobacter*，*Cellulomonas*，*Curtobacterium*，*Dactylosporangium*，*Gordonia*，*Flexivirga*，*Herbiconiux*，*Isoptericola*，*Leifsonia*，*Lysinimonas*，*Kitasatospora*，*Klenkia*，*Kocuria*，*Marmoricola*，*Microbacterium*，*Micrococcus*，*Microlunatus*，*Micromonospora*，*Mumia*，*Mycolicibacterium*，*Nakamurella*，*Nocardia*，*Nocardioides*，*Nocardiopsis*，*aenarthrobacter*，*Plantibacter*，*Promicromonospora*，*Pseudonocardia*，*Pseudarthrobacter*，*Quadrisphaera*，*Rhodococcus*，*Streptomyces*，*Streptosporangium*，*Subtercola*，*Terracoccus*，*Williamsia* 及**特有 1 属：** *Saccharothrix*

普洱地区 39 属： *Actinomycetospora*，*Aeromicrobium*，*Agrococcus*，*Agromyces*，*Amycolatopsis*，*Arthrobacter*，*Cellulomonas*，*Curtobacterium*，*Dactylosporangium*，*Flexivirga*，*Herbiconiux*，*Isoptericola*，*Kitasatospora*，*Klenkia*，*Kocuria*，*Leifsonia*，*Lysinimonas*，*Marmoricola*，*Microbacterium*，*Micrococcus*，*Microlunatus*，*Micromonospora*，*Mumia*，*Mycolicibacterium*，*Nakamurella*，*Nocardia*，*Nocardioides*，*Paenarthrobacter*，*Plantibacter*，*Promicromonospora*，*Pseudarthrobacter*，*Pseudonocardia*，*Quadrisphaera*，*Rhodococcus*，*Streptomyces*，*Streptosporangium*，*Subtercola*，*Terracoccus*，*Williamsia*。**无特有属**

西双版纳地区 33 属： *Actinomadura*，*Actinoplanes*，*Aeromicobium*，*Agrococcus*，*Amycolatopsis*，*Arthrobacter*，*Brevibacterium*，*Cellulomonas*，*Cellulosimicrobium*，*Friedmanniella*，*Gordonia*，*Herbiconiux*，*Isoptericola*，*Kibdelosporangium*，*Kitasatospora*，*Kocuria*，*Microbacterium*，*Micrococcus*，*Micromonospora*，*Nocardia*，*Nocardiopsis*，*Paenarthrobacter*，*Plantibacter*，*Pseudarthrobacte*，*Pseudonocardia*，*Rhodococcus*，*Streptomyces*，*Streptosporangium*，*Williamsia* **及特有 4 属：** *Corynebacterium*，*Leucobacter*，*Saccharopolyspora*，*Tessaracoccus*

白茫雪山 **9 属**：*Amycolatopsis*，*Flexivirga*，*Kocuria*，*Microbacterium*，*Plantibacter*，*Rhodococcus*，*Streptomyces*，*Streptosporangium*，*Williamsia*。**无特有属**

波罗的海 19 属：*Aeromicobium*，*Arthrobacter*，*Brevibacterium*，*Cellulomonas*，*Curtobacterium*，*Gordonia*，*Kitasatospora*，*Labedella*，*Microbacterium*，*Nocardioides*，*Pseudarthrobacter*，*Rhodococcus*，*Streptomyces*，*Williamsia* **及特有 5 属：** *Clavibacter*，*Glaciibacter*，*Luteimonas*，*Naasia*，*Sanguibacter*

S1-5 116 种毒性植物和中药植物内生放线菌及其他细菌的组成（黑体字为新属）

放线菌 55 属： *Actinocorallia*，*Actinomadura*，***Actinorugispora***，*Aeromicrobium*，*Agrococcus*，*Agromyces*，

Amycolatopsis，*Arthrobacter*，*Blastococcus*，*Brachybacterium*，*Catellatospora*，*Cellulomonas*，*Cellulosimicrobium*，*Curtobacterium*，*Dactylosporangium*，*Dermacoccus*，*Dietzia*，*Frigoribacterium*，*Glycomyces*，*Gordonia*，*Herbidospora*，*Janibacter*，*Jiangella*，*Kineococcus*，*Kineosporia*，*Kocuria*，*Kribbella*，*Lentzea*，*Methylobacterium*，*Microbacterium*，*Micrococcus*，*Micromonospora*，*Mycobacterium*，*Nocardia*，*Nocardioides*，*Nocardiopsis*，*Nonomuraea*，*Oerskovia*，***Phytomonospora***，*Pilimelia*，*Planococcus*，*Plantactinospora*，*Polymorphospora*，*Promicromonospora*，*Pseudonocardia*，*Pseudosporangium*，*Rhodococcus*，*Saccharopolyspora*，*Saccharothrix*，*Sanguibacter*，*Streptomyces*，*Streptosporangium*，*Tsukamurella*，*Verrucosispora*，*Williamsia*

其他细菌 22 属：*Achromobacter*，*Acinetobacter*，*Alcaligenes*，*Aquamicrobium*，*Bacillus*，*Bosea*，*Bradyrhizobium*，*Brevibacterium*，*Deinococcus*，*Enterococcus*，*Flavobacterium*，*Lysinibacillus*，*Methylobacterium*，*Novosphingobium*，*Ochrobactrum*，*Pantoea*，*Pseudomonas*，*Rhizobium*，*Sphingobacterium*，*Sphingobium*，*Staphylococcus*，*Stenotrophomonas*

S1-6 各种来源放线菌组成总表

放线菌属	土壤	动物	地衣	植物	海洋	? /5
Actinocorallia		+		+		2
Actinokineospora	+					1
Actinomadura	+		+	+	+	4
Actinomycetospora	+		+			2
Actinophytocola			+			1
Actinoplanes	+		+		+	3
Actinopolymorpha	+					1
Actinorectispora	+					1
Actinorugispora				+		1
Actinotalea		+				1
Aeromicrobium	+	+	+	+		4
Agreia		+				1
Agrococcus	+	+	+	+		4
Agromyces	+	+	+	+	+	5
Allokutzneria	+					1
Allostreptomyces	+					1
Amnibacterium			+			1
Amycolatopsis	+		+	+	+	4
Amycolicicoccus	+					1
Angustibacter			+			1
Anticoccus	+					1
Arsenicicoccus		+				1
Arthrobacter	+	+	+	+	+	5
Bailinhaonella	+					1
Blastococcus		+	+	+		4
Brachybacterium	+	+		+	+	4

续表

放线菌属	土壤	动物	地衣	植物	海洋	? /5
Brevibacterium	+	+	+		+	4
Catellatospora	+			+		2
Cellulomonas	+	+	+	+	+	5
Cellulosimicrobium 30	+	+	+	+	+	5
Citricoccus	+	+			+	3
Clavibacter		+	+			2
Corynebacterium	+	+	+		+	4
Curtobacterium	+	+	+	+		4
Dactylosporangium	+		+	+		3
Dermacoccus				+		1
Dietzia	+	+		+	+	4
Egibacter	+					1
Egicoccus	+					1
Embleya 40	+					1
Enteractinococcus		+				1
Flexivirga			+			1
Fodinibacter	+					1
Friedmanniella	+		+			2
Frigoribacterium				+		1
Glaciihabitans		+	+			2
Glutamicibacter	+	+			+	3
Glycomyces	+			+		2
Gordonia	+	+	+	+		4
Gulosibacter 50		+				1
Haloactinobacterium	+					1
Haloactinomyces	+					1
Haloactinopolyspora	+					1
Haloactinospora	+					1
Haloechinothrix	+					1
Haloglycomyces	+					1
Halopolyspora	+					1
Herbiconiux			+			1
Herbidospora				+		1
Homoserinibacter 60					+	1
Intrasporangium	+					1
Isoptericola	+	+	+		+	4
Janibacter	+	+	+	+	+	5
Jeotgalicoccus					+	1
Jiangella	+	+		+		3
Kallotenue	+					1
Kibdlosporangium	+		+			2
Kineococcus	+	+	+	+		4
Kineosporia			+	+		2

续表

放线菌属	土壤	动物	地衣	植物	海洋	? /5
Kitasatospora 70	+	+	+		+	4
Klenkia			+			1
Knoellia					+	1
Kocuria	+	+	+	+	+	5
Krasilinikoviella	+	+				2
Kribbella	+		+	+		3
Labedella		+	+			2
Lapillicoccus	+					1
Lechevalieria	+	+	+			3
Leifsonia	+		+			2
Lentzea 80	+		+	+		3
Leucobacter	+		+			2
Luteimicrobium		+				1
Luteimonas			+			1
Luteococcus		+				1
Lysinimicrobium					+	1
Lysinimonas			+			1
Marinactinospora					+	1
Mariniluteicoccus					+	1
Marinococcus	+					1
Marmoricola 90	+		+			2
Methylobacterium				+		1
Microbacterium	+	+	+	+	+	5
Micrococcus	+	+	+	+	+	5
Microlunatus		+	+			2
Micromonospora	+	+	+	+	+	5
Microterricola	+					1
Motilibacter			+			1
Mobilicoccus	+	+				2
Monashia	+					1
Mumia 100			+			1
Myceligenerans	+				+	2
Mycetocola	+					1
Mycobacterium	+	+	+	+	+	5
Mycolicibacterium	+		+			2
Nakamurella		+	+			2
Nassia			+			1
Nesterenkonia	+					1
Nocardia	+	+	+	+	+	5
Nocardioides	+		+	+	+	4
Nocardiopsis 110	+	+	+	+	+	5
Nonomuraea	+		+	+		3
Oceanitalea		+				1
Oerskovia	+	+		+		3

续表

放线菌属	土壤	动物	地衣	植物	海洋	? /5
Paenarthrobacter	+		+			2
Paeniglutamicibacter	+					1
Patulibacter		+				1
Phytomonospora				+		1
Pilimelia			+	+		2
Planococcus		+		+		2
Planosporangium	+					1
Plantactinospora				+		1
Plantibacter		+	+			2
Polymorphospora	+			+		2
Prauserella	+					1
Promicromonospora	+	+	+	+	+	5
Pseudarthrobacter	+		+			2
Pseudoclavibacter	+	+				2
Pseudonocardia	+	+	+	+		4
Pseudosporangium				+		1
Quadrisprera	+		+			2
Rhodococcus	+	+	+	+	+	5
Rothia		+				1
Ruania	+					1
Saacharomonospora	+	+				2
Saccharopolyspora	+	+	+	+		4
Saccharothrix	+		+	+		3
Salinibacterium		+				1
Salinimicrobium					+	1
Sanguibacter		+	+	+		3
Schumannella			+			1
Sciscionella					+	1
Sinomonas	+					1
Sinosprogangium	+					1
Sphaerisporangium	+					1
Sphaerobacter		+				1
Sphingopyxis	+					1
Streptomyces	+	+	+	+	+	5
Streptomonospora	+					1
Streptosporangium	+		+	+		3
Subtercola			+			1
Terrabacter	+	+			+	3
Terracoccus	+		+			2
Tessaracoccus		+	+			2
Tetrasphaera	+					1

续表

放线菌属	土壤	动物	地衣	植物	海洋	? /5
Thermocatellispora	+					1
Thermoactinospora	+					1
Thermoflexus	+					1
Tomitella		+				1
Tsukamurella	+	+		+		3
Umezawaea 160			+			1
Verrucosispora	+	+		+		3
Williamsia	+	+	+	+	+	5
Yaniella	+	+				2
Yimella	+					1
Yonghaparkia	+					1
Zhihengliuella	+					1
Zimmermannella		+				1
鉴定菌株数 15 895	3 633	3 186	1 812	5 700	1 564	
总属数 167	110	67	74	55	38	
特有属数 87	43	14	14	8	8	
特有属占总属数的百分比（%） 52	39	21	19	15	21	

注：黑体字为新属

各种来源共有 16 属： *Agromyces*，*Arthrobacter*，*Cellulomonas*，*Cellulosimicrobium*，*Janibacter*，*Kocuria*，*Microbacterium*，*Micrococcus*，*Micromonospora*，*Mycobacterium*，*Nocardia*，*Nocardiopsis*，*Promicromonospora*，*Rhodococcus*，*Streptomyces*，*Williamsia*

土壤特有 43 属： *Actinokineospora*，*Actinopolymorpha*，***Actinorectispora***，*Allokutzneria*. ***Allostreptomyces***，*Amycolicicoccus*，*Anticoccus*，***Fodinibacter***，***Bailinhaonella***，***Egibacter***，***Egicoccus***，*Embleya*，*Marinococcus*，***Haloactinobacterium***，***Haloactinomyces***，***Haloactinopolyspora***，***Haloactinospora***，***Haloechinothrix***，***Haloglycomyces***，***Halopolyspora***，*Intrasporangium*，***Kallotenue***，*Lapillicoccus*，*Microterricola*，*Monashia*，*Mycetocola*，*Nesterenkonia*，*Paeniglutamicibacter*，***Planosporangium***，*Prauserella*，***Ruania***，*Sphingopyxis*，*Sinomonas*，***Sinosprogangium***，*Sphaerisporangium*，***Streptomonospora***，*Tetrasphaera*，***Thermocatellispora***，***Thermoactinospora***，***Thermoflexus***，***Yimella***，*Yonghaparkia*，***Zhihengliuella***

动物特有 14 属： *Actinocorallia*，*Actinotalea*，*Arsenicicoccus*，***Enteractinococcus***，*Gulosibacter*，*Luteimicrobium*，*Luteococcus*，*Oceanitalea*，*Patulibacter*，*Rothia*，*Salinibacterium*，*Sphaerobacter*，*Tomitella*，*Zimmermannella*

地衣特有 14 属： *Actinophytocola*，*Amnibacterium*，*Angustibacter*，*Flexivirga*，*Herbiconiux*，*Klenkia*，*Luteimonas*，*Lysinimonas*，*Motilibacter*，*Mumia*，*Nassia*，*Schumannella*，*Subtercola*，*Umezawae*

植物特有 8 属： ***Actinorugispora***，*Dermacoccus*，*Frigoribacterium*，*Herbidospora*，*Methylobacterium*，***Phytomonospora***，*Plantactinospora*，*Pseudosporangium*

海洋特有 8 属： *Homoserinibacter*，*Jeotgalicoccus*，*Lysinimicrobium*，*Marinactinospora*，***Mariniluteicoccus***，***Myceligenerans***，*Salinimicrobium*，*Sciscionella*

S1-7 1991～2019 年云南省微生物研究所发表的细菌属以上新分类单元

云南是我国生物多样性最丰富的地区之一，微生物资源也极为丰富。放线菌是产生抗生素最多的一类微生物，抗生素为人类的健康事业做出了不可磨灭的贡献。放线菌仍然是开发新药的重要来源。1979 年云南省微生物研究所成立以来，以微生物资源的开发利用为宗旨，放线菌是主要研究方向之一。发现新资源是开发利用的前提之一。40 多年来，本实验室研究人员共发现，并在国际权威刊物发表放线菌新目 3 个，新科 9 个，新属 38 个，占全世界承认放线菌约 300 个属的 12%；还发表其他细菌新属 31 个；共计发现放线菌、其他细菌新种约 500 个。以我国在放线菌领域有杰出贡献的科学家姓氏命名的阎（逊初）氏菌属（*Yania*）、阮（继生）氏菌科（Ruaniaceae）、阮氏菌属（*Ruania*）、郝（柏林）氏菌属（*Bailinhaonella*）、刘（志恒）氏菌属（*Zhihengliuella*）、姜（成林）氏菌目（Jiangellalas）、姜氏菌科（Jiangellaceae）、姜氏菌属（*Jiangella*）及徐（丽华）氏菌属（*Lihuaxuella*）均已被国际承认，其中部分已被收入 2012 年出版的国际细菌系统学权威经典著作，*Bergey's Manual of Systematic Bacteriology* 我所有 4 位同事参与该著作的编撰。国内外同行不断发现了这些新分类单元的新成员，丰富了这些新分类单元的内涵。本人作为两主编之一主编的放线菌系统学，总结了国内外（包括本所）研究进展，系统论述了放线菌系统学的原理和分类程序，在国外著名出版社出版了 *Actinobacteria-Basics and Biotechnological Application*（2016 年），该书出版至今已被下载 4 万多次（美国人下载最多），说明我们的放线菌分类系统及程序已被国际接受。放线菌资源研究共获得三次云南省科学技术一等奖（自然科学类）。这些成果为中国在放线菌系统学领域取得领先地位做出了主要贡献。现把发表的新目、新科、新属录于后。

云南省微生物研究所发表的放线菌及其他细菌新分类单元

3 个放线菌新目	发表期刊*	第一作者	通讯作者
Jiangellales ord. nov.	IJSEM 55: 881-884, 2005	Song L	Xu LH
Actinopolysporales ord. nov.	IJSEM 59: 589-608, 2009	Zhi XY	Li WJ Stackebrandt E
Kineosporialkes ord. nov.	IJSEM 59: 589-608, 2009	Zhi XY	Li WJ Stackebrandt E
9 个放线菌新科			
Jiangellaceae fam. nov.	IJSEM 55: 881-884, 2005	Song L	Xu LH
Sinobacteraceae fam. nov.	IJSEM 58: 184-189, 2008	Zhou Y	Li WJ Lai R
Actinopolysporaceae fam. nov.	IJSEM 59: 589-608, 2009	Zhi XY	Li WJ Stackebrandt E
Kineosporiaceae fam. nov.	IJSEM 59: 589-608, 2009	Zhi XY	Li WJ Stackebrandt E
Beutenbergiaceae fam. nov.	IJSEM 59: 589-608, 2009	Zhi XY	Li WJ Stackebrandt E
Cryptosporangiaceae fam. nov.	IJSEM 59: 589-608, 2009	Zhi XY	Li WJ Stackebrandt E
Ruaniaceae fam. nov.	IJSEM 60: 2113-211, 2010	Tang SK	Li WJ
Egicoccaceae fam. nov.	IJSEM 66: 530-535, 2016	Zhang YG	Li WJ
Egibacteraceae fam. nov.	IJSEM 66: 283-289, 2016	Zhang YG	Li WJ

续表

38个放线菌新属	所属目和（或）科	发表期刊	第一作者	通讯作者
Actinobispora yunnanensis **gen. nov., sp. nov.**	Pseudonocardiaceae	IJSB 41: 526-528, 1991	Jiang CL	Jiang CL
Streptimonospora salina gen. nov., sp. nov.	Nocardiopsaceae	IJSEM 51: 357-363, 2001	Cui XL	Jiang CL
Yania halotolerans gen. nov., sp. nov.	Micrococcaceae Micrococcaceae	IJSEM 54: 525-531, 2004	Li WJ	Jiang CL
Myceligenerans xiligouense gen. nov., sp. nov.	Promicromonospraceae	IJSEM 54: 1287-1293, 2004	Cui XL	Jiang CL
Isoptericola variabllis gen. nov., sp. nov.	Promicromonospraceae	IJSEM 54: 1891-1896, 2005	Che OJ	Kim CJ
Jiangella gansuensis gen. nov., sp. nov.	Jiangellaceae	IJSEM 55: 881-884, 2005	Song L	Xu LH
Zhihengliuella halotolerans gen. nov., sp. nov.	Micrococcaceae	IJSEM 57: 1018-1023, 2007	Zhang YQ	L WJ
Actinomycetospora chiangmaiensis gen. nov., sp. nov.	Pseudonocardiales Pseudonocardiaceae	IJSEM 58: 408-413, 2008	Jiang Y	Imhoff JH Xu LH
Planosporangium flavigriseum gen. nov., sp. nov.	Micromonosporales Micromonosporaceae	IJSEM 58: 1324-1331, 2008	Wiese J	Imhoff JH Xu LH
Haloactinospora alba gen. nov., sp. nov.	Streptosporangiales Nocardiopsaceae	IJSEM 58: 2075-2080, 2008	Tang SK	Li WJ
Sciscionella marina gen. nov., sp. nov.	Pseudonocardiopsaceae	IJSEM 59: 222-228, 2009	Tian XP	Li WJ
Marinactinospora thermotolerans gen. nov., sp. nov.	Nocardiopsaceae	IJSEM 59: 948-952, 2009	Tian XP	Li WJ
Haloglycomyces albus gen. nov., sp. nov.	Glycomycetales Glycomycetaceae	IJSEM 59: 1297-1301, 2009	Guan TW	Zheng LL
Fodinibacter luteus gen. nov., sp. nov.	Micrococcales Intrasporangiaceae	IJSEM 59: 2185-2190, 2009	Wang YX	Cui XL
Plantactinospora mayteni gen. nov., sp. nov.	Micromonosporales Micromonosporaceae	IJSEM 59: 2527-2533, 2009	Qin S	Li WJ
Amycolicicoccus subflavus gen. nov., sp. nov.	Corynebacteriaceae	IJSEM 60: 638-643, 2010	Wang YN	Wu XL
Yimella lutea gen. nov., sp. nov.	Micrococcales Dermacoccaceae	IJSEM 60: 659-663, 2010	Tang SK	Li WJ
Haloactinobacterium album gen. nov., sp. nov.	Micrococcales Ruaniaceae	IJSEM 60: 2113-2119, 2010	Tang SK	Li WJ
Ruania albidiflava gen. nov., sp. nov	Ruaniaceae	IJSEM 57: 809-814, 2007	GU Q	Huang Y
Haloechinothrix alba gen. nov., sp. nov.	Pseudonocardiaceae Pseudonocardineae	IJSEM 60: 2154-2158, 2010	Tang SK	Li WJ
Sinosprogangium album gen. nov., sp. nov.	Streptosporangiaceae	IJSEM 61: 190-193, 2011	Zhang YQ	Yu LY Li WJ
Haloactinopolyspora alba gen. nov., sp. nov.	Jiangellales Jiangellaceae	IJSEM 61: 194-200, 2011	Tang SK	Li WJ
Phytomonospora endophytica gen. nov., sp. nov.	Micromonosporales Micromonosporaceae	IJSEM 61: 2967-2973, 2011	Li J	Li WJ
Thermoactinospora rubra gen. nov., sp. nov.	Streptosporangiales Streptosporangiaceae	Antonie van Leeuwenhoek 102: 177-185, 2012	Zhou EM	Li WJ
Thermocatellispora tengchongensis gen. nov., sp. nov.	Streptosporangiales Streptosporangiaceae	IJSEM 62: 2417-2423, 2012	Zhou EM	Li WJ
Enteractinococcus coprophilus gen. nov., sp. nov.	Micrococcales Yaniellaceae	IJSEM 62: 2710-2716, 2012	Cao YR	Jiang Y
Kallotenue papyrolyticum gen. nov., sp. nov.	Kallotenuaceae	IJSEM 63: 4675-4682, 2013	Jessica KC	Brian P H
Mariniluteicoccus flavus gen. nov., sp. nov.	Propionibacteriales Propionibacteriaceae	IJSEM 64: 1051-1056, 2014	Zhang DF	Zhang S Li WJ
Thermoflexus hugenholtzii gen. nov., sp. nov.	Thermoflexaceae	IJSEM 64: 2119-2127, 2014	Dodsworth JA	Dodsworth JA
Halopolyspora alba gen. nov., sp. nov.	Pseudonocardiaceae	IJSEM 64: 2775-2780, 2014	Lei HX	Lei HX Jiang Y
Actinorugispora endophytica gen. nov., sp. nov.	Nocardiopsaceae	IJSEM 65: 2562-2568, 2015	Liu MJ	Li WJ Kim CJ
Phytoactinopolyspora eendophytica gen. nov., sp. nov.	Jiangellaceae	IJSEM 65: 2671-2677, 2015	Li L	Li WJ

续表

38 个放线菌新属	所属目和（或）科	发表期刊	第一作者	通讯作者
Egibacter rhzosphaerae gen. nov., sp. nov.	Egibacteraceae	IJSEM 66: 283-289, 2016	Zhang YG	Li WJ
Egicoccus halophilus gen. nov., sp. nov.	Egicoccaceae	IJSEM 66: 530-535, 2016	Zhang YG	Li WJ
Actinorectispora indica gen. nov., sp. nov.	Pseudonocardiaceaes	IJSEM 66: 939-945, 2016	Quadri SR	Li WJ Dastager SG
Allostreptomyces psammosilenae gen. nov., sp. nov.	Streptomycetales Streptomycetaceae	IJSEM 67: 530-535, 2017	Huang MJ	Li WJ
Haloactinomyces gen. nov., sp. nov.	Actinopolysporaceae	IJSEM 67: 1163-1168, 2017	Lai HX	Wei XM Jiang Y
Bailinhaonella thermotolerans gen. nov., sp. nov.	Streptosporangiaceae	IJSEM 67: 1903-1909, 2018	Feng YZ	Zhi XY Tang SK
Naxibacter alkalitolerans gen. nov., sp. nov.	Oxalobacteraceae	IJSEM 55: 1149-1153, 2005	Xu P	Jiang CL
Alkalibacillus haloalkaliphilus gen. nov., sp. nov.	Bacillaceae	IJSEM 55: 1891-1896, 2005	Jeon CO	Kim CJ
Sinococcus qinghaiensis gen. nov., sp. nov.	Bacillales	IJSEM 56: 1189-1192, 2006	Li WJ	Jiang CL
Sinobacter flavus gen. nov., sp. nov.	Sinobacteraceae	IJSEM 58: 184-189, 2008	Zhou T	Li WJ
Salinimicrobium catena gen. nov., sp. nov.	Flavobacteriaceae	IJSEM 58: 438-442, 2008	Lim JM	Kin CJ
Sediminimonas qiaohouensis gen. nov., sp. nov.	Rhodobacterales	IJSEM 59: 1297-1301, 2009	Wang YX	Cui XL
Fodinicurvata semiminis gen. nov., sp. nov.	Rhodospirillaceae	IJSEM 59: 2575-2581, 2009	Wang YX	Cui XL
Aidingimonas halophila gen. nov., sp. nov.	Oceanospirillales Halomonadaceae	IJSEM 59: 3088-3094, 2009	Wang Y	Li WJ
Salinarimonas rosea gen. nov., sp. nov.	Rhizobiales Proteobacteriaceae	IJSEM 60: 55-60, 2010	Liu JH	Cui Xl
Litoribacter ruber gen. nov., sp. nov.	Cytophagales Cyclobacteriaceae	IJSEM 60: 2996-3001, 2010	Tian SP	Cui XL
Fodinibius salinus gen. nov., sp. nov.	Balneolales Balneolaceae	IJSEM 62: 390-396, 2012	Wang YX	Cui XL
Marininema meseophilum gen. nov., sp. nov.	Thermoactinomycetaceae	IJSEM 62: 1383-1388, 2012	Li J	Zhang S
Lihuaxuella thermophila gen. nov., sp. nov.	Bacillales Thermoactinomycetaceae	Antonie van Leeuwenhoek 102: 711-718, 2012	Yu TT	Li WJ
Vulcaniibacterium tengchongense gen. nov., sp. nov.	Xanthomonadales Xanthomonadaceae	Antonie van Leeuwenhoek 104: 369-376, 2013	Yu TT	Li WJ
Sinomicrobiuym oceani gen. nov., sp. nov.	Flavobacteriaceae	IJSEM 63: 1045-1050, 2013	Xu Y	Zhang S Li WJ
Aliifodinibius roseus gen. nov.,sp.nov.	Balneolales Balneolaceae	IJSEM 63: 2907-2913, 2013	Wang YX	Cui XL
Rehaibacterium terrae gen. nov., sp. nov.	Xanthomonadales Xanthomonadaceae	IJSEM 63: 4058-4063, 2013	Yu TT	Li WJ
Zhizhongheella caldifontis gen. nov., sp. nov.	Burkholderiales Comamonadaceae	Antonie van Leeuwenhoek 105: 755-761, 2014	Dong L	Ji WJ
Geothermomicrobium terrae gen. nov., sp. nov.	Bacillales Thermoactinomycetaceae	IJSEM 64: 2998-3004, 2014	Zhou EM	Li WJ
Crenobacter luteus gen. nov., sp. nov.	Neisseriales Neisseriaceae	IJSEM 65: 214-219, 2015	Dong L	Li WJ
Thiopseudomonas denitricans gen. nov., sp. nov.	Pseudomonadaceae	IJSEM 65: 225-229, 2015	Tan WB	Wang AJ
Nioella nitratireducens gen. nov., sp. nov.	Rhodobacteraceae	Antonie van Leeuwenhoek 107: 589-595, 2015	Rajasabapaphy R	Mohandass C
Abyssicoccus albus gen. nov., sp. nov.	Bacillales Staphylococcaceae	Antonie van Leeuwenhoek 109: 1153-1160, 2016	Jiang Z	Li WJ
Mongoliibacter ruber gen. nov., sp. nov.	Cytophagales Cyclobacteriaceae	IJSEM 66: 1088-1094, 2016	Wang YX	Cui XL

续表

31 个其他细菌新属	所属目和（或）科	发表期刊	第一作者	通讯作者
Crenalkalicoccus roseus gen. nov., sp. nov.	Rhodospirillales Acetobacteraceae	IJSEM 66: 2319-2326, 2016	Ming H	Nie GX Li WJ
Arsenicitalea aurantiaca gen. nov., sp. nov.	Hyphomicrobiaceae	IJSEM 66: 5478-5484, 2016	Mu Y	Zeng XC Li WJ
Enterovirga rhinocerotis gen. nov., sp. nov.	Rhizobiales Methylobacteriaceae	Antonie van Leeuwenhoek 110: 553-562, 2017	Chen X	Jiang Y
Tibeticola sediminis gen. nov., sp. nov.	Burkholderiales Comamonadaceae	IJSEM 67: 1133-1139, 2017	Khan IU	Zhi XY Li WJ
Caldovatus sediminis gen. nov., sp. nov.	Rhodospirillales Acetobacteraceae	IJSEM 67: 4716-4721, 2017	Habib N	Li WJ
Aidingibacillus halophilus gen. nov., sp. nov.	Bacillales Bacillaceae	Antonie van Leeuwenhoek 111: 601-608, 2018	Wang Y	Ding ZG Tang SK
Faecalibacter macacae		IJSEM 70: 751-758, 2020	Chen X	Jiang Y

*IJSB= International Journal of Systematic of Bacteriology

IJSEM=International Journal of Systematic and Evolutionary Microbiology

Antonie van Leeuwenhoek=Antonie van Leeuwenhoek Journal of Microbiology

S2-1 全基因组测序及基因组挖掘菌株信息

菌号及来源	相似菌名	相似性（%）	菌号及来源	相似菌名	相似性（%）
动物			**植物**		
100212	*Streptomyces violascens*	99.42	**122982**	*Nocardia salmonicida* subsp. *salmonicida*	99.04
100256	*Streptomyces omiyaensis*	99.8	**123062**	*Rhodococcus yunnanensis*	100
100770	*Enterovirga rhinocerotis* 新属		**123107**	*Agromyces subtropicus*	98.86
100880	*Streptomyces vinaceusdrappus*	100	**123222**	*Streptomyces termitum*	100
101131	*Streptomyces violaceoruber*	100	**123228**	*Streptomyces puniceus*	99.76
101272	*Streptomyces niveus*	98.9	**123271**	*Rhodococcus qingshengii*	99.76
100882	*Streptomyces rochei*	100	**123512**	*Nocardioides halotolerans*	97.6
100977	*Streptomyces griseoplanus*	100	**123823**	*Streptomyces yanii*	98.69
101505	*Corynebacterium faecale* 新种		**123935**	*Streptomyces griseus* subsp. *griseus*	98.22
101513	*Rhodococcus coprophilus*	99.06		15 种	
101593	*Mobilicoccus caccae* 新种		**3 种特殊地质**		
101647	*Corynebacterium humireducens*	98.71	**121184**	*Streptomyces roseolilacinus*	98.13
101882	*Streptomyces anulatus*	99.89	**121209**	*Streptomyces sanglieri*	98.30
101950	*Streptomyces halstedii*	99.89	**121212**	*Prauserella flavalba* 新种	
101980	*Streptomyces setonii*	99.0	**121278**	*Nocardioides luteus*	98.5
102064	*Streptomyces pratensis*	100	**121300**	*Kineococcus gypsues*	96.8
102083	*Streptomyces lactacystinicus*	98.65	**121474**	*Amycolatopsis tolypomycina*	97.15
102152	*Streptomyces pseudovenezuelae*	99.36	**121489**	*Streptomyces sioyaensis*	99.33
102600	*Flavobacterium macacae* 新种		**121508**	*Amycolatopsis sulphurea*	97.41
102668	*Faecalibacter macacae* 新属新种		**121524**	*Streptomyces kunmingensis*	98.54
102701-2	*Flavobacterium viscosus* 新种		**121601**	*Nocardia pneumoniae*	97.11
101047	*Kitasatospora albolonga*	99.89	**121869**	*Streptomyces flavidorirens*	97.88

续表

菌号及来源	相似菌名	相似性（%）	菌号及来源	相似菌名	相似性（%）
103455	*Arthrobacter gandavensis*	99.21	**121905**	*Kineococcus endophytica*	96.43
103660	*Gordonia terrae*	99.07	**121974**	*Glycomyces* sp.	
103535	*Rhodococcus qingshengii*	100	**122051**	*Kibdelosporangium banguiense*	99.09
103467	*Streptomyces araujoniae*	99.36		**14 种**	
103582	*Streptomyces araujoniae*	98.95	**地衣**		
103653	*Streptomyces araujoniae*	99.13	**130001**	*Streptomyces malachitospinus*	98.08
103432	*Williamsia faeni*	99.22	**130500**	*Streptomyces parvulus*	99.66
	29 种		**130544**	*Streptomyces costaricanus*	100
海洋			**130641**	*Kibdelosporangium aridum* subsp. *aridum*	98.21
GY511	*Ottowia flflava* 新种		**130686**	*Microlunatus ginsengisoli*	98.27
GY10110	*Falsibacillus albus* 新种		**130705**	*Nakamurella flavida*	97.63
	2 种		**130708**	*Nocardioides hwasunensis*	98.37
毒性植物			**130719**	*Streptomyces cremeus*	97.58
140022	*Streptomyces* sp.		**131684**	*Gordonia hongkongensis*	100
	1 种		**131690**	*Microbacterium maritypicum*	99.71
土壤			**131853**	*Naasia lichenicola* 新种	
10	*Amycolatopsis magusensis*	98.17	**131921**	*Rubellimicrobium rubrum* 新种	
19	*Streptomyces matensis*	98.56	**132054**	*Dactylosporangium aurantiacum*	98.99
38	*Pseudonocardia seranimata*	98.80	**132078**	*Mycolicibacterium parafortuitum*	98.52
63	*Nonomuraea endophytica*	98.41	**132087**	*Nakamurella albus* 新种	
157	*Nonomuraea dietziae*	100	**132105**	*Streptomyces kunmingensis*	99.24
326	*Planomicrobium glaciei*	98.34	**132183**	*Streptomyces*；*Pilimelia columellifer*	99.45
			132188	*Mumia xiangluensis*	98.48
				18 种	
			合计	**80 种**	

S3-1 动物粪便放线菌、地衣放线菌、姜氏菌代谢产物

编号	化合物	结构	菌种	菌种来源	活性	发表文章
1	borrelidin	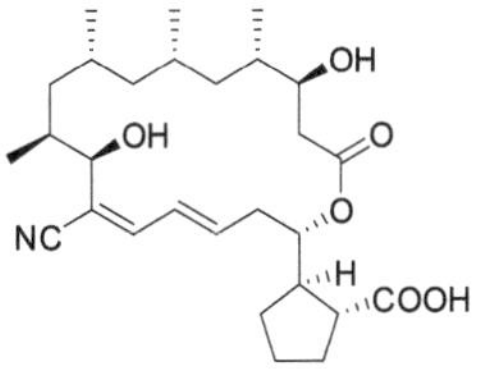	*Streptomyces vinaceusdrappus* (YIM 100880)	白眉长臂猿粪便	抗肿瘤	RSC Adv, 2017, 7: 44401
2	violapyrones A	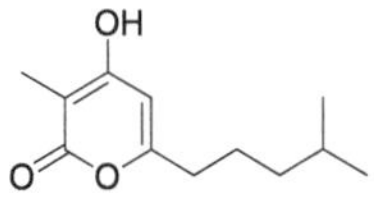	*Streptomyces violascens* (YIM 100525)	白眉长臂猿粪便	抗真菌	J Nat Prod, 2013, 76: 2126-2130
3	violapyrones B	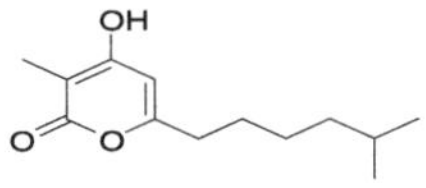	*Streptomyces violascens* (YIM 100525)	白眉长臂猿粪便	抗真菌	J Nat Prod, 2013, 76: 2126-2130
4	violapyrones C	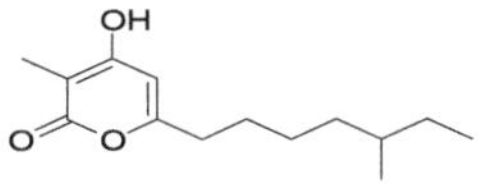	*Streptomyces violascens* (YIM 100525)	白眉长臂猿粪便	抗真菌	J Nat Prod, 2013, 76: 2126-2130

续表

编号	化合物	结构	菌种	菌种来源	活性	发表文章
5	violapyrones D	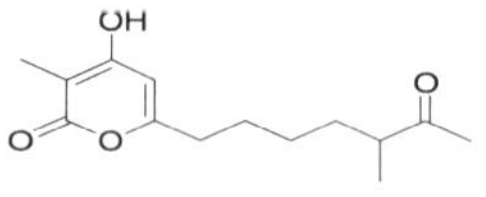	*Streptomyces violascens* (YIM 100525)	白眉长臂猿粪便	抗真菌	J Nat Prod, 2013, 76: 2126-2130
6	violapyrones E	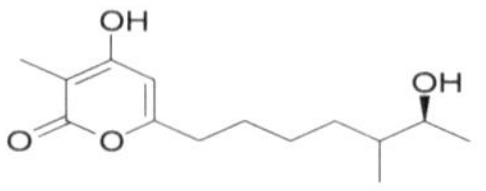	*Streptomyces violascens* (YIM 100525)	白眉长臂猿粪便	抗真菌	J Nat Prod, 2013, 76: 2126-2130
7	violapyrones F	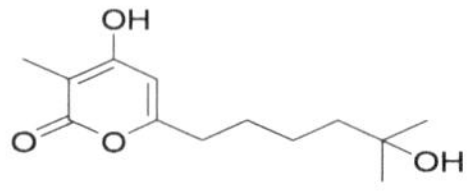	*Streptomyces violascens* (YIM 100525)	白眉长臂猿粪便	抗真菌	J Nat Prod, 2013, 76: 2126-2130
8	violapyrones G	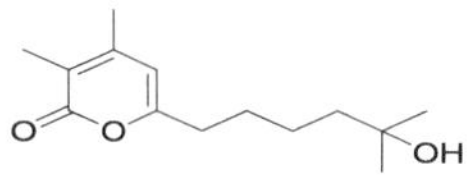	*Streptomyces violascens* (YIM 100525)	白眉长臂猿粪便	抗真菌	J Nat Prod, 2013, 76: 2126-2130
9	violacin A	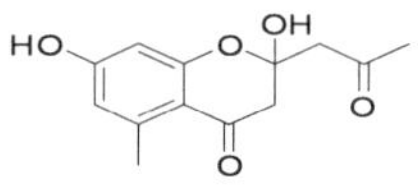	*Streptomyces violaceoruber* (YIM 101131)	斑马粪便	抗炎	Bioorg Med Chem Lett, 2018, 28: 947-951
10	GTRI-02	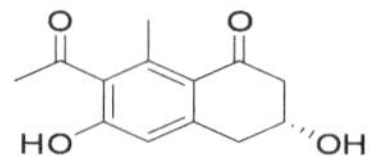	*Streptomyces violaceoruber* (YIM 101131)	斑马粪便	—	J Antibiot, 2017, 70: 991-994
11	(*R*)-7-acetyl-3,6-dihydroxy-8-propyl-3,4-dihydronap-hthalen-1 (2*H*)-one	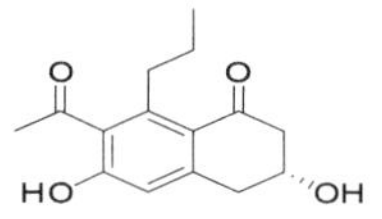	*Streptomyces violaceoruber* (YIM 101131)	斑马粪便	抗炎	J Antibiot, 2017, 70: 991-994
12	(*S*)-2-(5-(2,3-dihydroxy-3-methylbutyl)-1H-indol-3-yl) acetonitrile	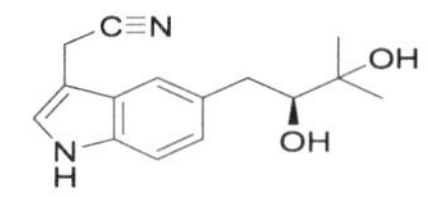	*Streptomyces violaceoruber* (YIM 101131)	斑马粪便	—	J Antibiot, 2017, 70: 991-994
13	(5*Z*,8*Z*,11*R*,12*R*)-11,12-dihydroxy tetradeca-5,8-dienamide	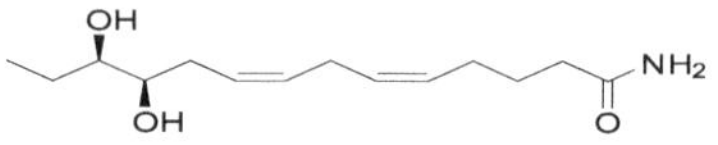	*Streptomyces violaceoruber* (YIM 101131)	斑马粪便	—	J Antibiot, 2017, 70: 991-994
14	19-methoxybafilomycin C1 amide	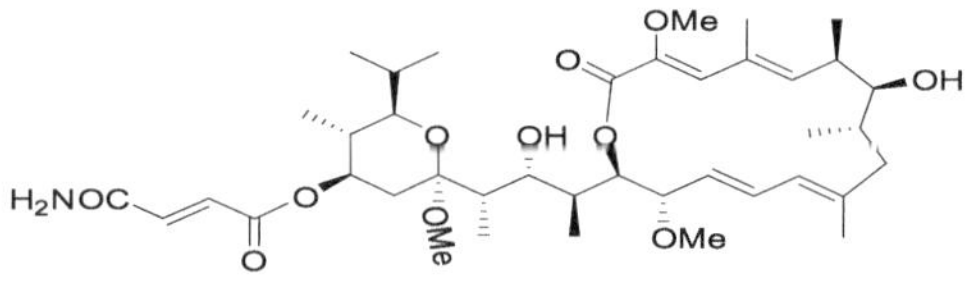	*Streptomyces albolongus* (YIM 101047)	大象粪便	抗肿瘤	J Nat Prod, 2016, 79: 799-805
15	21-deoxybafilomycin A1	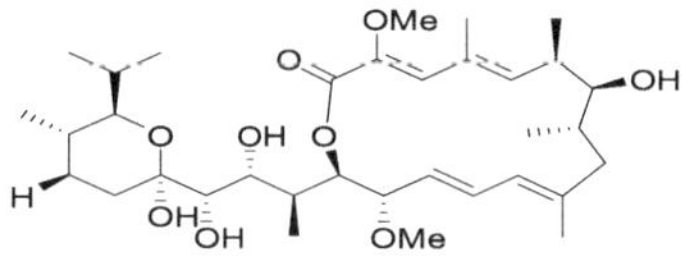	*Streptomyces albolongus* (YIM 101047)	大象粪便	抗肿瘤、抗真菌	J Nat Prod, 2016, 79: 799-805
16	21-deoxybafilomycin A2	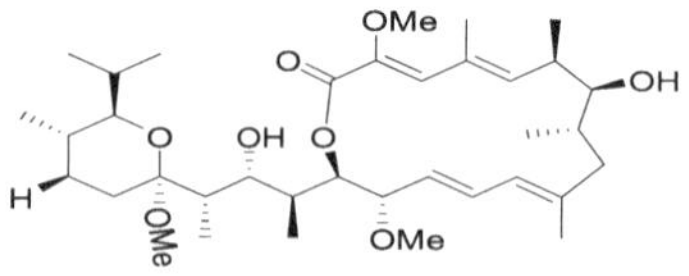	*Streptomyces albolongus* (YIM 101047)	大象粪便	抗肿瘤	J Nat Prod, 2016, 79: 799-805
17	bafilomycin A1	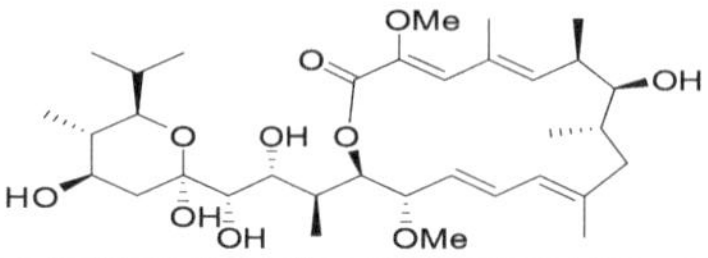	*Streptomyces albolongus* (YIM 101047)	大象粪便	抗肿瘤	J Nat Prod, 2016, 79: 799-805

续表

编号	化合物	结构	菌种	菌种来源	活性	发表文章
18	bafilomycin A2	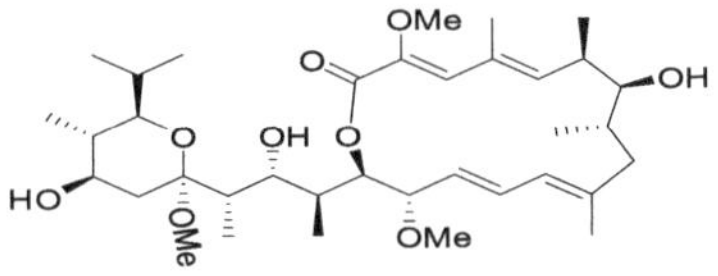	*Streptomyces albolongus* (YIM 101047)	大象粪便	抗肿瘤	J Nat Prod, 2016, 79: 799-805
19	bafilomycin G	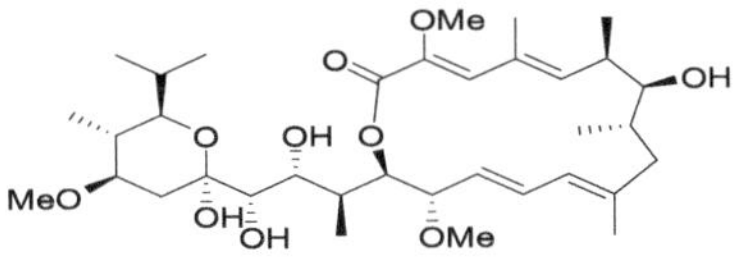	*Streptomyces albolongus* (YIM 101047)	大象粪便	抗肿瘤	J Nat Prod, 2016, 79: 799-805
20	bafilomycin C1	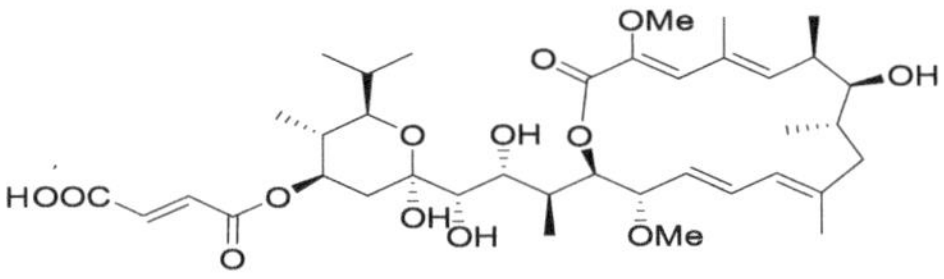	*Streptomyces albolongus* (YIM 101047)	大象粪便	抗肿瘤、抗真菌	J Nat Prod, 2016, 79: 799-805
21	bafilomycin C1 amide	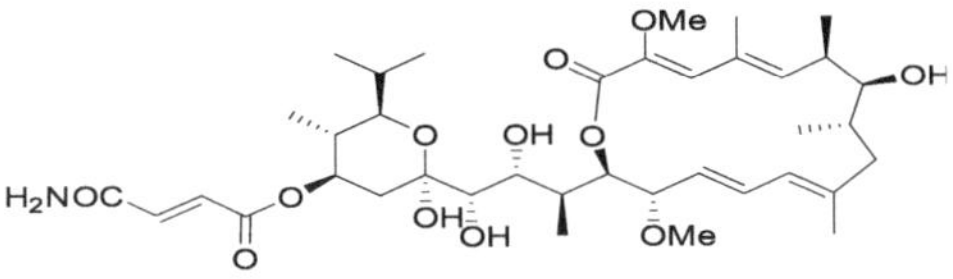	*Streptomyces albolongus* (YIM 101047)	大象粪便	抗肿瘤、抗真菌	J Nat Prod, 2016, 79: 799-805
22	(1β,4β,4aβ,8aα)-4,8a-dimethyloctahydrona-phthalene-1,4a(2*H*)-diol	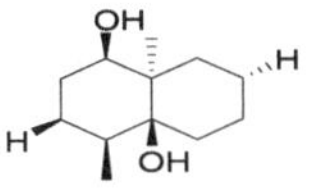	*Streptomyces albolongus* (YIM 101047)	大象粪便	抗肿瘤、抗真菌	J Nat Prod, 2016, 79: 799-805
23	(1β,4β,4aβ,7α,8aα)-4,8-adimethyloctahydrona-phthalene-1,4a,7(2*H*)-triol	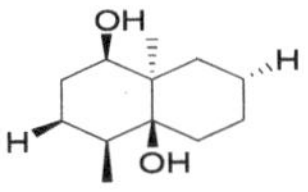	*Streptomyces albolongus* (YIM 101047)	大象粪便	抗肿瘤、抗真菌	J Nat Prod, 2016, 79: 799-805
24	(3β,4β,4aβ,8aα)-4,8a-dimethyloctahydrona-phthalene-3,4a(2*H*)-diol	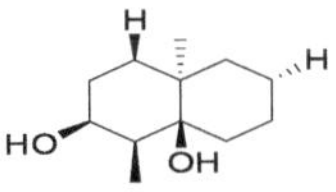	*Streptomyces albolongus* (YIM 101047)	大象粪便	抗肿瘤	J Nat Prod, 2016, 79: 799-805
25	caryolan1-ol	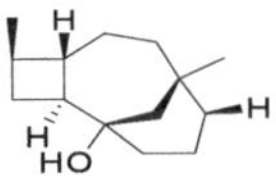	*Streptomyces albolongus* (YIM 101047)	大象粪便	—	J Nat Prod, 2016, 79: 799-805
26	caryolan-1,9b-diol	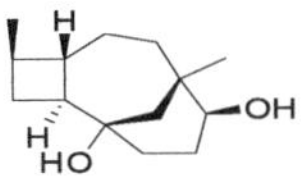	*Streptomyces albolongus* (YIM 101047)	大象粪便	—	J Nat Prod, 2016, 79: 799-805
27	1(10)*E*,5*E*-germacradiene-3,11-diol	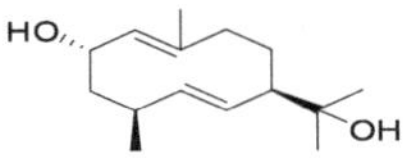	*Streptomyces albolongus* (YIM 101047)	大象粪便	—	J Nat Prod, 2016, 79: 799-805
28	epicubenol	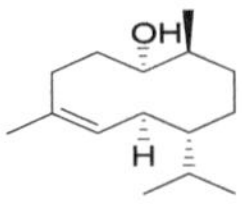	*Streptomyces albolongus* (YIM 101047)	大象粪便	—	J Nat Prod, 2016, 79: 799-805
29	albaflavenoid	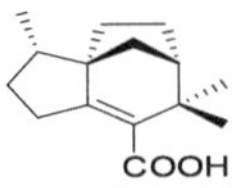	*Streptomyces violascens* (YIM 100225)	大象粪便	—	J Antibiot, 2016, 69: 773-775

续表

编号	化合物	结构	菌种	菌种来源	活性	发表文章
30	albaflavenol B	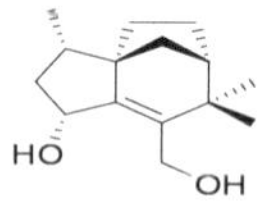	*Streptomyces violascens* (YIM 100225)	大象粪便	—	J. Antibiot, 2016, 69, 773-775
31	cyclooctatin	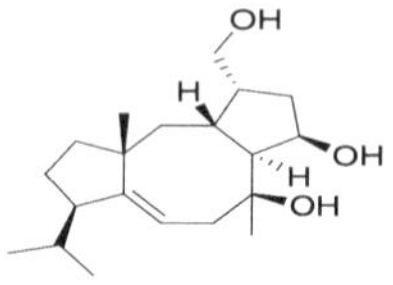	*Streptomyces violascens* (YIM 100212)	大熊猫粪便	—	J Nat Prod, 2017, 80: 837-844
32	14-hydroxycyclo octatin	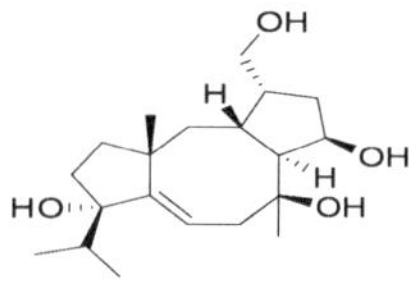	*Streptomyces violascens* (YIM 100212)	大熊猫粪便	—	J Nat Prod, 2017, 80: 837-844
33	12α-hydroxycycl ooctatin	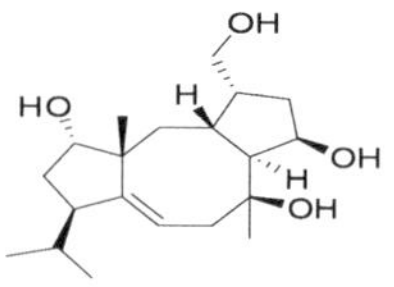	*Streptomyces violascens* (YIM 100212)	大熊猫粪便	—	J Nat Prod, 2017, 80: 837-844
34	12β -hydroxycyclooc tatin	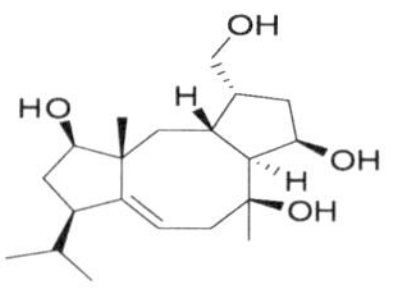	*Streptomyces violascens* (YIM 100212)	大熊猫粪便	—	J Nat Prod, 2017, 80: 837-844
35	fusicomycin A	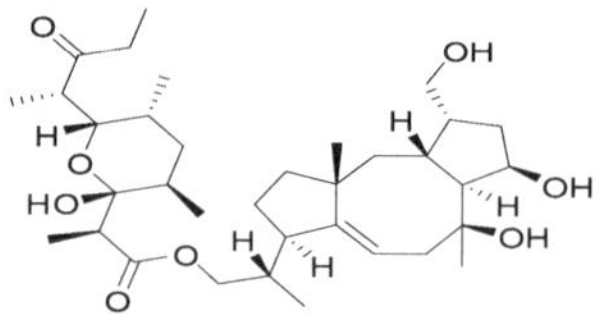	*Streptomyces violascens* (YIM 100212)	大熊猫粪便	抗肿瘤	J Nat Prod, 2017, 80: 837-844
36	fusicomycin B	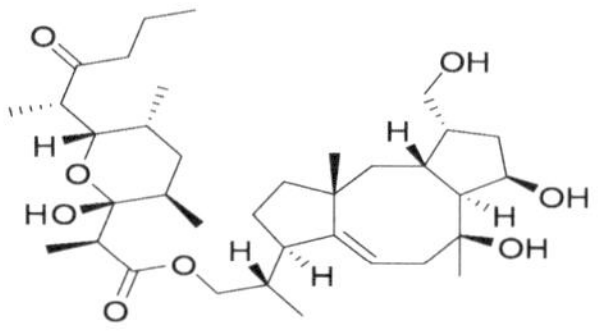	*Streptomyces violascens* (YIM 100212)	大熊猫粪便	抗肿瘤	J Nat Prod, 2017, 80: 837-844
37	isofusicomycin A	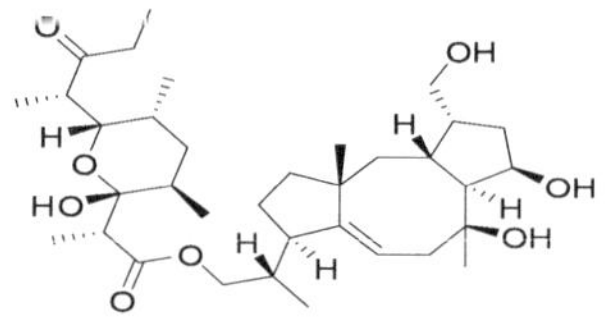	*Streptomyces violascens* (YIM 100212)	大熊猫粪便	抗肿瘤	J Nat Prod, 2017, 80: 837-844
38	(*R*)-6-(2,3-dihyd roxy-3-methylbu tyl)indole	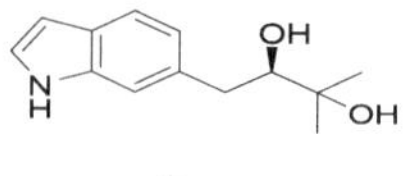	*Streptomyces violascens* (YIM 100212)	大熊猫粪便	—	Magn Reson Chem, 2013, 51: 188-191
39	(*R*)-6-(2,3-dihyd roxy-3-methylbu tyl)indolin-2-one	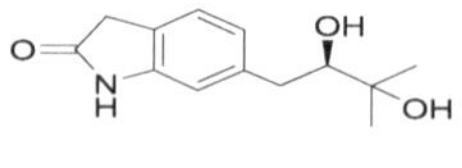	*Streptomyces violascens* (YIM 100212)	大熊猫粪便	—	Magn Reson Chem, 2013, 51: 188-191
40	(*Z*)-6-(4-hydroxy-3-methylbut-2-e n-1-yl)indolin-2-one	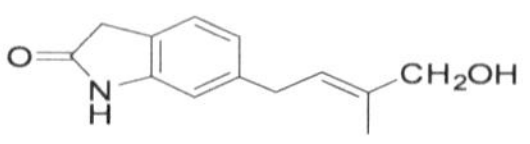	*Streptomyces violascens* (YIM 100212)	大熊猫粪便	—	Magn Reson Chem, 2013, 51: 188-191

续表

编号	化合物	结构	菌种	菌种来源	活性	发表文章
41	(*E*)-6-(4-hydroxy-3-methylbut-2-en-1-yl)indolin-2-one	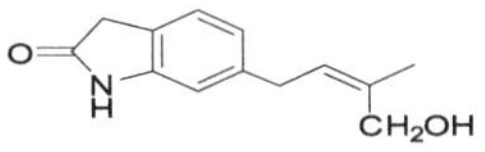	*Streptomyces violascens* (YIM 100212)	大熊猫粪便	—	Magn Reson Chem, 2013, 51: 188-191
42	4β,5α-dihydroxy-2,5b-dimethylcyclohex-2-enone	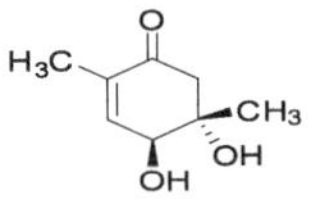	*Enteractinococcus coprophilus*	华南虎粪便	—	Chemistry of Natural Compounds, 2015, 51: 1074-1076
43	4α,5α-dihydroxy-2,5b-dimethylcyclohex-2-enone	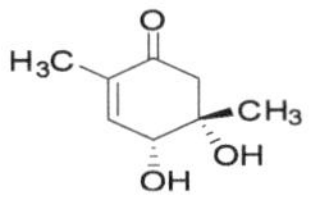	*Enteractinococcus coprophilus*	华南虎粪便	—	Chemistry of Natural Compounds, 2015, 51: 1074-1076
44	(2*R*,3*R*,1'*R*)-2-(1,6-dihydroxy-6-methylheptyl)-3-hydroxymethylbutanolide	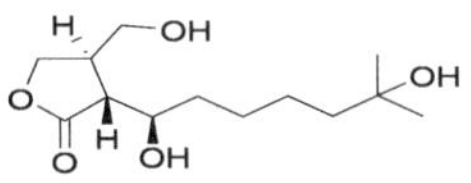	*Streptomyces badius* (YIM 101916)	长颈鹿粪便	—	Magn Reson Chem, 2019, 57: 1150-1157
45	(2*R**,3*R**,1'*R**)-2-(1,6-dihydroxy-7-methyloctyl)-3-hydroxymethylbutanolide	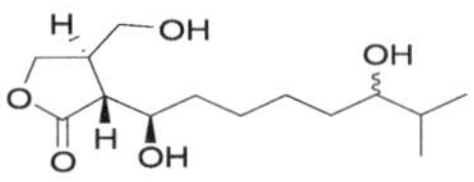	*Streptomyces badius* (YIM 101916)	长颈鹿粪便	—	Magn Reson Chem, 2019, 57: 1150-1157
46	(2*R**,3*R**,1'*R**)-2-(1,7-dihydroxy-8-methylnonyl)-3-hydroxymethylbutanolide	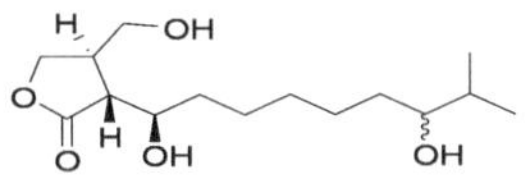	*Streptomyces badius* (YIM 101916)	长颈鹿粪便	—	Magn Reson Chem, 2019, 57: 1150-1157
47	(2*R*,3*R*,1'*R*)-2-(1,8-dihydroxy-8-methylnonyl)-3-hydroxymethylbutanolide	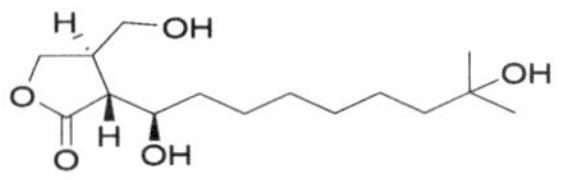	*Streptomyces badius* (YIM 101916)	长颈鹿粪便	—	Magn Reson Chem, 2019, 57: 1150-1157
48	dabifuranone A	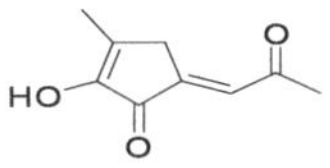	*Streptomyces badius* (YIM 101916)	长颈鹿粪便	—	Magn Reson Chem, 2019, 57: 1150-1157
49	dabifuranone B	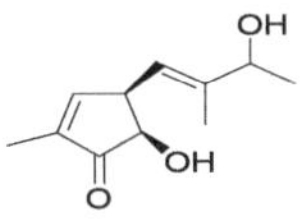	*Streptomyces badius* (YIM 101916)	长颈鹿粪便	—	Magn Reson Chem, 2019, 57: 1150-1157
50	2a-hydroxy-epicubenol	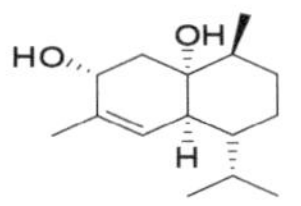	*Streptomyces badius* (YIM 101916)	长颈鹿粪便	—	Magn Reson Chem, 2019, 57: 1150-1157
51	trichapargin B	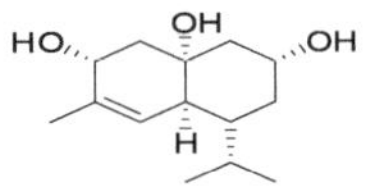	*Streptomyces badius* (YIM 101916)	长颈鹿粪便	—	Magn Reson Chem, 2019, 57: 1150-1157
52	trefolil B	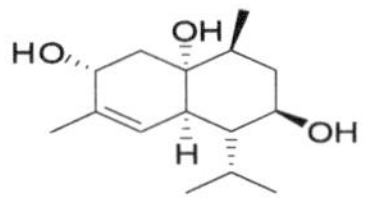	*Streptomyces badius* (YIM 101916)	长颈鹿粪便	—	Magn Reson Chem, 2019, 57: 1150-1157
53	2-(1-propionylaminoethyl) thiazole-4-carboxylicacid [2-(1*H*-indol-3-yl)-ethyl]amide	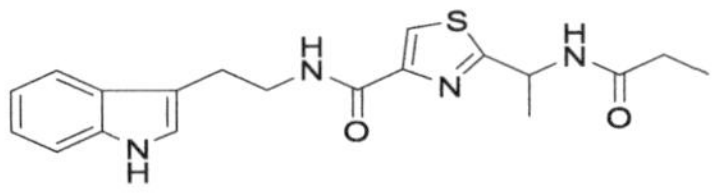	*Streptomyces badius* (YIM 101916)	长颈鹿粪便	—	Magn Reson Chem, 2019, 57: 1150-1157

续表

编号	化合物	结构	菌种	菌种来源	活性	发表文章
54	(4β,4aβ,8α,8aα)-4,8a-dimethyloctahydron-aphthalene-4a,8(2*H*)-diol	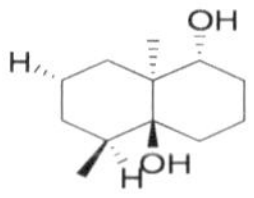	*Streptomyces anulatus* (YIM 101882)	长颈鹿粪便	—	Magn Reson Chem, 2018, 56: 352-359
55	(2α,4β,4aβ,8aα)-4,8a-dimethyloctahydron-aphthalene-2,4a(2*H*)-diol	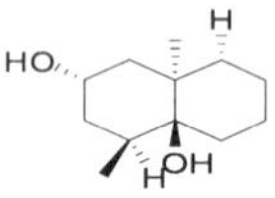	*Streptomyces anulatus* (YIM 101882)	长颈鹿粪便	—	Magn Reson Chem, 2018, 56: 352-359
56	rel-4R,4aR,8aR-4,8a-dimethyl-octahydron-aphthalene-4,4a(2*H*)-diol	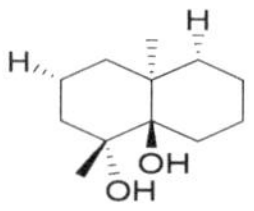	*Streptomyces anulatus* (YIM 101882)	长颈鹿粪便	—	Magn Reson Chem, 2018, 56: 352-359
57	(4β,5β,7β,10α)-5,11-eudesmanediol	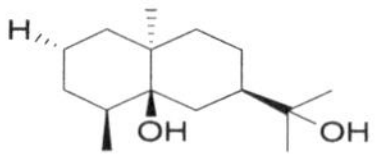	*Streptomyces anulatus* (YIM 101882)	长颈鹿粪便	—	Magn Reson Chem, 2018, 56: 352-359
58	(2α,4β,5β,7β,10α)-2,5,11-eudesmanetriol	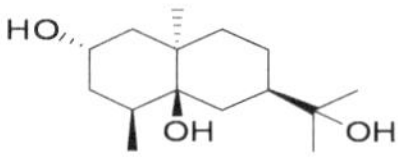	*Streptomyces anulatus* (YIM 101882)	长颈鹿粪便	—	Magn Reson Chem, 2018, 56: 352-359
59	(1α,4α,5β,7α,10α)-1,5,11-eudesmanetriol	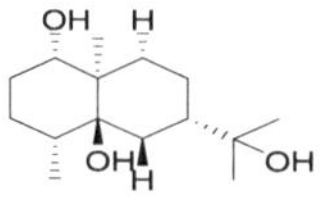	*Streptomyces anulatus* (YIM 101882)	长颈鹿粪便	—	Magn Reson Chem, 2018, 56: 352-359
60	(1α,4α,5β,6β,7α,9α,10α)-1,6,9,11-eudesmanetetrol	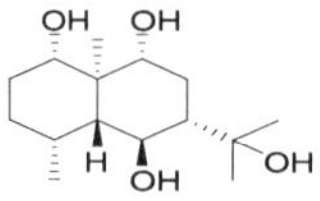	*Streptomyces anulatus* (YIM 101882)	长颈鹿粪便	—	Magn Reson Chem, 2018, 56: 352-359
61	(1α,4α,5β,6β,7α,10α)-1,6,11-eudesmanetriol	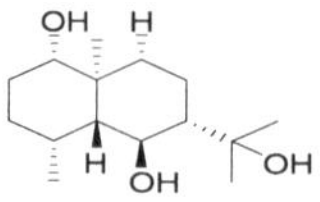	*Streptomyces anulatus* (YIM 101882)	长颈鹿粪便	—	Magn Reson Chem, 2018, 56: 352-359
62	(1α,4β,5β,6β,7β,10α)-5,11-epoxy-10-cadinanol	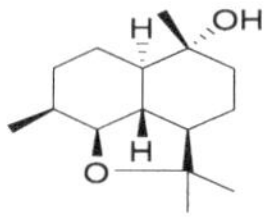	*Streptomyces anulatus* (YIM 101882)	长颈鹿粪便	—	Magn Reson Chem, 2018, 56: 352-359
63	bacaryolane C	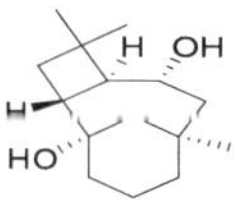	*Streptomyces anulatus* (YIM 101882)	长颈鹿粪便		Magn Reson Chem, 2018, 56: 352-359
64	bacaryolane B	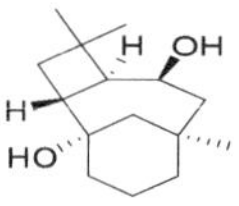	*Streptomyces anulatus* (YIM 101882)	长颈鹿粪便	—	Magn Reson Chem, 2018, 56: 352-359
65	caryolane-1,7α-diol	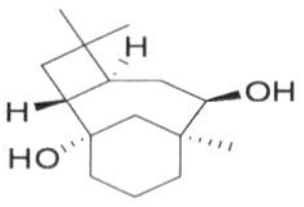	*Streptomyces anulatus* (YIM 101882)	长颈鹿粪	—	Magn Reson Chem, 2018, 56: 352-359
66	caryolane-1,6β,9β-triol	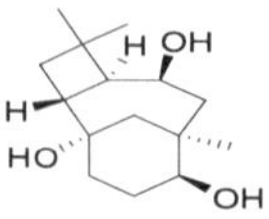	*Streptomyces anulatus* (YIM 101882)	长颈鹿粪	—	Magn Reson Chem, 2018, 56: 352-359
67	actinofuranone- D	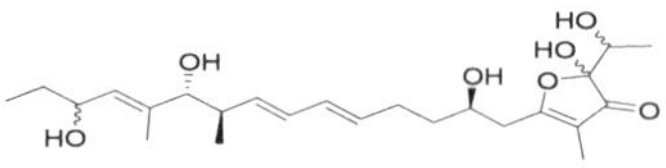	*Streptomyces gramineus* (YIM 130461）	地衣 *Leptogium* sp.	抗炎	Molecules, 2018, 23: 2303-2406

续表

编号	化合物	结构	菌种	菌种来源	活性	发表文章
68	actinofuranone-E	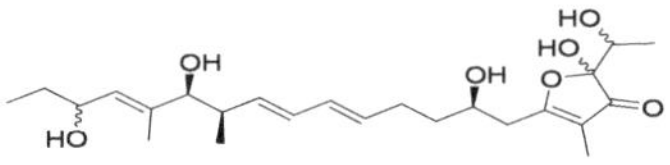	*Streptomyces gramineus*（YIM 130461）	地衣 *Leptogium* sp.	抗炎	Molecules, 2018, 23: 2303-2406
69	actinofuranone-F	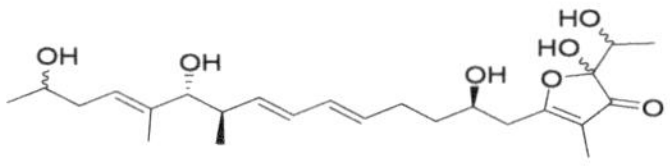	*Streptomyces gramineus*（YIM 130461）	地衣 *Leptogium* sp.	抗炎	Molecules, 2018, 23: 2303-2406
70	actinofuranone-G	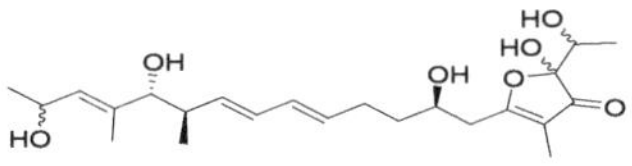	*Streptomyces gramineus*（YIM 130461）	地衣 *Leptogium* sp.	抗炎	Molecules, 2018, 23: 2303-2406
71	actinofuranone-H	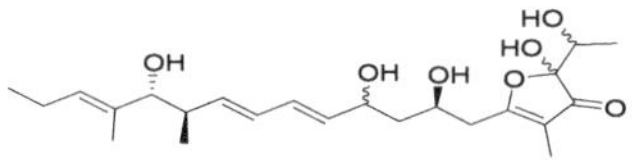	*Streptomyces gramineus*（YIM 130461）	地衣 *Leptogium* sp.	抗炎	Molecules, 2018, 23: 2303-2406
72	Actinofuranone-I	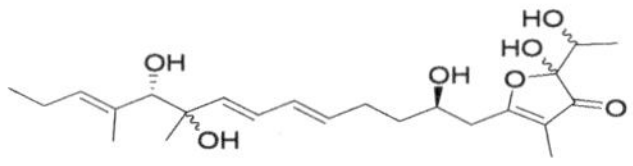	*Streptomyces gramineus*（YIM 130461）	地衣 *Leptogium* sp.	抗炎	Molecules, 2018, 23: 2303-2406
73	4aβ,10aα-dihydr oxynanao -mycin βA	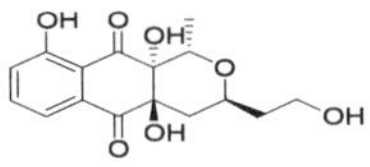	*Streptomyces hebeiensis*（YIM 130410）	地衣 *Lepidostroma* sp.	抗菌	Chem Biodiversity, 2017, 14: e1700057
74	4aβ,10aβ-dihydr oxynanao -mycin βA	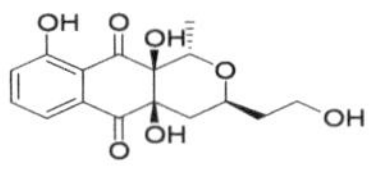	*Streptomyces hebeiensis*（YIM 130410）	地衣 *Lepidostroma* sp.	抗菌	Chem Biodiversity, 2017, 14: e1700057
75	4aβ,10aβ-dihydr oxynanao -mycinβA	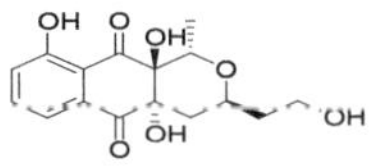	*Streptomyces hebeiensis*（YIM 130410）	地衣 *Lepidostroma* sp.	抗菌	Chem Biodiversity, 2017, 14: e1700057
76	10β-hydroxynan aomycin αB	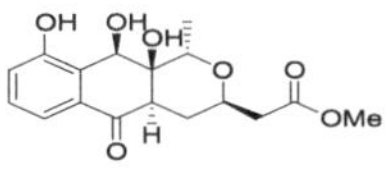	*Streptomyces hebeiensis*（YIM 130410）	地衣 *Lepidostroma* sp.	抗菌	Chem Biodiversity, 2017, 14: e1700057
77	jiangrines A	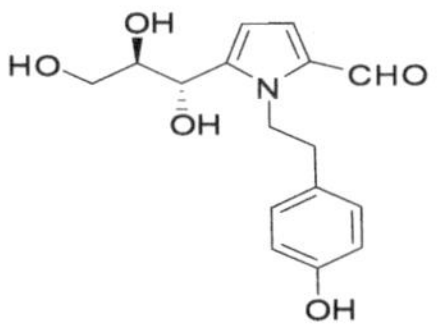	*Jiangella gansuensis* (YIM 002)	甘肃沙漠土壤	抗炎	J Nat Prod, 2014, 77: 2605-2610
78	jiangrines B	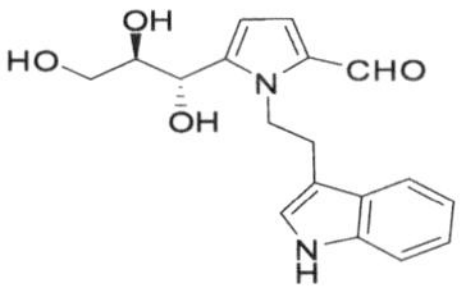	*Jiangella gansuensis* (YIM 002)	甘肃沙漠土壤	抗炎	J Nat Prod, 2014, 77: 2605-2610
79	jiangrines C	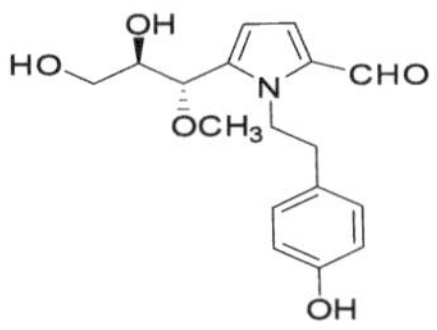	*Jiangella gansuensis* (YIM 002)	甘肃沙漠土壤	抗炎	J Nat Prod, 2014, 77: 2605-2610
80	jiangrines D	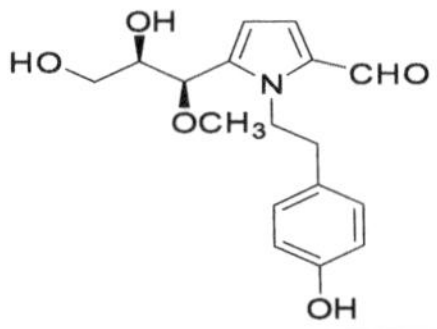	*Jiangella gansuensis* (YIM 002)	甘肃沙漠土壤	抗炎	J Nat Prod, 2014, 77: 2605-2610

续表

编号	化合物	结构	菌种	菌种来源	活性	发表文章
81	jiangrines E	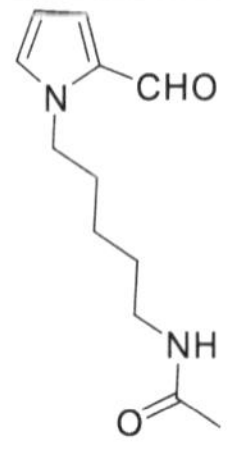	*Jiangella gansuensis* (YIM 002)	甘肃沙漠土壤	抗炎	J Nat Prod, 2014, 77: 2605-2610
82	jiangrines F	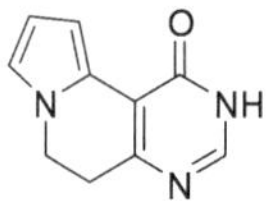	*Jiangella gansuensis* (YIM 002)	甘肃沙漠土壤	抗炎	J Nat Prod, 2014, 77: 2605-2610
83	jiangrines G	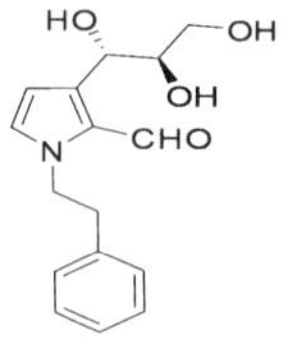	*Jiangella gansuensis* (YIM 002)	甘肃沙漠土壤	抗炎	Bioorganic Chemistry, 2020, 95: 103507
84	pyrrolezanthine	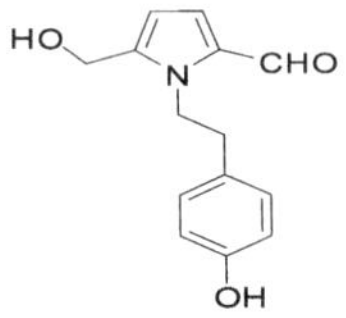	*Jiangella gansuensis* (YIM 002)	甘肃沙漠土壤	抗炎	J Nat Prod, 2014, 77: 2605-2610
85	jiangolide	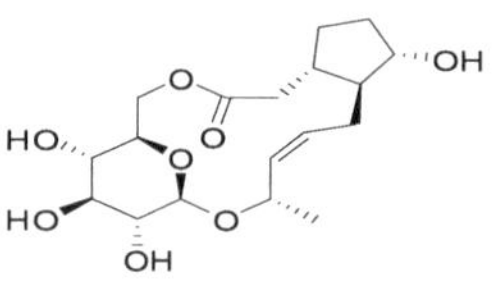	*Jiangella gansuensis* (YIM 002)	甘肃沙漠土壤	抗炎	J Nat Prod, 2014, 77: 2605-2610

本书资助项目明细

放线菌资源部分

1. 国家自然科学基金青年项目：西南地区5种特有动物粪便放线菌多样性研究（30900002）
2. 国家自然科学基金面上项目：八种珍稀动物粪便放线菌多样性研究（31270001）
3. 国家重大科技专项创新药物筛选体系及新技术平台建设项目（2009ZX09302-003）
4. 美国国立卫生研究院资助项目（1P41GM086184-01A1）
5. 大湄公河次区域合作项目：大湄公河次区域可培养放线菌研究（GMSTEC 研究基金）
6. 国家自然科学基金地区项目：金沙江干热河谷地衣放线菌多样性研究（31460005）
7. 云南省科技惠民计划项目：防治三七病害复合菌肥的开发（2014BC006）
8. 云南省高层次人才培养支持计划“青年拔尖人才”专项
9. 广西创新驱动发展专项资金（科技重大专项）：基于海洋微生物功能分子的绿色生物制剂研制与应用示范（AA182420 26）
10. 国家自然科学基金地区项目：云南梅衣科地衣放线菌资源研究（32060001）

活性物质发现及作用机制部分

1. 国家自然科学基金面上项目：珍稀动物粪便放线菌活性次生代谢产物研究（81072553）
2. 国家自然科学基金面上项目：新放线菌资源姜氏菌目菌株抗炎活性成分挖掘和作用机制研究（81573327）
3. 中央高校基本科研业务费专项资金：放线菌源大环内酯 borrelidin 衍生物的合成和抗真菌作用研究（N172004004）
5. 中央高校基本科研业务费专项资金：姜氏菌目菌株生物活性和化学多样性研究（N142004004）
6. 中央高校基本科研业务费专项资金：动物放线菌药物先导物发现研究（N120820002）

基因组分析及生物合成研究部分

1. 国家自然科学基金地区基金项目：动物肠道放线菌来源的5个抗肿瘤和抗真菌活性新结构化合物生物合成研究（31860017）
2. 国家自然科学基金地区基金项目：基于生物合成途径关键基因高通量筛选嗜盐放线菌并探索潜力基因簇的异源表达（31560026）
3. 云南大学中青年骨干教师培养计划项目（XT412003）
4. 云南省教育厅重点项目：新结构活性化合物100497-5产生菌株遗传操作体系构建及其生物合成基因簇的克隆（2013Z051）
5. 云南省教育厅一般项目：新结构活性化合物100497-5产生菌株遗传操作体系及基因组克隆文库的构建（2013Y367）
6. 国家自然科学基金面上项目：自溶霉素生物合成的调控及后修饰机制研究（31260018）
7. 国家自然科学基金地区基金项目：自溶霉素生物合成的调控研究（30760096）
8. 国家自然科学基金地区基金项目：云南部分傣药植物内生放线菌研究（30560001）

作者通讯录

姜　怡，云南大学云南省微生物研究所，jiangyi@ynu.edu.cn

姜明国，广西民族大学海洋与生物技术学院，mzxyjiang@163.com

黄学石，东北大学微生物药物研究所，huangxs@mail.neu.edu.cn

韩　力，东北大学微生物药物研究所，hanli@mail.neu.edu.cn

尹　敏，云南大学医学院，ym3612003@163.com

李桂鼎，云南大学云南省微生物研究所，guidingli@163.com

杨立芳，广西民族大学海洋与生物技术学院，yanglf1990@163.com

鲁　涛，云南大学云南省微生物研究所，taolu2000@yahoo.com

徐　平，军事科学院军事医学研究院国家蛋白质科学中心，xuping_bprc@126.com

姜成林，云南大学云南省微生物研究所，lihxu@ynu.edu.cn

杜冠华，中国医学科学院药物研究所，dugh@imm.ac.cn

李沁元，云南大学生命科学学院，qylee@ynu.edu.cn

韩秀林，云南大学云南省微生物研究所，xlhan@ynu.edu.cn

申乃坤，广西民族大学海洋与生物技术学院，shennaik05@126.com

曹艳茹，云南大学云南省微生物研究所，114491753@qq.com

陈　秀，云南大学云南省微生物研究所，chenxiu2007@126.com

柳成宾，云南大学云南省微生物研究所，liuchengbin17@163.com

郑　丹，东北大学微生物药物研究所，danzheng@mail.cmu.edu.cn

张敖罗，中国科技开发院云南分院，ynad@vip.sina.com

王　勇，云南省文山三七研究院，ws-wangyong37@163.com

王立松，中国科学院昆明植物研究所，wanglisong@mail.kib.ac.cn

王欣宇，中国科学院昆明植物研究所，wangxinyu@mail.kib.ac.cn

郎　磊，云南大学云南省微生物研究所，3217916107@qq.com

安德风，云南大学云南省微生物研究所，1039978497@qq.com

黄潇宇，云南大学云南省微生物研究所，18750737820@163.com

杨少娟，云南大学云南省微生物研究所，3037370599@qq.com

杨　莉，云南大学医学院，1575596680@qq.com

苏羽佳，云南大学医学院，1751638668@qq.com

张周天乐，云南大学医学院，1790459058@qq.com

刘　涛，云南大学医学院，993958534@qq.com

李有龙，昆明野生动物园，bhysdwjxs@163.com

保明伟，西双版纳州勐养国家自然保护区野象谷，baomingwei-11@163.com